Jetzt helfe ich mir selbst

Motor
buch
Verlag

Bilder/Zeichnungen: Archiv Oskar Weber Redaktionsagentur, Wilhelm Mierendorf, Klaus Breustedt, Fiat, Bosch, Hella, Uniroyal

Alle Angaben und Ratschläge in diesem Ratgeber wurden nach bestem Wissen und Gewissen erteilt. Eine Haftung der Autoren oder des Verlages und seiner Beauftragten für Personen-, Sach- und Vermögensschäden ist jedoch ausgeschlossen.

Dieser Band entspricht dem Kenntnisstand zum Zeitpunkt der Drucklegung. Abweichungen durch Weiterentwicklung der beschriebenen Fahrzeuge, geänderte Anweisungen des Fahrzeug-Herstellers bzw. neue gesetzliche Bestimmungen sind möglich.

ISBN 3-613-01818-7

1. Auflage 1998

Grafische Gestaltung: Andreas Pflaum
Herstellung: IPa, Vaihingen/Enz
Druck: Maisch + Queck, Gerlingen
Bindung: Spinner, Ottersweier
Printed in Germany

Klaus Breustedt
Joachim Geiger

FIAT PUNTO

Benziner 1.1/1.2/1.4/1.6
Diesel TD 60 und TD 70
Limousine, GT und Cabrio
ab August '93

Motor
buch
Verlag

EINFÜHRUNG

DIE MODELLVORSTELLUNG

DIE AUSRÜSTUNG

DIE WAGENPFLEGE

DER MOTOR

Die Bauteile

Das Schmiersystem

Das Kühlsystem

DAS FAHRWERK

DIE BREMSANLAGE

DIE ELEKTRIK

DER INNENRAUM

DIE KAROSSERIE

Was tun bei Pannen und Störungen?

Störungsbeistand

Ein Ratgeber stellt sich vor

Jedes moderne Auto braucht Wartung und Pflege. Sonst verliert selbst der teuerste Untersatz in kurzer Zeit rapide seinen Wert. Und kein Auto der Welt, sei es noch so perfekt konstruiert, ist gegen Verschleiß und Defekte gefeit. Die Pannenstatistiken von TÜV/DEKRA und ADAC sprechen da eine deutliche Sprache. Natürlich können Sie Ihr Fahrzeug regelmäßig von einer Werkstatt oder Tankstelle warten lassen. Aber schon für eine professionelle Wagenwäsche sind Sie schnell 100 Mark los. Für diese Summe bekommen Sie einen Band aus der Reihe »Jetzt helfe ich mir selbst«, einen Satz Pflegemittel und obendrein ein Abendessen mit Ihrem Partner oder Ihrer Partnerin beim Italiener um die Ecke. Sie werden sehen: Do it yourself spart nicht nur Geld, sondern macht auch Spaß. Mit dem richtigen Know-how schrumpft manche Panne zur Bagatelle, weil oft schon wenige Handgriffe genügen, ein Auto wieder flott zu machen.

»Jetzt helfe ich mir selbst« hilft Fahrern ebenso wie Fahrerinnen, Wartung und Pflege ihres Wagens und viele Reparaturen selbst in die Hand zu nehmen. Wir erklären, was Sie dazu über die Technik wissen müssen, welches Werkzeug Sie brauchen und wie Sie Ihre Arbeit schnell und effektiv durchführen. Dieser Ratgeber ersetzt freilich keine Ausbildung zum Kraftfahrzeugmechaniker. Deshalb sagen wir Ihnen auch, wann Sie Ihr Fahrzeug besser in die Werkstatt bringen sollten.

Fahrzeugwartung nach Plan

Die meisten Wartungsarbeiten in diesem Ratgeber basieren auf dem Wartungsplan, den Fiat an seine Vertrags-Werkstätten ausgibt. Dort sind alle Wartungs- und Servicearbeiten verzeichnet, die beim Kleinen und Großen Kundendienst ausgeführt werden müssen. Einen großen Teil dieser Arbeiten können Sie selbst erledigen – das Wissen dazu liefert dieses Handbuch. Sie finden den Wartungsplan von »Jetzt helfe ich mir selbst« auf den hinteren Umschlagseiten. Er enthält auch eine Reihe von Wartungen, die Sie immer dann vornehmen sollten, wenn Sie Ihr Fahrzeug zum Beispiel in einer längeren Urlaubsfahrt oder beim Betrieb mit Hänger besonders belastet haben. Dazu kommen einige Wartungsarbeiten an Baugruppen, die der Prüfer von TÜV oder DEKRA bei einer Hauptuntersuchung in Augenschein nimmt. Wenn Sie nicht sicher sind, ob Sie einen bestimmten Arbeitsschritt fachgerecht ausführen können, werfen Sie zunächst einen Blick auf die Ratgeber-Ampel. Die Farben Grün, Gelb und Rot signalisieren, welche Arbeiten der Heimwerker problemlos in Eigenregie durchführen kann und wo eine Beratung durch einen Werkstatt-Spezialisten empfehlenswert oder sogar unumgänglich ist.

Inspektion und Garantie

- Fiat empfiehlt für den Punto alle 15000 Kilometer den Kleinen, alle 30000 Kilometer den Großen Kundendienst in der Werkstatt.
- Für Wenigfahrer mit geringer jährlicher Laufleistung gelten die Intervalle 12 und 24 Monate. Bei diesen Inspektionen werden in erster Linie Zustand und Funktion von Baugruppen geprüft und, falls nötig, ersetzt, die für die Zuverlässigkeit und Sicherheit Ihres Fahrzeugs wichtig sind. Übrigens kann schon nach einer Laufzeit von 30000 Kilometern an Baugruppen wie Bremsanlage, Radaufhängung, Reifen und Lenkung deutlicher Verschleiß auftreten, der vom Fahrer unbemerkt bleibt.
- Regelmäßige Wartung hält also nicht nur Ihren Punto in Schuß, sie dient auch Ihrer eigenen Sicherheit.
- Wenn Sie einen neuen Punto (oder einen mit Austauschmotor) fahren: Halten Sie die Wartungsintervalle unbedingt ein und verzichten Sie aufs Do it yourself. Fiat erfüllt berechtigte Garantieansprüche nur dann, wenn die Wartungsarbeiten rechtzeitig in einer Vertrags-Werkstatt erledigt wurden.

Ein Ratgeber mit System

Dieser Ratgeber läßt sich einfach und unkompliziert benutzen. Dafür sorgt die übersichtliche Einteilung in die Baugruppen Motor, Kraftübertragung, Fahrwerk, Bremsen, Elektrik und Karosserie. Außerdem gliedert sich jedes Kapitel stets in die Abschnitte Theorie, Wartung, Störungsbeistand und Reparatur. Diese Systematik bietet den Vorteil, daß Sie gezielt die Themen nachschlagen können, die Sie interessieren. Wollen Sie zum Beispiel mit einer Wartung beginnen, schlagen sie das Inhaltsverzeichnis oder den Wartungsplan auf: Die Seitenangaben bei den Wartungspunkten führen Sie direkt zur Beschreibung der Arbeitsschritte. Reparaturen, Technik-Themen und den Störungsbeistand erschließen Sie über die Inhaltsübersicht (S. 4–7) und das Stichwortverzeichnis (S. 263/264).

Der Bauplan für jedes Kapitel in diesem Buch:

- **Theorie** Dieser Abschnitt informiert über Technik, Funktion und Zusammenhänge. Neben ausführlichen Beschreibungen finden Sie hier auch ein Technik-Lexikon, das kompaktes Hintergrundwissen zu speziellen Problemen vermittelt.
- **Wartung** Eine detaillierte Anleitung führt Schritt für Schritt durch alle Arbeiten. Arbeitssymbole (Piktogramme) verdeutlichen Zeitaufwand, Schwierigkeitsgrad sowie Gefahren für Sicherheit und Umwelt. Eine Fotodokumentation veranschaulicht wichtige Abläufe und Problemstellen.
- **Reparatur** Beginnt in der Regel mit dem Störungsbeistand, der Störungen, Ursachen und Maßnahmen auflistet. Danach geht's an Reparaturen und Instandsetzung. Die Arbeitsschritte werden nach dem gleichen Muster dargestellt wie die Wartungsarbeiten. Dazu kommen Praxis-Tips, die Ihnen bei der Umsetzung und Problemen helfen.

Ratgeber-Service: Checklisten

Auf der vorderen und den hinteren Umschlaginnenseiten dieses Ratgebers finden Sie eine Reihe von Checklisten, die Ihnen helfen, Ihren Punto für Alltag, Winter und TÜV/DEKRA fit zu machen. Hier steht drin, welche Arbeiten Sie durchführen sollten und auf welchen Seiten Sie die Arbeitsanleitungen dazu finden. Die benötigte Liste kopieren und alle Arbeiten Punkt für Punkt abhaken.

Die Arbeitssymbole

Der Umweltbaum soll Sie für den Umweltschutz sensibilisieren. Er taucht immer dann auf, wenn eine Arbeit oder die dabei anfallenden Abfälle für die Umwelt problematisch sind.

Die Zahl der Schraubenschlüssel signalisiert den Schwierigkeitsgrad. 1 Schlüssel = leichte Arbeit; 2 Schlüssel = anspruchsvolle Arbeit; 3 Schlüssel = schwierige Arbeit.

Die Uhr nennt den Zeitaufwand für den Hobby-Schrauber. Die kalkulierte Zeit berücksichtigt Ihre fehlende Routine und die Möglichkeit, daß Sie nicht optimal ausgerüstet sind.

Das Ausrufezeichen steht für Arbeiten, die die Betriebssicherheit Ihres Fahrzeugs betreffen. Seien Sie besonders vorsichtig und nehmen Sie das Warnzeichen unbedingt ernst.

Die Hand kennzeichnet sicherheitsrelevante Arbeiten. Wenn Sie nicht absolut kompetent sind: Hände weg! Das ist ein Fall für die Fachwerkstatt.

Die Prüfplakette klassifiziert eine Vorsorgearbeit für die Hauptuntersuchung. Sie sparen Geld und Zeit, wenn Sie die markierten Wartungs- und Prüfarbeiten vor Ihrem Termin bei TÜV oder DEKRA durchführen.

Die Wartungsplakette bezeichnet alle Wartungsarbeiten für Ihren Punto, die auch die Werkstatt beim Kleinen und Großen Kundendienst durchführt. Sämtliche Punkte entsprechen dem offiziellen Wartungsplan von Fiat.

DER FIAT PUNTO

Der Punto (ital. punto = Punkt) markiert einen Höhepunkt in der Kleinwagentradition des Automobilherstellers Fiat. In Italien ist der Nachfolger des legendären Uno längst ein Renner. Seit dem Verkaufsstart im Herbst 1993 liefen über zwei Millionen Exemplare vom Fließband des Fiat-Werks in Turin. In Deutschland entwickelte sich der Italiener zu einem der beliebtesten Importautos seiner Klasse – knapp 200000 Modelle rollen heute auf den Straßen zwischen Flensburg und München (Stand Sommer '97). Dieser Erfolg kommt freilich nicht von ungefähr. Der Punto bietet ausreichend Platz für vier Personen, moderne, aber anspruchslose Technik und moderate Unterhaltskosten.

Die knapp geschnittene Steilheckkarosserie mit den markanten Rückleuchten trägt die Handschrift des renommierten Designers Giorgio Giugiaro. Daß der Punto nicht nur gut aussieht, sondern auch mit einer guten Aerodynamik aufwarten kann, belegt der für seine Klasse niedrige Luftwiderstandsbeiwert von 0,30 cw. Auch das Sicherheitskonzept des Punto ist für einen Kleinwagen vorbildlich. Der schicke Fiat erfüllt alle gültigen Crashnormen. Flankenschutz in den Türen, höhenverstellbare Sicherheitsgurte, das Sicherheitslenkrad mit Airbag und seit Frühjahr '96 auch Beifahrerairbag sowie Sitze mit verstärkter Unterkonstruktion gehören zur Serienausstattung.

Die Punto-Modelle

Den Fiat Punto gibt es als drei- und fünftürige Limousine und als Cabrio. Für alle Modelle stehen zahlreiche Ausstattungsvarianten und eine Reihe von Motoren zwischen 55 und 131 PS zur Wahl (Tabelle). Den Punto GT gibt es freilich nur als Dreitürer. Ein turbogeladener 1,4-Liter-Motor mit 131 PS (96 kW) macht aus dem Kleinwagen ein Kraftpaket mit sportwagenähnlichen Fahrleistungen. Der Punto GT unterscheidet sich von den schwächeren Mitgliedern seiner Familie durch optische Retuschen an der Karosserie und im Innenraum, die seine Sportlichkeit unterstreichen sollen. Am Markt spielt der Power-Punto allerdings fast keine Rolle. In Deutschland verlangen gerade mal 0,25 Prozent der Besteller nach der scharfen GT-Variante. Damit geht es ihm in dieser Beziehung nicht anders als seinen direkten Konkurrenten: Hohe Versicherungskosten machen den starkmotorisierten Minis seit einiger Zeit schwer zu schaffen. Immerhin knapp sechs Prozent der Punto-Käufer entscheiden sich für das Cabrio, das die gleichen Tugenden aufweist wie die Limousine. Die Außenmaße des offenen Punto sind mit denen der Limousine nahezu identisch, geringfügige Unterschiede gibt es nur bei der Höhe.

Basismodelle sind die Renner

Den größten Anteil an den Zulassungen nehmen in Deutschland die Limousinen ein. Dabei neigen die Käufer des kompakten Italieners bei der Motorenwahl eindeutig in Richtung Vernunft und Kostendenken. Fast 87 Prozent der Kunden entscheiden sich für ein Modell mit 55 oder 60 PS. Dagegen spielen die Versionen mit 75 PS (rund 4 Prozent Zulassungsanteil) und mit 88 PS (rund 1,5 Prozent) nur eine Nebenrolle, ebenso der aufgeladene Diesel (rund 1,2 Prozent).

Die Entscheidung für eine der beiden Basismotorisierungen muß übrigens kein Fehler sein. Schon die 1,1-Liter-Maschine mit 55 PS (40 kW) macht aus dem Punto ein munteres Kerlchen, das in der Stadt und auf Landstraßen absolut ausreichend motorisiert ist und auch auf der Autobahn wacker marschiert. Leider ist der Elfhunderter ziemlich laut und die Schalldämmung kleinwagenmäßig spartanisch. Wer aus dieser Not eine Tugend macht, wird allerdings belohnt – schon ein wenig Zurückhaltung im Umgang mit dem Gaspedal macht den kleinen Punto leiser und zu einem erstaunlich sparsamen Auto.

Mehr Auto braucht man nicht

Technische Finessen hält vor allem der Getriebesektor bereit: Die 55-PS-Version gibt es auch mit einem Sechsgang-Schaltgetriebe, das vor allem fahraktive junge Leute ansprechen soll. In Verbindung mit dem 60-PS-Motor steht ein stufenloses Automatikgetriebe zur Wahl, das bei Fiat die Bezeichnung »Selecta« trägt. Tatsächlich paßt das technische Konzept des kleinen Italieners sehr gut in das Bild eines modernen Kleinwagens. Der Fiat Punto ist ein beispielhaft wartungs- und reparaturfreundliches Auto. Mehr Auto braucht im Prinzip kein Mensch.

Die Motoren des Punto

bis Modelljahr '97

Modell	Hubraum (cm³)	Leistung (kW/PS)
Punto 55/6 Speed	1108	40/55
Punto 60/Selecta	1242	44/60
Punto 75/HSD	1242	54/74
Punto 90/Sporting	1581	65/88
Punto GT	1372	96/131
Punto TD 70	1698	51/70
Punto Cabrio S	1242	44/60
Punto Cabrio ELX	1581	65/88

ab Modelljahr '98

Modell	Hubraum (cm³)	Leistung (kW/PS)
Punto 55/6 Speed	1108	40/55
Punto 60/Selecta	1242	44/60
Punto 75	1242	54/74
Punto 85 16V/Sporting	1242	63/85
Punto GT	1372	96/131
Punto TD 60	1698	46/63
Punto TD 70	1698	51/70
Punto Cabrio S	1242	44/60
Punto Cabrio ELX	1242 (16 V)	63/85

Der Fünftürer

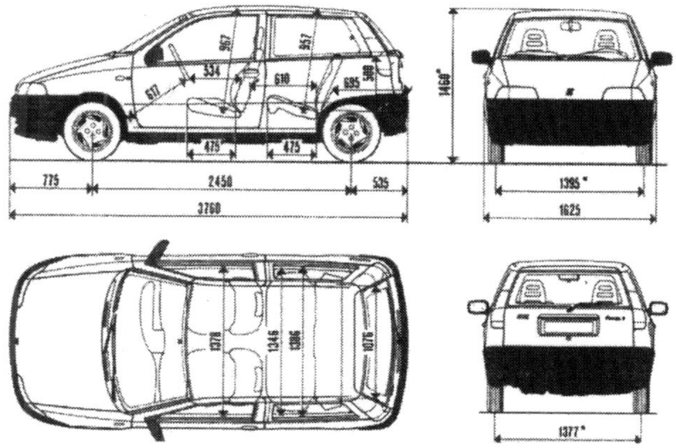

Der Dreitürer

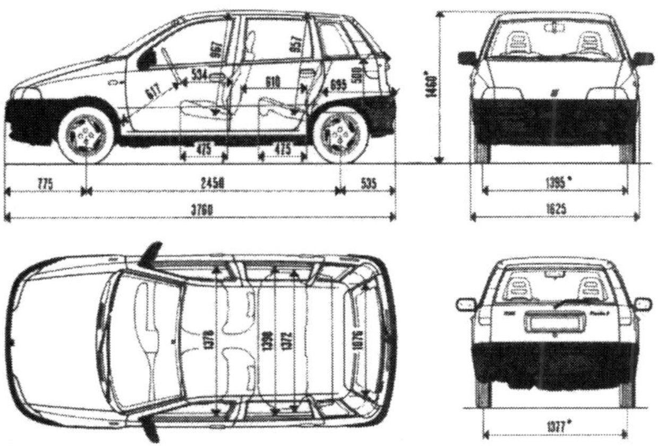

Das Cabrio

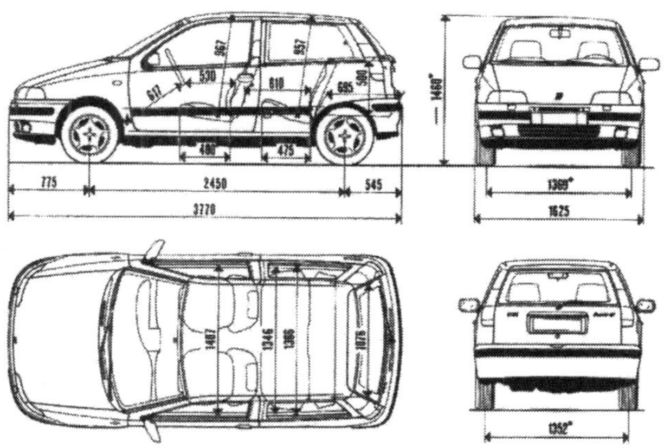

Formal ist der Punto ein typischer Vertreter der modernen Klein- und Kompaktwagengeneration. Die Platzverhältnisse sind für die kompakten Außenmaße erstaunlich großzügig.

DIE AUS-RÜSTUNG

Als Hobby-Mechaniker brauchen Sie einen geeigneten Arbeitsplatz, damit Sie sich ganz aufs Schrauben konzentrieren können. Am besten eignet sich eine trockene Garage mit Stromanschluß, die ausreichend breit und gut beleuchtet ist. Sie können aber durchaus auch im Freien zum Werkzeug greifen. Zu Ihrer eigenen Sicherheit sollten Sie dann auf eine ebene und befestigte Fläche Wert legen.

Mietwerkstatt

Mietwerkstätten sind in aller Regel eine gute Empfehlung für Selbstschrauber. Dort gibt es neben Hebebühnen und umfangreicher Werkzeugausstattung oft auch kompetente Hilfestellung bei Problemen am Fahrzeug und mit der Technik. Die meisten Mietwerkstätten bieten zwischen zwei und acht Arbeitsplätze. Mit freien Plätzen ist unter der Woche eher zu rechnen als am Wochenende, wenn alle Autobastler zum Werkzeug greifen. Die Preise für eine Werkstattstunde bewegen sich zwischen 15 und 20 Mark, Werkzeug inbegriffen. Die Adressen finden Sie in den Gelben Seiten. Achten Sie auch auf entsprechende Anzeigen im Autoteil der Tageszeitung und in Anzeigenblättern oder fragen Sie bei einer Tankstelle nach.

Die Eigenarbeit in der Mietwerkstatt lohnt sich freilich nur, wenn die Reparatur flott von der Hand geht. Führen Sie eine umfangreiche Arbeit zum ersten Mal selbst aus, kann die Summe der angesammelten Mietwerkstattstunden leicht teurer werden als der Arbeitspreis in der Fach- bzw. Vertragswerkstatt. Dazu kommt: Wenn Sie erst einmal angefangen haben, müssen Sie die Arbeit meist auch direkt zu Ende führen. Das zwingt Sie förmlich zu einer akribischen Vorbereitung der geplanten Aktion – Sie wollen ja nicht die Hälfte der gebuchten Zeit mit der Organisation fehlender Teile oder Hilfsmittel verbummeln.

Das Werkzeug

Nur vollständiges und gutes Werkzeug garantiert Ihnen das gewünschte Ergebnis. Überprüfen Sie daher Ihre Ausrüstung, bevor Sie mit der Arbeit beginnen. Schlechtes Werkzeug, das sich schon bei der ersten verrosteten Schraube verbiegt oder ausbricht, bringt Probleme und verdirbt den Spaß an der Bastelei. Achten Sie beim Kauf auf Qualität – gute Werkzeuge werden aus einwandfreiem Material hergestellt und arbeiten stets maßgenau. Wer nur gelegentlich schrauben möchte, dem genügt die folgende Grundausstattung:

- Ein **Sortiment Schraubendreher** mit rutschfestem Griff für Schlitz-, Kreuzschlitz- und Torxschrauben.
- Ein **Satz Gabel- und Ringschlüssel** Sinnvoll sind Doppelgabelschlüssel mit Maulweiten zwischen sechs und 19 Millimetern. Ring-/Gabelschlüssel mit den Schlüsselweiten 10, 13, 17 und 19 Millimeter sollten Sie für gekonterte Schraubverbindungen in doppelter Ausführung anschaffen.
- **Zündkerzenschlüssel** SW 16, ein spezieller Steckschlüssel mit Gummieinsatz.
- **Innensechskantschlüssel** (Inbusschlüssel) am Ring in den Größen 2-8 Millimeter.
- Mit einem **Radkreuzschlüssel für Pkw** lösen Sie auch fest sitzende Radschrauben.
- **Kombizange, Wasserpumpenzange** (Länge mindestens 240 mm) und **Seitenschneider** biegen, halten, drehen und trennen so ziemlich alle Materialien an Ihrem Fahrzeug.
- Der **Schlosserhammer** (empfohlenes Gewicht ca. 300 g) wird als Schlagwerkzeug benutzt, um beispielsweise mit einem Durchschlag festsitzende Bolzen aus Verbindungen zu lösen. Empfindliche Bauteile wie Lager, gegossene oder gehärtete Teile sollten dagegen nur mit einem Kunststoff- oder Gummihammer bearbeitet werden. Bei Richtarbeiten an der Blechstruktur hilft ein Ausbeulhammer.
- Ein **Körner** hilft bei Bohrarbeiten an Metallen. Bringen Sie die gehärtete Spitze exakt an die gewünschte Bohrstelle. Mit einem leichten Hammerschlag auf den Schaft des Körners erzeugen Sie an der Oberfläche eine kleine Vertiefung, an der Sie den Metallbohrer ansetzen.
- Ein **Durchschlag** (Durchmesser 3 und 6 mm) ist bei Montage- und Demontagearbeiten an Fahrwerk, Motor und Bremsen universell einsetzbar. Wenn Sie damit Haltebolzen entfernen: Achten Sie darauf, daß die Auflagefläche des Durchschlags etwa der Größe des Bolzens entspricht, da dieser sich sonst verformen kann.
- Mit einem **Flachmeißel** (gehärtete Schneide) werden Sie zur Not auch mit deformierten oder festgerosteten Schraubverbindungen fertig, indem sie die Mutter mitsamt dem Gewindebolzen abmeißeln.
- Für Arbeiten im Motorraum und unter dem Fahrzeug empfiehlt sich die Anschaffung eines **Steckschlüsselsatzes** mit den Einsätzen 10-32 Millimetern und einer Umschaltknarre mit **1/2-Zoll-Antrieb**. Ein komplettes Set ist billiger als der Kauf der jeweils benötigten Einzeleinsätze.
- Für Arbeiten im Innenraum ist ebenfalls ein **Steckschlüsselsatz** sinnvoll, allerdings mit kleinerem **1/4-Zoll-Antrieb**. Neben Kreuz-, Torx-, Schlitzschrauben und Kunststoffclips verbauen die Hersteller hier oft Schrauben mit SW 6 bis 13 Millimeter.
- Für Arbeiten an der Elektrik sind zu empfehlen eine **isolierte Kombizange**, eine **Quetschzange** für Steckeranschlüsse und Kabelverbindungen, ein **isolierter Schraubendreher** und eine **Phasenprüflampe mit Nadelspitze und separatem Massekabel**.

Praxistip

Bordwerkzeug komplett?

Checken Sie Ihr Bordwerkzeug. Die beste Grundausstattung in der Garage nützt nichts, wenn Ihnen bei einer Panne unterwegs die Hilfsmittel fehlen. Sind Wagenheber, Radkreuz und Schraubendreher an Bord? Bei einem Wackelkontakt oder einer gelösten Kabelverbindung helfen Elektrokombizange, ein paar Drähte und Isolierband. Ebenfalls sinnvoll: ein Lampenset und Ersatzsicherungen, Abschleppseil, Starthilfekabel und Taschenlampe.

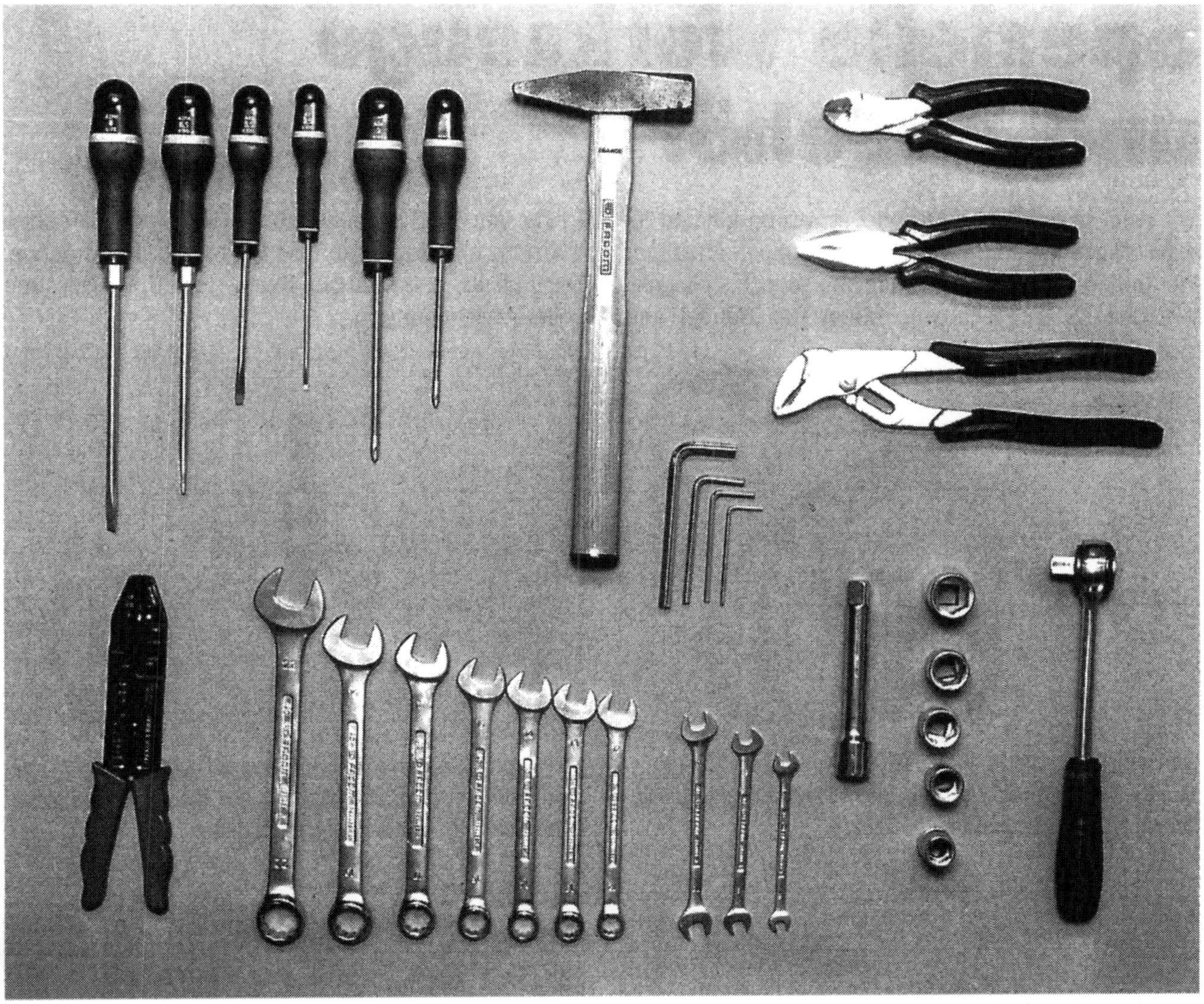

Diese Werkzeuge gehören in Ihren Werkzeugkasten. Die Grundausstattung ist ihr Geld doppelt wert, weil Sie damit nicht nur Ihr Auto auf Vordermann bringen, sondern auch manche Arbeiten im Haus erledigen können.

Spezielle Werkzeuge und Zubehör

Mit einer vernünftigen Grundausstattung können Sie viele Wartungen und Reparaturen selbst erledigen. Für einige Arbeiten brauchen Sie jedoch spezielles Werkzeug. Darüber hinaus bietet der Handel eine Reihe von Werkzeugen und Geräten an, mit denen Wartung und Reparatur leichter von der Hand gehen. Die folgende Auswahl gibt Ihnen einen Überblick sinnvoller Anschaffungen.

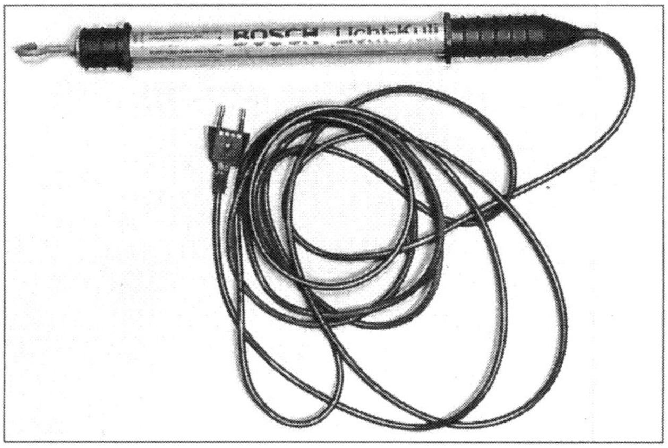

Eine Handlampe ist fürs Schrauben unter dem Auto oder im Motorraum eine große Sichthilfe. Ebenso im Innenraum und in der oft nur spärlich beleuchteten Garage.

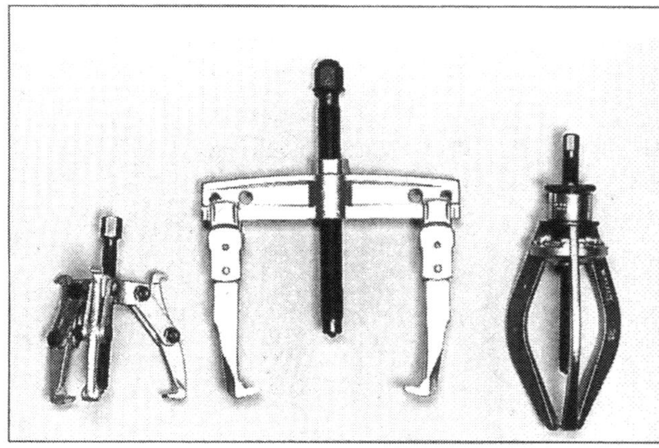

Um Radnaben zu lösen oder Achsgelenke aus Ihrer Führung zu locken, lohnt sich die Anschaffung eines Abziehers. Die Abbildung zeigt Zwei- und Dreiklauen-Abzieher.

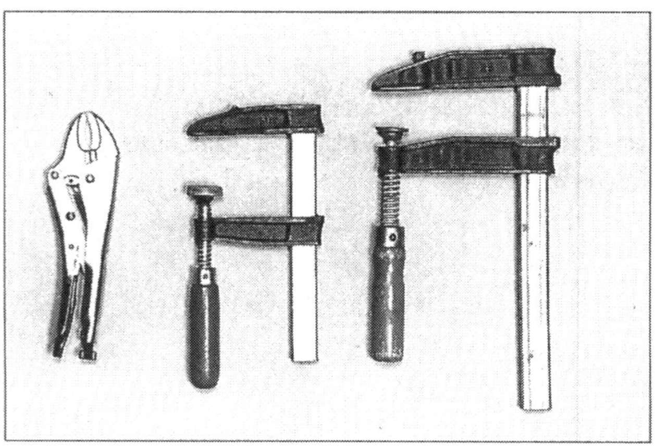

Eine Gripzange oder Schraubzwinge ersetzt die fehlende dritte Hand. Schraubzwingen gibt es in vielen Größen für ein paar Mark.

Ein kurzer, kleiner Rangierwagenheber ist eine gute Alternative zum Bordwagenheber. Ideal ist eine Ausführung mit Fußpedal zum Hochpumpen. Beachten Sie, daß sich ein Heber mit zu kleinen Rädern unter Last kaum mehr bewegen läßt. Wichtiges Zubehör beim Anheben sind ein Gummiaufsatz ❶ gegen Schäden am Wagenboden und eine lastverteilende Quertraverse aus Hartholz ❷.

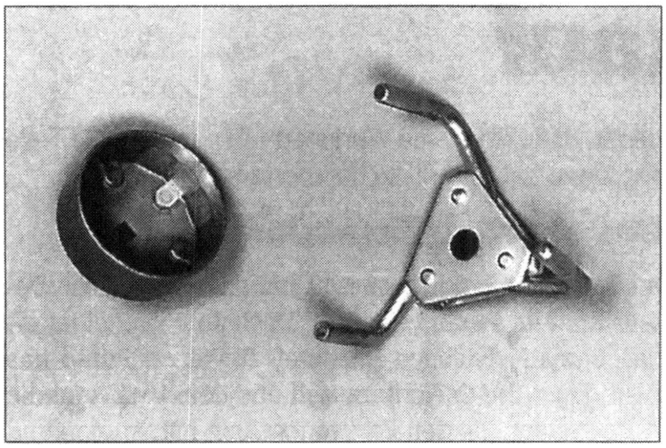

Für den Ölwechsel brauchen Sie einen Ölfilterschlüssel, den es je nach Preis in den verschiedensten Ausführungen gibt. Im Bild der fahrzeugspezifische Schlüssel (links) und ein Universalschlüssel (rechts).

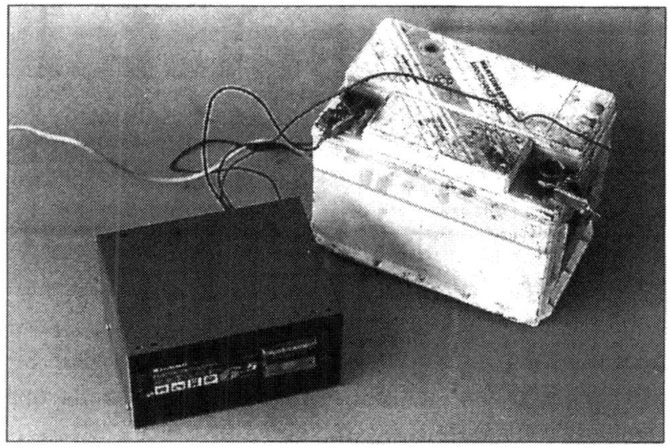

Ein Batterie-Ladegerät mit automatischer Ladestromanpassung ist besonders im Winter bei Kurzstreckenfahrzeugen wichtig, weil die stark beanspruchte Batterie von der Lichtmaschine nicht mehr voll geladen werden kann.

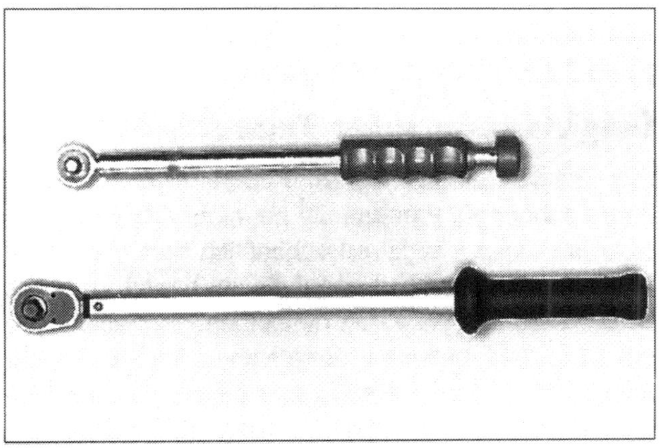

Ein präziser Drehmomentschlüssel ist für fortgeschrittene Hobbymechaniker unentbehrlich. Ein Automatikschlüssel löst bei Erreichen des vorher eingestellten Drehmoments vernehmlich aus.

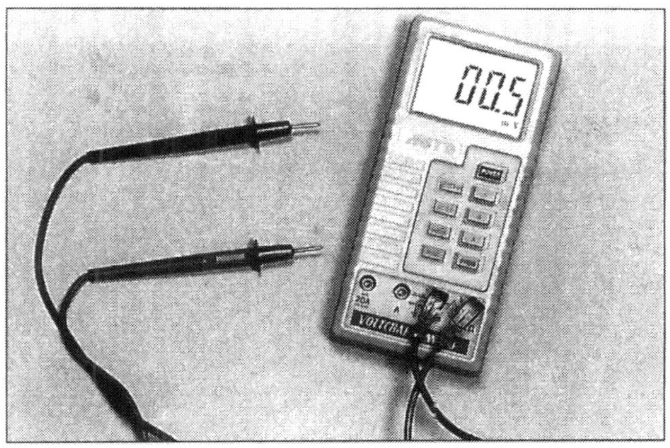

Für exakte Meßwerte bei elektronischen Bauteilen ist das Multimeter zuständig. Ambitionierte Schrauber kommen ohne dieses speziell für die Autoelektrik abgestimmte Gerät nicht aus.

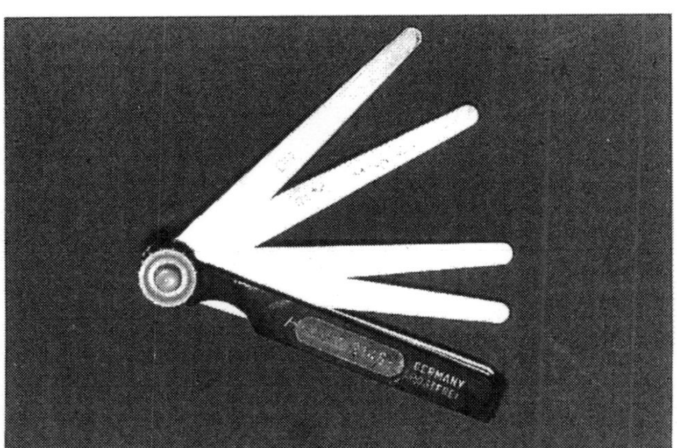

Eine Fühlerblattlehre brauchen Sie, wenn Sie das Ventilspiel prüfen oder etwa das Spaltmaß von Zündsystem-Drehzahlgeber oder ABS-Radsensoren messen wollen.

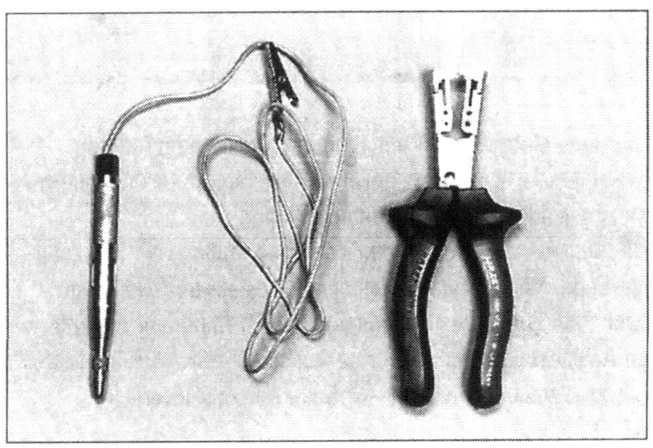

Durchgangsprüfer (Autoelektrik-Prüflampe) mit Krokodilklemme und Kontaktspitze benötigt man für fast alle Arbeiten an der Autoelektrik. Die Lampe im Prüfgerät liefert eine zuverlässige Aussage, ob Spannung an den Prüfspitzen anliegt. Mit einer Abisolierzange ziehen Sie die Isolierung der Kabel ab.

Der Ersatzteilkauf

Die für Wartungs- oder Reparaturarbeiten benötigten Ersatzteile sollten Sie spätestens am Tag der Arbeit parat haben. Stellen Sie sich eine Liste der Ersatzteile zusammen, die Sie für Ihre Arbeit brauchen. Denken Sie dabei nicht nur an die direkt betroffenen Teile, sondern auch an Zubehör wie Dichtungen, Sicherungsringe und selbstsichernde Muttern. Fragen Sie zur Sicherheit den Fachmann im Ersatzteillager – er ist mit diesem Problem vertraut und sucht Ihnen die erforderlichen Teile heraus.
Reparaturen, deren Umfang Sie nicht genau abschätzen können, sollten Sie auf einen Termin legen, der Ihnen auch einen außerplanmäßigen Besuch beim Zubehör- oder Stützpunkthändler erlaubt. Rechnen Sie damit, daß selbst eine Werkstatt nicht immer alle Teile auf Lager hat und diese dann erst bestellen muß.

Das Typenschild Ihres Punto finden Sie über dem rechten Scheinwerfer (von vorne gesehen links) am Motorraumquerträger. Es gibt Ihnen folgende Informationen:
❶ Nummer der allgemeinen Betriebserlaubnis. ❷ Fahrzeugtyp-Code. ❸ Fahrgestellnummer. ❹ Zulässiges Gesamtgewicht. ❺ Zulässiges Gesamtgewicht mit Anhänger ❻ Zulässige Achslast vorn. ❼ Zulässige Achslast hinten. ❽ Typ Motor* (für Ersatzteilbeschaffung). ❾ Code Karosserieversion.
AT Ordnungsnummer Ersatzteile.
AK Korrigierter Abgas-Rauchkoeffizient (nur bei Diesel).

* Mit Ausnahme der Automatikversion Selecta (176B1000) haben alle Punto-Motoren die Kennzeichnung 176A. Folgende Ziffern stehen für folgende Motorisierungen: 3000 = TD mit Kat; 4000 = 133 PS; 5000 = TD; 6000 = 55 PS; 7000 = 59 PS; 8000 = 75 PS; 9000 = 88 PS.

Das richtige Ersatzteil

Im Laufe der Produktionszeit haben sich manche Details am Fiat Punto geändert. Deshalb entscheidet oft das Baujahr, welches Ersatzteil für einen Punto das richtige ist. Sie erleichtern sich und dem Verkäufer die Arbeit, wenn Sie den Fahrzeugschein mitnehmen und die Daten des Typenschilds auf einem Zettel notiert haben. Mit diesen Informationen kann ein geschulter Ersatzteilverkäufer das für Ihr Fahrzeug passende Teil mühelos aus dem Katalog oder dem vom Hersteller zusammengestellten Microfiche ermitteln. Wenn Sie auf Nummer Sicher gehen wollen: Bringen Sie das ausgebaute Altteil gleich mit zum Händler.

Originalteile oder Fremdteile?

Alle Ersatzteile, die Sie im Reparaturfall für Ihren Punto benötigen, erhalten Sie bei einem Fiat-Händler. Aber Sie müssen nicht ausschließlich dort einkaufen. Der Zubehörhandel hält ebenfalls ein breites Angebot bereit, darunter Teile von denselben Herstellern, die das Fiat-Werk beliefern. Vergleichen Sie die Preise, wenn Service und Lieferfähigkeit gleich sind. Auf No-name-Produkte sollten Sie beim Ersatzteilkauf verzichten. Die eingesparten Beträge sind gering und machen die fehlende Beratung beim Kauf von Verschleißteilen nicht wett.

Diese Teile kaufen Sie im Zubehörhandel

- Anlasser
- Bremsleitungen
- Bremsschläuche
- Filter
- Gelenkwellen
- Glühlampen
- Hauptbremszylinder
- Keilriemen
- Kupplung (komplett)
- Lack

- Lichtmaschine
- Motordichtungen
- Radbremszylinder
- Reparaturbleche
- Scheinwerfer
- Stoßdämpfer
- Zündkabel
- Zündkerzen und Zündkerzenstecker

Safety first

Bei sicherheitsrelevanten Ersatzteilen ist Sparsamkeit am falschen Platz. Bremsbeläge, Bremsscheiben, Radlager, Antriebswellen und Gelenke sollten Sie grundsätzlich in Erstausrüster- oder Originalqualität kaufen. Die meisten Billig-Produkte entsprechen bei weitem nicht der vom Hersteller geforderten Mindestqualität. Was nutzen Ihnen preiswerte Bremsscheiben aus Osteuropa oder Asien, wenn sie nach dem Einbau eine Unruhe in der Vorderachse verursachen, die nur für teures Geld in der Werkstatt behoben werden kann? Fiat sieht beim Punto eine spezielle Mischung des Bremsbelagmaterials vor. Die Kennummer dafür steht in der »Allgemeinen Betriebserlaubnis« (ABE). Falls Ihr Fahrzeug nach einem ernsteren Unfall begutachtet wird und sich dabei eine nicht freigegebene Belagsmischung herausstellt, kann sich dies zu Ihren Ungunsten auswirken. Ihre Sicherheit und die Sicherheit anderer Verkehrsteilnehmer muß Ihnen daher ein paar Mark extra wert sein.

Austauschteile

Second hand lohnt sich bei einer Reihe von Ersatzteilen. Austauschteile von Fiat haben die gleiche Qualität wie ein Neuteil, sind deutlich billiger und werden mit gleicher Garantie geliefert. Auch der Zubehörhandel bietet zahlreiche neuwertige Austauschteile an. Erneuerte Elektrik-Bauteile vertreibt die Firma Bosch über ihre Autoelektrik-Werkstätten. Aber auch der Autoverwerter ist in vielen Fällen eine gute Adresse – wenn Sie eine Reparatur besonders billig ausführen wollen und auf Äußerlichkeiten keinen großen Wert legen. Das gilt etwa für Karosserie-Bauteile wie Türen, Stoßfänger und Motorhauben. Gebrauchte Verschleißteile lohnen sich jedoch nur dann, wenn sie deutlich besser sind als die bisher im Wagen eingebauten. Bisweilen müssen Sie das gewünschte Ersatzteil selbst ausbauen. Fragen Sie auf jeden Fall nach dem Preis: Das gebrauchte Teil darf höchstens halb so teuer sein wie das Neuteil. Ein Verschleißteil darf nicht mehr als ein Viertel des Neupreises kosten.

Hier lohnen sich Austauschteile

- Anlasser
- Bremsbacken für Trommelbremsen
- Getriebe
- Antriebswellen
- Kupplungsdruckplatte
- Kupplungs-Mitnehmerscheibe
- Kurbelwelle mit Lagern
- Lichtmaschine
- Teilmotor
- Scheibenbremssättel
- Scheibenwischermotor
- Schwungrad
- Wasserpumpe
- Zylinderblock mit Kolben
- Zylinderkopf

Sicherheit geht vor

Es ist eine Selbstverständlichkeit, doch wir möchten es an dieser Stelle noch einmal ausdrücklich unterstreichen: Sicherheit hat beim Heimwerken absolute Priorität. Wagen Sie sich nur an Arbeiten, die Sie sich wirklich zutrauen können. Nehmen Sie handwerkliche Aufgaben, mit denen Sie in der Praxis bislang wenig oder gar keine Erfahrung haben, nicht auf die leichte Schulter. Fatale Folgen können mangelhaft ausgeführte Arbeit natürlich auch im Straßenverkehr haben – übrigens nicht nur für Sie, sondern auch für Dritte.

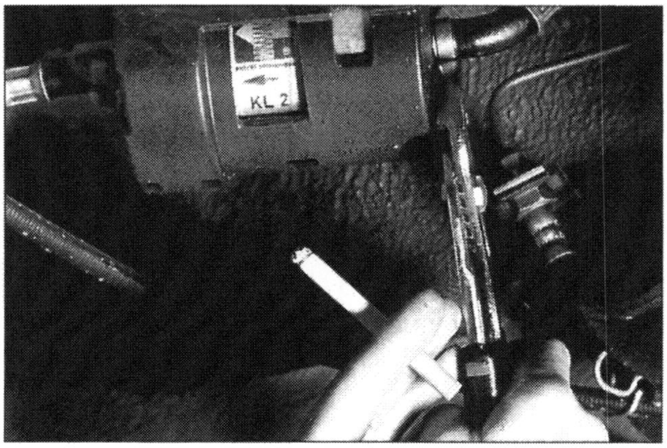

Rauchen und Kraftstoff-Filter ersetzen – warum nicht gleich russisches Roulette spielen? Also: Bei allen Wartungs- und Reparaturarbeiten bleibt der Glimmstengel in seiner Verpackung.

Micky-Maus sieht lustig aus. Aber Ihre Ohren werden es Ihnen auf Dauer danken, wenn Sie beim Blechtrennen oder bei Arbeiten mit laufendem Motor einen Ohrenschützer tragen.

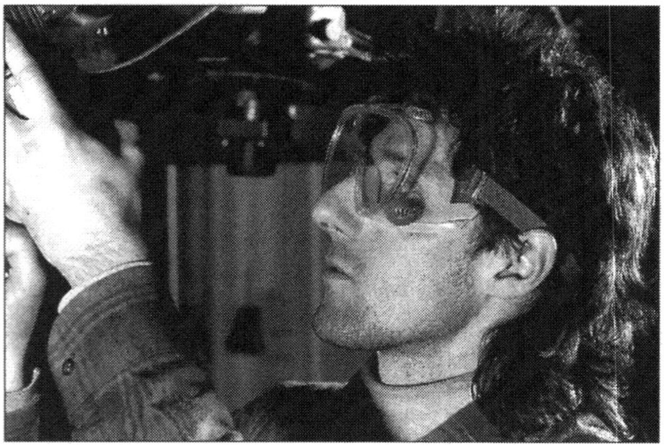

Tragen Sie beim Bohren, Schleifen und Meißeln immer eine Schutzbrille. Der Augenschutz ist auch dann empfehlenswert, wenn Sie unter dem Fahrzeug an der Kraftstoffanlage arbeiten oder den Unterboden säubern. Bei Schweißarbeiten sollten Sie eine spezielle Schweißbrille aufsetzen – auch wenn Sie dabei nur zusehen.

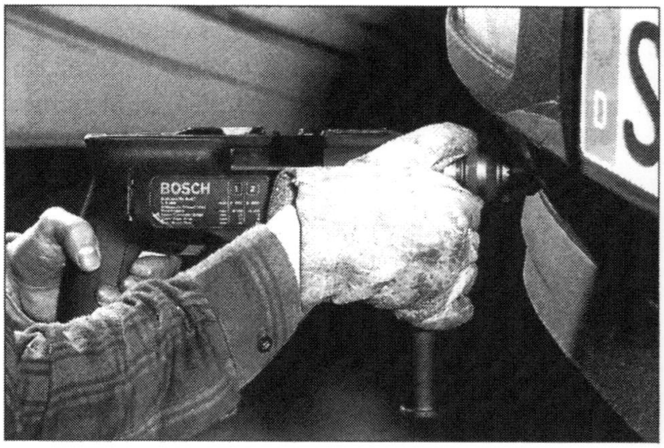

Arbeitshandschuhe schützen vor Schmutz oder Schürfwunden am scharfen Blech. An der Bohrmaschine sind sie jedoch gefährlich: Wenn das Bohrfutter Ihren Handschuh erfaßt, gibt zuerst die Hand nach, was ihr schlecht bekommt.

Vorsicht bei der Arbeit in einer schlecht belüfteten Montagegrube. Hier können sich Benzindämpfe und Auspuffgase sammeln. Bei laufendem Motor herrscht Lebensgefahr durch Vergiftung.

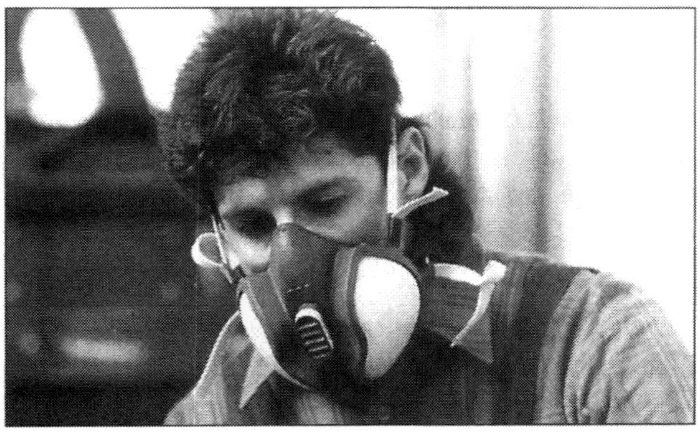

Wenn Sie größere Flächen an Ihrem Fahrzeug lackieren, sollten Sie eine spezielle Lackiererschutzmaske tragen. Sorgen Sie außerdem dafür, daß der Lackierraum ausreichend belüftet wird.

Sprühdosen, Altöl, Bremsflüssigkeit, Farbdosen, alte Bremsbeläge oder Batterien müssen sauber getrennt an den Sondermüll-Annahmestellen Ihrer Stadt oder Gemeinde abgeliefert werden – keinesfalls in die Mülltonne werfen!

Durchgebrannte Sicherungen müssen Sie immer durch neue Sicherungen desselben Typs und identischer Stromstärke (A = Ampere) ersetzen. Niemals Draht oder Bürcklammern zum Überbrücken verwenden. Die Beschädigung der nachfolgenden Bauteile oder – viel schlimmer – ein Kabelbrand können die Folge sein.

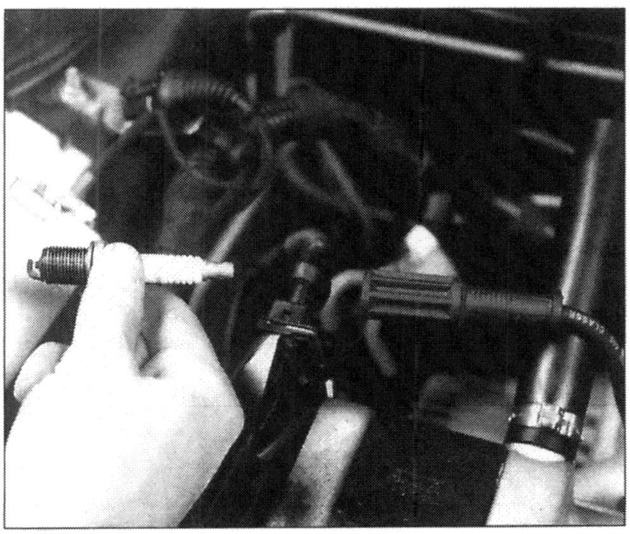

Vorsicht bei allen Arbeiten an der Zündanlage! Bei laufendem Motor steht die Anlage hochspannungsseitig (Primärstromkreis) mit bis zu 30000 Volt unter Spannung. Führen Sie Prüfungen an der Zündung deshalb nur bei Motorstillstand aus. Oder richten Sie den Prüfaufbau so aus, daß Sie während des Motorlaufs nicht die Hand anlegen müssen.

So bocken Sie Ihr Fahrzeug richtig auf

Fiat stattet den Punto serienmäßig mit einem Scherenwagenheber aus. Damit läßt sich der Italiener für die meisten Arbeiten hoch genug heben. Eine am Boden zwischengelegte Bohle vergrößert die Hubhöhe. Im übrigen sollten Sie immer ein kleines Brett unterlegen, damit sich der Wagenheberfuß nicht in den Untergrund drücken kann.

Ein Wagenheber ist jedoch – wie der Name schon sagt – nur dazu da, das Fahrzeug anzuheben. Er ist keinesfalls eine ausreichende Abstützung für Arbeiten an der Wagenunterseite. Lassen Sie es daher auch in der größten Eile nie an der Abstützung des aufgebockten Fahrzeugs fehlen. Sonst kann die eigenhändige Reparatur das Leben kosten. Auf Nummer Sicher gehen Sie mit Unterstellböcken, die der Zubehörhandel in verschiedenen Größen und Ausführungen anbietet. Ein Paar reicht für die meisten Reparaturen völlig aus. Besonders praktisch sind Dreibeinböcke mit klappbaren Füßen. Beachten Sie beim Kauf, daß die Unterstellböcke keine zu kleine Standfläche haben.

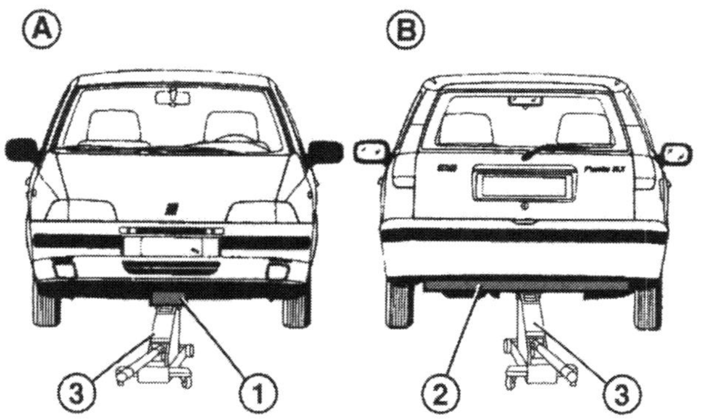

Fahrzeug mit Rangierwagenheber ❸ aufbocken. Zum Anheben des Vorderwagens (A) darf der Rangierwagenheber nur am Getriebe angehoben werden. Als Zwischenlage ein Stück Hartholz oder einen Gummiklotz ❶ (150 x 150 x 65 mm) verwenden. Zum Anheben des Fahrzeughecks (B) muß ein Hartholz-Balken ❷ (60 x 60 x 1050 mm) an den beiden Stoßfängerbefestigungen angesetzt werden.

Dreibeinbock am Unterboden angesetzt. Ein Unterstellbock steht sicher, wenn eines seiner Beine nach außen und zwei zur Wagenmitte hin zeigen. Ein lastverteilender – und damit den Unterboden schützender – Holzklotz ist anzuraten.

Arbeitsschritte

1 Der Punto muß auf festem, ebenem Untergrund stehen. Räumen Sie vor Arbeitsbeginn erst den Kofferraum aus.

2 Handbremse anziehen und die Räder gegenüber der Anhebestelle mit Holzkeilen, notfalls mit geeigneten Steinen gegen Vor- und Zurückrollen sichern. Auf die angezogene Handbremse dürfen Sie sich nicht verlassen, da sie bei manchen Arbeiten gelöst werden muß.

3 Um den Scherenwagenheber in Betrieb zu nehmen, müssen Sie ihn mit der Kurbel zunächst ein Stück öffnen. Setzen Sie den Wagenheber nur an den eingeprägten Stellen des Türschwellers an. Dabei muß die Prägenut des Schwellers genau in der Kerbe des Wagenhebers sitzen. Ein Rangierwagenheber sollte nur an den Bodenverstärkungen im vorderen und hinteren Bereich der Türschweller angesetzt werden

4 Wagenheber auf die Arbeitshöhe hochkurbeln. Der Unterstellbock darf nur an den Bodenverstärkungen angesetzt werden. Zwischen der Auflage des Bocks und den Fahrzeugboden sollten Sie einen Hartholzklotz legen, der die Last verteilt.

5 Kontrollieren Sie vor dem Ansetzen des Unterstellbocks, ob eventuell ein Blechfalz im Weg ist, der eingedrückt oder deformiert werden könnte.

6 Der Dreibeinbock steht am sichersten, wenn eines seiner Beine nach außen und zwei zur Wagenmitte hin zeigen. Achten Sie auf diese Stellung, wenn Sie den Punto vorne oder hinten aufbocken. Sonst kann es passieren, daß beim Anheben des Wagens der auf der anderen Seite bereits angesetzte Unterstellbock weggedrückt wird.

Do it yourself – mit Köpfchen und System

Eine gute Organisation und Vorbereitung sind auch beim Heimwerken fast schon die halbe Miete. Nur wenn der Arbeitsplatz geeignet ist, die Ausrüstung stimmt und das benötigte Material bei Bedarf auch wirklich zur Verfügung steht, haben Sie Spaß beim Do it yourself. Und Spaß ist die Grundvoraussetzung für eine erfolgreiche Pflege und Wartung Ihres Fiat Punto.

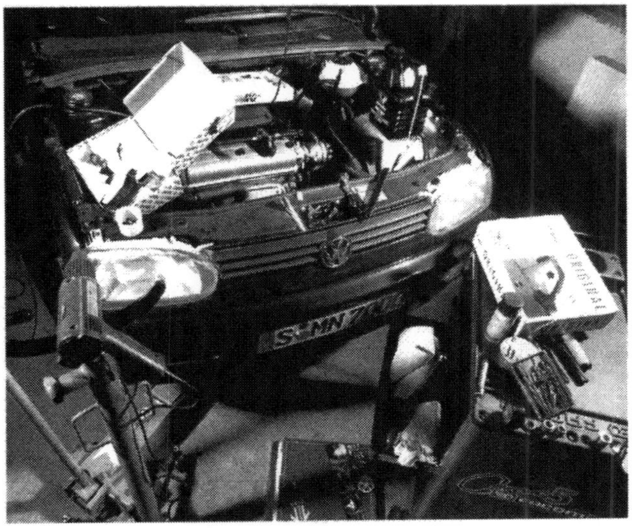

So sollten Sie nicht arbeiten: Versuchen Sie, Ihren Arbeitsplatz so aufgeräumt und sauber wie möglich zu halten. Sie verlieren dadurch keine Zeit mit der Suche nach bestimmten Werkzeugen und können sicher sein, daß kein Werkzeug versehentlich im Motorraum liegenbleibt.

- Säubern Sie zuerst den Arbeitsplatz. Schrauben und Teile von früheren Zerlegearbeiten sollten unbedingt weggeräumt werden, damit Sie nichts falsches wieder einbauen.
- Abgenommene Teile legt man in der Ausbaureihenfolge ab. Das erleichtert den Zusammenbau.
- Kleinteile packen Sie am besten in kleine Schachteln oder Gläser. Oder Sie drehen nach dem Ausbau die Schrauben gleich wieder in das zugehörige Gewinde. So werden ganz sicher keine Schrauben verwechselt.
- Falls sich ein Wasserablauf in der Nähe befindet, sollten Sie ihn während der Arbeit abdecken, sonst verschwinden garantiert Kleinteile darin.
- Lesen Sie mitgelieferte Reparatur- oder Montageunterlagen vor Beginn der eigentlichen Arbeit durch. Und zwar konzentriert und gründlich. Deponieren Sie diese Unterlagen während der Arbeit in Reichweite.
- Bei umfangreichen Arbeiten sollten Sie eine Skizze anfertigen und sich zusätzlich die Reihenfolge der ausgebauten Teile aufschreiben. Das erleichtert bei Bedarf die Fehlersuche ganz erheblich.
- Zum Hinlegen, etwa bei Arbeiten in den Radkästen oder an den Stoßfängern, empfiehlt sich als Unterlage eine alte Decke gegen die Bodenkälte und darauf eine Plastikfolie, die gegen Öl und Feuchtigkeit unempfindlich ist.
- Bleiben nach der Arbeit Ölspuren auf dem Boden zurück, hilft fürs erste ein scharfer Haushaltsreiniger oder Geschirrspülmittel. Besser sind spezielle Ölfleckentferner, wie sie der Autozubehörhandel anbietet.

Funktionskontrolle

- Nach beendeter Reparatur sollten Sie feststellen, ob noch irgendwelche Teile herumliegen, die zu Ihrem Punto gehören.
- Dann ein prüfender Blick auf die Reparaturstelle beim Fiat Punto: Ist dort alles richtig und komplett montiert? Dann wird die Funktion gecheckt.
- Stimmt mit der Reparatur scheinbar etwas nicht oder tritt gar ein neuer Defekt auf?
- Kontrollieren Sie zuerst die gesamte Umgebung der Reparaturstelle am Fahrzeug. Möglicherweise haben sie ein Kabel nicht angeschlossen oder einen Mehrfachstecker nicht aufgesteckt.

Tips für Schrauber

Eine unlösbare Verschraubung oder eine abgerissene Schraube haben schon manchen Hobbyschrauber von seinem Reparaturvorhaben wieder abgebracht. Die folgenden Arbeitstips sollen dem Einsteiger helfen, ungewohnte Arbeiten durchzuführen.

Verrostete Verschraubungen lösen

Bevor der Schraubenschlüssel an einer festgerosteten Mutter bzw. Schraube angesetzt wird, sollten Sie die freiliegenden Gewindegänge des Gewindebolzens von Schmutz und Rost befreien. Andernfalls wird der Gewindebolzen beim Loswuchten abgedreht.

- Gewinde mit einer Drahtbürste säubern und anschließend mit Rostlöser besprühen.
- Bei Schnell-Rostlösern die Mutter sofort losdrehen.
- Bei anderen Rostlösern einige Zeit warten.

Praxistip

Umgang mit selbstsichernden Muttern

Selbstsichernde Muttern klemmen satt auf dem Gewinde und können sich auch durch Vibrationen nicht lösen. Dazu besitzen sie eine Einlage aus Kunststoff oder ein enger geschnittenes Gewinde. Derartige Muttern sollten Sie grundsätzlich nur einmal verwenden, sonst ist die sichernde Wirkung dahin.

Innensechskant- und Innenvielzahnschrauben lösen

Bei beiden Schraubenarten muß das Schraubenloch von jeglichem Schmutz gesäubert sein, ehe Sie das entsprechende Werkzeug ansetzen.

- Am besten eignen sich zum Lösen solcher Schrauben Steckeinsätze mit langem Sechskant bzw. Vielzahn.
- Im Gegensatz zu den gebräuchlichen Winkelschlüsseln (bei denen die Kraft immer schräg ansetzt) vertragen die Steckeinsätze auch einen Hammerschlag auf der Adapterseite mit dem Vierkant. Der Schlag mit dem Hammer auf das Werkzeug – oder im Notfall auch direkt auf den Schraubenkopf – lockert den Sitz der Schraube ein wenig und erleichtert das Lösen.

Praxistip

Schraube fällt vom Werkzeug

Wollen Sie eine Schraube an einer schwer zugänglichen Stelle wieder eindrehen, verhindern Sie mit folgendem Trick, daß sie immer wieder vom Werkzeug abfällt: In den Schraubenschlitz etwas Kaugummi ankleben oder die Schraube mit einem Klebebandstreifen am Werkzeug anheften.

Beschädigte Muttern lösen

Wenn Sie die Kanten einer Mutter bereits rund gedreht haben oder wenn Rost die Anlageflächen für den Schraubenschlüssel deformiert hat, hilft nur noch Gewalt.

- Als erste Möglichkeit kommt eine Gripzange in Betracht. Damit läßt sich die Mutter fest greifen und oft auch losdrehen.
- Hilft das nicht weiter, wird ein scharfer Meißel angesetzt und die Mutter aufgemeißelt.
- Eine gut zugängliche Mutter kann auch entlang des Gewindes mit einer Metallsäge aufgesägt werden. Werkstätten benutzen zum Lösen solcher Muttern einen sogenannten Mutternsprenger.

Schlitz- und Kreuzschlitzschrauben lösen

Schon nach relativ kurzer Zeit können Schrauben so fest sitzen, daß sie sich nicht mehr einfach mit einem Schraubendreher herausdrehen lassen. Bei Kreuzschlitzschrauben kommt erschwerend hinzu, daß sich der Schraubendreher auch bei starkem Druck auf den Griff aus dem Kreuzschlitz herausdreht. Nach wenigen erfolglosen Versuchen ist der Kreuzschlitz vermurkst – die Schraube ist praktisch unlösbar.

- Wenn sich eine Schraube nicht gleich losdrehen läßt, sollten Sie einen passenden, stabilen Schraubendreher ansetzen und mit einem kräftigen Hammerschlag auf das Griffende versuchen, die Schraubverbindung zu lösen.

- Meistens bricht die oft nur mit dem Kopf festkorrodierte Schraube los. Sie läßt sich dann in der Regel normal herausdrehen.
- Hilft das nichts, brauchen Sie einen Schlagschrauber. Bei jedem Hammerschlag auf die Griffoberseite des Schlagschraubers dreht dieser den Schraubendrehereinsatz unter Druck ein wenig weiter. Das löst praktisch jede Schraube.

Blechschrauben ausbohren

Läßt sich in einem Schraubenkopf kein Werkzeug mehr ansetzen, hilft nur noch Ausbohren.

- Erst entfernt man mit einem entsprechend großen Bohrer den Schraubenkopf. Eventuell mit einem kleineren Bohrer vorbohren.
- Das Gewindeteil einer Blechschraube läßt sich jetzt entweder durchstoßen oder mit einer Zange von der Rückseite her abnehmen.
- Andernfalls mit einem dünnen Bohrer das Gewindeteil ausbohren. Wenn Sie hierfür einen zu großen Bohrerdurchmesser wählen, wird das Loch für die Schraube so vergrößert, daß später nur eine dickere Blechschraube hält.

Lösen und Festdrehen von Stehbolzen

Da ein Stehbolzen (auch Gewindestange genannt) keine Anlagefläche für einen Schraubenschlüssel besitzt, müssen Sie diese erst schaffen.

- Auf dem freien Gewindeteil des Bolzens zwei Muttern fest gegeneinander festdrehen (kontern). An den so blockierten Muttern den Schraubenschlüssel ansetzen und den Bolzen lösen bzw. anziehen.

Abgerissene Schrauben ausbohren

Das Gegengewinde, in dem die abgerissene Schraube steckt, sollte möglichst wenig Schaden nehmen.

- Den Schraubenrest genau in der Mitte mit einem Körnerschlag versehen.
- Jetzt kann gebohrt werden: Bis zur Schraubengröße M 8 geht dies gleich mit dem sogenannten Kernlochbohrer. Das ist der Durchmesser einer »rasierten« Schraube, also ohne Gewindeflanken. Bis zur Schraubengröße M 6 gilt die Faustregel: Gewindedurchmesser multipliziert mit 0,8. Beispiel: Verschraubung M 6 x 0,8 = Kernlochdurchmesser 4,8. Ab Schrauben der Größe M 8 sollten Sie mit einem dünneren Bohrer vorbohren.
- Die in den Gewindegängen verbliebenen Metallreste lassen sich bisweilen mit einer Reißnadel entfernen. Meistens muß jedoch das Gewinde nachgeschnitten werden.

Gewinde schneiden

In Leichtmetall eingeschnittene Gewinde reißen besonders leicht aus, da das Material eine wesentlich geringere Festigkeit hat als etwa Stahl. Hat das Metall noch genug Substanz, können Sie ein größeres Gewinde einschneiden. Andernfalls muß eine Gewindebuchse eingesetzt werden – eine Angelegenheit für die Werkstatt. Das Nach- oder Neuschneiden von Gewinden geht in drei Stufen vor sich. Die entsprechenden Gewindeschneider heißen daher Vorschneider (ein Ring am Schaft), Mittelschneider (zwei Ringe am Schaft) und Fertigschneider (ohne bzw. drei Ringe am Schaft).

- Die drei Gewindeschneider werden nacheinander unter ständigem Ölen in das vorgebohrte Kernloch hinein- und wieder herausgedreht.
- Um ein Abreißen des Gewindeschneiders zu vermeiden, muß beim Hineindrehen immer wieder abgesetzt und ein Stück zurückgedreht werden. Sonst werden die Metallspäne zu lang und klemmen.

Technik-lexikon: Schraubengröße und Drehmoment

Schrauben und Muttern, die keinen speziellen Belastungen ausgesetzt sind, werden mit Standard-Drehmomenten angezogen. Die meisten Autobastler ziehen einfache Verschraubungen freilich nach Gefühl an. Falls Sie Ihr Schraubgefühl einmal mit einem Drehmomentschlüssel kontrollieren wollen – für die gebräuchlichsten Schrauben- und Mutternverbindungen gelten folgende Drehmomente:

Gewindedurchmesser (mm)	6	8	10	12	14
Drehmoment (Nm)*	10	25	49	85	135

* Die angegebenen Drehmomente gelten nicht für Sonderschrauben und für Schrauben, die in Leichtmetall eingedreht sind.

DIE WAGEN-PFLEGE

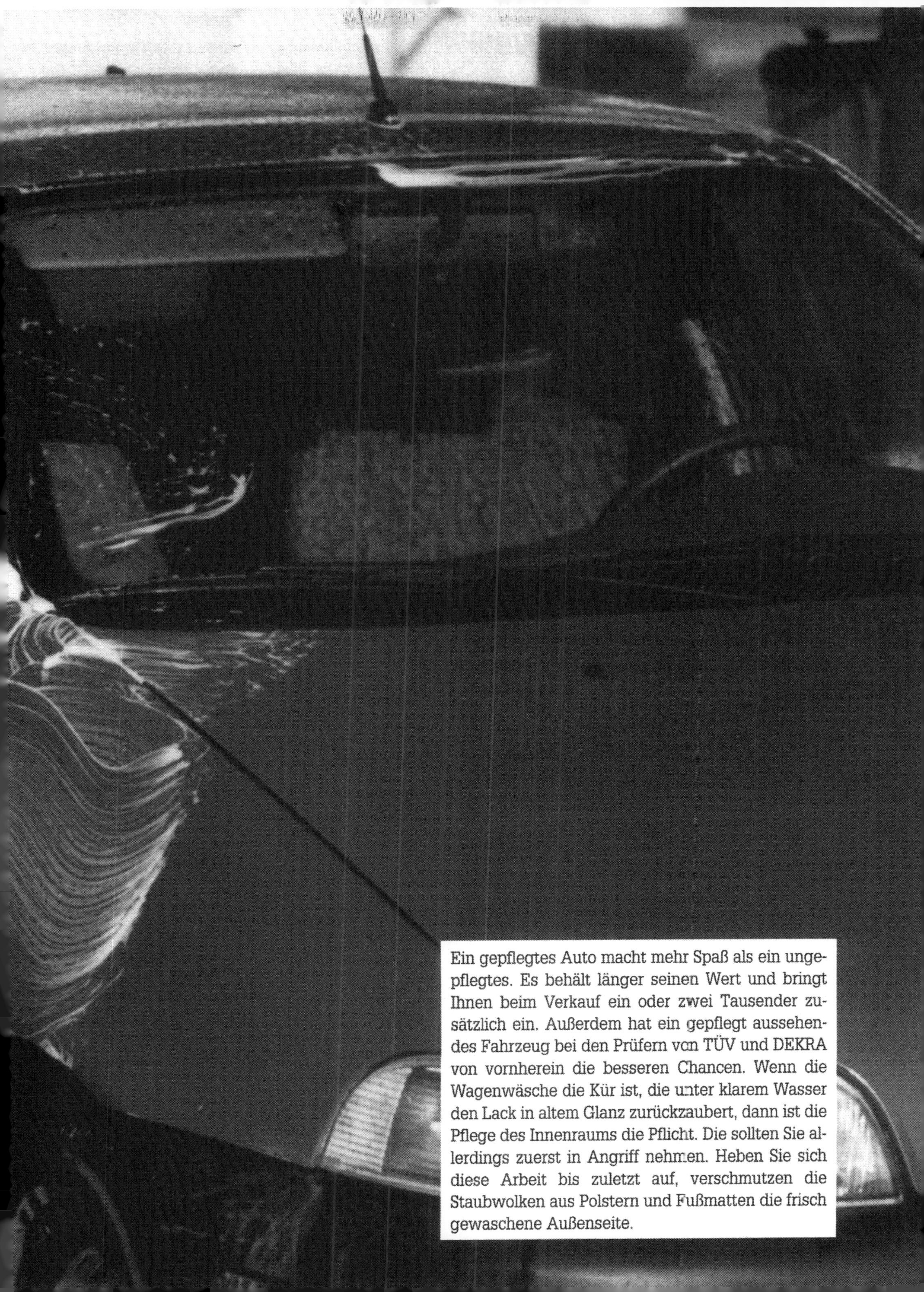

Ein gepflegtes Auto macht mehr Spaß als ein ungepflegtes. Es behält länger seinen Wert und bringt Ihnen beim Verkauf ein oder zwei Tausender zusätzlich ein. Außerdem hat ein gepflegt aussehendes Fahrzeug bei den Prüfern von TÜV und DEKRA von vornherein die besseren Chancen. Wenn die Wagenwäsche die Kür ist, die unter klarem Wasser den Lack in altem Glanz zurückzaubert, dann ist die Pflege des Innenraums die Pflicht. Die sollten Sie allerdings zuerst in Angriff nehmen. Heben Sie sich diese Arbeit bis zuletzt auf, verschmutzen die Staubwolken aus Polstern und Fußmatten die frisch gewaschene Außenseite.

Innenreinigung

Für die Innenraumpflege verwenden Sie am besten spezielle Autopflegemittel. Vergessen Sie Seifenlauge und Haushaltsreiniger: Scheiben, Polster und Kunststoff-Oberflächen sind durch Witterung, Staub, Schmutz und Feuchtigkeit extremen Belastungen ausgesetzt, denen spezielle Pflegesubstanzen einfach besser gewachsen sind. Diese Spezialreiniger sind nicht billig, aber in aller Regel ihr Geld wert.

Zur gründlichen Innenreinigung Ihres Fahrzeugs brauchen Sie:

- Lappen, möglichst nicht flusend, zum feuchten und trockenen Ab- und Auswischen.
- Kleider- oder Polsterbürste.
- Staubsauger mit verschiedenen Düsen (Handfeger und Kehrblech).
- Fensterleder.
- Feinporigen Kunststoffschwamm für die Kunststoffteile.

Antibeschlagspray — Praxistip

Antibeschlagspray konserviert die Glasreinigung für einige Tage oder Wochen (je nach Wetterlage). Auf die Scheibe gesprüht, bildet sich nach kurzer Zeit ein Schaumbelag, den Sie mit einem trockenen Küchenpapier abreiben. Antibeschlagtücher oder Fensterschwämme sind nur ein Notbehelf.

Arbeitsschritte

1 Räumen Sie Ihren Wagen aus. Bei dieser Gelegenheit Ascher leeren und auswischen.

2 Die Fußmatten nach innen zusammenschlagen und herausnehmen, ausschütteln, ausklopfen und bei Bedarf staubsaugen.

3 Gummimatten feucht abwischen. Vorsicht: Die Unterseite trocknet im Fahrzeug nur schlecht. Eine feuchte Matte kann üblen Geruch und Stockflecken im Textilbelag verursachen. Daher Trockenzeit einkalkulieren.

4 Grobschmutz im Innenraum mit Staubsauger entfernen. Verwenden Sie für weiche Textilbeläge starre Aufsätze, für harte Kunststoffe Borstenaufsätze. Bei glattem Gummibelag den Wagenboden feucht auswischen. →

5 Sitzpolster abbürsten oder staubsaugen, die anderen Oberflächen staubwischen. Das Heizungsgebläse pustet den Staub vor allem in die Ecken – hier leistet ein Pinsel gute Dienste.

6 Sicherheitsgurte trocken abbürsten. Bei starker Verschmutzung mit einer milden Seifenlösung reinigen.

7 Kunststoffteile und Armaturenbrett mit einem feuchten Leder abledern. Bei Grundreinigung: Auf keinen Fall mit Benzin oder anderen Lösungsmitteln arbeiten – Kunststoff kann Flecken bekommen, die nicht mehr entfernt werden können. Verwenden Sie Kunststoffreiniger. Die besprühten Stellen mit klarem Wasser nachwischen und mit einem Tuch trockenreiben. Bei häufigen Reinigungsintervallen reicht auch ein mildes, fettlösendes Reinigungsmittel, aufgelöst in einem Eimer Warmwasser.

Reinigen Sie den Dachhimmel stets komplett

8 Den Dachhimmel, meist ein mit Textilgewebe versehenes Formteil, nur bei starker Verschmutzung reinigen. Himmel mit Textilreiniger großflächig einsprühen. Mit Schwamm und Frottierhandtuch nachwischen. Diese Behandlung bei Bedarf wiederholen. Vorsicht: Wenn Sie sich auf die verschmutzten Stellen beschränken, können häßliche Platten mit Rändern entstehen. Deshalb Dachhimmel immer komplett reinigen.

9 Sitzpolster und Textileinsätze in Seitenteilen und Innenverkleidungen mit Polsterschaumreiniger behandeln. Für Ledersitze nur spezielle Lederpflegemittel verwenden, die auch die Nähte flexibel und geschmeidig halten. Die Polster gründlich absaugen, solange sie noch feucht sind – der Schmutz löst sich so am besten.

10 Die Türdichtungen mit silikonhaltigem Gummipflegemittel einsprühen.

11 Die Innenseiten der Fenster rundum mit feuchtem Waschleder reinigen und Glasreiniger aufsprühen. Mit trockenem Kreppapier nachpolieren. Wird im Auto viel geraucht, sind nach der Reinigung oft noch Schlieren und Graubelag sichtbar. Hier wirkt eine Lackpolitur wahre Wunder. Vorsicht: Tropft Politur auf unversiegelten Kunststoff, entsteht ein häßlicher und dauerhafter Fleck.

Verteilen Sie den Kunststoffpfleger mit einem feuchten, sauberen Lappen. So erzielen Sie die größtmögliche Tiefenwirkung der Pflegesubstanzen. Kunststoffpfleger, der auf Scheiben, Lenkrad oder Instrumente gelangt, muß mit Kunststoff- oder Glasreiniger sofort entfernt werden.

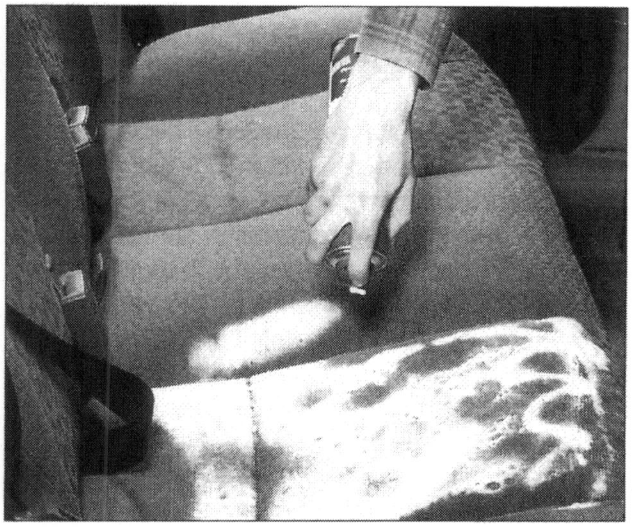

Polsterreiniger beseitigt Feinschmutz, Staub und frische Flecken. Reinigungsschaum aufsprühen und mit feuchtem Schwamm verteilen. Reiben Sie nicht zu fest, Sie pressen die Schmutzpartikel sonst wieder ins Gewebe. Beachten Sie die Gebrauchsanweisung auf der Dose.

Technik-lexikon

Pflegemittel für den Innenraum

Plastikreiniger Für Kunststoffflächen. Reinigt und frischt die Farben auf, sorgt für Glanz und wirkt antistatisch, so daß die Flächen gegen Schmutz- und Staubbefall lange Zeit geschützt sind.

Textilreiniger Für Polster, Teppiche, Tür- und Innenverkleidungen. Lösen zuverlässig Staub und Schmutz. Dadurch werden die Polsterfarben aufgefrischt. Viele Reiniger entfernen zudem auch hartnäckige Flecken.

Glasreiniger (auch als Schaumreiniger) Geeignet für alle Glasflächen, lösen sie auch hartnäckige Verschmutzungen, zum Beispiel Insektenreste, Nikotin, Kunststoffausdünstungen und Ölablagerungen.

Gummipflegemittel (silikonhaltig) Für Tür-, Fenster und Kofferraumdichtungen sowie Fußmatten. Halten das Gummi geschmeidig, verhindern Festfrieren und frischen die Farben auf.

Nach den Dichtgummis der Türen sollten Sie nicht erst schauen, wenn die Türen schon zugefroren sind. Regelmäßige Kontrolle und Pflege mit silikonhaltigen Substanzen verlängert die Lebensdauer der Dichtgummis entscheidend. Der Ersatz solcher Dichtungen kann teuer werden.

Außenwäsche

Die Wagenwäsche auf der Straße ist heute in vielen Städten und Gemeinden verboten. Das hat gute Gründe: Mit dem Schmutzwasser gelangen oft Ölrückstände und andere giftige Substanzen in die Kanalisation. Eine saubere Sache ist dagegen die Wagenwäsche in einer automatischen Waschanlage. Die verwendeten Wassermengen sind in der Regel großzügig, die Wäsche ist also schonend. Ölabscheider und Wasseraufbereitungsanlagen sorgen für den Umweltschutz. Sie können meist zwischen mehreren Reinigungs- und Pflegeprogrammen wählen. Trotzdem sollten Sie nach dem Waschgang Ihr Fahrzeug auf Sauberkeit prüfen. Die Bürsten behandeln Radhäuser, Radläufe und die Unterkanten der Schweller oft nachlässig. Auch bei Türrahmen und Ritzen ist bisweilen nachträgliche Handarbeit mit Schwamm und Putztuch angesagt. Im Winter, wenn streusalzhaltiges Wasser sich am Lack, an den Innenseiten der Kotflügel und am Unterboden festsetzt, sollten Sie öfter in der Waschanlage vorfahren. Ihr Punto ist zwar nach kurzer Zeit wieder schmutzig, der Rost hat jedoch keine Chance, sich an kritischen Stellen einzunisten.

Praxistip

Bremsen trockenfahren

Machen Sie nach jeder Wagenwäsche eine kurze Bremsprobe. Dabei verdampft die Feuchtigkeit, die während der Reinigung zwischen Bremsscheiben und Bremsklötze gelangt ist. Nach Fahrten durch Regen oder streusalzhaltiges Tauwasser sollten Sie die Bremsen trockenfahren, bevor Sie Ihr Fahrzeug für mehrere Tage abstellen. Es genügt, die letzten hundert Meter Wegstrecke öfter leicht zu bremsen. Mit der Bremsprobe vermeiden Sie, daß aufgrund der Feuchtigkeit oder einer Salzschicht auf den Bremsscheiben die Bremswirkung im Notfall etwas verzögert einsetzt.

Waschplatz und Selbstwaschanlage

Wenn Sie Ihren Wagen lieber selbst waschen, bietet sich ein Waschplatz an der Tankstelle an. Auch Selbstwaschanlagen sind eine gute Alternative. Dort stehen Ihnen vom Hochdruckreiniger bis zum Staubsauger alle Hilfsmittel zur Verfügung. Kontrollieren Sie jedoch vor Arbeitsbeginn den Zustand der Bürsten. Möglicherweise hat Ihr Vorgänger nach einer Fahrt über einen verschlammten Feldweg gerade seinen Unterboden oder seine Radkästen gereinigt und die Bürste mit grobem Dreck verschmutzt – ärgerliche Kratzer in Ihrem Lack wären die Folge. Sie sollten Ihr Fahrzeug auch nicht in der prallen Sonne waschen. Das schadet dem Lack, da die kleinen Wassertropfen wie Linsen wirken und den Einbrenneffekt von Staubteilchen und Kalk beim Trocknen noch verstärken.

Praxistip

So gehen Sie mit dem Hochdruckreiniger richtig um

- Wassertemperatur maximal 60 Grad. Zu heißes Wasser greift Gummi und Unterbodenschutz an.
- Druckregler auf maximal 3 bar einstellen.
- Abstand zum Auto 60 bis 80 Zentimeter. Bei geringerem Abstand und zu großem Druck Gefahr für den Lack. Bei der Motorwäsche kann Wasser die Elektronik lahmlegen oder durch Dichtungen in den Motor gelangen – ein kapitaler Schaden wäre die Folge.
- Reifen niemals mit Rundstrahldüsen reinigen. Gefahr für die Seitenwände der Pneus.
- Selbst bei relativ großem Spritzabstand und sehr kurzer Einwirkzeit können Schäden auftreten, die auf den ersten Blick nicht erkennbar sind.

Das brauchen Sie für eine lackschonende Wagenwäsche:

- Jede Menge Wasser. Wird der Schmutz mit wenig Wasser abgewischt, schmirgeln feine Staub- und Sandkörnchen im Schwamm über den Lack und zerkratzen ihn mit mikroskopisch kleinen, spinnwebartigen Kratzern.
- Gartenschlauch, wenn möglich mit Sprühdüse aus Kunststoff. Steht kein Wasserschlauch zur Verfügung, brauchen Sie mindestens zwei Wassereimer für den Wassernachschub.
- Eine Schlauchbüste, bei der das durchfließende Wasser automatisch den Schmutz wegschwemmt. Arbeiten Sie mit Waschhandschuh oder Schwamm, sollten Sie die Schlauchmündung dicht an der bearbeiteten Fläche halten, damit sie gut mit Wasser versorgt wird. Waschhandschuh oder Schwamm sollten nach jedem zweiten oder dritten Waschstrich in den vollen Wassereimer getaucht und ausgedrückt werden, damit sich kein schmirgelnder Schmutz in den Schwammporen oder im Haarbesatz des Waschhandschuhs festsetzen kann.
- Eine langstielige Waschbürste, die sich besonders für die Felgen und Radkästen eignet.
- Einen großporigen Viskoseschwamm.
- Fliegenschwamm für Insektenrückstände.
- Großflächiges echtes Leder zum Trocknen des Wagens.
- Wassereimer für eine eventuelle Shampoowäsche oder um das Fensterleder auszuwaschen.

Technik-lexikon: Pflegemittel für die Außenwäsche

Autoshampoo Hilft, ölige Rückstände auf dem Lack leichter zu entfernen.
Waschwachs Hat ähnliche Eigenschaften wie Autoshampoo, schützt jedoch nach dem Trocknen den Lack gegen Umwelteinflüsse und verlängert so die Zeit bis zur nächsten Politur.
Felgenreiniger Löst festgebackenen Bremsstaub.
Kunststoffpfleger Speziell für Stoßfänger, die schon Farbe eingebüßt haben. Enthält neben Pflegesubstanzen auch Farbstoffe. Wird mit sauberem Schwamm aufgetragen und verteilt. Nach kurzer Einwirkzeit überschüssige Flüssigkeit mit feuchtem Lappen abwischen.

Arbeitsschritte

1 Schließen Sie alle Türen und Fenster. Naßgespritzte Polster sind kein Vergnügen.

2 Säubern Sie zuerst Radhaus, Felgen und Türschweller. Sie müssen sonst den Restschmutz zweimal wegspülen.

3 Spritzen Sie den Unterboden gelegentlich mit Dampfstrahler oder Wasserschlauch ab. Im Winter sollten Sie die Unterseite bei jeder Wagenwäsche reinigen. Lassen Sie Ihr Fahrzeug ein oder zweimal im Jahr auf einer Hebebühne hochnehmen (Werkstatt oder Tankstelle) und prüfen Sie den Zustand des Unterbodenschutzes per Augenschein.

4 Die vorderen Stahlfelgen haben eine Reinigung oft bitter nötig, weil sich dort der Bremsstaub festsetzt. Felgen mit Felgenreiniger einsprühen. Die Einwirkzeit hängt ab von Verschmutzung und Produkt. Beachten Sie die Gebrauchsanweisung. Mit kleinem Schwamm den angelösten Schmutz wegwischen. Felgen mit kräftigem Wasserstrahl nachspülen.

5 Leichtmetallfelgen sollten regelmäßig mit Wasser und etwas Spülmittel gereinigt werden. Alufelgen sind sehr empfindlich gegen starke Reinigungsmittel – putzen Sie lieber zweimal im Monat, dann haben Sie länger Freunde daran. Zur Pflege filigraner Felgen lohnt sich die Anschaffung einiger Zahnbürsten. Ebenfalls sinnvoll: Sprühwachs zum Versiegeln. Bremsstaub und Schmutz können sich nicht durch die Wachsschicht fressen. Vorsicht: Das Wachs darf nicht auf Bremsscheiben oder -beläge gelangen.

Weichen Sie Ihr Auto gut ein

6 Wagen mit mäßigem Wasserdruck aus dem Schlauch abspritzen. In der Selbstwaschanlage mit Dampfstrahler: Programm „Spülen" wählen.

7 Wagen mit Schlauchbürste, Waschhandschuh oder Schwamm zuerst vom Dach bis zur Unterkante der Fenster waschen. Dann bewegt man sich rund um den Wagen. Reinigungsschaum mit kreisenden Bewegungen und wenig Druck verteilen. Den Schaum kurz einwirken lassen.

8 Schmutzbrühe mit Gartenschlauch vom Blech spülen. In der Selbstwaschanlage: Programm „Spülen" wählen.

9 Im letzten Waschgang reinigen Sie die Räder mit Waschbürste und Schlauch.

→

10 Nach der Wäsche Wagen sofort abledern. Getrocknetes Waschwasser bildet einen grauen Kalkbelag auf dem Lack.

11 Leder vor Gebrauch ins Wasser tauchen, gut auswringen. Flächig ausbreiten und breit gespannt zu sich herziehen.

12 Vor jedem neuen Durchgang Leder ausspülen und auswringen. Schlecht zugängliche Ecken (etwa am Radkasten) mit Baumwollappen oder altem Trockenleder trocknen. Schonen Sie Ihr gutes Leder, Schmutzrückstände würden es ruinieren.

Sorgen Sie für Durchblick

13 Zum Schluß sind die Außenseiten der Fensterscheiben an der Reihe. Gehen Sie vor wie bei der Reinigung der Innenseiten. Kontrollieren Sie die Frontscheibe auf Steinschläge, Kratzer und Risse.

14 Die Wischlippe des Scheibenwischers mit Schwamm oder Trockenleder reinigen.

15 Kontrollieren Sie nach der Wäsche Lack, Scheinwerfergläser und Frontstoßfänger gründlich auf hartnäckigen Schmutz, der sich nicht gelöst hat. Insektenreste, Vogelkot, Blütenpollensekrete und Teerspritzer wirken aggressiv und sollten umgehend mit Spezialreiniger entfernt werden.

16 Teerentferner sollten Sie nicht auf frische oder frisch ausgebesserte Lacke sprühen – die enthaltenen Lösungsmittel können die Lackschichten angreifen.

Vor der Reinigung der Felge muß die Radkappe demontiert werden. Dazu drei der vier Radmuttern herausschrauben, die vierte einige Umdrehungen lösen. Jetzt läßt sich die Radkappe über die pilzförmige Aussparung der gelösten Radschraube ziehen. Achten Sie bei der Montage darauf, daß die Aussparung zum Ventil zeigt.

Praxistip

Scheinwerfer reinigen

Die Scheinwerfer sollten Sie häufiger waschen als die Karosserie Ihres Punto. Schmutzpartikel auf dem Glas sorgen für Ablenkung und Absorption der Lichtstrahlen. Die Folgen: geringere Sehweite, starke Blendung. Schon nach einer halben Stunde Fahrt auf feuchter Straße sind die Scheinwerfer zu über 60 Prozent verschmutzt. Dadurch reduziert sich die Leuchtweite um etwa 35 Meter – eine Strecke, die Ihnen im Notfall bei einer Vollbremsung fehlt.

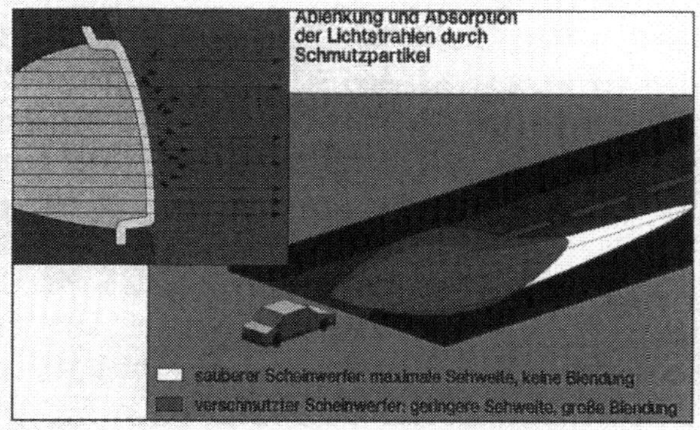

Quelle: Hella

Insektenreste beseitigt man mit Insektenentferner. Verschmutzte Stelle einsprühen, einige Minuten wirken lassen (nicht in der Sonne!), dann mit einem Eimer Wasser abspülen. Bleibt noch ein Rest hängen, eingeweichtes Zeitungspapier darauf legen und über Nacht stehen lassen. Am nächsten Morgen kleben die Insektenreste an der Zeitung.

Der Hochdruckreiniger mit Waschbürstenaufsatz spart Wasser und reinigt schonend und gründlich. Spezielle Waschzusätze lösen zuverlässig hartnäckigen Schmutz. Sie finden diese Gerätschaften in speziell eingerichteten Wasch-Centern.

Mit dem Schwamm sollte immer viel Wasser auf den Lack gebracht werden. Beachten Sie bei der Mischung des Waschwassers die Pflegemittel-Gebrauchsanweisung: Weniger ist meist mehr.

Benutzen Sie zum Trocknen des Lacks ein spezielles Trockenleder. Damit können Sie schnell und effizient arbeiten. Vorteil: Das weiche Leder hinterläßt bei sorgfältigem Gebrauch keine Kratzspuren im Lack.

Verdeckpflege beim Punto Cabrio

Das Verdeck Ihres Punto Cabrio braucht regelmäßige Pflege, damit es lange vor Wind und Regen schützt. Vogelkot, Laub, Blütenstaub und Baumharze sollten Sie schnell entfernen, sonst sieht die Kunststoffhaut nach kurzer Zeit grau und fleckig aus. Verwenden Sie zur Reinigung des Gewebes keinen Dampfstrahler, sondern einen Schwamm oder eine weiche Bürste sowie einen milden Reiniger. Pflegen Sie auch die Gummidichtungen – sie werden beim Cabrio stärker beansprucht als bei der Limousine.

Für die porentiefe Reinigung des Cabrioverdecks brauchen Sie einen Schwamm und ein mildes Waschmittel. Eine Mischung von ein bis zwei Teelöffeln Geschirrspülmittel auf zehn Liter Wasser reicht aus. Danach mit viel klarem Wasser abspülen und sorgfältig trocknen.

Arbeitsschritte

1 Spülen Sie Staub und Schmutz zunächst mit sanftem Wasserstrahl ab.

2 Verdeck mit lauwarmem Wasser und milder Seifenlauge reinigen. Drücken Sie nicht zu fest aufs Verdeck, streichen Sie mit dem Schwamm geradlinig von vorne nach hinten.

3 Schmutzbrühe mit viel Wasser, aber nicht zu hartem Strahl abspülen.

4 Verdeck mit weichen, nicht flusenden Lappen trocknen. Verwenden Sie auf keinen Fall Preßluft.

5 Nach dem Trocknen Dichtungen an Verdeck und Türen mit Gummipflegemittel einreiben – sie bleiben so länger geschmeidig. Gelenke und Gestänge der Verdeckspriegel mit einem Fettgel einsprühen. Damit beugen Sie Rost und vorzeitigem Verschleiß vor.

Die Gelenke und das Gestänge der Verdeckspriegel sollten Sie zum Schutz gegen Korrosion mit Fettgel einsprühen.

→

Praxistip

So halten Sie das Verdeck Ihres Cabrios fit

- Klappen Sie das Verdeck nicht in feuchtem oder nassem Zustand auf.
- Falten Sie das Verdeck nicht naß in den Verdeckkasten, sonst nistet sich bald Schimmel ein.
- Lassen Sie das Cabrio nicht wochenlang mit offenem Verdeck in der Garage stehen. Sonst entstehen Knickstellen im Kunststoff.
- Das empfindliche Kunststoff-Rückfenster sollten Sie bei Frost nicht freikratzen. Benutzen Sie lieber die beiden Außenspiegel, bis die Innenraumheizung das Rückfenster aufgetaut hat.

Die Motorwäsche

Im Motorraum Ihres Punto verbinden sich Öl und Staub mit der Zeit zu einem unansehnlichen Schmutzfilm, der sich über den Motor und andere Teile legt. Das ist in erster Linie ein ästhetisches Problem, das Sie mit Hilfe spezieller Reiniger lösen können. Wichtiger als die Schönheitspflege des Motors ist die Motorraumwäsche im Frühjahr. Das im Winter auf die Straßen gestreute Salz dringt durch Ritzen und Schächte tief in den Motorraum und lagert sich an Kühler, Kanten und Kabeln ab. Diese Salzkrusten binden Feuchtigkeit und erleichtern die Rostbildung. Die Motorwäsche dürfen Sie nur dort vornehmen, wo es einen Ölabscheider gibt. Am besten machen Sie sich in einer Selbstwaschanlage oder auf einem Waschplatz ans Werk.

Arbeitsschritte

1 Der Motor sollte möglichst kalt sein – auf einem warmen Motor verdampft der Motorreiniger rasch, kann also nicht einwirken und den Schmutz lösen.

2 Motor abstellen und Zündung ausschalten.

3 Schützen Sie empfindliche Bauteile wie Zündung, Lichtmaschine und Kraftstoffsystem mit Lappen oder Plastiktüten. Bei unbedachtem Ausspritzen des Motorraums sind Störungen an Zündung und Bordelektrik programmiert.

4 Nehmen Sie sich zuerst die Innenseite der Motorhaube vor. Mit viel Wasser einweichen, dann mit Schwamm und Schampoo reinigen und wieder abspritzen. Vergessen Sie nicht die Kanten, dort befinden sich echte Schmutznester.

5 Den Kühler mit der Waschlanze und reichlich Wasser reinigen. Insektenreste mit einem eiweißlösenden Mittel (Geschirrspülmittel) einsprühen, einwirken lassen und von der Rückseite des Kühlers her abspülen. Vorsicht: Harte Bürsten können die weichen Kühlerlamellen beschädigen.

6 Den Motorraum an allen Falzen, Trägern und ungeschützten Stellen abduschen.

7 Stärker verschmutzte Teile an Motor und Motorraum mit einem Kaltreiniger einsprühen. Nach einer kurzen Einwirkzeit mit scharfem Wasserstrahl nachspülen.

8 Um das Wasser wieder aus dem Motorraum herauszubekommen, benutzen Sie eine der an Selbstwaschanlagen meist vorhandenen Druckluftpistolen. Nicht zu nah an die zu trocknende Fläche herangehen.

Genug Fett?

Praxistip

Kontrollieren Sie nach der Motorwäsche, ob noch genug Schmierfett an Drosselklappengestänge, Gas- und Kupplungszug vorhanden ist. Eventuell maßvoll nachfetten.

Sprühen Sie den Motorreiniger auf die verschmutzten Stellen, lassen Sie ihn ein bis zwei Minuten einwirken. Spülen Sie den eingeweichten Schmutz mit der Sprühlanze (Programm „Spülen") ab. Beim Gartenschlauch mit scharfem Strahl spritzen, sonst wird die Schmutzschicht nicht vollständig gelöst.

Motorschutzlack

Praxistip

Damit sich der Schmutz im Motorraum nicht schnell wieder festsetzt, können Sie Motorblock und Peripherie mit einem besonders hitzefesten Motorschutzlack versiegeln. Für den restlichen Motorraum reicht ein Konservierungsspray oder Konservierungswachs.

Die Scheibenwaschanlage

Saubere Scheiben sind eine wichtige Voraussetzung für Ihre Sicherheit beim Fahren. Damit Sie unterwegs auch bei Regen und Schnee den Durchblick behalten, ist Ihr Punto mit einer Scheibenwaschanlage ausgestattet. Auf der Frontscheibe laufen die Scheibenwischer in zwei Geschwindigkeiten. Dazu kommt eine Intervalleinrichtung, die etwa alle vier Sekunden eine Wischerbewegung auslöst. An der Heckscheibe sorgt ein zusätzlicher Wischer für freie Sicht. Ein gutes Wisch-Resultat erhalten Sie, wenn die Spritzdüsen das Waschwasser zielgenau auf die Scheiben spritzen. Außerdem müssen sich die Wischerblätter fest auf die Scheibe pressen. Die Lebensdauer der Wischergummis ist jedoch begrenzt. Sie werden mit der Zeit durch die Bewegungen der Wischer abgerubbelt, Ozon und UV-Stahlen machen das Material spröde. Zudem verursachen winzige Kratzer in der Frontscheibe Scharten im Gummi, was die Waschwirkung auf Dauer beeinträchtigt. Die Wischergummis sollten Sie daher stets im Frühjahr und Herbst ersetzen. Die meisten Arbeiten an der Scheibenwaschanlage können Sie selbst in die Hand nehmen – meist genügt dazu ein Schraubenzieher. Wenn Sie feststellen, daß Leitungen oder Sicherungen der Wischermotoren defekt sind, sollten Sie vor der Reparatur das Kapitel »Elektrik« lesen.

Scheibenwischer und Waschanlage prüfen

Arbeitsschritte | ständige Wartung

1 Zündung einschalten, Wischerhebel betätigen.

2 Laufen die Scheibenwischer in beiden Geschwindigkeiten? Gehen sie beim Ausschalten in die Parkstellung zurück?

3 Funktioniert die Wischer-Intervallschaltung?

4 Funktioniert die Wischertipschaltung?

5 Spritzt Wasser aus den Wascherdüsen?

6 Arbeiten Heckwischer und -wascher?

Scheibenwaschwasser auffüllen

Arbeitsschritte | ständige Wartung

1 Im Sommer Waschbehälter mit Leitungswasser auffüllen. Ein Anteil Reinigungsmittel verbessert die Waschwirkung. Im Winter sollten Sie zusätzlich Gefrierschutz zugeben.

2 Erst Zusatzmittel und dann Wasser einfüllen, damit sich die Flüssigkeiten im Behälter gut vermischen.

3 Bei starkem Frost können die Wascherdüsen einfrieren. Zur Vorbeugung ein Drittel Brennspiritus beimischen (riecht aufdringlich). Damit die lange Zuleitung zur Heckscheibe nicht einfriert, vor dem Abstellen des Fahrzeugs einige Male die Heckscheiben-Waschanlage betätigen.

Wischergummi wechseln

Arbeitsschritte

1 Wischerarm abklappen.

2 Arretierungsfeder des Wischerblatts zusammendrücken, bis die Kerbe aus der Öffnung des Wischerarms austritt.

3 Wischerblatt nach unten drücken und aus dem Arm herausschwenken.

4 Der Wischergummi besitzt an einer Seite Aussparungen zum Einhängen der Wischerarm-Halteklammern. Die Erhebungen im Gummi mit dem Fingernagel oder einem kleinen Schraubendreher zurückdrücken, damit die Halteklammern ausgerastet werden können.

5 Wischergummi mit den seitlichen Metall-Federstreifen herausziehen.

6 Neues Wischergummi in die unteren Halteklammern des Wischerarms einhängen.

→

7 Federstreifen rechts und links einschieben und die Haltenasen der Streifen in die Aussparungen im Gummi einsetzen.

8 Gummierhebungen zum Einrasten der Halteklammern wieder zurückdrücken.

9 Beim Einsetzen des Wischerblatts darauf achten, daß die Kerbe in der Arretierungsfeder der Aussparung im Wischerarm gegenübersteht und dort einrasten kann.

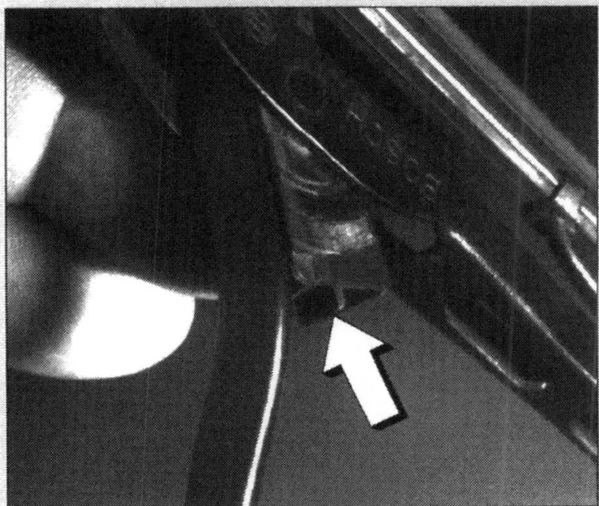

Wechsel des Wischerblatts. Erst den Wischerarm abklappen, dann das Gelenk des Wischerblatts an der kleinen Zunge (Pfeil) entsichern. Das Blatt kann jetzt aus dem »U« des Wischerarms geschoben werden.

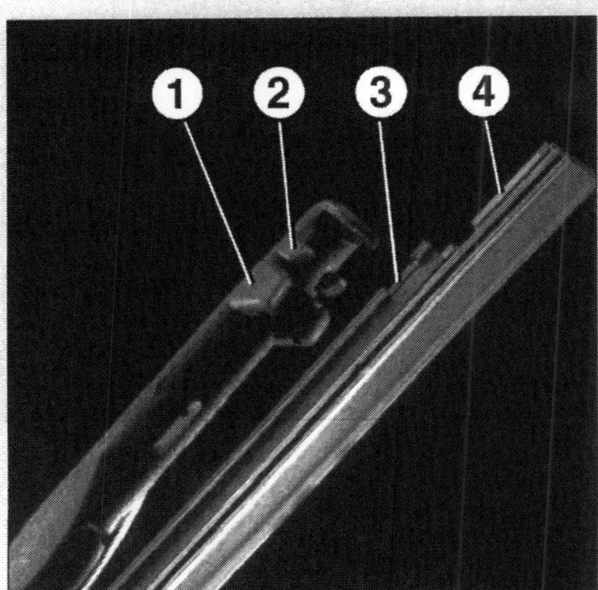

Wechsel des Wischergummis. ❶ Führungsnasen der Wischerblattschiene. ❷ Arretierungsklammern für das Wischergummi. ❸ Führungsprofil des Gummis. ❹ Nuten für Federstreifen.

Wascherdüse einstellen

Arbeitsschritte

1 Die Düsen sollten für klare Sicht nicht zu tief eingestellt sein. Sonst verschmieren bei höherem Tempo erst die Scheiben, bevor das Wasser die gesamte Fensterfläche bestreicht.

2 Düsen mit einem Durchgangsprüfer (Nadel oder Büroklammer) einstellen. Prüfspitze vorsichtig in die Düsenöffnung stecken und die Düse in die gewünschte Spritzrichtung drehen.

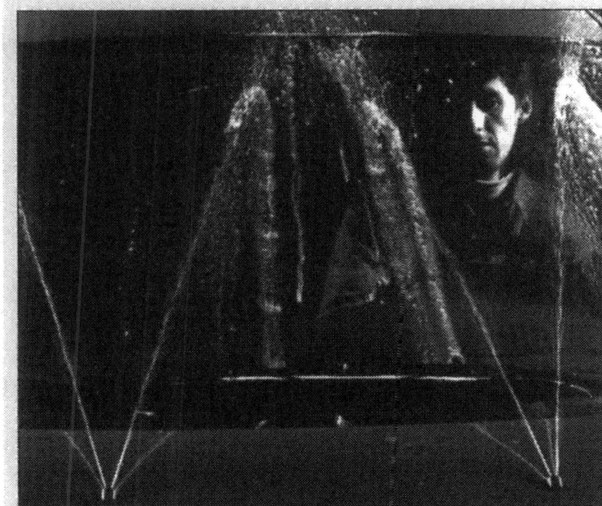

Hier sehen sie das Einstellschema der Scheibenwaschdüsen. Die Düsen wurden extra etwas höher ausgerichtet – das ermöglicht bei hohem Tempo sofort freie Sicht statt einer für Sekunden verschmierten Scheibe.

Wischerblätter

Störungsbeistand

Störung	Ursache	Abhilfe
A Wasser und Schmutz werden gleichmäßig über das Wischfeld verteilt	**1** Scheibe durch Lackpflegemittel, ölhaltige Rückstände oder Insektenleichen verschmutzt	Auf der Scheibe »Sidol«-Messingputzmittel auftragen, antrocknen lassen, dann mit einem sauberen Lappen abreiben
	2 Wischergummi verschlissen	Austauschen
	3 Wischerarm am Anlenkpunkt des Wischerblattes verdreht und nicht parallel zur Windschutzscheibe	Wischerarmende nachbiegen (in sich verdrehen)
B Im Wischfeld bleiben feine Wasserstreifen stehen	Siehe A2	
C Im Wischfeld bleiben feine Wassertropfen zurück	Neigungswinkel des Wischergummis zur Windschutzscheibe zu flach	Wischergummi austauschen
D Im Wischfeld bleibt ein breiter Wasserfilm zurück	Ungleiche Druckverteilung durch verbogene oder defekte Anpreßfeder im Wischergummi	Wischerblatt austauschen
E Im Wischfeld bleiben einige Wasserfelder zurück	**1** Anpreßdruck des Wischerarms zu gering	Anpreßdruck überprüfen, Feder leicht einölen, ggf. Wischerarm ersetzen
	2 Scheibenwischerantrieb verschlissen	Kontrollieren, defekte Teile ersetzen
	3 Wischerarm lose auf seiner Achse	Festschrauben
	4 Wischerarm verbogen	Nachbiegen
	5 Wischerblatt verbogen	Austauschen
F Im Wischfeld bleiben oben am Rand Wasserfelder zurück	**1** siehe E1	
	2 siehe D	
G Wischerblatt rattert	**1** Zuviel Spiel in der Verbindung von Wischerarm und Wischerblatt bzw. dem Kunststoffverbindungsteil	Wischerblatt oder -arm auswechseln
	2 Wischerarm in sich verdreht	Wischerarm zurechtbiegen

Scheibenwischer

Störungs-beistand

Störung	Ursache	Abhilfe
A Scheibenwischer laufen nicht	**1** Sicherung defekt	Austauschen
	2 Intervallmodul defekt	Motor austauschen
	3 Wischerantriebskurbel lose	Festziehen
	4 Kabel zum Wischerschalter unterbrochen	Leitungen überprüfen
	5 Kabel zum Wischermotor unterbrochen	Leitungen überprüfen
	6 Wischermotor durchgebrannt	Austauschen
B Heckscheibenwischer läuft nicht	**1** Siehe A1	
	2 Steckverbindungen an Schalter oder Motor sitzen nicht richtig oder sind oxidiert	Richtig aufstecken bzw. reinigen
	3 Siehe A5	
	4 Wischermotor defekt	Austauschen
C Scheibenwischer laufen nicht in Stufe I	**1** Klemme 3 am Wischermotor defekt	Motor austauschen
	2 Klemmen A7 und D3 im Wischerschalter unterbrochen	Schalter austauschen
D Scheibenwischer laufen nicht in Stufe II	**1** Leitung Klemme 4 vom Wischerschalter zum Motor unterbrochen	Leitung überprüfen
	2 Klemmen A8 und D3 im Wischerschalter unterbrochen	Schalter austauschen
	3 Klemme 4 am Wischermotor defekt	Wischermotor austauschen
E Keine Wischerrückstellung	**1** Leitung Klemme A9 vom Wischerschalter zum Motor unterbrochen	Leitung kontrollieren
	2 Wischermotor defekt	Mit Prüflampe kontrollieren: Zwischen Klemme 3 und Masse muß die Lampe dauernd brennen. Zwischen Klemme 1 und Masse muß die Lampe kurz vor Erreichen der Parkstellung verlöschen. Wenn nicht, Wischermotor austauschen
F Scheibenwischer laufen nicht im Intervallbetrieb	**1** Intervallmodul defekt	Wischermotor austauschen
	2 Leitung Klemme A6 zwischen Wischerschalter und Motor unterbrochen	Leitung überprüfen (grau/gelbes Kabel), ggf. Schalter austauschen
	3 Kontakt A6 im Wischerschalter defekt	Schalter austauschen
G Intervallbetrieb läßt sich nicht ausschalten	**1** Siehe D1/E1	
	2 Kontakte im Wischerschalter öffnen nicht	Schalter austauschen
H Scheibenwischer stehen nach dem Abschalten nicht oder nur kurz in Parkstellung	Mangelhafter Kontakt am Schleifkontakt im Wischermotor	Motorabdeckung abschrauben, Kontakte blankschleifen. Ggf. Wischermotor austauschen
I Heckscheibenwischer läuft dauernd	**1** Anschlußleitungen zum Wischermotor vertauscht	Kontrollieren und richtig anschließen
	2 Schalter hängt	Auswechseln

Wascherdüse ausbauen

Mit einer verstopften Wascherdüse werden Sie am besten fertig, indem Sie die Düse ausbauen und sie mit Druckluft durchblasen. Sie können das Teil auch mit einem dünnen Draht durchstoßen. Hilft das nichts, muß die Düse ausgewechselt werden. Verstopfungen der Wascherdüsen vermeiden Sie, wenn Sie in die Waschwasserleitung einen handelsüblichen Benzinfilter einbauen.

Arbeits-schritte

1 Zum Ausbau der vorderen Düsen Motorhaube öffnen. Bei manchen Modellen müssen Sie dann die Isolierung der Haube ausbauen.

2 Schlauch von der Spritzdüse abziehen.

3 Haltezunge der Wascherdüse mit einem feinen Schraubendreher vorsichtig nach innen drücken und Düse aus dem Ausschnitt der Motorhaube hebeln.

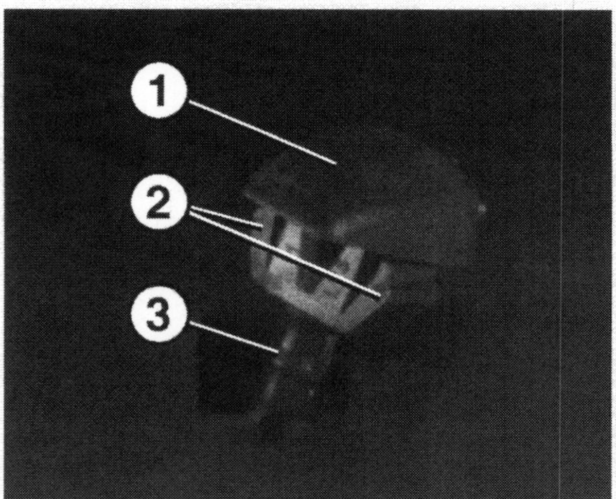

❶ Scheibenwascherdüse. ❷ Federzungen. ❸ Schlauch der Scheibenwascherpumpe.

4 Um an die Düse im Heck zu kommen, müssen Sie zuerst den Motor des Heckscheibenwischers ausbauen.

5 Sicherungsscheibe von der Wischerachse abhebeln.

6 Düse mit Schlauch von der Wischerachse abziehen.

Scheibenwischerarm ausbauen

Arbeits-schritte

1 Abdeckkappe vom Wischerarm mit einem flachen Schraubenzieher abhebeln und hochklappen.

2 Haltemutter zwei Umdrehungen lösen.

3 Wischerarm seitlich hin- und herbewegen, damit er sich vom Konus der Wischerachse löst. Sitzt er fest, auf beiden Seiten Schraubenzieher flach ansetzen und Wischerarm auf der Welle lösen. Um den Windgrill nicht zu beschädigen, am besten rechts und links einen großen Lappen unterlegen.

4 Mutter von der Wischerachse abschrauben und mit der Federscheibe abnehmen.

5 Wischerarm von der Welle abziehen.

6 Wischerarme so montieren, daß sie parallel zur unteren Windschutzscheibendichtung stehen. Kontrollieren Sie nach der Montage den korrekten Lauf der Wischer. Das linke Blatt darf nicht an die Dichtung der Windschutzscheibe stoßen.

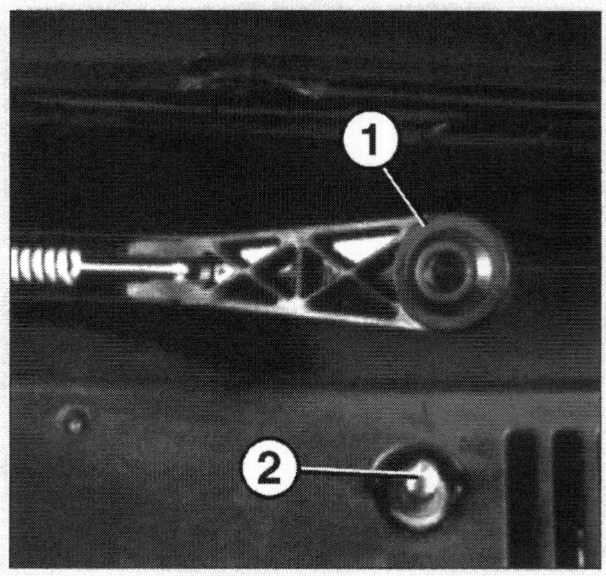

Der Wischerarm ❶ sitzt mit einer feinen konischen Kerbverzahnung auf der Wischerachse ❷. Die Stellung des Wischers korrigieren Sie, indem Sie den Arm von der Achse abheben, um ihn dann mit neuer Stellung wieder auf die Achse zu drücken. Verdrehen Sie den Wischerarm nur auf der Achse, kann das die Kerbverzahnung zerstören.

Wischermotor mit Gestänge ausbauen

Arbeitsschritte

1 Wischerarme abbauen.

2 Motorhaube öffnen.

3 Windlaufgrill abbauen. Dazu die Schrauben-Abdeckkappen vorsichtig mit einem kleinen Schraubendreher abhebeln.

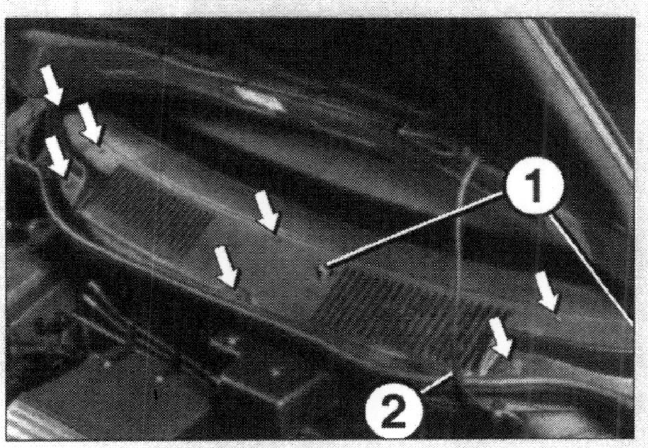

Wischerarme ❶ abbauen und den Schlauch ❷ zu den Scheibenwaschdüsen trennen. Nach Lösen der acht Schrauben (Pfeile) Windfangabdeckung nach vorne abnehmen

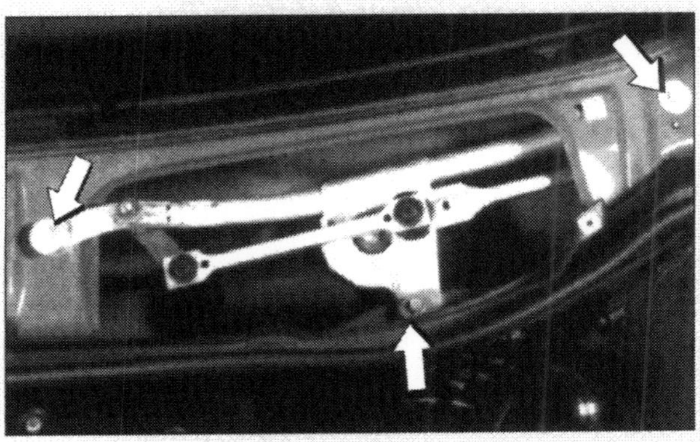

Um den Wischermotor mit dem Gestänge auszubauen, müssen Sie diese drei Schrauben (Pfeile) lösen.

4 Acht Schrauben herausdrehen und Windfangabdeckung abnehmen.

5 Zwei Schrauben an den Wischerkurbelachsen, eine Schraube an der Wischermotorhalterung herausschrauben.

6 Mehrfachsteckverbindung trennen und Wischermechanismus komplett mit Wischermotor aus dem Windfangkasten nehmen.

Motor vom Gestänge trennen

Arbeitsschritte

1 Mutter von der Wischermotor-Antriebswelle abschrauben und Antriebskurbel vom Konus der Welle abziehen. Vorher Stellung der Kurbel markieren.

2 Wischermotor von der Halterung abschrauben (drei Schrauben).

3 Beim Einbau auf die richtige Stellung der Motorkurbel zur Motorwelle achten.

4 Prüfen Sie nach der Montage, ob die Wischerblätter bei der Endabschaltung richtig stehen. Dazu Zündung einschalten. Die Wischermotorkurbel muß nahezu waagrecht nach links (in Fahrtrichtung gesehen) zeigen. Sonst Kurbel wieder vom Motor lösen, verstellen und festschrauben.

Technik-lexikon: Die Kabelklemmen am Motor des Scheibenwischers

Klemme 1 (grau/schwarzes Kabel) Liefert Plusstrom für die Wischer-Endabschaltung.

Klemme 2 (grau/gelbes Kabel) Wischermotor wird beim Zurücklaufen nach dem Abschalten abgebremst, damit die Wischer nicht über ihre Parkstellung hinauslaufen. Befinden sich die Wischer beim Abschalten nicht in Parkstellung, erhält der Motor über einen Schleifkontakt von Klemme 2 so lange Spannung, bis sie in diese Position gelaufen sind. Vorsicht: Sind die Wischer außerhalb der Parkstellung an der Scheibe festgefroren, nicht die Zündung einschalten. Der Wischermotor kann dann nicht drehen und brennt nach einer gewissen Zeit durch.

Klemme 3 (grau/rotes Kabel) Erhält Spannung für die erste Wischergeschwindigkeit.

Klemme 4 (graues Kabel) Führt Spannung für die zweite Wischergeschwindigkeit.

Klemme 5 (schwarzes Kabel) Ist mit der Fahrzeugmasse verbunden.

Motor des Heckwischers ausbauen

Arbeitsschritte

1 Wischerarm abbauen.

2 Verkleidung der Heckklappe abbauen. Dazu eine Schraube an der Griffmulde herausschrauben. Verkleidung mit breitem Schraubendreher und zwischengelegtem Lappen vorsichtig von der Heckklappe abdrücken und abnehmen.

3 Schlauchleitung der Heckscheibenwaschanlage am Zwischenstück trennen.

4 Mehrfachstecker abziehen.

6 Die Halterung des Wischermotors durch Lösen der beiden Schrauben von der Heckklappe abbauen.

7 Wischermotor von der Heckklappe abnehmen.

8 Vor dem Einbau der Verkleidung erst die Funktion des Motors prüfen. Bitte achten Sie hierbei darauf, daß Sie mit stromführenden Teilen die Masse der Karosserie nicht berühren.

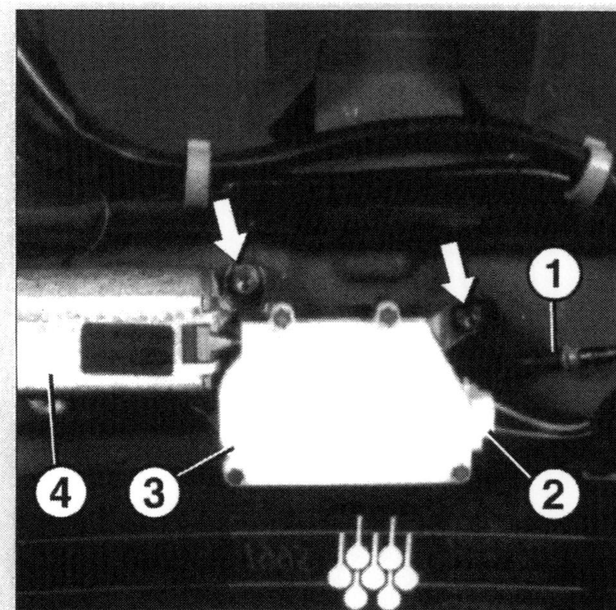

Ausbau des Wischermotors mit Getriebe ❸ + ❹.
Dazu Schlauch der Scheibenwascherdüse am Verbindungsstück ❷ und den Mehrfachstecker ❶ abziehen. Dann die beiden Schrauben (Pfeile) lösen.

Die Lackpflege

Jeder Quadratzentimeter glänzendes Blech schlägt der Fahrzeugalterung ein Schnippchen. Die Pflege des Lacks ist daher eine lohnende Arbeit. Der Lack eines neuen Autos braucht zunächst freilich nicht viel Aufmerksamkeit. Eine regelmäßige gründliche Wäsche und die Beseitigung von Steinschlägen, Teerflecken und Insektenresten reichen als Pflege völlig aus. Doch nach zwei, drei Jahren haben Sonne, Regen, Schmutz und häufige Wagenwäschen dem Lack so zugesetzt, daß er eine sanfte Grundreinigung nötig hat. Machen Sie die Tropfenprobe: Wenn die Wassertropfen auf dem sauberen Lack mit unscharfen Rändern zerfließen, ist es Zeit für die Lackpflege.

Wundermittel Lackreiniger

Welches Pflegemittel für Ihr Fahrzeug das richtige ist, hängt vom Zustand des Lacks ab. Für einen neuen und gut erhaltenen Lack genügt eine milde Politur. Sie glättet die durch Umwelteinflüsse und mechanische Einwirkungen aufgerauhte Lackschicht, indem sie die mikroskopisch kleinen Furchen in der oberen Lackschicht behutsam abschmirgelt. Außerdem enthält eine Politur Wachskomponenten, die das Blechkleid konservieren. Ein Lackreiniger ist für neue Lacke reines Gift – für alte und verwitterte Lacke jedoch genau das richtige. Ein Lackreiniger funktioniert wie eine Politur, enthält jedoch gröbere Schleifmittel, die auch mit stärkeren Verschmutzungen fertig werden. Tatsächlich ist es für die Lackpflege fast nie zu spät. Bevor Sie Ihrem alten Punto eine Neulackierung spendieren, sollten Sie es mit einem Lackreiniger versuchen. Allerdings enthalten diese Wundermittel in der Regel keine konservierenden Komponenten. Sie müssen daher den aufbereiteten Lack in einem neuen Arbeitsgang mit einem Autowachs versiegeln.

Konservierung für den Lack

Es empfiehlt sich übrigens, die Konservierung bei neuen und aufbereiteten Lacken zwei- oder dreimal im Jahr zu erneuern. Das erhält den Glanz länger und verbessert den Langzeitschutz.

Die meisten Polituren und Lackreiniger wirken ziemlich aggressiv. Arbeiten Sie deshalb nie unter direkter Sonneneinstrahlung. Die chemischen Verbindungen in der Politur können sonst förmlich in den Lack einbrennen.

Arbeitsschritte

1 Vor der Lackpolitur das Fahrzeug gründlich waschen und trocknen.

2 Prüfen Sie zuerst an einer unauffälligen Stelle, ob der Autolack Ihre Politur verträgt. Vorsicht bei Lackreinigern: Tragen Sie nur eine dünne Schicht auf, zuviel Reiniger nimmt mehr Decklack ab als nötig. Gehen Sie lieber in mehreren Durchgängen vor.

3 Politur oder Lackreiniger mit Baumwoll- oder Synthesewatte (handballengroße Stücke) oder weichem Tuch (kein Kunstfaserlappen) auftragen. Mit sanftem Druck in kreisförmigen Bewegungen einreiben. Nehmen Sie sich immer nur eine kleinere Fläche vor.

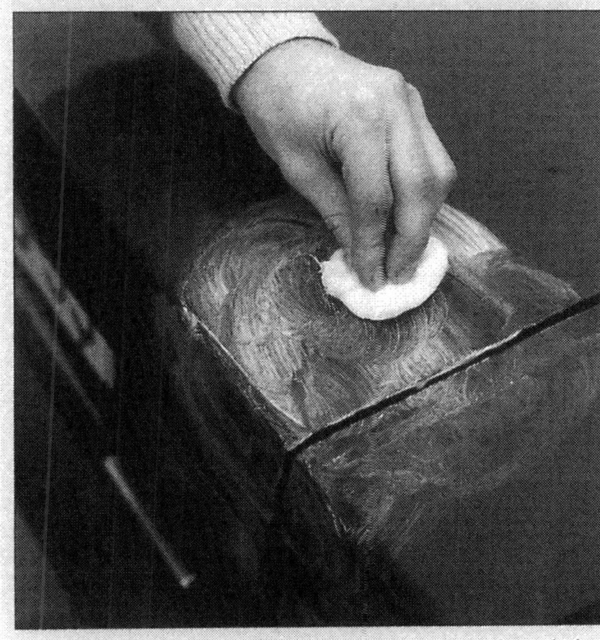

Teilen Sie die Karosserie in Abschnitte von etwa einem halben Quadratmeter ein. Bei größeren Flächen kommen Sie mit dem Auspolieren nicht nach. Eingetrocknete Politur läßt sich nur schwer verarbeiten.

4 Nach kurzer Einwirkzeit bildet sich ein trockener weißer Belag, der mit einem Watteballen in kreisenden Bewegungen auspoliert wird. Vorsicht an Kanten bei verwittertem Lack: Nicht zu lange dieselbe Stelle bearbeiten, da man sonst schnell auf die Grundierung stößt.

➡

5 Nach einiger Zeit geht das Polieren schwerer, weil Wachs- und Pflegepartikel die Bewegungen einbremsen. Dann Watteballen wenden oder erneuern.

6 Zum Abschluß den Lack mit sauberem Baumwollappen abreiben, um noch vorhandenes Poliermittel und Watteflusen zu entfernen.

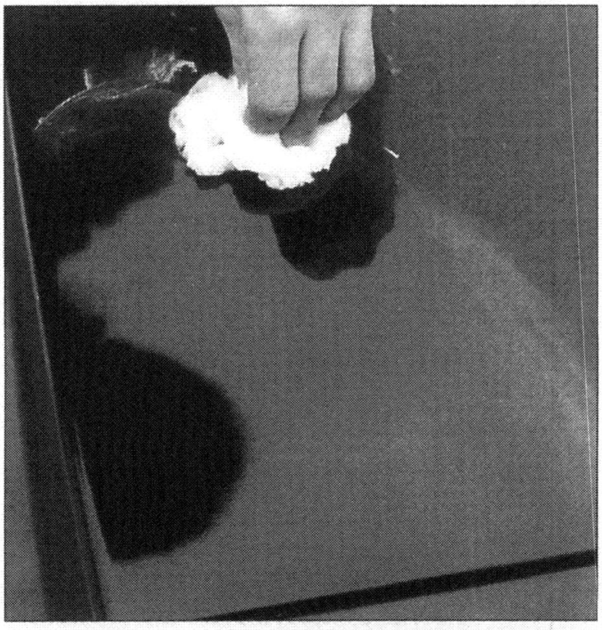

Damit der Lack klar und schlierenfrei erscheint, reibt man den weißen Belag mit großen Watteballen unter Druck glänzend. Wird die Polierbewegung schwerer, den Watteballen wenden oder erneuern.

Reiben Sie die polierte Lackfläche zum Schluß noch mit einem sauberen Baumwoll-Lappen ab. Damit entfernen Sie noch eventuell vorhandenen Belag und natürlich auch die Watteflusen.

So konservieren Sie richtig

7 Autowachs mit Watte auftragen. Die Größe der zu bearbeitenden Fläche hängt vom verwendeten Produkt ab. Vorsicht: Konservierer haben einen hohen Lösemittelanteil. Sorgen Sie daher für ausreichende Belüftung.

8 Die Flüssigkeit mit Watteballen in kreisenden Bewegungen einreiben. Gleichmäßiges druckvolles Kreisen erzeugt bei guten Konservierern Tiefenglanz.

9 Die Watte darf nur mit wenig Widerstand über den Lack gleiten. Deshalb häufig die Watte wechseln.

10 Weist der Lack nach dem Konservieren Streifen oder Wolken auf, liegt das meist an verschmierten Farbpartikeln, die eine vorhergehende Politur hinterlassen hat. An diesen Stellen nochmals mit einer Politur beginnen.

Wenn der Konservierer beim Auftragen fast vom Lack abperlt, ist die Oberflächenspannung des Lacks noch zu groß. Versuchen Sie es in diesem Fall vor der Konservierung mit einer milden Politur.

→

Lackschäden

Bei jeder Autofahrt verursachen zum Beispiel aufgewirbelte Steine Anschläge auf die Karosserie. Bei hohem Tempo werden selbst winzige Sandkörner zu Geschossen, die wie Meteoriten im Lack einschlagen. Im Winter sind vor allem Frontpartie und Motorhaube gefährdet, wenn der Rollsplitt gegen das Blech prasselt. Steinschlagschäden sind jedoch kein Drama. Auch ein Parkrempler mit Kratzern und Schrammen bietet keinen Anlaß zur Panik. Solche Stellen lassen sich ebenso wie Fremdlack mit Lackreiniger oder Schleifpolitur oft einfach auspolieren. Viele Hersteller bieten für Lackschäden durch Steinschlag (etwa in der Größe eines Stecknadelkopfes) Reparatursets an, die sich so leicht handhaben lassen wie eine Flasche Nagellack. Eine Alternative ist Tupflack, bei dem der Krater mit einem Pinsel in mehreren Lackschichten aufgefüllt wird. Bei normalen Lacken helfen auch Wachsstifte in Wagenfarbe – der aufgetragene Wachs hält freilich nur einige Wagenwäschen lang und muß dann erneuert werden. Die Lackbezeichnung und den Code für die Farbe Ihres Wagens finden Sie auf einem Aufkleber an der Innenseite der Heckklappe.

Lackschäden rechtzeitig beseitigen

Macken im Lack sollten Sie jedoch nicht ignorieren. Der Rost kann den angrenzenden Lack unterwandern – bei ungünstigen Bedingungen wie Nässe und Wärme schon in wenigen Tagen. Deshalb gilt: Lackschäden möglichst schnell ausbessern. Hat sich der Rost über Monate oder Jahre ungehindert ausgebreitet, erkennen Sie das meist an unschönen Kratern oder Löchern ins Karosserieblech. In diesem Fall helfen nur noch Restaurierungsarbeiten. Die können wir Ihnen hier freilich ebenso wenig vorstellen wie die Behebung eines Blechschadens. Für solche Arbeiten empfehlen wir den Band 175 aus der Reihe »Jetzt helfe ich mir selbst«. Er informiert umfassend über alle Arbeiten rund um die Autokarosserie.

Mit dieser Grundausrüstung bessern Sie Lackschäden aus:

- Abklebeband (Profimaterial verwenden).
- Zeitungen oder Folie zum Abkleben.
- Schleifklotz aus Holz oder Kork für flächiges Schleifen.
- Naß- und Trockenschleifpapier in verschiedenen Körnungen.
- Spachtel und Spachtelmasse, Härter. Spritzspachtel zum Ausgleich kleinerer Unebenheiten.
- Haftgrund, als Grundlage für den Lackaufbau.
- Decklack in der Farbe Ihres Fahrzeugs.
- Lackreiniger, Konservierer, Politur.

Steinschlagschäden ausbessern

Arbeitsschritte

1 Stehen rund um den Lackkrater Ränder ab: Mit einer feinen Nadel abheben.

2 Hat sich Rost gebildet, kratzen Sie ihn mit einem spitzen Taschenmesser vorsichtig heraus. Einen Tropfen Rostumwandler auf die Stelle tupfen und etwa eine Stunde einwirken lassen.

3 Die Schadstelle mit Waschbenzin oder Verdünnung reinigen, gründlich trocknen.

4 Etwas Haftgrund in den Sprühdosendeckel spritzen, die Flüssigkeit mit Tupfpinsel oder Fingerkuppe dünn auftragen. Warten Sie, bis der Haftgrund getrocknet ist.

5 Mit Fingerkuppe oder kleinem Kunststoffmesser ein wenig Spachtel bündig zur umgebenden Lackfläche in den Krater drücken und trocknen lassen. Halten Sie Lappen und Verdünnung bereit, um Spachtelflecken auf dem Lack sofort abzuwischen.

6 Wenn Sie zuviel Spachtel eingebracht haben: Spannen Sie um ein Bleistiftende einen schmalen Streifen feines Schleifpapier, schleifen Sie den überschüssigen Spachtel bleistiftdrehend vorsichtig bei.

7 Ein wenig Lack in den Dosendeckel sprühen und eine Minute ablüften lassen. Den Lack sehr dünn mit Fingerkuppe oder spitzem Pinsel auftragen.

8 Wenn der Lack vollständig getrocknet ist (im Sommer nach etwa zwei, im Winter nach fünf Tagen): die ausgebesserte Stelle mit Politur, die Übergänge bei Bedarf mit Lackreiniger bearbeiten.

Kleinere Schrammen auspolieren

Arbeitsschritte

1 Die Schadstelle mit Waschbenzin oder Verdünner reinigen.

2 Polieren Sie die Fremdfarbe (falls vorhanden) mit Polierwatte, Schleifpolitur oder Lackreiniger in mehreren Arbeitsgängen aus dem Decklack. Halten Sie die Polierfläche möglichst klein.

3 Wenn die Ränder der Schramme noch rauh sind: Schleifen Sie diese Stellen mit einem kleinen Streifen feinstem Naßschleifpapier (mindestens Körnung 600) behutsam glatt. Dabei Schleifpapier immer wieder anfeuchten. Vorsicht: Schleifen Sie nicht die Decklackschicht durch.

4 Die Schadstelle mit einer milden Politur nachpolieren. Dabei werden Farbpartikel aus der unmittelbaren Lackumgebung in die Schramme hinein verteilt.

5 Zuletzt die bearbeitete Stelle mit Konservierer behandeln.

6 Wenn Sie auf gleichmäßigen Glanz Wert legen, anschließend das ganze Fahrzeug polieren.

Stärkere Schrammen ausbessern

Arbeitsschritte

1 Bei tiefen Schrammen an Stoßfänger, Kotflügel oder Tür: Bauen Sie das Karosserieteil vor der Lackreparatur aus. Die Ausbesserung geht so leichter von der Hand.

2 Schadensfläche mit Schleifpapier (Körnung 80 oder 100) eben schleifen. Ist Rost vorhanden, bis aufs blanke Blech schleifen, Rostumwandler auftragen und eine Stunde einwirken lassen.

3 Die Stelle mit Waschbenzin oder Verdünnung reinigen und entfetten, trocknen lassen.

4 Spachtel und Härter mischen. Die Spachtelmasse macht die Schadstelle mit dem angrenzenden Lack bündig. Vorsicht: Der Spachtel läßt sich nur einige Minuten verarbeiten, weil der Härter schnell abbindet. Deshalb nur kleine Mengen vorbereiten. Bei geringen Unebenheiten können Sie auch Spritzspachtel aufsprühen.

5 Die Spachtelmasse gleichmäßig und zügig in mehreren dünnen Schichten auftragen. Nach etwa einer Stunde ist die Schicht ausgehärtet.

6 Unebenheiten mit Trockenschleifpapier (Körnung 240) vorsichtig abschmirgeln. Für den Feinschliff Naßschleifpapier (Körnung 400) verwenden und Fläche mit wenig Druck beischleifen. Sind dann noch Riefen vorhanden – mit Spritzspachtel ausgleichen, aushärten lassen und mit Naßschleifpapier (Körnung 600) nachschleifen.

7 Vor dem Lackieren Schleifstaub sorgfältig abwischen.

Lackieren wie die Profis

8 Die Schadstelle mit wasserfestem und dehnbarem Lackierer-Klebeband, einer Folie oder alten Zeitungen abkleben. Billiges Klebeband weicht schnell durch und läßt bald auch Farbe passieren. Vorsicht: Beim Lackieren entstehen giftige Dämpfe. Sorgen Sie deshalb für eine gute Belüftung des Arbeitsplatzes.

9 Haftgrund (Füller) als feinporige Grundlage für den Decklack sprühen. Sauber arbeiten – Unebenheiten und Lacknasen verschwinden nicht mit zunehmenden Lackauftrag, sondern vergrößern sich. Haftgrund trocknen lassen, mit Naßschleifpapier (Körnung 600) planschleifen. Schleifrückstände abwischen.

10 Decklack aus der Sprühdose gleichmäßig und zügig in mehreren Schichten auftragen. Der Abstand vom Sprühkopf zur Lackierfläche sollte etwa 20 bis 30 Zentimeter betragen. Erwärmen Sie die Sprühdose vor dem Lackieren kurz in heißem Wasser. Der Sprühstrahl entweicht dann unter höherem Druck, ist feiner und erzielt eine glattere Oberfläche.

11 Die Ränder des Klebebands an der Reparaturstelle lösen, umknicken und diese Stellen nachsprühen. Das macht den Übergang zum Originallack unscharf.

12 Wenn der Lack vollständig getrocknet ist (im Sommer nach etwa zwei, im Winter nach fünf Tagen): die ausgebesserte Stelle mit Politur, die Übergänge mit Lackreiniger bearbeiten. Wenn Sie auf gleichmäßigen Glanz Wert legen, anschließend das ganze Fahrzeug polieren.

Farben und Lacke entsorgen

Praxistip

Farb- und Lösungsmittelreste sind Sondermüll, der in speziellen Deponien entsorgt werden muß. Das gilt auch für verschmutzte Lappen, Pinsel und Spraydosen. In vielen Städten und Gemeinden gibt's heute mobile Annahmestellen. Fragen Sie bei Ihrem Umweltamt nach den Abholterminen oder den Öffnungszeiten der Deponie.

Wenn Sie mit der Spraydose lackieren: Schneiden Sie in ein großes Stück Pappe ein Loch in Größe der Schadstelle. Der Sprühstrahl deckt dann nur die vorgesehene Fläche ab.

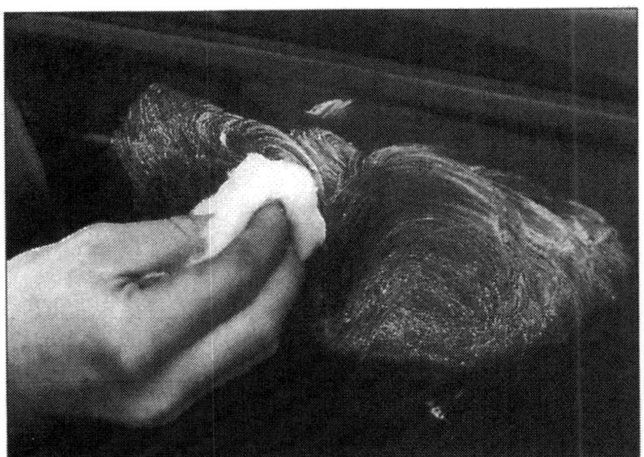

Kratzer oder Schrammen lassen sich mit Schleifpolitur oder Lackreiniger beseitigen, wenn noch ein Hauch Decklack vorhanden ist. Verwenden Sie nur hochwertiges Arbeitsmaterial aus dem Zubehörhandel.

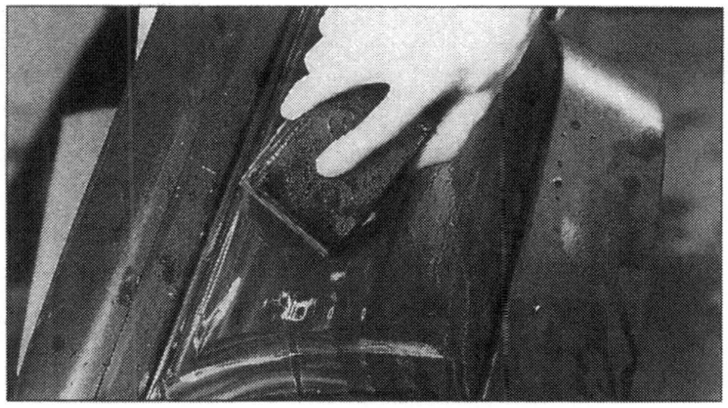

Schleifpapier um Schleifklotz wickeln, die Schadensfläche durch gleichmäßige Bewegungen in eine Richtung glatt schleifen. Den Klotz immer wieder in Wasser tauchen, damit der Schleifstaub herausgeschwemmt wird.

Wenn Sie zum ersten Mal mit Spachtel umgehen, sollten Sie erst üben, bevor Sie Ernst machen. Führen Sie auf einem alten Stück Autoblech vom Schrottplatz einen Test durch. Das bringt das nötige Gefühl und Sicherheit im Umgang mit diesem Material.

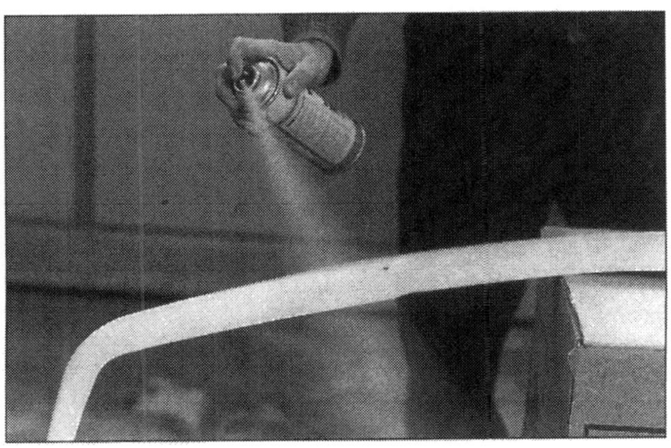

Halten Sie die Spraydose möglichst ruhig über der Lackierfläche. Führen Sie den Sprühstrahl am Lackierobjekt vorbei, nicht absetzen oder im Oval zurückführen – das vermeidet Lacknasen.

DER MOTOR

Die Bauteile

Die Motoren der Punto-Familie zeichnen sich durch einfache Konstruktion und durch Wartungs- und Reparaturfreundlichkeit aus. Alle Triebwerke sind quer zur Fahrtrichtung eingebaute Viertakt-Reihenvierzylinder mit einer bzw. zwei obenliegenden Nockenwellen, Zahnriemenantrieb und zwei Ventilen pro Zylinder (Ausnahme: die im Modelljahr 1998 eingeführten Modelle Punto 85 16V und Punto Sporting 85 16V mit vier Ventilen/Zylinder). Allerdings gibt's trotz gleichem Grundkonzept eine Reihe von Unterschieden zwischen den verschiedenen Motortypen. Das gilt in erster Linie für Dieselmotor und Ottomotor, die bei Gemischbildung und Zündung andere Wege einschlagen. Eine besondere Stellung nimmt der 1984 eingeführte FIRE-Motor ein, der in den beiden Basismodellen zum Einsatz kommt. Er vertritt die moderne Triebwerks-Generation von Fiat, während die OHC-Motoren mit 1,4 und 1,6 Litern Hubraum und der Diesel schon in den 70er Jahren am Fließband zusammengeschraubt wurden.

Drei Motortypen für den Punto

Diese Generations-Unterschiede lassen sich nur bei einem Blick ins Innere der Triebwerke ausmachen. OHC- und Diesel-Motoren arbeiten zum Beispiel mit einem Zylinderkopf, bei dem Ansaug- und Abgassystem auf der gleichen Seite liegen. Beim FIRE dagegen liegen die Ein- und Auslaßkanäle gegenüber (Querstromkopf). Bei dieser Zylinderkopf-Bauart verläßt das verbrannte Gemisch den Brennraum auf dem kürzesten Weg. Dadurch können die Zylinder schneller wieder gefüllt werden, was den Wirkungsgrad des Motors verbessert. Die Bezeichnung FIRE steht freilich nicht für die feurigen Eigenschaften dieses Motors, sondern für die Abkürzung von »Fully Integrated Robotized Engine«. Wie der Name andeutet, wird der FIRE von Robotern weitgehend automatisch montiert.

FIRE-Motor 40 kW/55 PS

1. Batterie
2. Ölpeilstab
3. Öleinfüllstutzen
4. Motorraumsicherungen
5. Kühlmitteleinfüllöffnung
6. Öffnung Scheiben-waschwasserbehälter
7. Behälter Bremsflüssigkeit
8. Ansauggeräuschdämpfer
9. Kurbelgehäuse-Entlüftung
10. Schlauch Ansaugluft
11. Motorsteuergerät
12. Zündspulen
13. Absolutdruckgeber
14. Relais Zündung/Einspritz.
15. Federdom links
16. Federdom rechts

OHC-Motor 54 kW/74 PS

1. Batterie
2. Ölpeilstab
3. Öleinfüllstutzen
4. Motorraumsicherungen
5. Kühlmitteleinfüllöffnung
6. Öffnung Scheiben-waschwasserbehälter
7. Behälter Bremsflüssigkeit
8. Behälter Servoflüssigkeit
9. Ansauggeräuschdämpfer
10. Kurbelgehäuse-Entlüftung
11. Schlauch Ansaugluft
12. Motorsteuergerät
13. Zündspulen
14. Absolutdruckgeber
15. Relais Zündung/Einspr.
16. Servopumpe
17. Federdom links
18. Federdom rechts

FIRE – die neue Generation

Der FIRE besteht aus bis zu 30 Prozent weniger Einzelteilen als die anderen Punto-Motoren. Das hat enorme Vorteile, denn weniger Teile bedeuten auch weniger Fehlermöglichkeiten. Die Ölpumpe etwa wird beim FIRE direkt von der Kurbelwelle angetrieben, die im Kurbelgehäuse integrierte Wasserpumpe vom Nockenwellen-Zahnriemen. Motorteile wie Kurbelgehäuse, Kurbelwelle, Pleuel, Nockenwelle, Schwungrad, Ventilführungen und Kolbenringe sind in der sogenannten Dünnwand-Gußtechnik aus robustem Grauguß gefertigt. Trotzdem bringt der FIRE nicht mehr Gewicht auf die Waage als vergleichbare Konstruktionen aus Leichtmetall.

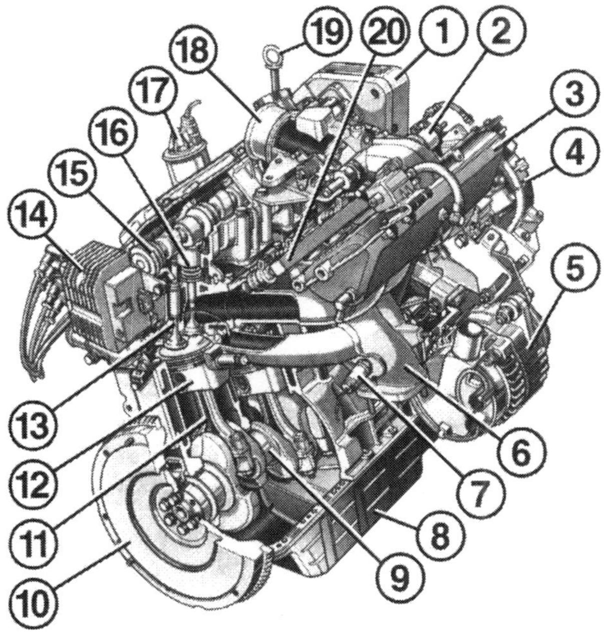

Der OHC-Motor (66 kW/90 PS), teilweise aufgeschnitten.
❶ Zahnriemenabdeckung. ❷ Kraftstoffdruckregler. ❸ Luftkammer des Ansaugsystems. ❹ Wasserpumpe. ❺ Drehstromgenerator. ❻ Auspuffkrümmer. ❼ Lambda-Sonde. ❽ Ölwanne. ❾ Kurbelwelle. ❿ Schwungrad. ⓫ Pleuel. ⓬ Kolben. ⓭ Ventil. ⓮ Zündspulen mit Zündkabeln. ⓯ Nockenwelle. ⓰ Tassenstößel mit Ventilfeder. ⓱ Elektroventil der Abgasrückführung (AGR). ⓲ Drosselklappengehäuse. ⓳ Ölpeilstab. ⓴ Kraftstoffverteilerrohr mit Einspritzventilen.

Die Bauteile des Motors

Technik-lexikon

Motorblock Hier sind die beweglichen Teile gelagert. Er besteht bei allen Punto-Motoren aus Grauguß. Der Motorblock trägt auch Aggregate wie Lichtmaschine, Anlasser und Zündanlage.

Zylinderkopf Schließt den Zylinder nach oben ab. Er enthält Kanäle für Frisch- und Abgas, Ventilsitze, Lager und Führungen für Teile der Ventilsteuerung, Zündkerzengewinde, Wasserkanäle und Brennraum. Die Zylinderkopfdichtung zwischen den Metall-Flächen von Zylinderkopf und Zylinderblock verhindert, daß an dieser Stelle Luft und Kühlwasser in den Zylinder gelangen.

Zylinder Bilden zusammen mit dem Zylinderkopf den Verbrennungsraum. Sie sind glatt ausgeschliffen (gehont) und exakt auf den Kolbendurchmesser abgestimmt. Für die Kühlung sorgt Wasser, das durch Känale in der Zylinderwand fließt.

Kolben Nehmen den Verbrennungsdruck auf und geben ihn über die Pleuel an die Kurbelwelle weiter. Die Hauptbestandteile sind Kolbenboden, Ringzone mit Kolbenringen, Schaft und Bolzenaugen. Die beiden oberen Kolbenringe (Verdichtungsringe) verhindern, daß Gas aus dem Verbrennungsraum ins Kurbelgehäuse entweicht. Der untere Ring (Ölabstreifring) führt überschüssiges Schmieröl von der Zylinderwand in die Ölwanne zurück.

Pleuel Verbinden den Kolben mit der Kurbelwelle. Ihre Bestandteile: Pleuelkopf (umschließt den Kolbenbolzen), Pleuelschaft, Pleuelfuß und Pleueldeckel (umschließen den Kurbelzapfen).

Kurbelwelle Wandelt das Auf und Ab der Kolben in eine Drehbewegung um. Ihre Teile: Wellenzapfen (für Lagerung im Kurbelgehäuse), Kurbelzapfen, Kurbelwangen (verbinden Kurbelzapfen und und Wellenzapfen). Bei allen Punto-Motoren ist die Kurbelwelle an fünf Stellen im Motorblock in auswechselbaren Gleitlagerschalen gelagert.

Ventile Lassen Frischgas ein- und Abgas ausströmen. Beim FIRE-Motor sitzen die Ventile senkrecht im Zylinderkopf und liegen sich parallel zur Mittelachse des Zylinders gegenüber. Bei den anderen Punto-Motoren sind sie hintereinander angeordnet und stecken schräg im Zylinderkopf. Sämtliche Teile, die am Öffnen und Schließen der Ventile beteiligt sind, nennt man zusammenfassend »Ventiltrieb«.

Nockenwelle Öffnet und schließt die Ventile im richtigen Zeitpunkt. Jedes Ventil wird über Tassenstößel von einer Nocke betätigt. Alle Punto-Motoren sind sogenannte OHC-Motoren (Over-Head-Camshaft = Über-Kopf-Nockenwelle). Die Nockenwelle ist an drei Stellen gelagert und wird über einen Zahnriemen von der Kurbelwelle angetrieben. Der Zahnriemen treibt beim FIRE-Motor auch die Kühlmittelpumpe an, bei den anderen Motoren eine Nebenwelle für die Ölpumpe.

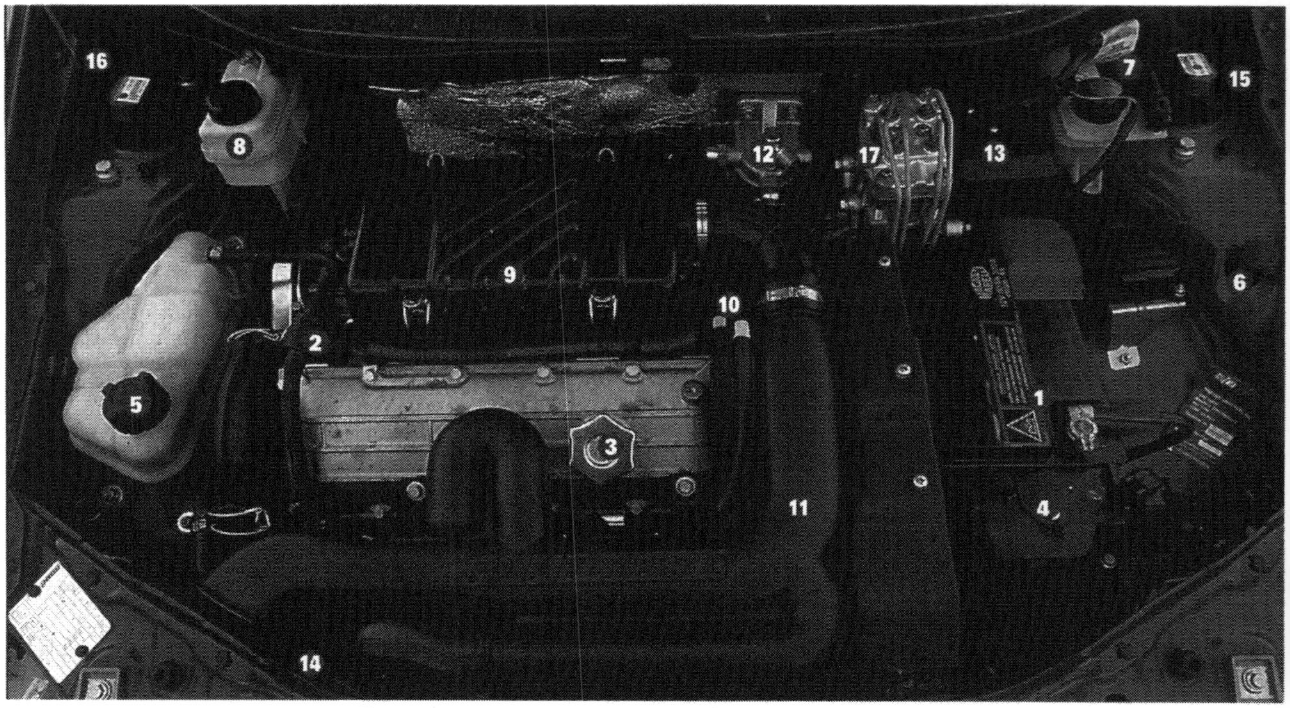

Dieselmotor 51 kW/70 PS

1. Batterie
2. Ölpeilstab
3. Öleinfüllstutzen
4. Motorraumsicherungen
5. Kühlmitteleinfüllöffnung
6. Öffnung Scheiben-waschwasserbehälter
7. Behälter Bremsflüssigkeit
8. Behälter Servoflüssigkeit
9. Ansauggeräuschdämpfer
10. Kurbelgehäuse-Entlüftung
11. Schlauch Ansaugluft
12. Dieselkraftstoff-Filter
13. ABS-Steuergerät
14. Servopumpe
15. Federdom links
16. Federdom rechts
17. ABS-Hydraulikeinheit

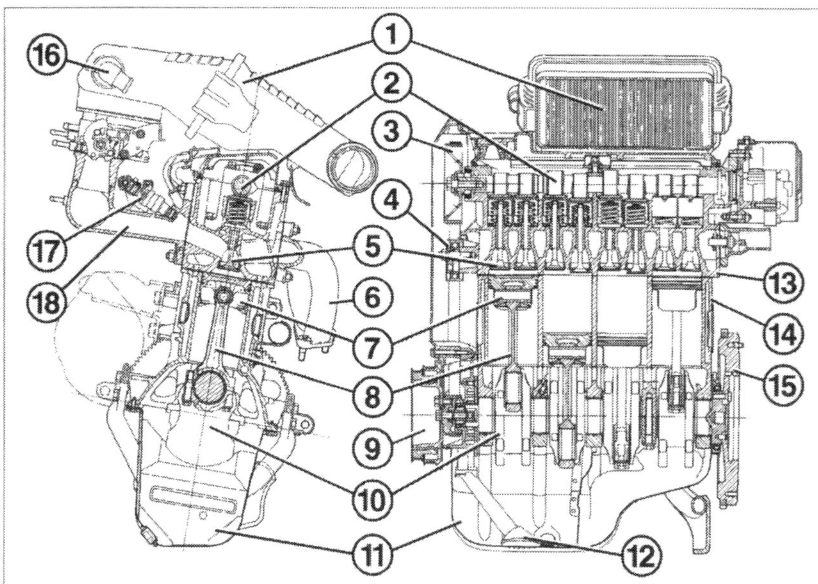

Längs- und Querschnittzeichnung des 55 kW/75 PS-Motors.

1. Luftfilter
2. Ventildeckel
3. Nockenwelle
4. Ventil
5. Ventilfeder
6. Tassenstössel
7. Nockenwellen-zahnriemenrad
8. Zahnriemenspannrolle
9. Zylinderkopf
10. Motorblock
11. Ölwanne
12. Kolben
13. Pleuel
14. Zylinderlaufbahn
15. Ansaugstutzen mit Sieb der Ölpumpe
16. Schwungrad
17. Ansaugrohr des Ansaug-krümmers
18. Auspuffkrümmer
19. Einspritzventil
20. Drosselklappengehäuse
21. Anschluß für Kurbelgehäu-seent- und -belüftung
22. Unterdruckanschlüsse

Das Prinzip des Dieselmotors

Der Dieselmotor hat eine sogenannte innere Gemischbildung. Die Kolben im Zylinder saugen bei ihrem Weg nach unten (Ansaugtakt) reine Luft an. Bei seiner Aufwärtsbewegung wird die angesaugte Luft viel stärker komprimiert als beim Benzinmotor. Dadurch wird die Luft sehr heiß. Die Einspritzpumpe sorgt dafür, daß zum richtigen Zeitpunkt die richtige Menge Dieselkraftstoff in die heiße und komprimierte Luft gesprüht wird. Die Kraftstofftröpfchen entzünden sich dadurch schlagartig von selbst. Daher auch die Bezeichnung »Selbstzünder« für den Dieselmotor. Er braucht also keine Zündkerze zum Entflammen des Kraftstoff-Luft-Gemischs.

Die elegante Lösung: das Wirbelkammerverfahren

Die Verbrennung findet allerdings nicht direkt im Zylinder statt. Das würde die Motorlager stark belasten und zu einem harten Laufgeräusch des Motors führen. Die elegante Lösung ist die weiche Verbrennung im sogenannten geteilten Arbeitsraum. Im Punto-Dieselmotor übernimmt diese Aufgabe die Wirbelkammer. Sie sitzt im Zylinderkopf und ist durch den Schußkanal mit dem Brennraum verbunden. Strebt der Kolben beim Verdichtungshub aufwärts, drückt er die Luft im Zylinder in die Wirbelkammer. In den dort entstehenden Luftwirbel spritzt eine Düse Kraftstoff ein, der mit der Luft vermischt, verdampft und verbrannt wird. Die Verbrennung läuft zum größten Teil in der Wirbelkammer ab und pflanzt sich dann über den Schußkanal in den Brennraum des Zylinders fort.

Zeichnung links unten: Wirbelkammer im Zylinderkopf. Zeichnung rechts unten: Die Pfeile symbolisieren die komprimierte heiße Luft in der Wirbelkammer. Der eingespritzte Kraftstoff wird mit der Luft verwirbelt und entzündet.

1. Einspritzdüse
2. Glühkerze
3. Wirbelkammer
4. Schußkanal
5. Kolben

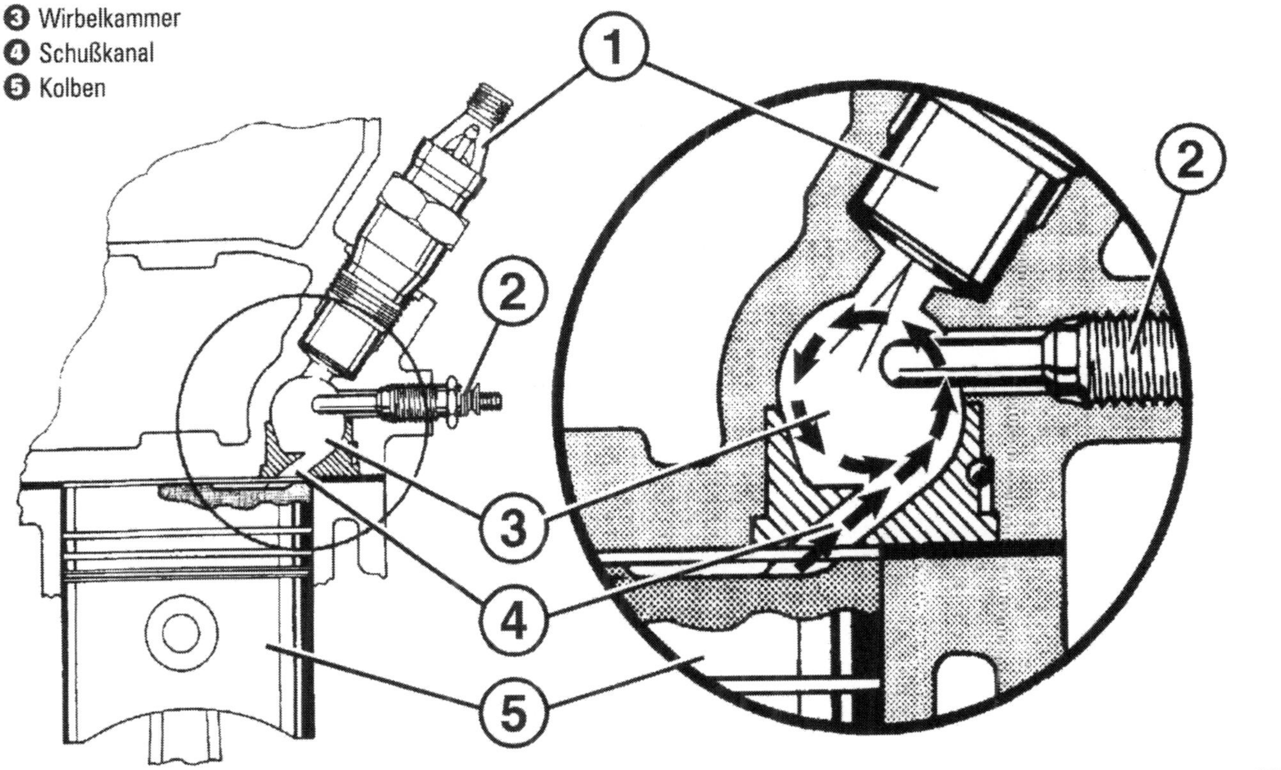

Motor durchdrehen

Bei einer Reihe von Arbeiten an Motor sowie Zündung (Benziner) und Einspritzpumpe (Diesel) kommt es darauf an, daß sich die Kolben in den verschiedenen Zylindern nacheinander am oberen Punkt der Zylinderlaufbahn befinden (OT = Oberer Totpunkt). Der Kolben im Zylinder 1 steht im Oberen Totpunkt, wenn die OT-Markierung am Nockenwellen-Zahnriemenrad mit der des Zylinderkopfs übereinstimmt. Je nach Motortyp sind die Markierungen unterschiedlich angeordnet. Zum Durchdrehen des Motors in die OT-Stellung gibt es verschiedene Möglichkeiten.

Arbeitsschritte

1 Den Punto wie zu einem Radwechsel auf einer Seite vorne aufbocken, den 4. oder 5. Gang einlegen. Dreht man an dem freihängenden Vorderrad, wird auch der Motor durchgedreht. Den gleichen Effekt erzielen Sie, wenn Sie den Wagen bei eingelegtem 4. oder 5. Gang jeweils ein Stück vorschieben.

2 Sie können den Motor auch mit einer Stecknuß SW 27 durchdrehen, die Sie an der Keilriemenscheibe der Lichtmaschine ansetzen. Der Motor dreht leichter, wenn Sie vorher die Zündkerzen herausschrauben. Vorsicht: Der Motor darf immer nur im Uhrzeigersinn durchgedreht werden.

3 Bei abgenommener Zahnriemenabdeckung (FIRE- und OHC-Motor): den Motor keinesfalls an der Zentralschraube für das Nockenwellen-Zahnriemenrad durchdrehen – dabei kann unbemerkt der Zahnriemen um einen Zahn überspringen.

Auf keinen Fall darf der Motor zum Einstellen der Ventile an dieser Schraube (Pfeil) weitergedreht werden, da sonst der Zahnriemen um einen Zahn überspringen kann.

→

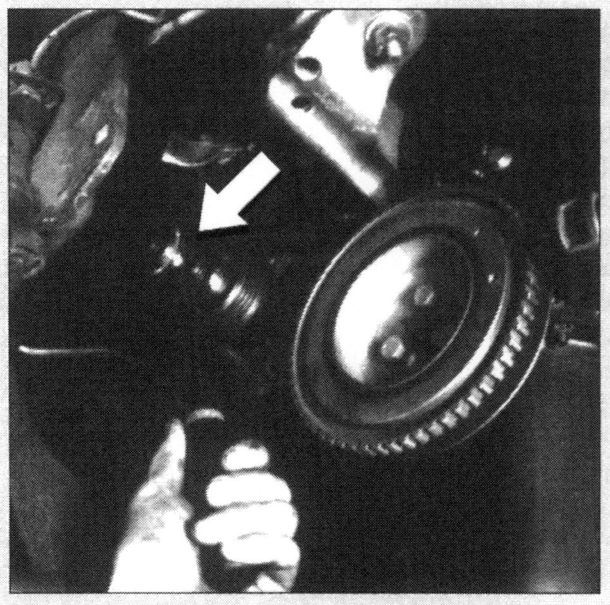

Beim Punto mit ECVT-Getriebeautomatik kann der Motor nur mit einer an der Lichtmaschinen-Riemenscheibe angesetzten Stecknuß SW 27 mit Ratsche durchgedreht werden. Wenn die Riemenscheibe durchrutscht, den Keilriemen mit der freien Hand durchdrücken (spannen).

Technik-lexikon: Grundbegriffe zur Motortechnik

Viertaktprinzip Die vier Arbeitstakte des Kolbens. Ansaugen (1. Takt): Kolben geht nach unten zum Unteren Totpunkt (UT). Einlaßventil öffnet, das Kraftstoff-Luft-Gemisch strömt in den Zylinder. Verdichten (2. Takt): Kolben bewegt sich von UT zum Oberen Totpunkt (OT). Einlaßventil schließt. Der Kolben verdichtet das eingeströmte Gemisch. Verbrennen (3. Takt): Kurz vor OT springt an der Zündkerze der Funke über. Das Gemisch verbrennt und drückt den Kolben nach UT. Über das Pleuel wird die Kurbelwelle in Umdrehung versetzt. Ausstoßen (4. Takt): Kolben bewegt sich wieder nach oben. Auslaßventil öffnet, die verbrannten Gase werden ins Auspuffsystem geschoben.

Hubraum Der Raum, den die Kolben bei ihrer Bewegung von UT nach OT durchmessen. Wenn der Kolben seinen höchsten Punkt erreicht hat, bleibt noch der Brennraum, in dem sich das Kraftstoff/Luftgemisch befindet. Hubraum und Brennraum bilden zusammen den Zylinderraum.

Verdichtungsverhältnis Das Verhältnis des Zylinderraums zum Brennraum. Es gibt an, auf den wievielten Teil des Zylinderraums das Gemisch (Benziner) oder die Luft (Diesel) verdichtet wird. Es beträgt zum Beispiel beim FIRE-Motor 9,6:1, beim OHC 9,8:1, beim Punto-Diesel 19:1.

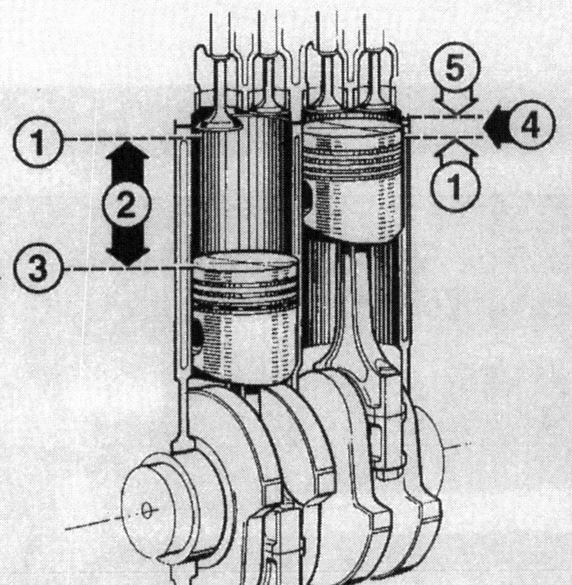

Der Hubraum ❷ erstreckt sich vom Oberen ❶ bis zum Unteren Totpunkt ❸. Zwischen dem OT, der im rechten Zylinder gerade durch den Kolbenboden begrenzt wird, und der Wölbung des Zylinderkopfes ❺ ist der Brennraum ❹.

Ventilspiel prüfen

Wenn sich der Motor erwärmt, dehnen sich auch die Ventilschäfte aus. Das Ventilspiel zwischen Nockenwelle und Ventilschaft berücksichtigt diesen Effekt. Die Ventile können jedoch nur bei richtig eingestelltem Ventilspiel perfekt arbeiten. Bei zu kleinem Ventilspiel liegen die Ventile nicht satt auf den Ventilsitzen. Darunter leiden vor allem die stark erhitzten Auslaßventile. Sie können ihre Wärme nicht mehr an die Sitzringe abgeben, die Ränder der Ventilteller verformen sich, reißen ein und die Sitze verbrennen. Der Kompressionsdruck entweicht, der Motor verliert an Leistung, springt schlechter an und verbraucht mehr Kraftstoff. Bei zu großem Ventilspiel öffenen die Ventile deutlich später. Die Zylinder werden schlechter gefüllt und der Motor kommt nicht auf volle Leistung. Der Ventiltrieb arbeitet lauter und verschleißt schneller.

Vor Arbeitsbeginn: Zylinderkopf-Deckeldichtung besorgen

Bei allen Punto-Motoren prüft man das Ventilspiel bei kaltem Motor mit der Fühlerblattlehre. Vorsicht: Beim Abnehmen der Zylinderkopfhaube reißt oft die Korkdichtung. Außerdem ist die alte Dichtung meist so verhärtet, daß sie beim Anziehen der Zylinderkopfhaube nicht mehr richtig abdichtet. Besorgen Sie sich daher vor Arbeitsbeginn unbedingt eine neue Zylinderkopf-Deckeldichtung.

Praxistip: Überdrehzahlen und Motorlebensdauer

Drehen Sie das Triebwerk zu hoch, gibt es ein unüberhörbares Brummen von sich, das durch Schwingungen der Kurbelwelle oder flatternde Ventile verursacht wird. Werden die Schwingungen zu stark, kann der Ventilstößel brechen. Das Ventil fällt aus, der Zylinder gibt keine Leistung mehr ab. Sie merken das an der nachlassenden Motorleistung. Im schlimmsten Fall brechen die Ventilfedern – das Ventil kann auf den auf- und abrasenden Kolben fallen. In der Regel bedeutet dies den Totalschaden des Motors.

Einstellwerte Ventilspiele

Motor (PS)		Einlaßventil	Auslaßventil
FIRE (55, 60)	mm	0,40 ± 0,05	0,40 ± 0,05
FIRE (74)	mm	0,40 ± 0,05	0,40 ± 0,05
OHC (88)	mm	0,40 ± 0,05	0,30 ± 0,05
OHC (133)	mm	0,50 ± 0,05	0,45 ± 0,05
Diesel (70)	mm	0,45 ± 0,05	0,35 ± 0,05

Arbeitsschritte | 30.000 km | 2 Jahre

1 Ansauggeräuschdämpfer abbauen. Beim Diesel: Luftansaugleitung abbauen. Bei allen Motoren: elektrische Steckverbindungen lösen.

2 Sechs Schrauben der Zylinderkopfhaube lösen und Haube vorsichtig abnehmen. Sitzt der Deckel fest, lösen Sie ihn durch Schläge mit Handballen oder Hammerstiel.

3 Für die Messung von Ein- und Auslaßventil eines Zylinders müssen beide Ventile entlastet sein. Dazu den Motor durchdrehen, bis an der Nockenwelle die Spitzen beider Nocken von Zylinder 1 (in Fahrtrichtung rechts) symmetrisch nach links und rechts oben zeigen (OT-Markierung beachten). Diese Position entspricht dem Oberen Totpunkt.

4 Verwenden Sie zur Messung zuerst das Blatt der Fühlerlehre, das dem vorgeschriebenen Toleranzwert entspricht. (z.B. Einlaßventil FIRE-Motor 0,40 mm). Zu großes Ventilspiel tritt selten auf. Dann liegt der Meßwert des Fühlerblatts natürlich über dem Toleranzwert.

Die Fühlerblätter müssen sich leicht hin- und herbewegen lassen. Schieben Sie die Fühlerblattlehren vorsichtig zwischen Nockenwelle und Tassenstößel. Leicht stauchende Fühlerblätter signalisieren zu knappes Spiel. Vorsicht: Mit verbogenen oder geknickten Fühlerblättern erhalten Sie falsche Meßergebnisse.

5 Schieben Sie das Blatt zwischen Nockenwelle und Tassenstößel. Nehmen Sie für jeden weiteren Versuch jeweils ein um 0,05 mm dünneres Blatt. Das Lehrenblatt für den untersten Wert (z.B. Einlaßventil FIRE-Motor 0,35 mm) sollte sich mit leichtem Widerstand durchschieben lassen. Andernfalls ist das Ventilspiel zu klein.

6 Notieren Sie den Meßwert für Zylinder 1. Entsprechend der Zündfolge 1-3-4-2 wird dann Zylinder 3 geprüft.

7 Dazu den Motor 1/2 Umdrehung weiterdrehen. Jetzt müssen bei Zylinder 3 beide Nocken der Nockenwelle symmetrisch nach links und rechts oben zeigen. Werte für Zylinder 3 feststellen und notieren. Dann Zylinder 4 und 2 nach gleichem System prüfen. Dazu jeweils den Motor 1/2 Umdrehung weiterdrehen.

8 Wenn Sie die Zylinderkopfhaube wieder montieren: Setzen Sie eine neue Zylinderkopf-Deckeldichtung ein. Der Deckel muß richtig sitzen, sonst kann Öl herausdrücken.

Prüfen des Ventilspiels beim OHC-Motor. Die Nocken der Nockenwelle zeigen symmetrisch nach links und rechts oben. Der Kolben befindet sich in OT, die Ventile sind entlastet.

Ventile einstellen

Zum Einstellen der Ventile werden in die Tassenstößel Distanzplättchen eingelegt. Ist das Ventilspiel zu gering, ist ein dünneres Einstellplättchen erforderlich, bei zu großem Spiel muß das Plättchen dicker sein. Für diese Arbeit braucht man Fiat-Spezialwerkzeug – einen Ventilniederhalter für die Ventilstößel (speziell für jeden Motortyp) und eine Spezialzange zum Herausnehmen der Ventilplättchen. Das Einstellen der Ventile sollten Sie der Fiat-Werkstatt überlassen. Erfahrene Hobbymechaniker erhalten die benötigten Werkzeuge im Zubehörhandel, die Ventileinstellplättchen im Fiat-Ersatzteillager.

Vorsicht: Am Auslaßventil treten höhere Temperaturen als am Einlaßventil auf. Deshalb das neue Plättchen so auswählen, daß anschließend der obere Toleranzwert erreicht wird (z.B. OHC mit 133 PS = 0,55 mm). Beim Einlaßventil gilt der mittlere Toleranzwert (z.B. OHC mit 133 PS = 0,40 mm).

Beim FIRE-Motor hängen die Ventile nebeneinander im Zylinderkopf. Das Ventilspiel für Einlaß- und Auslaßventil hat unterschiedliche Werte – die Ventile dürfen daher bei der Einstellung nicht verwechselt werden. (A = Auslaßventil; E = Einlaßventil. Die Ziffern hinter den Buchstaben bezeichnen die Zylindernummern.)

Arbeitsschritte

1 Die Nockenwellen-Exzenter müssen bei den Ventilen des einzustellenden Zylinders mit ihren Spitzen nach links und rechts oben zeigen (OT).

2 Kurbelwelle etwa 1/4 Umdrehung im Uhrzeigersinn weiterdrehen. Der Kolben steht dann nicht mehr im OT. Die Ventile können so beim Niederdrücken der Stößel nicht mit dem Kolben in Berührung kommen.

3 Beide Tassenstößel des einzustellenden Zylinders so verdrehen, bis jeweils der Nut nach vorne zeigt – so können die Einstellscheiben mit der Spezialzange besser herausgenommen werden.

4 Niederhalter zwischen den beiden Nocken ansetzen, beide Tassenstößel werden dabei gleichzeitig heruntergedrückt.

5 Spezialzange am Einstellplättchen ansetzen und Plättchen herausheben.

6 Neues Einstellplättchen einölen und mit den Ziffern nach unten in den Tassenstößel einlegen.

7 Niederhalter entfernen und Ventilspiel nachprüfen.

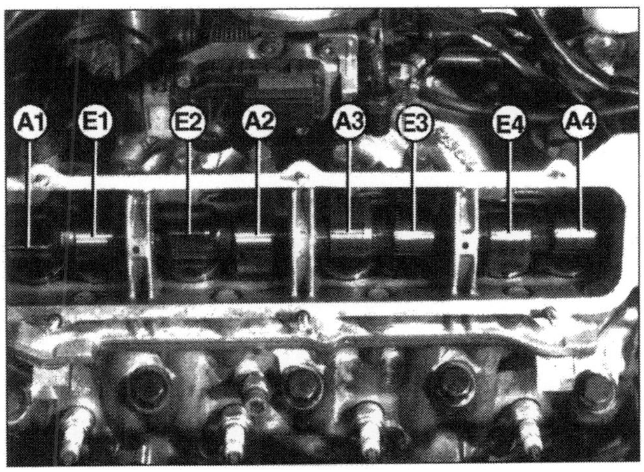

Ventilanordnung beim OHC-Motor. Die Ventile hängen hintereinander im Zylinderkopf. Diese Reihenfolge gilt auch für die Ventile im Dieselmotor. Beachten Sie die unterschiedlichen Einstellwerte für Auslaßventil (A) und Einlaßventil (E).

So paßt das Distanzplättchen (Beispiele)

	Meßwert	angestrebter Toleranzwert	Differenz	altes Plättchen	neues Plättchen
Auslaßventil	0,35 mm	0,55 mm	– 0,20 mm	3,85 mm	3,65 mm
Einlaßventil	0,45 mm	0,40 mm	+ 0,05 mm	3,70 mm	3,75 mm

Kompressionsdruck messen

Wenn Sie wissen wollen, ob sich der Motor Ihres Punto noch in einem guten mechanischen Zustand befindet, sollten sie den Kompressionsdruck in den einzelnen Zylindern prüfen. Bei der Verbrennung des Kraftstoff-Luft-Gemischs entstehen in den Brennräumen der Zylinder enorme Drücke: bei Ottomotoren bis zu 60 bar, bei aufgeladenen Dieselmotoren bis zu 80 bar. Für Kolben und Kolbenringe, Zylinderwände sowie Ventilsitze und Ventilschaftdichtungen bedeutet das hohe Belastungen. Sind diese Teile beschädigt, führt dies zu erhöhtem Öl- und Kraftstoffverbrauch, schlechteren Abgaswerten, schwächerer Leistung und mangelhaftem Kaltstartverhalten des Motors. Wenn diese Symptome bereits auftreten, hilft Ihnen die Messung des Kompressionsdrucks bei der Ursachenforschung.

Ist das Triebwerk gut in Schuß?

Die Werte für den Kompressionsdruck (Verdichtungsdruck) sind bei den Motortypen des Punto verschieden. Die Richtwerte in der Tabelle gelten für einen Motor in einwandfreiem Zustand. Allerdings kommt es bei der Beurteilung eines Triebwerks nicht allein auf die absolute Höhe des Kompressionsdrucks an. Die Werte sollten vielmehr in allen Zylindern gleich sein und nicht mehr als 2 bar voneinander abweichen. Bei einem älteren Motor sinkt der Kompressionsdruck. Gleichmäßig niedriger Druck in allen Zylindern ist dann normal. Erst wenn die Werte die Verschleißgrenze erreichen, sollten Sie sich auf Überholung oder Austausch Ihres Motors einstellen. Wenn zwischen den vier Meßwerten für die Zylinder Unterschiede von mehr als 3 bar bestehen, deutet das in der Regel auf eine dieser Ursachen hin:

- Verschleiß von Kolben oder Kolbenringen.
- Festsitzende Kolbenringe durch Verbrennungsrückstände im Zylinder.

Richtwerte für Kompressionsdruck

Motor (kW/PS)	Motortyp	normaler Verdichtungsdruck	Verschleißgrenze
40/55	FIRE	11 – 13 bar	6 bar
44/60	FIRE	11 – 13 bar	6 bar
54/74	FIRE	11 – 13 bar	6 bar
65/88	OHC	12 – 14 bar	8 bar
98/133	OHC	10 – 12 bar	5 bar
51/70	Diesel	25 – 32 bar	19 bar

Praxistip

Kompressionsdruckluft strömt aus

Wenn Kompressionsdruckluft an einer der folgenden Stellen ausströmt, hat dies meist diese Ursachen:

- Ansaugkrümmer oder Luftfiltergehäuse: defektes Einlaßventil.
- geöffneter Kühler oder Kühlmittel-Ausgleichbehälter: defekte Zylinderkopfdichtung oder Riß im Zylinderkopf.
- geöffneter Öleinfüllstutzen oder Rohr für den Ölpeilstab: verschlissene Zylinderwände, Kolbenlaufbahnen oder Kolbenringe.
- Blasgeräusche am Auspuff: undichtes Auslaßventil.

- Unrunde Zylinder. Sind oft die Folge von Kolbenklemmern, vor allem beim Diesel.
- Verbrennungs- oder Schmierölrückstände an Ventilschäften oder Ventilsitzen.
- Eingeschlagene Ventile.
- Verbrannte Ventile (bei zu kleinem Ventilspiel).

Sie können den Kompressionsdruck in der Garage messen, wenn Sie ein Kompressionsdruckgerät besitzen. Sie brauchen jedoch einen Helfer, der den Anlasser betätigt, während Sie den Prüfer bedienen. Zur exakten Ermittlung des Kompressionsdrucks sollten Sie vorher das Ventilspiel kontrollieren und bei Bedarf einstellen lassen. Auch der Anlasser Ihres Fahrzeugs muß in Ordnung sein. In der Mietwerkstatt gibt's neben einem Kompressionsdruckgerät oft auch einen Druckverlusttester, mit dem auch die Fach-Werkstatt arbeitet. Damit kann das für den Druckabfall verantwortliche Bauteil ausfindig gemacht werden.

So kommen Sie Fehlern auf die Spur

- Wenn der Kompressionsdruck zu niedrig ist: Träufeln Sie mit einer Spritzkanne etwas Motoröl ins Zündkerzenloch. Das dichtet den Raum zwischen Kolben und Zylinderwand besser ab. Messen Sie dann wieder den Kompressionsdruck.
- Bleibt der Wert zu niedrig, können Ventile, Ventilsitze, Ventilführungen, Zylinderkopf oder Zylinderkopfdichtung beschädigt sein.
- Erhalten Sie höhere Druckwerte, deutet dies auf Verschleiß an Kolbenringen oder Zylinderwand hin.

Arbeits-schritte

1 Fahren Sie den Motor vor Arbeitsbeginn warm (Betriebstemperatur). Die Kolbenringe dichten bei warmem Öl besser ab.

2 Zündung abklemmen, Zündkabel abziehen und alle Zündkerzen ausbauen. Beim Diesel: Kabel vom Vorglührelais und Motorstopschalter abklemmen, ebenso das Kabel von den Glühkerzen. Dann Glühkerzen ausbauen.

3 Gummikonus des Druckprüfers auf das Kerzenloch des Zylinders Nr. 1 (in Fahrtrichtung rechts vorne) pressen oder passende Adapterleitung ins Loch der Zünd- oder Glühkerze schrauben. ➡

4 Handbremse anziehen, Schalthebel in Leerlauf-Stellung drücken.

5 Ein Helfer muß den Motor mit Anlasser etwa fünf Sekunden durchdrehen, bis der Zeiger des Druckprüfers nicht mehr ansteigt. Beim Benziner: Anlasser bei voll getretenem Gaspedal betätigen. So erhalten die Zylinder ihre größte Füllung. Beim Diesel: nur den Anlasser betätigen.

6 Meßwert ablesen und notieren. Bei einem Druckschreiber mit Meßkärtchen weiterschalten für den nächsten Zylinder.

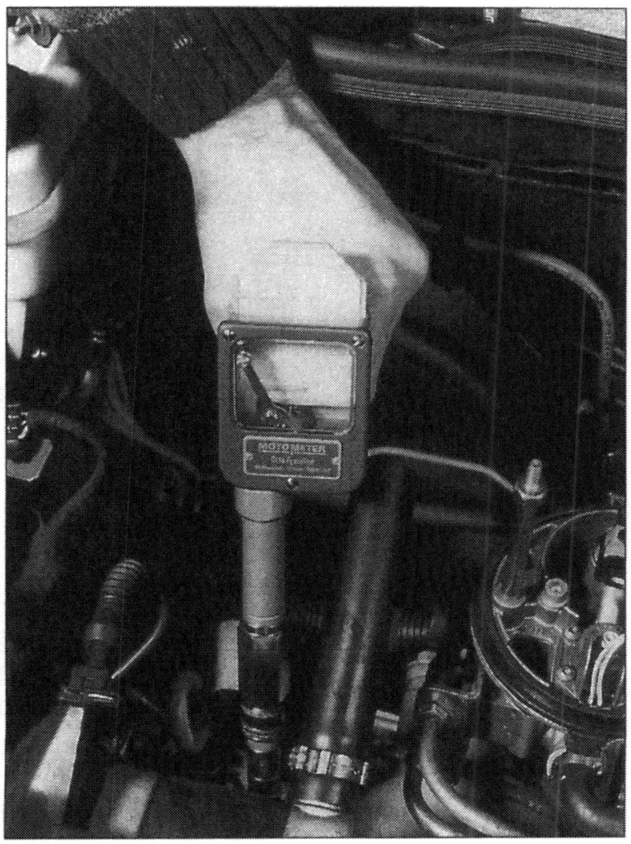

Der Gummikonus des Kompressionsdruck-Prüfers muß das Kerzenloch luftdicht abdichten. Ein Helfer betätigt nach Ihrem Kommando den Anlasser. Der Anlasser muß solange drehen, bis der Mess-Schreiber des Prüfgeräts zum Stillstand kommt.

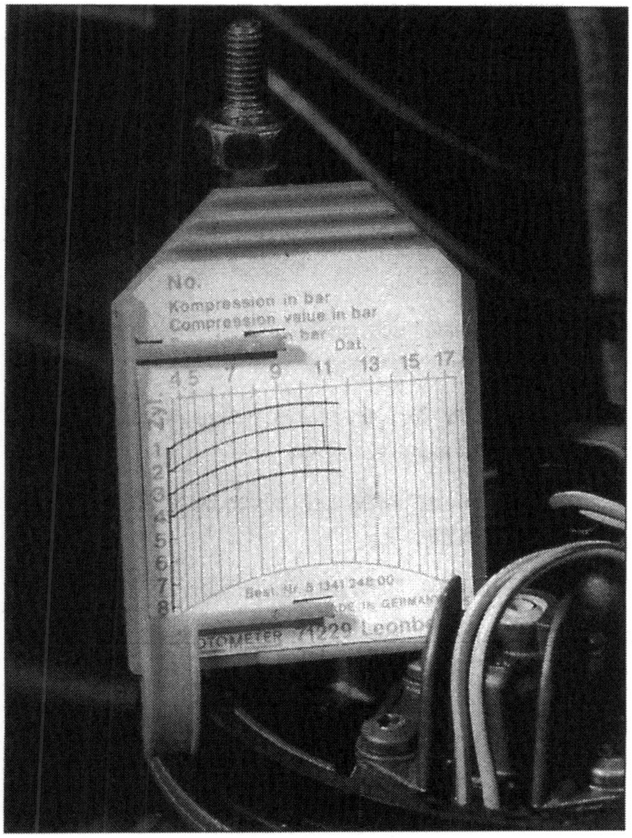

Wiederholen Sie den Meßvorgang bei allen vier Zylindern der Reihe nach. Entlüften Sie das Prüfgerät nach jeder Messung. Wichtiger als der absolute Druck sind gleiche Werte in den Zylindern.

Zustand des Zahnriemens prüfen

Der Zahnriemen ist ein wichtiges Element der Ventilsteuerung. Seine Aufgabe ist der Antrieb der Nockenwelle. Dazu sitzt er außerhalb des Kurbelgehäuses auf Zahnrädern an Nockenwelle und Kurbelwelle, die im Verhältnis 2:1 übersetzt sind. Die Nockenwelle läuft also mit der halben Drehzahl der Kurbelwelle. Der Zahnriemen besteht aus Kunststoff, der mit Stahldrahteinlagen verstärkt ist. Er muß nicht geschmiert und kaum nachgespannt werden. Der Wartungsplan von Fiat sieht zum Beispiel einen Wechsel erst nach 60 000 Kilometern oder vier Jahren vor. Trotzdem macht eine Kontrolle des Zahnriemenzustands Sinn (Fiat-Wartungsplan: 30 000 km/2 Jahre). Ein defekter Riemen kann nämlich schwere Schäden an Kolben und Ventilen verursachen. Den Wechsel des Zahnriemens sollten Sie freilich der Werkstatt überlassen. Dazu braucht es spezielles Fachwissen und Spezialwerkzeuge.

Arbeitsschritte | 30.000 km 2 Jahre

1 Zahnriemenabdeckung lösen und aus dem Motorraum heben.

2 Prüfen Sie den Zustand des Riemens. Damit Sie ihn auf seiner gesamten Länge begutachten können, müssen Sie den Motor durchdrehen. Einen schadhaften Riemen umgehend in der Werkstatt ersetzen lassen.

- Der Zahnriemen darf nicht naß oder verölt sein. Wasser und Öl lassen ihn schnell altern.
- Der Kunststoff darf keine feinen Risse aufweisen, das Gewebe darf nicht ausgefranst sein.
- Die Flanken der Verzahnung dürfen keine Abnutzungserscheinungen zeigen.

3 Beim Einbau der Zahnriemenabdeckung auf richtigen Sitz achten.

Ausbau der Zahnriemenabdeckung beim FIRE-Motor: Zwei Schrauben oben, eine in der Höhe der Kurbelwellen-Riemenscheibe lösen. Beim OHC-Motor: Vier Schrauben lösen – zwei oben, eine in der Mitte und eine in der Nähe der Kurbelwellen-Keilriemenscheibe.

Zahnriemenspannung behelfsmäßig prüfen

Arbeitsschritte | 30.000 km 2 Jahre

1 Zum exakten Einstellen der Zahnriemenspannung verwendet die Werkstatt ein spezielles Einstellwerkzeug. Sie können die Kontrolle aber auch behelfsmäßig durchführen. Dazu zuerst Zahnriemenabdeckung abbauen.

2 Durch Daumendruck zwischen Nockenwellenrad und Wasserpumpenrad (FIRE-Motor), Zwischenwellenrad (OHC-Motor) oder Zahnriemenrad der Einspritzpumpe (Dieselmotor) den Durchhang des Riemens prüfen.

3 Der jeweilige Riemen läßt sich bei korrekter Spannung etwa 10 mm durchdrücken.

4 Drehen Sie die Kurbelwelle ein Stück weiter und wiederholen Sie die Kontrolle.

5 Wenn die Spannung nicht stimmt, in der Werkstatt korrigieren lassen. Eventuell muß der Zahnriemen gewechselt werden.

Sie können den Riemen zur behelfsmäßigen Prüfung auch verdrehen. Läßt er sich mehr als 90 Grad drehen, muß er gespannt, eventuell gewechselt werden.
1 Nockenwellen-Zahnriemenrad
2 Spannrolle
3 Zahnriemenrad der Wasserpumpe (FIRE-Motor)

Keilriemen kontrollieren

Für jeden Motortyp im Punto gibt es einen speziellen Keilriemen, der die Lichtmaschine antreibt. Dieser sogenannte Keilrippenriemen (Poly-V-Keilriemen) ist an der Laufseite mit mehreren V-förmigen Rippen versehen, die in die Laufrillen der einzelnen Riemenscheiben greifen und so den Riemenschlupf verhindern. Beim FIRE-Motor ist der Keilriemen allein für die Lichtmaschine zuständig, beim OHC- und Dieselmotor übernimmt er zusätzlich den Antrieb der Wasserpumpe. Wenn Ihr Punto mit Servolenkung oder Klimaanlage ausgestattet ist, braucht er andere Keilriemen als ein Fahrzeug, das ohne diese Optionen auskommt. Stellen Sie für alle Fälle einmal fest, welchen Riemen Ihr Fahrzeug benötigt.

Ohne Spannung geht's nicht

Der Keilriemen kann seine Antriebskräfte nur dann optimal übertragen, wenn er richtig sitzt. Er muß straff, aber nicht zu stramm gespannt sein. Ein Spiel von etwa einem Zentimeter ist in Ordnung. Extrem hohe Riemenspannung schadet den Lagern der Lichtmaschine und der Kühlmittelpumpe (OHC, Diesel). Außerdem wird der Keilriemen auf die Dauer überdehnt. Sitzt der Keilriemen dagegen lose, dreht er mit lautem Quietschen durch. Die Lichtmaschine liefert dann nicht mehr genug Ladestrom. Gleichzeitig steigt die Temperatur des Riemens, was seine Flanken frühzeitig verschleißen läßt. Ein durchrutschender Keilriemen kann bei OHC- und Dieselmotor die Kühlung erheblich beeinträchtigen.

Wenn Sie bei der Kontrolle des Keilriemens diese Schäden feststellen, muß er gegen ein neues Teil ausgetauscht werden:

- Unregelmäßige Schleifspuren an den Riemenflanken.
- Poröse oder fransige Oberfläche.
- Risse im Riemen.

Arbeitsschritte | W | **30.000 km 2 Jahre**

1 Kontrollieren Sie die Oberfläche des Riemens.

2 Drehen Sie den Motor einige Male ganz durch. Nur so können Sie wirklich alle Flächen des Keilriemens sehen. Oft hat der Riemen nur einen einzigen, aber tiefen Riß, der bei der Kontrolle möglicherweise genau auf der Riemenscheibe liegt.

3 Einen schadhaften Keilriemen umgehend austauschen.

Keilriemenspannung kontrollieren

Arbeitsschritte | W | **30.000 km 2 Jahre**

1 Spritzschutz im Radhaus abbauen. Dazu die Spreiznippel im Zentrum der Sicherungspilze mit schmalem Schraubendreher nach außen drücken und aus den Bohrungen ziehen.

2 Keilriemen zwischen Lichtmaschinen- und Kurbelwellen-Keilriemenscheibe kräftig mit dem Finger eindrücken. Ein älterer Riemen gibt bei korrekter Spannung etwa einen Zentimeter nach. Ein neuer Riemen sollte etwas strammer eingestellt sein.

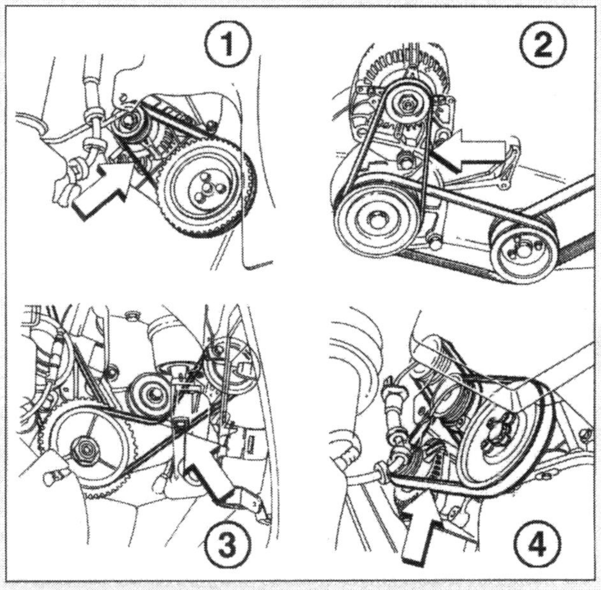

Zustand und Spannung des Keilriemens kontrollieren Sie am besten vom rechten Radhaus aus bei abgenommenem Spritzschutz (gilt für alle Punto-Modelle). Die Pfeile in den Abbildungen zeigen die Stelle, an der die Spannung kontrolliert werden sollte.

1. FIRE-Motor (Standardausführung)
2. FIRE-Motor (Servolenkung und Klimaanlage)
3. OHC-Motor
4. Dieselmotor

Keilriemen montieren

Arbeitsschritte

1 Spritzschutz im Radhaus abbauen.

2 Klemmschraube am Lichtmaschinen-Spannbügel losdrehen.

3 Mutter des Schraubbolzens am Schwenklager lösen.

4 Lichtmaschine zum Motor hin schwenken.

5 Keilriemen abnehmen.

6 Neuen Keilriemen montieren. Er darf auf keinen Fall mit einem Schraubendreher über die Riemenscheiben gewürgt werden – der nächste Riemenschaden ist sonst durch Bruchstellen im Keilriemenunterbau programmiert.

7 Lassen Sie den Motor bei einem neuen Keilriemen etwa 10 Minuten, bei einem gebrauchten etwa drei Minuten laufen und kontrollieren Sie wieder die Spannung. Bei Bedarf erneut spannen.

Praxistip: Wenn der Keilriemen reißt

Leuchtet während der Fahrt die rote Ladekontrolle auf, deutet das auf einen gerissenen Keilriemen hin. Oft hört man auch einen harten Schlag gegen das Blech im Motorraum.

- **FIRE**: Ein gerissener Keilriemen ist kein Problem. Zwar treibt er jetzt nicht mehr die Lichtmaschine an, aber mit dem Batteriestrom kommen Sie in der Regel noch bis in die nächste Werkstatt.
- **OHC** und **Diesel**: Auf keinen Fall weiterfahren. Andernfalls gerät die stillstehende Kühlflüssigkeit im Motorblock schnell ins Kochen und Sie riskieren einen Schaden am Motor. Lassen Sie den Wagen abschleppen. Sie können jedoch auch sofort einen neuen Keilriemen montieren – wenn Sie das für Ihren Motortyp richtige Teil rechtzeitig zum Bordwerkzeug in den Kofferraum gelegt haben.

Keilriemen spannen

Arbeitsschritte — 30.000 km / 2 Jahre

1 Spritzschutz im Radhaus abbauen.

2 Klemmschraube am Lichtmaschinen-Spannbügel lockern.

3 Schraubbolzen des Lichtmaschinen-Schwenklagers am Motor lockern.

4 Zwischen Lichtmaschine und Motor kräftigen Schraubenzieher ansetzen, Lichtmaschine vom Motor wegdrücken und gleichzeitig die Klemmschraube des Spannbügels festziehen.

5 Mutter des Schraubbolzens am Schwenklager anziehen.

6 Lassen Sie dann den Motor etwa drei Minuten laufen und kontrollieren Sie wieder die Spannung. Bei Bedarf erneut spannen.

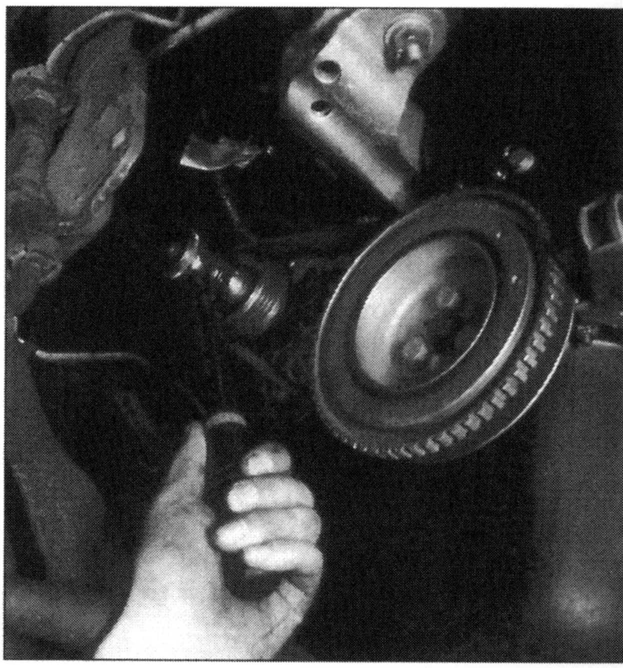

Drücken Sie die Lichtmaschine in die Spannrichtung des Keilriemens. Dazu eignet sich zum Beispiel auch ein Montierhebel. Position der Lichtmaschine halten und die Klemmschraube des Spannbügels festziehen.

Zylinderkopfdichtung

Störungsbeistand

Trotz ihres unkomplizierten Aufbaus können an den Punto-Motoren Defekte auftreten. Reparaturen und Einstellarbeiten am Motor sind jedoch fast immer eine Sache für die Werkstatt. Dafür braucht man Fachwissen, Erfahrung und meist auch Spezialwerkzeuge. So kann zum Beispiel ein falsch ausgetauschter Zahnriemen schwere Schäden an Kolben und Ventilen verursachen. An einer Kurbelwelle, die bereits Riefen aufweist, sollten keine neuen Lager eingebaut werden, und der Wechsel von Kolben und Kolbenringen bei Zylindern mit Laufspuren ist ebenfalls nicht empfehlenswert. Überlassen Sie Reparaturen an Zylinderkopfdichtung und Ventilen der Werkstatt, ebenso die Beseitigung eines Lagerschadens. Wenn Sie nicht sicher sind, ob Sie eine Arbeit an den Innereien des Motors fachgerecht durchführen können: Verzichten Sie aufs Do it yourself. Es bleiben Ihnen trotzdem noch eine Reihe von Prüf- und Wartungsarbeiten, die Sie in Eigenregie durchführen können.

Erkennungsmerkmal	Ursache/Besonderheiten
A Kühlflüssigkeitsstand nimmt laufend ab	Kühlmittel gelangt in sehr geringer Menge in die Brennräume. Die Erscheinung kann sich ohne Merkmale über längere Zeit hinziehen
B Beträchtlicher Kühlmittelverlust. Der Wagen zieht bei warmgefahrenem Motor einen weißen Abgasschleier hinter sich her	Kühlmittel dringt in erheblicher Menge in einen Verbrennungsraum, verdampft dort und entweicht als weiße Schwaden zum Auspuff hinaus
C Aus dem geöffneten Ausgleichbehälter steigen Luftblasen auf oder beim Öffnen des Verschlußdeckels sprudelt eine größere Menge Kühlmittel heraus	Verbrennungsgase werden ins Kühlsystem gedrückt. Aus der Einfüllöffnung riecht es nach Abgasen
D Buntschillernde Verfärbung an der Oberfläche des Kühlmittels	Öl aus dem Schmierkreislauf gelangt ins Kühlsystem
E Gräulich aussehende Emulsion am herausgezogenen Ölpeilstab oder Öl von Wasserbläschen durchsetzt	Kühlflüssigkeit ist ins Schmieröl geraten. Achtung: Wasser im Motoröl kann einen Lagerschaden verursachen. Zylinderkopfdichtung sofort wechseln lassen. Wagen zur Reparatur abschleppen

Motorgeräusche

Klopfgeräusche aus dem Motorraum sind bei einem kalten Motor kein Grund zur Sorge. Bei einem betriebswarmen Motor dagegen deuten sie fast immer auf einen Lagerschaden hin. Die häufigsten Defekte treten an den Gleitlagern der Pleuel auf. Die Hauptlager der Kurbelwelle sind viel seltener betroffen. Ein Lagerschaden macht in der Regel eine umfangreiche Motorreparatur notwendig. Wenn Sie ein defektes Pleuellager schon früh erkennen, genügt oft der Austausch der Lagerschalen.

Teilmotor oder Austauschmotor?

Bei Schäden an Kurbeltrieb, Kolben und Ölwanne lohnt sich der Kauf eines Teilmotors. Das ist eine wirtschaftliche Alternative, weil man beim Einbau Zylinderkopf und Nebenaggregate vom alten Motor übernimmt. Ein kompletter Austauschmotor macht dagegen nur bei einem jüngeren und gut erhaltenen Fahrzeug Sinn. Fragen Sie in der Fiat-Werkstatt nach.

Praxistip

So erkennen Sie einen Lagerschaden

- Motor im Stand auf mittlere Drehzahlen bringen, Gas zurücknehmen. Taucht mit abfallender Drehzahl ein leichtes Klopfgeräusch auf, etwa »nack-nack-nack-nack«? Hören Sie dieses leichte Klopfen auch bei zügigem Beschleunigen?
- Dann möglichst nicht mehr weiterfahren. Der Schaden kann sich verschlimmern und ist dann mit einfachen Mitteln nicht mehr zu reparieren.
- Hartes »klack-klack-klack-klack« beim Hochdrehen des Motors, das bei zurückgenommenem Gaspedal leiser oder unhörbar wird, weist auf einen kapitalen Lagerschaden hin.

Außerdem gibt's eine Reihe von Firmen, die auf Komplett- und Teilüberholung von Motoren spezialisiert sind und Reparaturen nach Qualitätsrichtlinien garantieren. Ein Anschriftenverzeichnis dieser Betriebe erhalten Sie beim Verband der Motorinstandsetzungsbetriebe e.V., Kölner Straße 89, 50559 Köln.

Das Schmiersystem

Alle Stellen im Motor, an denen Metalle aufeinandergleiten, müssen ständig mit Öl versorgt werden. Das sind zum Beispiel Kolben, Zylinderlaufbahnen sowie die Lager von Kurbelwelle und Nockenwelle. Ohne Schmierung wäre das Triebwerk schon nach wenigen Minuten ruiniert. Damit das Öl diese Aufgabe erfüllen kann, strömt es im Motorblock durch ein System von Leitungen und feinen Bohrungen an die richtige Adresse. Eine wichtige Rolle im Ölkreislauf spielt die Ölpumpe. Sie saugt über das Ölsaugrohr das Motoröl aus der Wanne und drückt es in die Leitungen. Zuvor muß das Öl den Hauptstromfilter passieren. Dort werden Verunreinigungen wie Verbrennungsrückstände, Metallabrieb und Schlämme herausgefiltert. Dieser Filter hält freilich nur so lange, bis er vom Schmutz zugesetzt ist.

Ölfilter rechtzeitig wechseln

Deshalb sollte er beim Ölwechsel ausgetauscht werden. Wenn der Filter nicht rechtzeitig gewechselt wurde, tritt ein Überdruckventil in Aktion. Es öffnet und das Motoröl umgeht den Filter. Damit ist zwar die Ölversorgung sichergestellt, doch ungefiltertes Motoröl bewirkt einen höheren Verschleiß an den Lagerstellen. Vom Filter aus gelangt das Motoröl über Bohrungen im Zylinderblock zu den Schmierstellen der Kurbelwelle und den Pleueln. Sprühdüsen in den Pleueln sorgen für die Schmierung der Kolbenbolzen und kühlen gleichzeitig die Kolbenböden. Von den Gleitlagern der Kurbelwelle wird das Öl in den Zylinderkopf mit der Nockenwelle gedrückt. Von dort fließt das Öl durch Rücklaufkanäle zurück in die Ölwanne, wo es wieder von der Ölpumpe angesaugt wird.

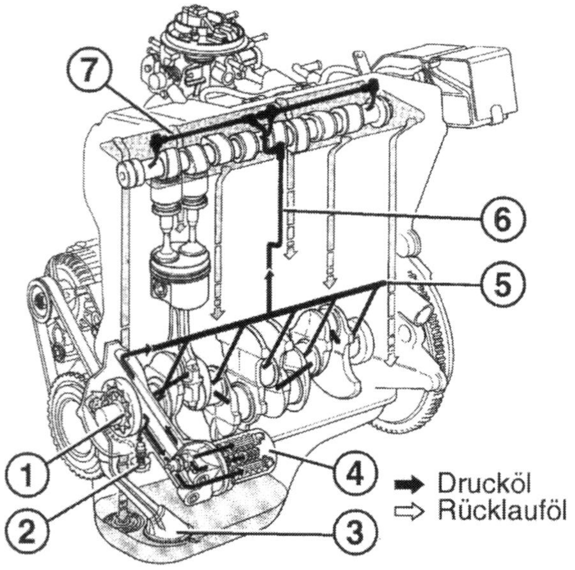

Der Öldruck

Damit die Schmierung bei jeder Belastung des Motors funktioniert, muß der Öldruck stimmen. Bei zu kaltem und sehr zähflüssigem Öl kann ein zu hoher Druck entstehen. Dann öffnet ein Überdruckventil eine Umgehungsleitung (Bypass) und leitet das Öl auf die Saugseite der Ölpumpe zurück. Der Ölkreislauf bleibt in diesem Fall erhalten. Bei den Punto-Motoren beträgt der korrekte Öldruck bei einer Drehzahl von 4000/min etwa 3,4 – 4,9 bar (Öltemperatur ca. 100°C; Mehrbereichsöl SAE 10W-30). Im Leerlauf werden nur etwa 0,5 bar erreicht. Informationen über den aktuellen Öldruck erhalten Sie freilich nur, wenn Sie einen Öldruckmesser an Bord haben (Serie bei Punto GT und Turbodiesel). Ansonsten müssen Sie sich auf die Öldruck-Kontrolleuchte verlassen.

Wenn die Kontrolleuchte brennt

Die leuchtet allerdings nur bei zu geringem Öldruck auf. In diesem Fall werden unter Umständen die Motorteile nicht mehr richtig geschmiert. Das kommt zum Beispiel vor, wenn Sie Ihren Punto bei zu geringem Ölstand mit hohem Tempo durch eine Kurve fahren. Die Ölpumpe saugt dann Luft anstatt Öl aus der Ölwanne. Der Öldruck fällt abrupt ab, was zu schweren Lagerschäden führen kann. Wenn nach schnellen Autobahn- oder Paßfahrten die Öldruckleuchte im Leerlauf flackert, ist das ein Indiz dafür, daß der Öldruck durch zu heißes und damit dünnflüssiges Öl unter den normalen Druck gesunken ist. Das ist jedoch unproblematisch, wenn die Kontrolleuchte beim Gasgeben wieder verlöscht.

Das Motoröl

Öl ist das Lebenselexier des Motors. Es vermindert die Reibung und den Verschleiß bei Kolben und Zylindern, Lagern und Ventiltrieb. Es dichtet die engen Räume

Der Ölkreislauf des FIRE-Motors. Er ist beim OHC-und Dieselmotor ähnlich aufgebaut.
❶ Ölpumpe. ❷ Überdruckventil. ❸ Ansaugschnorchel mit Sieb. ❹ Ölfilterpatrone. ❺ Hauptölleitung zur Kurbelwelle. ❻ Ölleitung zum Zylinderkopf. ❼ Ölleitung für Nockenwellenschmierung.

zwischen Kolben, Kolbenringen und Zylinderwand so fein ab, daß der hohe Druck, der bei der Verbrennung entsteht, fast ohne Verluste auf die Kurbelwelle übertragen wird. Öl kühlt auch den Motor – zum Beispiel die Kolben in den Zylindern und die Lager von Kurbelwelle und Nockenwelle. Außerdem schützt es vor Korrosion, bindet Schmutzpartikel und einen Teil der Verbrennungsrückstände.

Multitalent Mehrbereichsöl

Die meisten Motoröle sind heute Mehrbereichsöle, die aus Rohöl hergestellt werden. Damit ein Mineralöl als Motoröl Karriere machen kann, braucht es Additive, spezielle Zusätze, die bis zu 20 Prozent seiner Chemie ausmachen. Sie schützen das Öl auch vor Oxidation und verhindern das Aufschäumen bei hohen Drehzahlen. Eines der wichtigsten Additive sind die VI-Verbesserer (VI = Viskositätsindex) – lange Molekülketten, die beim Erhitzen quellen und beim Abkühlen wieder schrumpfen. Sie bewirken, daß sich das Öl den Temperaturen im Motor anpaßt und mehrere Viskositätsklassen überspannt. Diese VI-Verbesserer verschleißen jedoch bei hohen Temperaturen und verlieren ihre Wirkung. Außerdem setzen Wasser, Kraftstoff und Verbrennungsrückstände der Lebensdauer des Motoröls Grenzen. Ein dünnes Mineralöl hält die Drücke und Temperaturen im Triebwerk nicht gut aus. Ein rechtzeitiger Ölwechsel ist daher kein Luxus, sondern reine Notwendigkeit, wenn Ihr Motor reibungslos funktionieren soll.

Leichtlauföle

Auch Leichtlauföl (Synthetiköl) kommt nicht ohne Erdöl aus. Allerdings wird der Molekülaufbau des Rohöls in einem aufwendigen Verfahren (Cracken) aufgelöst und nach neuer Rezeptur mit speziellen Additiven neu zusammengesetzt. Synthetiköl ist im Prinzip nicht künstlicher als Mineralöl, aber durchweg teurer. Dafür versprechen die Hersteller einen geringeren Öl- und Kraftstoffverbrauch, eine größere Beständigkeit und langsamere Alterung. Das bedeutet theoretisch auch längere Ölwechselintervalle. Allerdings sieht Fiat für Leichtlauföle keine längeren Abstände vor. Wenn Sie sich den Luxus dieses Spitzenöls leisten, sollten Sie sich trotzdem an die vorgesehenen Termine halten. Synthetiköle sind übrigens für Benziner und Diesel gleichermaßen geeignet.

Ölverbrauch

Wenn Ihr Punto-Motor technisch in Ordnung ist, verbraucht er so wenig Öl, daß zwischen den einzelnen Ölwechselintervallen kein Öl oder nur eine geringe Menge nachgefüllt werden muß. Das gilt jedoch nur, wenn Sie regelmäßig das Öl wechseln und das Triebwerk nicht durch zu scharfe Fahrweise belasten. Ihr Motor verbraucht Öl, weil es teilweise in den Verbrennungsraum gelangt und dort verbrennt. Ein undichter Motor, defekte Ventilschaftabdichtungen, falsch eingebaute Kolbenringe oder zuviel Spiel zwischen Ventilführung und Ventilschaft treiben den Verbrauch jedoch in die Höhe. Wenn der Ölstand zwischen den Messungen nicht abnimmt, ist dies freilich kein Grund zur Freude. Dann ist das Motoröl durch Kraftstoff und Kondenswasser verdünnt, was seine Schmiereigenschaft verschlechtert. Das kann vor allem im Winter vorkommen, wenn Sie das Fahrzeug nur auf kurzen Strecken bewegen. In diesem Fall sollten Sie das Öl vor den üblichen Intervallen wechseln; etwa nach 3000 Kilometern oder vier Monaten.

Praxistip

Wenn die Öldruck-Kontrolleuchte ständig aufleuchtet

- Halten Sie sofort an, stellen Sie den Motor ab.
- Kontrollieren Sie zuerst den Ölstand. Fehlt Öl, langsam eine Tankstelle in der Nähe anfahren und auffüllen. Prüfen Sie, ob danach die Leuchte wirklich ausgeht.
- In allen anderen Fällen: Wagen in die nächste Werkstatt schleppen und Ursache feststellen lassen. So riskieren Sie keinen schweren Motorschaden.

Welches Öl für den Punto?

Für den Motor Ihres Punto genügt ein Mehrbereichsöl. Fiat empfiehlt in der Betriebsanleitung das hauseigene »Selenia«-Motoröl. Daran brauchen Sie sich jedoch nicht zu halten. Über die Eignung entscheiden allein die Öl-Spezifikation und richtige Viskositäts-Klasse. Wenn Sie Öl nachfüllen, können Sie übrigens ohne Probleme die Sorten verschiedener Hersteller mischen. Sie müssen dann jedoch damit rechnen, daß die Eigenschaften des Motoröls leicht beeinträchtigt werden. Jede Marke hat nämlich eine spezielle Kombination von Additiven, die ihre Wirksamkeit beim Mix mit einem anderen Öl verlieren können. Aus diesem Grund macht die Kombination von Mineralöl und Synthetiköl keinen Sinn. Vorsicht: Dieselöle, die ausschließlich für Dieselmotoren zugelassen sind, sollten Sie mit Ölen für Benzinmotoren nicht mischen. Sie riskieren sonst einen Motorschaden.

Motoröl für die Punto-Motoren sollte eine dieser Bezeichnungen tragen:

- Benzinmotoren: API SH; CCMC-G5; ACEA A 2
- Dieselmotoren: API CD; CCMC-PD2; ACEA B 2

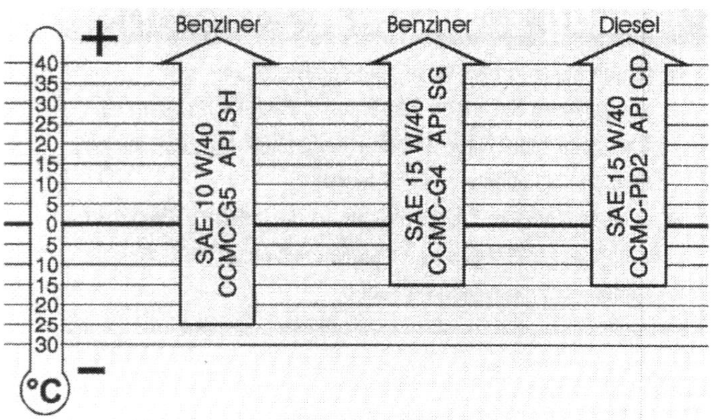

Ölviskositäts-Empfehlungen von Fiat.
In mitteleuropäischen Breitengraden genügt das ganze Jahr über ein Öl der Viskositätsklasse 15 W-40 oder 10 W-40. Nur bei extrem hohen oder niedrigen Dauertemperaturen sollten Sie eine andere Viskosität wählen – fragen Sie dann Ihren Fachhändler.

Begriffe und Normen rund ums Öl

Technik-lexikon

Viskosität Das Maß für die Fließfähigkeit des Schmieröls. Im Winter muß ein Motoröl so dünnflüssig sein, daß es nach dem Kaltstart sofort alle Schmierstellen versorgt. Im Sommer dagegen ist dickflüssiges Öl gefragt, das auch bei hohen Temperaturen den Schmierfilm nicht abreißen läßt.

SAE-Klasse (Society of Automotive Engineers). Bezeichnet die Klasse der Viskosität, zum Beispiel SAE 15 W-40. Je kleiner die erste Zahl, um so dünner fließt das Öl bei Kälte (W = Winter). Ein Öl mit 0 W schmiert noch bei minus 30 Grad, bei 5 W steigt dieser Wert auf minus 25 Grad, bei 15 W auf minus 15 Grad. Je höher die zweite Zahl, um so besser widersteht das Öl hohen Temperaturen.

ACEA (Association des Constructeurs Européen d'Automobiles). 1996 eingeführte europäische Ölnorm. Löst die CCMC-Norm ab. Für Benziner gibt's die Gruppen A1 (spritsparendes Öl), A2 (gering belastetes Öl), A3 (Hochleistungs-Öl). Für Diesel gilt die Einteilung B1, B2 und B3.

CCMC (Comittée des Constructeurs d'Automobiles du Marché Commun). Die Spezifikation besteht aus den Buchstaben G (Benziner) und PD (Diesel) sowie einer Zahl. Je höher diese ist, um so besser ist die Qualität des Öls.

API (American Petroleum Institute). Die Spezifikation besteht aus den Buchstaben S (Benziner) und C (Diesel) sowie einem weiteren Buchstaben. Je höher dieser im Alphabet steht, um so besser ist die Qualität des Öls.

Motorölstand prüfen

Zum Ölpeilstab sollten Sie nach jeder zweiten Tankung greifen. In der Einfahrzeit oder bei einem älteren Motor mit erhöhtem Ölverbrauch ist es sinnvoll, das Öl bei jedem Volltanken zu kontrollieren. Der Peilstab sitzt beim FIRE-Motor und beim Dieselmotor an der Rückseite des Motors bei der Lichtmaschine bzw. Zahnriemenabdeckung, beim OHC-Motor an der Vorderseite des Motors bei der Zahnriemenabdeckung.

Arbeitsschritte – ständige Wartung

1 Kontrollieren Sie das Öl vor dem Start bei kaltem Motor. Dazu Wagen auf waagrechtem Grund abstellen. Wenn der Motor warm ist: fünf Minuten warten, damit alles Öl in die Ölwanne abtropfen kann.

2 Peilstab ziehen. Vorsicht bei betriebswarmem Motor: die umliegenden Motorteile sind sehr heiß. Ölstab mit sauberem, flusenfreiem Lappen oder Papiertuch abwischen, bis zum Anschlag wieder in das Führungsrohr oder die Öffnung im Motorblock stecken, kurz warten und wieder herausziehen.

3 Liegt der Pegel an der Spitze des Stabes zwischen den Markierungen »MIN« und »MAX«, ist alles in Ordnung. Reicht er nur bis zur unteren Markierung oder liegt er darunter: sofort Motoröl nachfüllen.

4 Die Nachfüllmenge zwischen der unteren und oberen Markierung beträgt bei allen Punto-Modellen etwa 1,0 Liter. Ein halber Liter genügt, wenn der Ölstand die MIN-Marke nicht unterschreitet. Füllen Sie nur bis zur MAX-Marke nach. Überschüssiges Motoröl wird unter Umständen über die Kurbelgehäuseentlüftung angesaugt und verschmutzt den Luftfilter.

5 Benutzen Sie zum Nachfüllen einen sauberen Trichter.

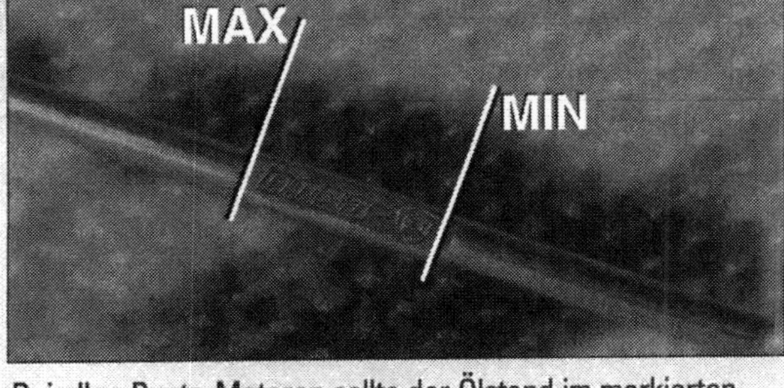

Bei allen Punto-Motoren sollte der Ölstand im markierten Bereich des Peilstabs liegen. Dunkles Motoröl bedeutet nicht, daß das Öl gewechselt werden müßte. Diese Färbung entsteht bei Marken-Motoröl schon nach kurzer Laufzeit durch angesammelte Schmutzpartikel.

Motoröl und Ölfilter wechseln

Bei den Benzinmotoren ist der Ölwechsel nach 15 000 Kilometern oder 12 Monaten, beim Dieselmotor nach 7500 Kilometern oder 12 Monaten fällig. Wenn Sie mit Ihrem Punto oft lange Strecken fahren, brauchen Sie das Intervall nicht auf den Kilometer genau einzuhalten. Sind Sie dagegen ausschließlich in der Stadt unterwegs, macht ein früherer Wechsel Sinn. Im Winter sind dann bereits vier Monate genug für das Motoröl.

Ölwechsel in Eigenregie?

Das Do it Yourself lohnt sich nur, wenn Sie ein preiswertes Öl aus Zubehörhandel, Warenhaus oder Tankstelle verwenden. Ein konventioneller Ölwechsel, bei dem Sie das Öl ablassen und den Filter wechseln, erfordert Zeit, weil Sie das Fahrzeug dazu aufbocken müssen. Schneller und sauberer geht's bei einem SB-Ölwechsel mit einem Absauggerät an der Tankstelle. Diese Methode hat jedoch Nachteile: Der Schlamm bleibt in der Ölwanne, und ohne einen Filtertausch ist der Ölwechsel nur eine halbe Sache. In der Werkstatt kostet der Ölwechsel am meisten, weil man dort in der Regel nur teure Ölsorten verwendet. Lassen Sie die Arbeit von der Tankstelle erledigen, müssen Sie das Öl zwar dort kaufen, können sich jedoch die Marke selbst aussuchen.

Füllmengen für den Ölwechsel

	FIRE 55	FIRE 60	FIRE 75	OHC 90	OHC-Turbo	Diesel TD 70
ohne Ölfilter	3,08 l	3,30 l	3,30 l	3,30 l	3,63 l	4,40 l
mit Ölfilter	3,47 l	3,47 l	3,47 l	3,47 l	3,96 l	4,84 l

Arbeitsschritte – 7500/15000 km, 12 Monate

1 Fahrzeug warmfahren. Nur dann wird der Schmutz beim Auslaufen ausgeschwemmt.

2 Den Punto waagrecht stellen oder rüttelsicher aufbocken.

3 Flache Wanne, Schüssel oder einen aufgeschnittenen Plastik-Ölkanister unterstellen.

4 Ölablaßschraube mit Innensechskantschlüssel SW 12 öffnen, Öl ins Gefäß laufen lassen. Vorsicht, es ist heiß

5 Haben Sie den Wagen nur vorn aufgebockt: Ablassen, damit das Altöl ganz ausläuft. Achten Sie darauf, daß das Auffanggefäß nicht umgekippt. ➞

6 Ölfilter mit dem Ölfilterschlüssel lösen. Wenn er sich nicht löst: Treiben Sie einen Schraubendreher durchs Blechgehäuse (Vorsicht: heißes Öl läuft aus) und drehen Sie ihn dann los. Filter über Ölauffanggefäß entleeren, als Sondermüll entsorgen.

7 Dichtring am neuen Ölfilter mit Fett einreiben, Filter von Hand festdrehen.

8 Ölablaßschraube säubern und eindrehen. Nicht anknallen (30 Nm), sonst wird das abdichtende Gewinde in der Ölwanne beschädigt.

9 Öl einfüllen. Dann Motor kurz laufen lassen. Bis die Ölpumpe den Ölfilter gefüllt hat, brennt die Öldruckkontrolle, da sich der Öldruck erst aufbauen muß.

10 Öldichtheit an Ölfilter und Ablaßschraube kontrollieren.

Mit dem Ölfilterschlüssel ist auch eine eine festgebackene Ölfilterpatrone kein Problem. Je stärker Sie daran drehen, um so mehr krallen sich die Klauen des Schlüssels in die Blechhaut der Ölfilterpatrone.

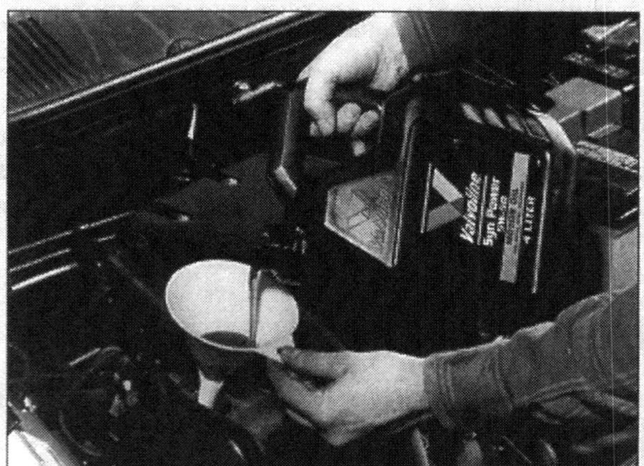

Mit einem Trichter vermeiden Sie, daß Öl auf den Motorblock tropft. Wischen Sie den Trichter vorher aus, damit keine Schmutzpartikel in den Motor gelangen.

Die Motoröl-Ablaßschraube löst man mit einem Innensechskant SW 12. Sie sitzt bei allen Punto-Motoren in Fahrtrichtung hinten an der Ölwanne (im Bild der FIRE-Motor).

Praxistip

Altöl richtig entsorgen

Sie können die Entsorgung dem Händler überlassen, bei dem Sie das Motoröl gekauft haben. Er muß das Altöl kostenlos zurücknehmen. Zum Nachweis die Quittung im Handschuhfach aufbewahren. Sie können das Altöl auch zusammen mit Ölfilter und ölverschmutzten Lappen bei der Altölsammelstelle abgeben. Adressen gibt's bei Gemeindeverwaltung oder Automobil-Clubs.

Öldichtigkeit prüfen

Arbeitsschritte | 15.000 km 12 Monate

Ölschwitzflecken am Motor sind kein Grund zur Sorge. Motoröl kann sich bei starken Temperaturschwankungen durch die Poren von Dichtungen arbeiten. Diese Form der Transpiration ist normal.

Anders sieht die Sache aus, wenn Sie im Motorraum starke Ölspuren oder unter dem geparkten Wagen Ölflecken feststellen. Solchen Symptomen sollten Sie rasch nachgehen: Ein undichter Motor ist ein Indiz für einen technischen Mangel, der sich schnell verschlimmern kann. Am besten nehmen Sie Ihren Motor nach einer Motorwäsche und einer anschließenden Probefahrt in Augenschein.

Im Bereich von Ölpumpe, Ölfilter und Öldruckschalter stellt man gelegentlich Ölflecken fest. Kontrollieren Sie in diesem Fall, ob der Ölfilter richtig sitzt. Ist er zu locker befestigt, muß er meistens ausgetauscht werden. Ebenfalls einen Blick wert sind Zylinderkopfhaube und Zylinderkopfdichtung.

Schmiersystem

Störungsbeistand

Störung	Ursache	Abhilfe
A Bei Einschalten der Zündung bleibt Öldruck-Kontrolleuchte dunkel	1 Kontrolleuchte defekt	Auswechseln
	2 Steckverbindung korrodiert bzw. Kabelverbindung unterbrochen	Überprüfen und reinigen, ggf. Kabel reparieren
	3 Öldruckschalter defekt	Kontrollieren, ggf. auswechseln
B Öldruck-Kontrolleuchte brennt nach Anspringen des warmen Motors im Leerlauf weiter, geht aber beim Gasgeben aus	Heißes und damit dünnflüssiges Öl	
C Öldruck-Kontrolleuchte geht erst bei höheren Drehzahlen aus	Bypassventil in der Ölfilterhauptstromleitung klemmt	Öldruck überprüfen lassen, Ventil ggf. auswechseln lassen
D Öldruck-Kontrolleuchte brennt nach Anspringen des Motors und geht auch beim Gasgeben nicht aus	1 Zu wenig Öl im Motor	Ölstand prüfen, ggf. Öl nachfüllen
	2 Ölansaugsieb in der Ölwanne zugesetzt bzw. Ölpumpe verschlissen	Überprüfen bzw. ersetzen lassen
	3 Siehe A2 und 3	Nur weiterfahren, wenn Ursache klar ist

Das Kühlsystem

Das Kühlsystem sorgt für die richtige Betriebstemperatur des Motors. Es besteht aus einer Reihe von Aggregaten wie Kühler und Thermostat, Kühlschläuchen und einem Netz aus genau bemessenen Kanälen in Motorblock und Zylinderkopf, in denen die Kühlflüssigkeit zirkuliert. So entsteht ein Wassermantel, der die Verbrennungswärme über die Schläuche des Kühlsystems an den Kühler abführt. Welche Wege das Kühlmittel im Kühlsystem nimmt, hängt von der Temperatur des Motors ab.

Der Kurzschlußkreislauf

Nach dem Kaltstart zirkuliert das Kühlmittel zunächst im kleinen Kühlkreislauf, der sich auf Motor und Heizung beschränkt. In diesem sogenannten Kurzschlußkreislauf hält der Thermostat den Durchfluß zum Kühler geschlossen. Das Kühlmittel gelangt auf direktem Weg zurück in den Motor. So erhitzt sich die Kühlflüssigkeit schneller und das Triebwerk wird schneller warm. Der Kühler tritt erst in Aktion, wenn die Kühlflüssigkeit eine bestimmte Temperatur erreicht hat. Der Thermostat öffnet, dabei wird kaltes Wasser aus dem Kühler mit bereits erwärmtem Wasser aus dem kleinen Kühlkreislauf vorgemischt. Diese allmähliche Kaltwasserbeimischung verhindert den sogenannten Kälteschock für den Motor.

Kühlung bei Betriebstemperatur

Solange die Wassertemperatur steigt, öffnet der Thermostat den Kaltwasserzufluß aus dem Kühler immer weiter und schließt gleichzeitig den Kurzschlußkreislauf. Bei Betriebstemperatur zirkuliert die Kühlflüssigkeit vom unteren Kühlwasserschlauch des linken Kühlwasserkastens (in Fahrtrichtung) zur Wasserpumpe, die sie in Motorblock und Zylinderkopf drückt. Der größte Teil der Flüssigkeit läuft dann über den geöffneten Thermostat und den oberen Kühlwasserschlauch zurück zum rechten Wasserkasten des Kühlers, während der Rest zum Wärmetauscher der Heizung fließt. Das im Kühler unten abfließende kalte Wasser zieht heißes Kühlmittel oben in den Kühler nach. Dort wird es beim Zug durch die Kühlerlamellen abgekühlt. Sinkt während der Fahrt die Wassertemperatur unter die vorgeschriebene Betriebstemperatur, sperrt der Thermostat den Kühlerdurchfluß erneut, bis sich das Kühlmittel wieder genügend erwärmt hat.

Überdruck und Kühlerventilator

Damit das Kühlmittel mehr Wärme aufnehmen kann, ist es unter Druck gesetzt. Dadurch erhöht sich der Siedepunkt der Kühlflüssigkeit von 100°C auf rund 120°C. Die höhere Temperatur ermöglicht einen wirtschaftlicheren und damit kraftstoffsparenden Motorbetrieb. Der Überdruck im Kühlsystem beträgt etwa 1,0 bar. Wenn bei einem heißen Motor der Druck diesen Wert übersteigt, tritt das Überdruckventil am Aus-

Die Elemente des Kühlsystems

Technik-lexikon

Wasserpumpe Sorgt für den stetigen Kreislauf des Kühlmittels. In allen Punto-Modellen arbeitet eine sogenannte Schleuderpumpe, die beim OHC-Motor vom Keilriemen, beim FIRE-Motor direkt vom Zahnriemen angetrieben wird.

Kühler Besteht auf der linken und rechten Seite jeweils aus einem Kunststoff-Wasserkasten. Dazwischen befinden sich eine Vielzahl dünnwandiger Röhrchen, die durch ein Gerüst von Lamellen miteinander verbunden sind. Dadurch ist die vom Luftstrom bestrichene Fläche viele Quadratmeter groß. Der Kühler ist an zwei Befestigungspunkten oben und unten am Querträger der Karosserie montiert.

Thermostat Hält die Wassertemperatur konstant. Er öffnet bei etwa 80 Grad Celsius und läßt das Wasser zum Kühler oder zurück in den Motor strömen. Im Inneren des Thermostats befinden sich eine mit Spezialwachs gefüllte Büchse und ein Ventilteller. Je mehr sich das Kühlmittel erwärmt, desto mehr verflüssigt sich das Wachs. Es dehnt sich zunehmend aus und öffnet so immer weiter das Ventil, das den Kaltwasserzufluß aus dem Kühler kontrolliert. Bei Betriebstemperatur ist das Ventil ganz geöffnet, der Kurzschlußkreislauf komplett geschlossen. Kühlt das Wasser ab, drückt eine Feder auf den Ventilteller und sperrt den Kühlerdurchfluß so lange, bis sich das Kühlmittel wieder genügend erwärmt hat. Der Thermostat sitzt bei allen Punto-Motoren im Zylinderkopf oberhalb des Kupplungsflansches (in Fahrtrichtung).

Ausgleichsbehälter Läßt bei zu hohen Druck durch ein Überdruckventil im Deckel Wasserdampf entweichen. Beim FIRE-Motor ist der linke Wasserkasten des Kühlers als Ausgleichsbehälter ausgebildet, beim OHC-Motor gibt's einen separaten Ausgleichsbehälter im Motorraum rechts (in Fahrtrichtung).

gleichsbehälter auf den Plan. Es öffnet und läßt zum Druckausgleich etwas Wasserdampf entweichen. Trotzdem kann es zum Beispiel bei Fahrten in der Stadt vorkommen, daß das Wasser zu heiß wird. Dann muß der Kühlerventilator den Kühler zusätzlich kühlen. Die Punto-Motoren besitzen alle einen elektrisch angetriebenen Kühlerventilator. Dieses kleine Windkraftwerk wird durch einen Thermoschalter aktiviert, sobald die an ihm vorbeiströmende Kühlflüssigkeit eine bestimmte Temperatur überschreitet. Er schaltet den Ventilator wieder aus, wenn die Kühlmittel-Temperatur auf einen bestimmten Wert abgesunken ist. Der Thermoschalter sitzt links unten im Wasserkasten des Kühlers (in Fahrtrichtung).

Der Kühlkreislauf des FIRE-Motors
❶ Kühler
❷ Kühlerventilator
❸ Ausgleichsbehälter mit Verschlußdeckel
❹ Wasserpumpe
❺ Wärmetauscher der Heizung
❻ Thermostatgehäuse

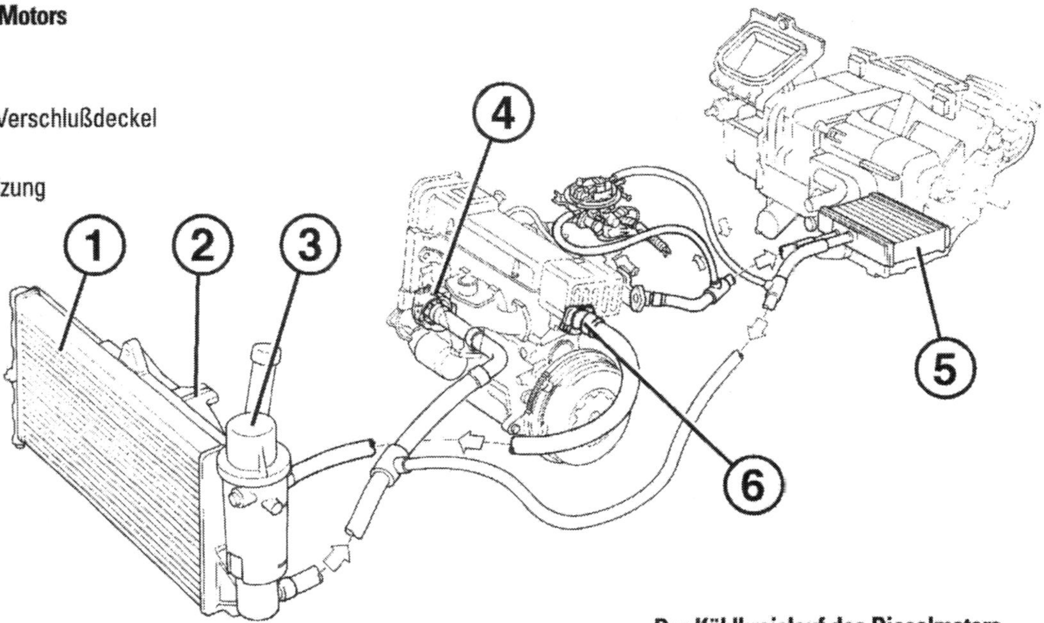

Der Kühlkreislauf des Dieselmotors
❶ Kühler
❷ Kühlerventilator
❸ Ausgleichsbehälter
❹ Wasserpumpe
❺ Wärmetauscher der Innenraumheizung
❻ Thermostatgehäuse

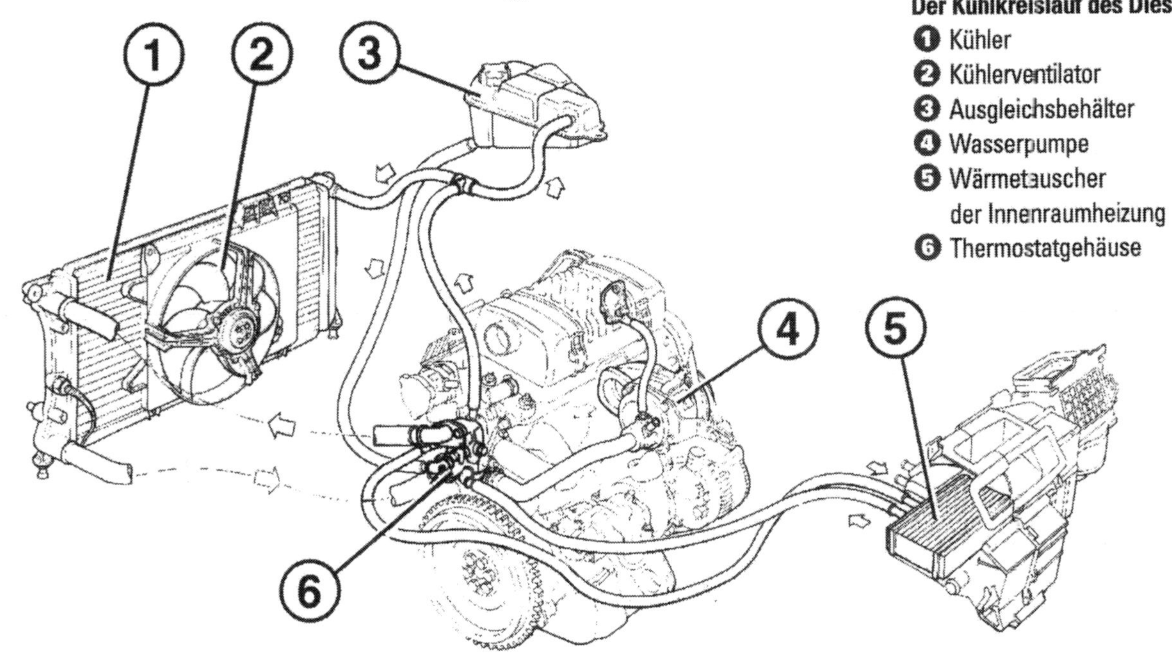

Das Kühlmittel

Kühlflüssigkeit (Kühlmittel) besteht aus einer Mischung von Frost- und Korrosionsschutzmittel und Wasser. Fiat befüllt den Kühlmittelbehälter des Punto jeweils zur Hälfte mit dem Kühlkonzentrat PARAFLU11 (Spezifikation CUNA NC 956-16) und Wasser. Bei dieser Mischung bleibt das Kühlmittel bis -35°C flüssig. Erst bei -43°C beginnt das Kühlmittel zu gelieren (Stockpunkt). Der Korrosionsschutz verhindert, daß sich im Kühlsystem Kesselstein, Rost und andere aggressive Korrosionsstoffe bilden. Er verliert seine Wirksamkeit nach etwa zwei Jahren und sollte dann erneuert werden. Zum Nachfüllen eignet sich jedes Frostschutzmittel, das einen Korrosionsschutz enthält – vorausgesetzt, es erfüllt die Fiat-Spezifikation. Kontrollieren Sie zur Sicherheit die Mischungstabelle des jeweiligen Herstellers.

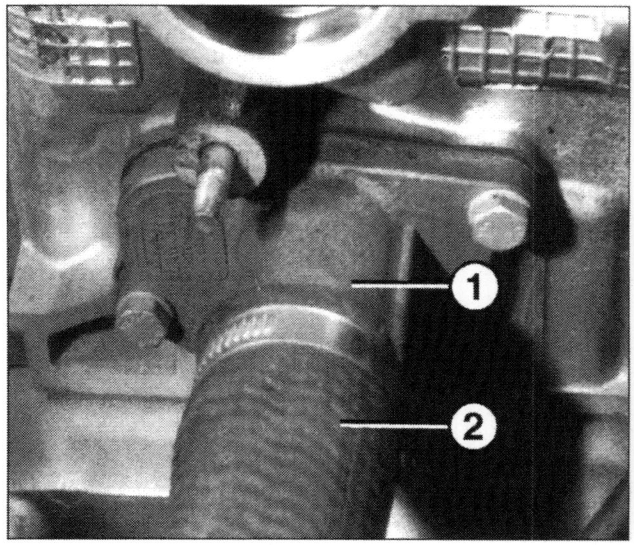

Beim FIRE-Motor drückt die Wasserpumpe die Kühlflüssigkeit durch den Motor. Sie wird durch das Thermostatgehäuse ❶ über den oberen Kühlwasserschlauch ❷ zurück zum Kühler gefördert.

Kühlsystem auf Dichtheit prüfen

Arbeitsschritte | 15.000 km 12 Monate

1 Sind die Schläuche am Kühler, Motor und zur Heizanlage dicht?

2 Durch Kneten feststellen, ob die Wasserschläuche hart, spröde oder gar rissig sind – in diesem Fall umgehend austauschen.

3 Sitzen die Schlauchenden nicht zu knapp auf ihren Stutzen?

4 Sind die Spannschrauben der Schlauchschellen festgezogen? Sie können während der Fahrt und bei vollem Betriebsdruck im Kühlsystem nachgeben. Verrostete Schlauchschellen auswechseln

Kühlflüssigkeit prüfen und nachfüllen

Arbeitsschritte | Ständige Kontrolle

1 Stand des Kühlmittels am besten nur bei kaltem Motor kontrollieren – das Kühlsystem ist dann praktisch drucklos.

2 Bei kaltem Motor soll der Pegel über der MIN-Markierung am Ausgleichsbehälter stehen. Vorsicht: Bei warmem Motor steht das Kühlmittel immer höher. Lassen Sie sich nicht durch einen zu hohen Stand täuschen.

3 Zum Nachfüllen den Verschlußdeckel öffnen. Legen Sie bei heißem Motor einen dicken Lappen über den Deckel und drehen Sie ihn langsam auf. Das baut den Druck im System allmählich ab. Wenn Sie den Deckel zu schnell öffnen, steht das Wasser nicht mehr unter Druck und sprudelt brühend heiß aus dem Behälter.

→

4 Ausgleichsbehälter nicht über die obere Markierung nachfüllen. Das Kühlmittel dehnt sich bei Erwärmung aus, der Überschuß entweicht aus dem System.

5 Kleinere Mengen können Sie bei warmem ebenso wie bei kaltem Motor einfüllen.

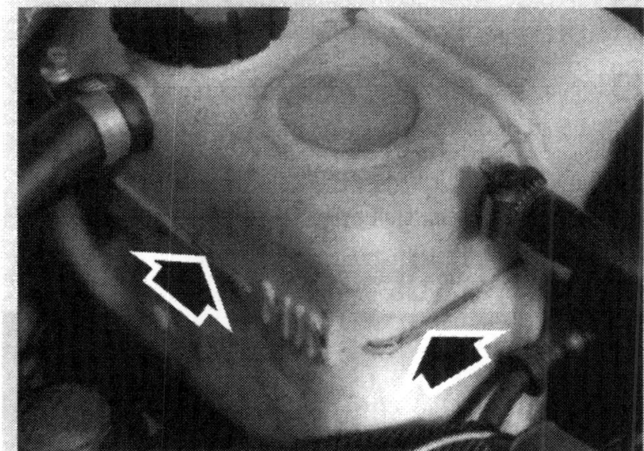

OHC- und Dieselmotor: Der Ausgleichsbehälter befindet sich rechts im Motorraum (in Fahrtrichtung). Öffnen Sie den Schraubdeckel bei heißem Motor zuerst nur vorsichtig um eine Umdrehung. Sie könnten sich sonst durch das heiße Kühlmittel verbrühen. Benutzen Sie beim Öffnen einen Lappen.

Beim FIRE ist der Ausgleichsbehälter am Wasserkasten des Kühlers angegossen. Der Kühlmittelstand soll nicht unter die »MIN«-Markierung sinken. Liegt er deutlich niedriger, bedeutet dies einen Defekt. Forschen Sie dann nach der Ursache.

Kühlflüssigkeit wechseln

Arbeitsschritte | Alle 2 Jahre

1 Am Verschlußdeckel des Ausgleichsbehälters den Druck aus dem Kühlsystem entweichen lassen. Vorsicht bei heißem Motor: Verbrühungsgefahr.

2 Heizung im Wageninnern auf maximale Heizleistung stellen, damit das Kühlmittel auch aus dem Wärmetauscher der Heizung auslaufen kann.

3 Sauberes Auffanggefäß unter den Kühler stellen und Schlauchschelle des unteren Kühlwasserschlauches bzw. Ablaßschraube des Kühlers lösen. OHC-Motoren: ggf. Ablaßschraube unterhalb des Auspuffkrümmers öffnen.

4 Damit die Kühlflüssigkeit besser ablaufen kann, den Verschlußdeckel vom Ausgleichsbehälter nehmen. Kühlflüssigkeit ablassen und Auffanggefäß abdecken.

5 Ablaßschraube in Kühler bzw. unteren Kühlerschlauch (ggf. mit neuer Schlauchschelle) anziehen. OHC-Motor: ggf. Ablaßschraube mit 20 Nm festziehen.

6 Entlüftungsschraube öffnen. Je nach Punto-Motortyp sitzt eine Entlüftungsschraube auf dem Heizungsschlauch oder rechts oben auf dem Kühler.

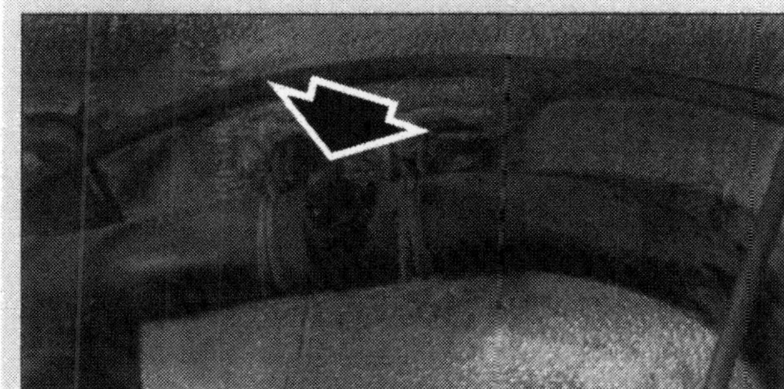

Das Kühlsystem kann erst dann wieder in Aktion treten, wenn es vorher entlüftet wurde. Das Bild zeigt eine Entlüftungsschraube (Pfeil) auf dem Heizungsschlauch.

7 Kühlmittel in den Einfüllstutzen des Ausgleichsbehälters füllen, bis keine Luftblasen mehr hochsteigen.

8 Motor starten und im Leerlauf Wasser nachgießen. Dabei die Entlüftungsschraube beobachten, ob keine Luft mehr entweicht und Kühlflüssigkeit austritt. Schraube schließen.

9 Motor warmfahren. Dabei wird das Kühlsystem über den Verschlußdeckel des Ausgleichsbehälters weiter entlüftet. Kontrollieren Sie bei kaltem Motor noch einmal den Flüssigkeitspegel. Eventuell müssen Sie etwas Wasser nachgießen.

Frostschutz auffüllen

Auf Nummer Sicher gehen Sie beim Frostschutz, wenn Sie auch im Sommer stets eine 50%ige Mischung verwenden. Haben Sie jedoch öfters nur Wasser nachgefüllt, reicht die Konzentration des Frostschutzmittels für kältere Temperaturen nicht mehr aus. Dann muß der Schutz verstärkt werden – mit etwa einem 3/4 Liter Frostschutzmittel für einen um 10°C erweiterten Kälteschutz. Wollen Sie die Frostfestigkeit des Kühlmittels kontollieren, brauchen Sie einen Hebemesser, eine Frostschutzspindel oder einen Aerometer. Damit wird das spezifische Gewicht (Kühlmitteldichte) der Flüssigkeit gemessen. Vorsicht: Durch unterschiedliche Zugabe von Korrosionsschutzmittel können sich die spezifischen Gewichte bei den einzelnen Frostschutzprodukten unterscheiden. Wenn Sie keine auf den eingefüllten Frostschutz abgestimmte Spindel besitzen, ziehen Sie vom ermittelten Wert eine Meßtoleranz von 2 bis 3 Grad Celsius ab.

Praxistip

Motor verliert Kühlmittel

Wenn Ihr Motor während der Fahrt viel Kühlmittel verliert, dürfen Sie auf keinen Fall kaltes Wasser nachfüllen. Der heiße Motor erhält dann einen Kälteschock, bei dem sich der Zylinderkopf verziehen kann. Die Zylinderkopfdichtung schließt nicht mehr richtig und Kühlmittel kann in den Schmierkreislauf des Motors gelangen. Im schlimmsten Fall reißt durch einen Kälteschock der Motorblock. Warten Sie, bis der Motor abgekühlt ist, füllen Sie Wasser nach und lassen Sie in der nächsten Werkstatt die Ursache für den Kühlmittelverlust feststellen.

Arbeitsschritte — **30.000 km 2 Jahre**

1 Saubere Wanne oder flaches Auffanggefäß unter den Kühler stellen.

2 Kühlwasserschlauch unten am Kühler abbauen oder Ablaßschraube am Kühler öffnen, 1-2 Liter Kühlmittel ablassen.

3 Kühlerschlauch montieren, Ablaßschraube wieder einschrauben.

4 Die benötigte Menge Frostschutzmittel in Ausgleichsbehälter eingießen und mit der aufgefangenen Kühlflüssigkeit nachfüllen.

Der Hebemesser zeigt die aktuelle Frostfestigkeit des Kühlmittels an. Dazu die Spindel tief in den Ausgleichsbehälter einführen. Die Werte lassen sich direkt ablesen.

Füllmenge und Mischung für Frostschutz

Motor	Typ	Hubraum (cm^3)	Füllmenge (Liter)	Konzentrat (Liter)		Wasser (Liter)	
				–25°C	–35°C	–25°C	–35°C
40kW/55PS	FIRE	1108	4,6	1,6	2,3	3,0	2,3
44kW/60PS	FIRE	1242	4,6	1,6	2,3	3,0	2,3
54kW/74PS	FIRE	1242	4,6	1,6	2,3	3,0	2,3
65kW/88PS	OHC	1581	4,6	1,6	2,3	3,0	2,3
98kW/133PS	OHC	1372	6,0	2,1	3,0	3,9	3,0
51kW/70PS	DIESEL	1698	7,2	2,6	3,6	4,6	3,6

Kühlsystem

Störungsbeistand

Störung	Ursache	Abhilfe
A Temperaturanzeigenadel steht im roten Bereich	1 Keilrippenriemen zu schwach gespannt oder gerissen	Riemenspannung kontrollieren oder Riemen ersetzen
	2 Zuwenig Flüssigkeit im Kühlsystem	Auffüllen, notfalls aus der Scheibenwaschanlage
	3 Kabel zur Temperaturanzeige hat Masseschluß	Kabel am Temperaturgeber abziehen, Zeiger muß zurückgehen, sonst Masseschluß; Kabelverlauf kontrollieren
	4 Thermostat öffnet den Kaltwasserzufluß aus dem Kühler nicht (Kühler kalt)	Thermostat ausbauen und ohne ihn weiterfahren oder Wagen abschleppen lassen
	5 Kühlerventilator schaltet nicht ein	Siehe Seite 79
	6 Überdruckventil im Verschlußdeckel des Ausgleichsbehälters defekt	Ventil prüfen (lassen), Deckeldichtung kontrollieren, ggf. Verschlußdeckel ersetzen
	7 Anzeigeinstrument defekt	Austauschen
	8 Geber der Temperaturanzeige hat Kurzschluß	Austauschen
	9 Kühler verstopft oder Lamellen zugesetzt	Kühler reinigen
B Temperaturanzeige spricht sehr langsam an, schwache Heizleistung	Thermostat schließt nicht völlig, aufgeheizte Kühlflüssigkeit strömt zu früh durch den Kühler	Thermostat säubern, ggf. ersetzen
C Temperaturanzeige bleibt im unteren Bereich, gute Heizleistung	1 Siehe A7	
	2 Geber der Temperaturanzeige defekt	Austauschen

Thermostat

Störungsbeistand

Erkennungsmerkmal	Ursache/Besonderheiten
Temperaturanzeige steigt langsam, Betriebstemperatur wird spät erreicht, Heizwirkung ungenügend	Thermostat-Ventilteller ist in »Offen«-Stellung blockiert (etwa durch Ablagerungen); der Zufluß zum Kühler bleibt ständig offen. Motor bleibt zu lange im Kaltlaufbetrieb. Es kommt jedoch kurzfristig zu keinen Schäden. Trotzdem Thermostat so bald wie möglich wechseln
Temperaturanzeige steht trotz richtigem Kühlmittelstand im roten Bereich. Kühler und unterer Schlauch zum Kühler sind kalt	Thermostat-Ventilteller ist in »Geschlossen«-Stellung blockiert (etwa durch eine defekte oder undichte Thermostatbüchse). Auf keinen Fall weiterfahren, sonst entstehen schwere Hitzeschäden am Motor

Thermostat ausbauen und prüfen

Ein klemmender Thermostat kann schwere Hitzeschäden am Motor Ihres Punto verursachen. Das Kühlmittel überhitzt, die Kühlwirkung läßt rapide nach. Tritt der Defekt während der Fahrt auf, dürfen Sie auf keinen Fall weiterfahren. Lassen Sie den Wagen zur Reparatur abschleppen. Ausbau und Montage des Thermostats sind kein Problem. Besorgen Sie sich vor Arbeitsbeginn neben einem Ersatzteil auch einen neuen Dichtring, auf dem der Thermostat im Gehäuse sitzt. Die Dichtung des Thermostatgehäuses sollten Sie ebenfalls erneuern. Außerdem brauchen Sie ein Gefäß zum Auffangen des Kühlmittels. Den Thermostat sollten Sie nur bei kaltem Motor ausbauen. Sie können übrigens mit einem Einmachthermometer prüfen, ob das ausgebaute Bauteil wirklich defekt ist.

Kontrollieren Sie mit dem Einmachthermometer, ob das Ventil bei den in der Tabelle aufgeführten Temperaturen mit dem entsprechenden Hub von seinem Sitz abhebt. Bei gebrauchten Thermostaten ist eine Toleranz von ±3°C zulässig.

Bei diesen Temperaturen öffnet der Thermostat

Motortyp	Öffnung (bei °C)	ganz geöffnet (bei °C)	Ventilhub (mm)
FIRE	85 – 89	100	7,5
OHC	85 – 89	96 – 100	7,5
OHC-Turbo	80 – 84	98	7,5
Diesel	78 – 82	88	7,5

Arbeitsschritte

1 Verschluß des Ausgleichsbehälters öffnen, um Druck im Kühlsystem abzubauen. Vorsicht bei warmem Motor: Verbrühungsgefahr.

2 Auffangbehälter unter Kühler stellen, unteren Kühlerschlauch abziehen bzw. Ablaßschraube am Kühler öffnen. Etwa drei Liter Kühlflüssigkeit ablassen.

3 Oberen Kühlwasserschlauch und Heizungsschlauch vom Thermostatgehäuse abbauen. Beim Turbomotor alle drei Schläuche vom Thermostatgehäuse abbauen.

4 Schrauben des Thermostatgehäuses lösen, Gehäuse vorsichtig abnehmen. Ist es festgebacken, helfen Schläge mit dem Handballen.

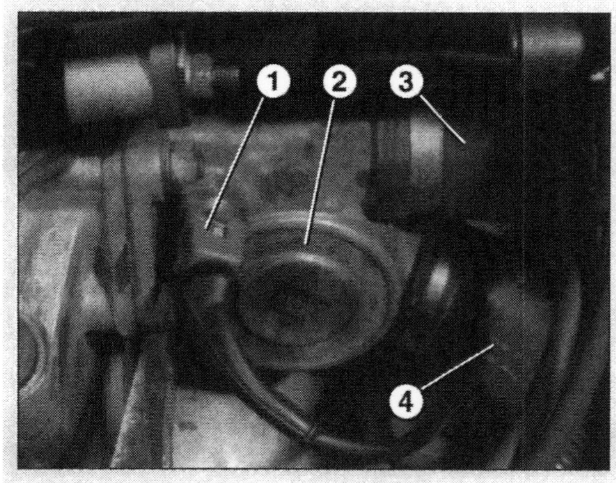

OHC-Motor: Im Thermostatgehäuse ❷ sitzt der Thermofühler ❶ für die Kühlflüssigkeit. ❸ Oberer Kühlerschlauch zum Kühler. ❹ Unterer Kühlerschlauch vom Kühler.

5 Sicherungsklammer des Thermostats herausdrücken, Thermostat und Dichtring vom Gehäuse abnehmen.

6 Wenn Sie das ausgebaute (oder neue) Bauteil prüfen wollen: Thermostat in einen Topf mit Wasser hängen und erhitzen. Das Ventil muß bei den entsprechenden Temperaturen öffnen.

7 Vor dem Einbau des neuen Thermostats Dichtflächen von alten Dichtungs- und Dichtmittelresten säubern.

Kühlerventilator defekt?

Das Kühlsystem Ihres Punto verkraftet ohne weiteres einen längeren Motorleerlauf oder eine Paßfahrt im Gebirge. Wandert die Nadel der Temperaturanzeige trotzdem in den roten Bereich, deutet das auf einen defekten Kühlerventilator hin. Sie müssen Ihre Fahrt deshalb aber nicht beenden. Lassen Sie den Motor abkühlen und fahren Sie zügig in die nächste Werkstatt. Behalten Sie stets die Temperaturanzeige im Auge, schalten Sie die Heizung ein, damit die Motorwärme abgeführt wird. Leerlauf und Schleichfahrt sollten Sie vermeiden, weil dabei kaum kühlende Luft durch die Lamellen des Kühlers strömt. Vorsicht: Bei gerade abgestelltem und heißgefahrenem Motor niemals mit den Händen in die Nähe des Lüfters kommen! Der Ventilator kann sich auch bei ausgeschalteter Zündung in Gang setzen.

Arbeitsschritte

1 Kontrollieren Sie zur Sicherheit zuerst die Sicherung.

2 Ziehen Sie am Thermoschalter die Stecker ab (je nach Modell 2- bzw. 3-polig).

3 Überbrücken Sie die Kabelstecker mit einem Stück Draht. So nehmen Sie den Thermoschalter aus dem Stromkreis heraus. Schaltet der Ventilator ein, ist der Thermoschalter defekt. Klemmen Sie zur Weiterfahrt die Kabelbrücke gut fest. Damit das locker hängende Kabel kein Unheil anrichten kann, mit Klebeband fixieren. Den Doppelstecker kurzschlußsicher abkleben.

4 Schaltet der Ventilator nicht ein, ist der Ventilatormotor defekt.

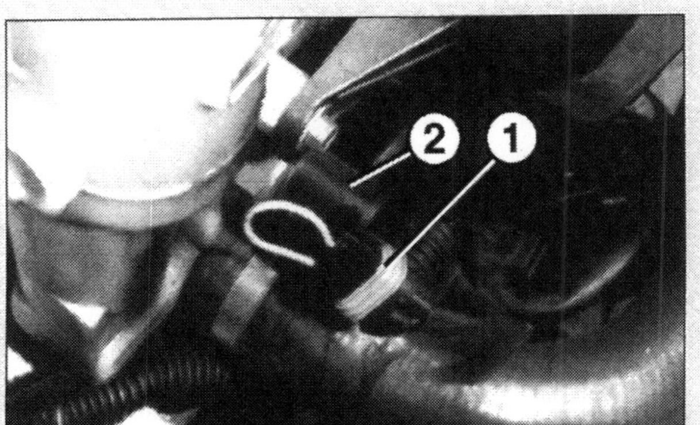

Ist der Lüftermotor wirklich defekt? Ziehen Sie den Stecker ❶ vom Thermofühler ❷ ab und überbrücken Sie die beiden Steckbuchsen mit einem Stück Draht. Funktioniert der Lüfter, muß er jetzt einschalten.

Motor des Kühlerventilators ausbauen

Arbeitsschritte

1 Batteriemassekabel abklemmen und Kabelsteckverbindung trennen.

2 Kabel von der Luftführung lösen.

3 Zum Ausbau die Verschraubung der Luftführung lösen (je nach Modell zwei, drei bzw. vier Schrauben) und diese zusammen mit dem Lüfter vom Kühler abnehmen.

4 Lüfterrad festhalten, zentrale Befestigungsschraube lösen und Rad von der Welle abnehmen.

5 Lüftermotor von der Luftführung abbauen. Dazu drei Muttern lösen.

Kühler ausbauen

Arbeitsschritte

1 Kühlflüssigkeit ablassen und in Gefäß auffangen.

2 Kühlerschläuche am Kühler abbauen.

3 Kabel vom Thermoschalter und Lüftermotor am Kühler abziehen.

4 Schrauben an der Halterung links und rechts oben am Kühler herausschrauben.

5 Kühler zum Motor hin schwenken.

6 Kühler komplett mit Luftführung und Lüftermotor von der Gummilagerung am unteren Querträger aus dem Motorraum heben.

7 Vor dem Einbau die untere Gummilagerung auf Verschleiß kontrollieren und ggf. ersetzen.

Kühlsystemschläuche auswechseln

Reißt während der Fahrt der Kühlwasserschlauch, können Sie die Leckstelle provisorisch mit Klebeband abdichten. Im Zubehörhandel gibt's spezielle Bandagen, die auf den gesäuberten und trockenen Gummischläuchen recht gut halten. Lösen Sie zur Sicherheit den Verschlußdeckel des Ausgleichsbehälters eine Umdrehung. Dann baut sich nicht der volle Betriebsdruck auf und das Klebeband platzt nicht ab. Achten Sie während der Fahrt stets auf die Kühlmittel-Temperaturanzeige. Den schadhaften Schlauch sollten Sie schnell ersetzen. Kaufen Sie nur Originalschläuche in der richtigen Bogenform und dazu neue Schlauchschellen.

Arbeitsschritte

1 Kühlmittel ablassen und in Gefäß auffangen.

2 Schlauchschellen lösen, Schläuche abziehen.

3 Festsitzende Schlauchenden mit einem Schraubenzieher lockern. Das Werkzeug zwischen Schlauch und Stutzen schieben und vorsichtig hebeln.

4 Neue Schläuche weit genug auf die Stutzen schieben, damit sie nicht wieder abrutschen können.

5 Schraubschellen nicht mit Gewalt anziehen. Das Gewinde wird sonst überdreht und die nächste Undichtigkeit ist programmiert.

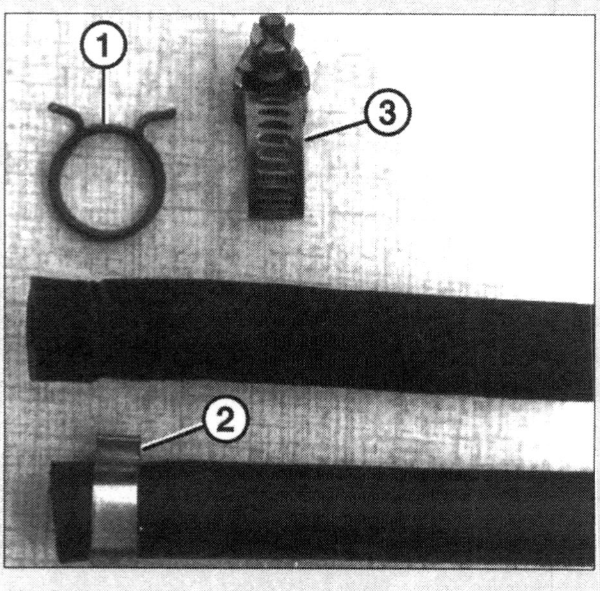

Alte Schlauchschellen sollten Sie nicht mehr verwenden. Kaufen Sie sich neue Schraubschellen ❶. Sie lassen sich besser anziehen als die originalen Fiat-Spannschellen ❷ + ❸.

Der Luftfilter

Der Motor braucht saubere Luft zur Verbrennung. Schmutzpartikel und Staubteilchen im Zylinder würden nach kurzer Zeit Motorschäden verursachen. Die angesaugte Luft muß deshalb erst den Luftfilter im sogenannten Ansauggeräuschdämpfer passieren. Auch dieses Bauteil spielt eine wichtige Rolle im Ansaugsystem, weil es Ansauggeräusche dämpft und den wirbelnden Luftstrom beruhigt. Der Luftfilter besteht aus einem Filtergehäuse und einem Filtereinsatz, der wie eine Ziehharmonika gefaltetet ist. Eine Gummdichtung dichtet ihn zum Gehäuse hin ab. Auf ihrem Weg durch den Filter lagern sich die unerwünschten Fremdstoffe im feinporigen Filterpapier ab, größere Staubteilchen fallen ins Filtergehäuse. Der Filter kann seine Aufgabe freilich nur erfüllen, wenn er regelmäßig gewartet wird. Ein verschmutzter Filtereinsatz läßt nämlich nicht mehr genügend Ansaugluft in den Motor. Das Gemisch wird fetter, die Leistung sinkt und der Kraftstoffverbrauch steigt.

Luftfiltereinsatz reinigen und auswechseln

Wenn Sie einen Punto mit Benzinmotor fahren, sollten Sie das Filterelement mindestens einmal im Jahr reinigen, laut Fiat-Wartungsplan nach zwei Jahren bzw. 30000 km wechseln. Beim Dieselmotor sieht Fiat alle 15000 km, spätestens nach 12 Monaten einen Austausch vor. Filtereinsätze für Ihren Punto-Motor gibt's im Zubehörhandel.

Arbeitsschritte | W | **30000 km 2 Jahre** | **15000 km 12 Monate**

1 Beim FIRE-Motor die beiden Schnappverschlüsse links und rechts am Ansauggeräuschdämpfer öffnen. Filterkasten nach vorne kippen und aus dem Haltebügel am Motor aushängen

2 Beim OHC-Motor sechs Schrauben lösen und Schnappverschluß am Ansaugrohr öffnen.

3 Deckel des Ansauggeräuschdämpfers abnehmen.

4 Beim Dieselmotor die vier Schnappverschlüsse vorne und hinten am Ansauggeräuschdämpfer öffnen.

➡

Ansauggeräusch-dämpfer ausbauen

5 Filtereinsatz herausnehmen.

6 Zur Reinigung (nur bei Benzinmotoren) Papierfilter auf harter Unterlage ausklopfen. So entfernen Sie die gröberen Staubteilchen. Dann den feinen Staub mit Druckluft ausblasen. Luftstrahl seitlich an den Filterlamellen vorbeistreichen lassen. Nicht von außen nach innen blasen, sonst wird der Staub noch fester in die Filterporen gedrückt. Nie den Papierfilter in Flüssigkeiten reinigen. Das verstopft die Filterporen hoffnungslos, die Leistung des Motors läßt nach und die Abgaswerte verschlechtern sich dramatisch.

7 Filtertausch (alle Motoren): Achten Sie beim Einsetzen des neuen Filterelements darauf, daß die Dichtung sauber im Gehäuseunterteil sitzt.

8 Die Befestigung des Gehäuses in umgekehrter Reihenfolge wie oben.

Achten Sie beim Einsetzen des neuen Filtereinsatzes auf den exakten Sitz der Gummidichtung (Pfeile). Sonst kann ungefilterte Luft am Filter vorbei in den Ansaugtrakt des Motors gelangen.

Arbeits-schritte

1 **FIRE-Motor:** Ansaugrohr und Schläuche der Motorbelüftung und Motorentlüftung abbauen.

2 Klemmschellen auftrennen und durch Schraubschlauchschellen ersetzen.

3 Oben auf dem Ansauggeräuschdämpfer zwei Muttern lösen und entfernen.

4 Den Haltebügel unter dem Gehäuse aushängen, Ansauggeräuschdämpfer komplett nach oben abheben. Beim Einbau auf richtigen Sitz der Dichtung zwischen Ansauggeräuschdämpfer und Einspritzeinheit achten.

5 **OHC-Motor:** Ansaugrohr und je nach Motortyp Motorbe- und -entlüftungsleitung abbauen. Klemmschellen auftrennen und durch Schraubschlauchschellen ersetzen.

6 Elektrische Steckverbindung(en) abziehen.

7 Drei Muttern lösen und abschrauben (links eine, rechts zwei) und Ansauggeräuschdämpfer vorsichtig aus dem Motorraum heben.

8 Beim Aufsetzen des Gehäuses auf die richtige Reihenfolge der Distanzhülsen und Unterlegscheiben achten.

9 **Dieselmotor:** Ansaugleitung am Ansauggeräuschdämpfer lösen. Klemmschelle auftrennen und durch Schraubschlauchschelle ersetzen.

10 Mutter links und rechts neben dem Gehäuse lösen und Ansauggeräuschdämpfer abheben. Beim Aufsetzen des Gehäuses auf die Stehbolzen die Reihenfolge der Distanzhülsen und Unterlegscheiben beachten.

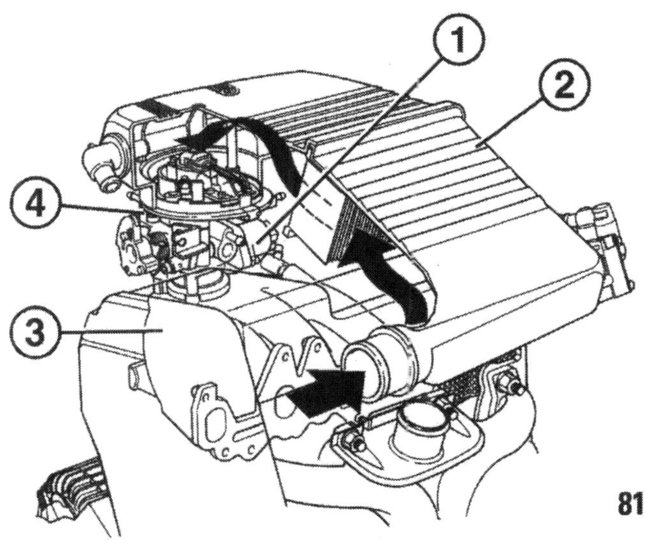

FIRE-Motor: Der Weg der Ansaugluft durch den Luftfilter zur Einspritzeinheit.
➊ Stellmotor der Drosselklappe für die Leerlaufregulierung
➋ Ansauggeräuschdämpfer mit Luftfilter ➌ Ansaugkrümmer
➍ Einspritzeinheit (SPI) bzw. Drosselklappengehäuse (MPI)

Die SPI-Benzineinspritzung

(Punto 55 und 60)

Punto 55 und Punto 60 sind mit einer sogenannten SPI-Benzineinspritzung (Single Point Injection) ausgerüstet. Der Name deutet das Besondere dieses Einspritzsystems an: Es kommt mit einem zentralen, elektronisch gesteuerten Einspritzventil aus. Die SPI-Einspritzeinheit befindet sich auf dem Ansaugkrümmer. Sie bezieht die Werte zur Gemischaufbereitung vom Steuergerät, das auch das Zündsystem steuert.

Die wichtigsten Teile der SPI-Benzineinspritzung

Steuergerät Sitzt rechts im Motorraum unter einer Abdeckung (in Fahrtrichtung). Zuständig für die Gemischaufbereitung. Das Steuergerät regelt die Öffnungsdauer des Einspritzventils (und damit die Kraftstoffmenge) sowie den richtigen Zündzeitpunkt. Dazu verarbeitet es Signale aus Lufttemperatur, Zündimpulsen (Drehzahlsignal), Kühlmitteltemperatur, von Drosselklappe und Lambda-Sonde. Diese Signale verändern sich natürlich bei einem kalten und warmen Motor, bei Leerlauf, Beschleunigen oder Vollastbetrieb.

Drehzahlgeber Sitzt an der Keilriemenscheibe der Kurbelwelle. Informiert das Steuergerät über den Stand der Kurbelwelle (OT-Erkennung von Zylinder 1) und die Motordrehzahl.

Drosselklappe Befindet sich im Drosselklappengehäuse der SPI-Einheit unterhalb des Einspritzventils direkt vor dem Ansaugkrümmer. Ist über einen Bowdenzug mit dem Gaspedal verbunden.

Drosselklappen-Potentiometer Sitzt auf der Welle der Drosselklappe. Informiert das Steuergerät über ein Spannungssignal über die Stellung der Drosselklappe. Das Steuergerät ermittelt so die Lastzustände des Motors.

Leerlaufdrehzahl-Stellmotor Ist seitlich an der SPI-Einheit montiert. Zuständig für eine konstante Leerlaufdrehzahl (temperaturabhängig). Dazu regelt er den Durchlaß eines Bypasskanals unter Umgehung der Drosselklappe. So wird der Motor in der Warmlaufphase oder/und beim Zuschalten von Verbrauchern mit mehr Luft für ein fettes Kraftstoff-Luft-Gemisch versorgt.

- Wenn Sie das Gaspedal zurücknehmen oder mit dem Fuß ganz vom Gas gehen (Schubbetrieb des Motors), ändert sich der Unterdruck im Ansaugkrümmer. Das Steuergerät meldet dies an den Stellmotor – die Drosselklappe schließt dann nicht sofort, sondern entsprechend dem Drehzahlabfall. Das reduziert auch den Anteil der unverbrannten Kohlenwasserstoffe (CO_2) im Abgas.
- Wird der Motor abgestellt, gibt das Steuergerät dem Stellmotor das Signal zum völligen Schließen der Drosselklappe. Nach kurzer Zeit öffnet er die Drosselklappe wieder ein Stück. Durch diese Belüftung des Ansaugkrümmers werden Warmstarts erleichtert.
- Wird der Motor wieder gestartet, bringt der Stellmotor die Drosselklappe in die erforderliche Position. Dabei berücksichtigt das Steuergerät die aktuelle Motortemperatur – beim Starten muß daher das Gaspedal nicht mehr betätigt werden.

Einspritzventil Integriert in die SPI-Einheit. Das Magnetventil bereitet die Kraftstoffmenge für die verschiedenen Lastzustände des Motors auf. Kommt vom Steuergerät ein Signal mit hoher Stromstärke, wird die

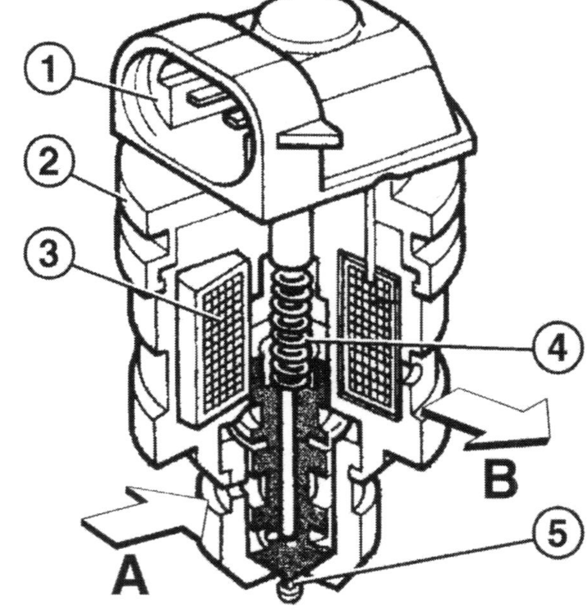

Teilschnittdarstellung des Einspritzventils
❶ Anschluß für Mehrfachstecker. ❷ Ventilkörper. ❸ Elektromagnetische Wicklung. ❹ Druckfeder. ❺ Nadelventil.
(**A**) Kraftstoffzulauf. (**B**) Kraftstoffrücklauf.

Düsennadel von ihrem Sitz gehoben; bei einem Signal mit niedriger Stromstärke (über einen Vorwiderstand) bleibt das Ventil geöffnet. Im Leerlauf wird das Einspritzventil bei jedem zweiten Ansaugtakt des Motors, im Fahrbetrieb bei jedem Ansaugtakt aktiviert. Dabei steht das Einspritzventil unter konstantem Kraftstoffdruck.

Druckregler Sitzt im Gehäuse der SPI-Einheit. Funktioniert mechanisch durch eine federbelastete Membrane. Er regelt den Kraftstoffdruck (am Einspritzventil 1,0 ± 0,2 bar). Überschüssiger Kraftstoff wird über eine Rücklaufleitung zum Tank zurückbefördert.

Ansauglufttemperatur-Sensor Steckt im Ansaugkanal. Die durch den Sensor strömende Ansaugluft verändert seinen Widerstand (Temperatur-Messung). Das Steuergerät formt die gemessenen Werte in Signale zur Gemischaufbereitung um.

Kühlmittel-Temperatursensor Unterhalb der SPI-Einheit in den Ansaugkrümmer geschraubt. Nach dem Kaltstart zum Beispiel gibt der Sensor an das Steuergerät das Signal »Motor kalt«. Der Rechner regelt dann die Gemischanreicherung, indem er die Öffnungszeit des Einspritzventils ändert und den Stellmotor für die temperaturabhängige Leerlaufdrehzahl aktiviert. Steigt die Kühlmitteltemperatur an, ändert sich der Widerstand des Sensors. Aus dieser Information berechnet das Steuergerät das erforderliche Kraftstoff-Luft-Gemisch, den Zündzeitpunkt und die Leerlaufdrehzahl.

Lambda-Sonde Im vorderen Auspuffrohr eingebaute galvanische Zelle. Mißt den Sauerstoffgehalt in Außenluft und Auspuffrohr. Gibt den Differenz-Wert als elektrisches Signal ans Steuergerät weiter. Wichtig für die Regulierung von Gemisch und Zündung. Wird elektrisch beheizt, damit die Betriebstemperatur nach dem Kaltstart möglichst schnell erreicht wird.

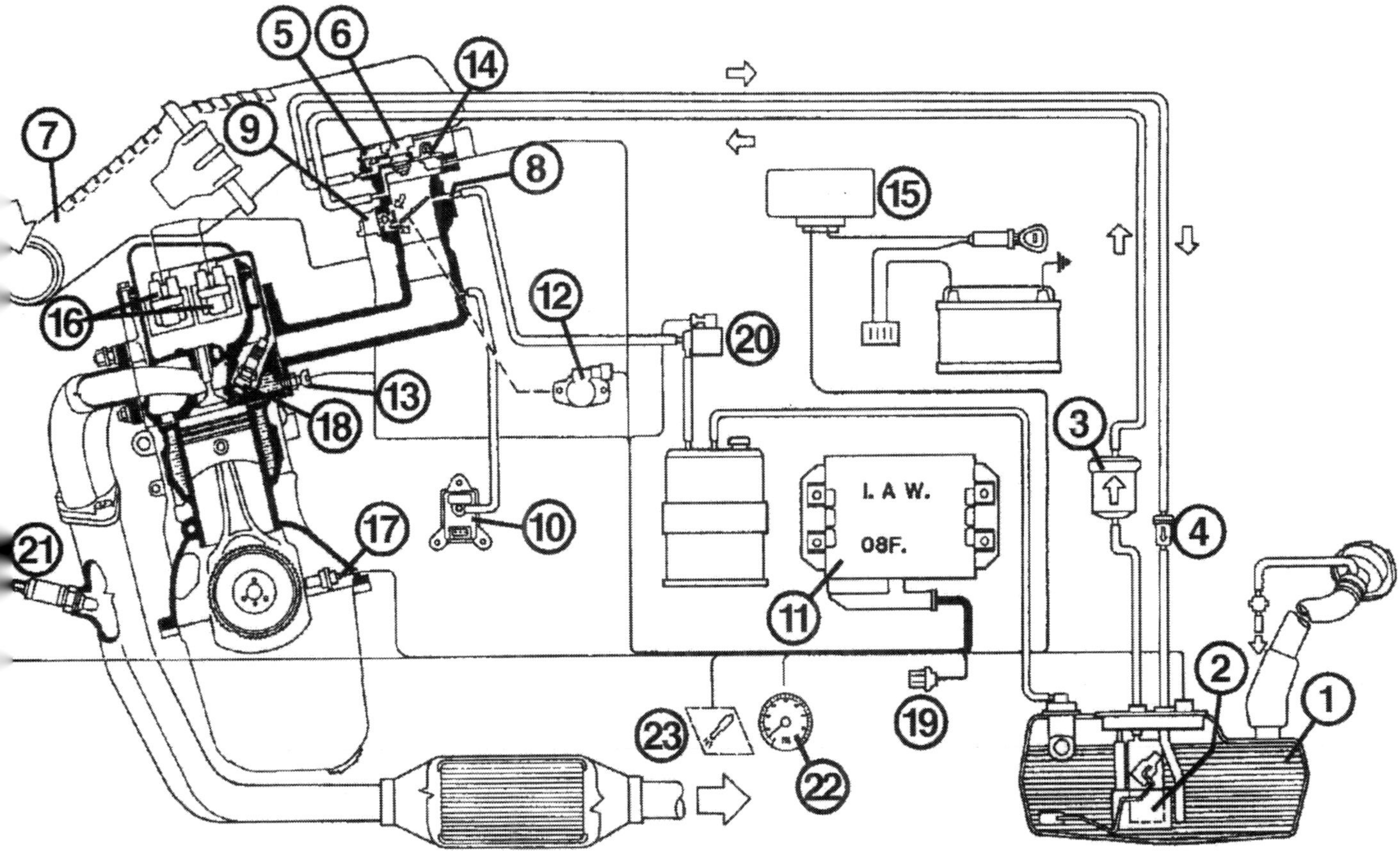

Kraftstoffeinspritzung und Zündsystem SPI von Weber-Marelli (Schema)
❶ Kraftstofftank. ❷ Kraftstoffpumpe. ❸ Kraftstoffilter. ❹ Rückflußsperrventil. ❺ Kraftstoffdruckregler. ❻ Einspritzventil. ❼ Ansauggeräuschdämpfer mit Luftfilter. ❽ Unterdruckanschluß für Tankbe- und -entlüftungssystem. ❾ Drosselklappen-Stellmotor. ❿ Absolutdruckfühler (Unterdruck). ⓫ Steuergerät für Einspritz- und Zündsystem. ⓬ Drosselklappen-Potentiometer. ⓭ Kühlmittel-Temperaturfühler. ⓮ Ansaugluft-Temperaturfühler. ⓯ Hauptrelais für Einspritz- und Zündsystem. ⓰ Doppelzündspule. ⓱ OT- und Drehzahlfühler. ⓲ Zündkerzen. ⓳ Diagnosestecker für Werkstattester. ⓴ Magnetventil für Tankbe- und -entlüftungssystem. ㉑ Lambda-Sonde. ㉒ Drehzahlmesser (wenn vorhanden). ㉓ Kontrolleuchte für Einspritz- und Zündsystem.

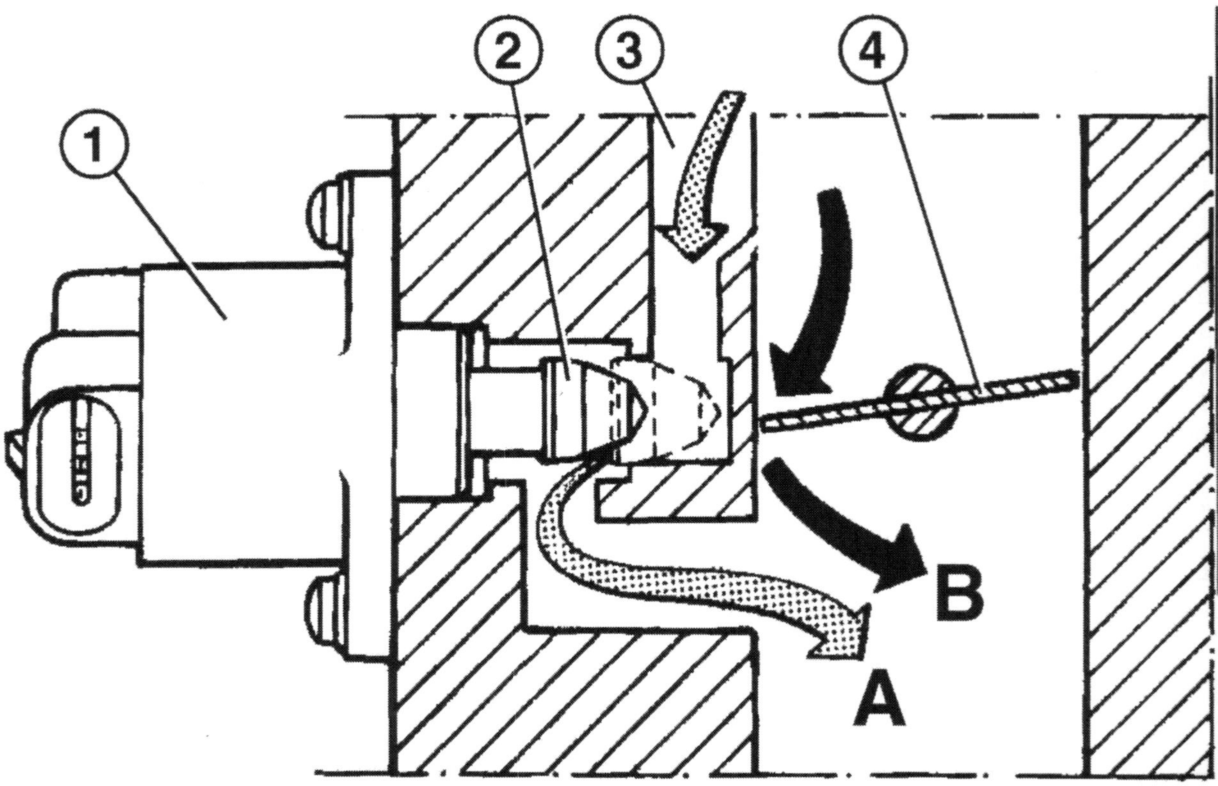

Funktion des Leerlaufdrehzahl-Stellmotors
Durch den Spalt zwischen Drosselklappe ❹ und Saugrohrwand strömt eine konstante Luftmenge (**B**). In der Warmlaufphase (und wenn Verbraucher zugeschaltet werden) wird für eine gleichbleibende Leerlaufdrehzahl zudem eine variable Luftmenge benötigt (**A**). Diese gelangt über den Bypasskanal ❸ und den Ventilkegel ❷ des Leerlaufdrehzahl-Stellmotors ❶ in den Motor.

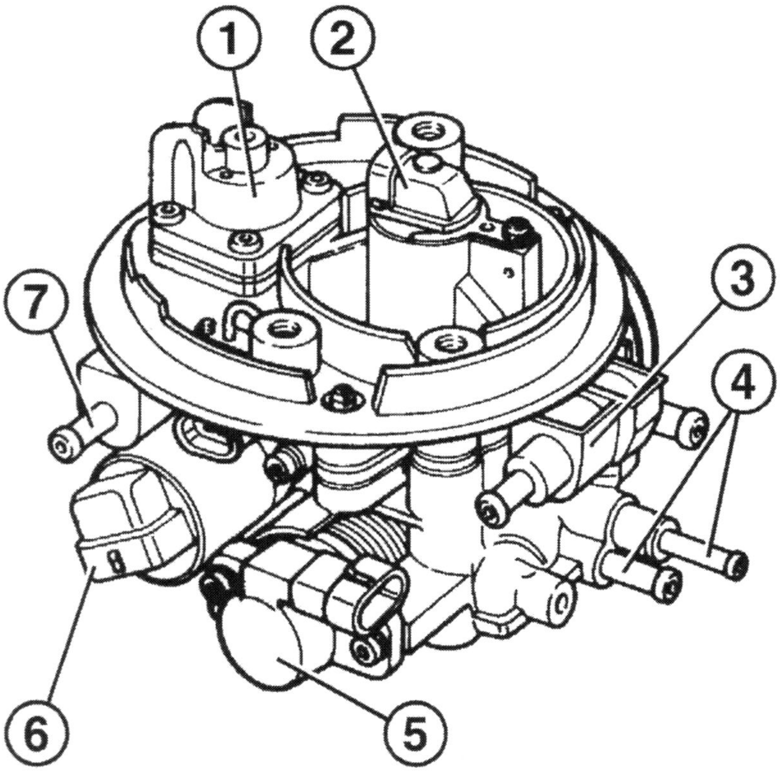

SPI-Einheit von Weber-Marelli
❶ Kraftstoffdruckregler. ❷ Einspritzventil. ❸ Kraftstoffzulauf. ❹ Unterdruckanschlüsse für Tank- und Motorbe- und -entlüftung. ❺ Drosselklappen-Potentiometer. ❻ Drosselklappen-Stellmotor. ❼ Kraftstoffrücklauf zum Tank.

Die MPI-Benzineinspritzung (Punto 75 und 90)

Punto 75 und Punto 90 sind mit einer sogenannten Mehrpunkteinspritzung (MPI = Multi-Point-Injection) ausgestattet. Bei diesem System versorgt jeweils ein Einspritzventil einen Zylinder mit Kraftstoff. Die MPI-Einspritzung bei Punto 75 (Weber-Marelli) und Punto 90 (G.M. ACG Multec-XM) unterscheiden sich nur in wenigen Details. Die Beschreibung gilt daher für beide Anlagen gemeinsam.

Die wichtigsten Teile der MPI-Benzineinspritzung

Steuergerät Regelt die Öffnungsdauer der elektromagnetisch betätigten Einspritzventile, berechnet Kraftstoffmenge und Kraftstoff-Luft-Gemisch. Verwertet Informationen über Drehzahl, Saugrohrdruck, Ansaugluft- und Kühlmitteltemperatur. Dazu ist das Steuergerät mit Kennfeldern programmiert – Datensammlungen für die verschiedenen Lastzustände des Motors und die jeweils zugehörigen Kraftstoffmengen und Zündzeitpunkte. Das Steuergerät kann diese Werte nach Eingang sogenannter Korrektursignale (z. B. Ansaugluft- und Kühlmittel-Temperatur) noch variieren.

Drosselklappe Sitzt im Drosselklappengehäuse direkt vor dem Sammelsaugrohr. Ist über den Gaszug mit dem Gaspedal verbunden. Um ein Festklemmen beim Schließen zu vermeiden, bleibt die Drosselklappe beim Zurücknehmen des Gaspedals stets einen Spalt geöffnet. Diese Einstellung darf bei Wartungsarbeiten unter keinen Umständen geändert werden.

Drosselklappen-Potentiometer Gibt die Werte für geschlossene Drosselklappe (Leerlauf) sowie, je nach Lastzustand des Triebwerks, der verschiedenen Stellungen der Drosselklappe ans Steuergerät weiter.

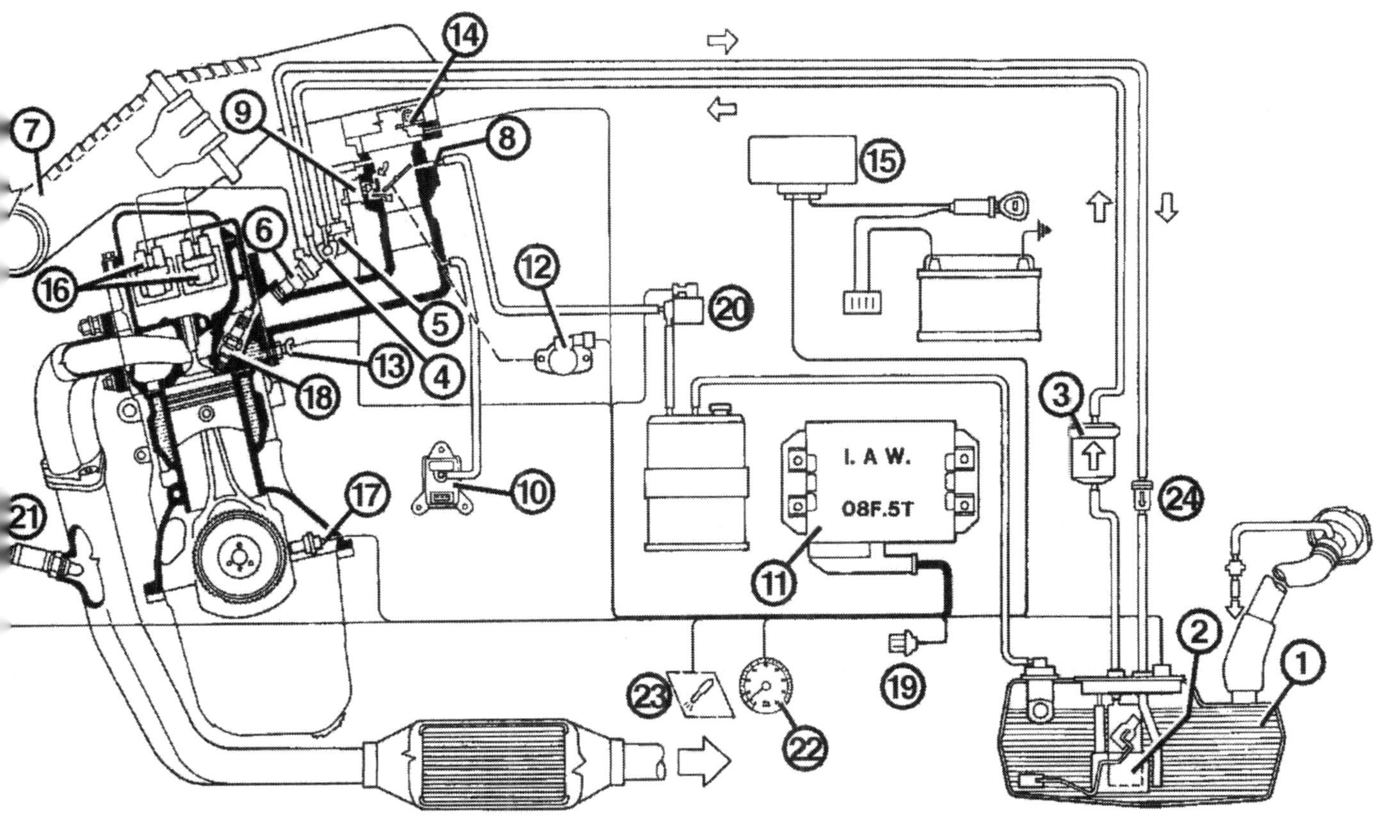

Punto 75: MPI-Einspritzsystem von Weber-Marelli (Schema)
❶ Kraftstofftank. ❷ Kraftstoffpumpe. ❸ Kraftstoffilter. ❹ Kraftstoffverteiler. ❺ Druckregler. ❻ Einspritzventile. ❼ Luftfilter. ❽ Drosselklappengehäuse. ❾ Leerlauf-Stellmotor. ❿ Absolutdrucksensor. ⓫ Steuergerät. ⓬ Drosselklappen-Potentiometer. ⓭ Kühlmittel-Temperatursensor. ⓮ Ansaugluft-Temperatursensor. ⓯ Hauptrelais. ⓰ Zündspulen. ⓱ OT- und Drehzahlsensor. ⓲ Zündkerzen. ⓳ Diagnosestecker. ⓴ Magnetventil für Tankbe- und -entlüftungssystem. ㉑ Lambda-Sonde. ㉒ Drehzahlmesser (modellabhängig). ㉓ Kontrolleuchte für Einspritz- und Zündsystem. ㉔ Kraftstoff-Rückschlagventil.

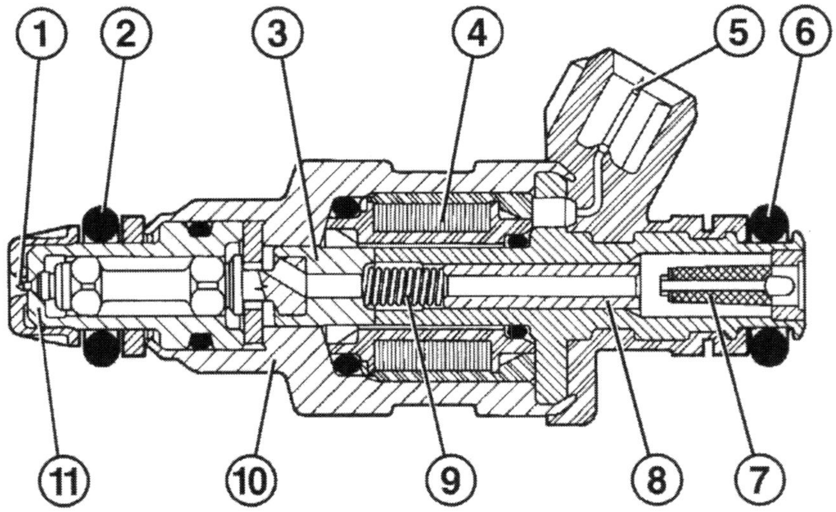

Einspritzventil (Schnittzeichnung)
❶ Ventilnadel. ❷ Unterer Dichtring. ❸ Magnetkern. ❹ Spulenwicklung. ❺ Elektrischer Anschluß. ❻ Oberer Dichtring. ❼ Kraftstoffilter. ❽ Druckfeder. ❾ Schraubenfeder. ❿ Ventilgehäuse. ⓫ Ventilöffnung.

Schnelles Öffnen der Drosselklappe zum Beispiel erkennt das Steuergerät als Beschleunigen – die Einspritzzeit wird entsprechend verlängert.

Drehzahlgeber (Impulsgeber) Zuständig für die Zündung. Übermittelt aber auch Signale (OT-Signal für Zylinder 1) für die Einspritzfrequenz der Einspritzventile.

Startsignal Kommt über das Zündschloß (Klemme 50) vom Hauptversorgungsrelais.

Leerlaufdrehzahl-Stellmotor Seitlich am Drosselklappengehäuse montiert. Zuständig für eine konstan-

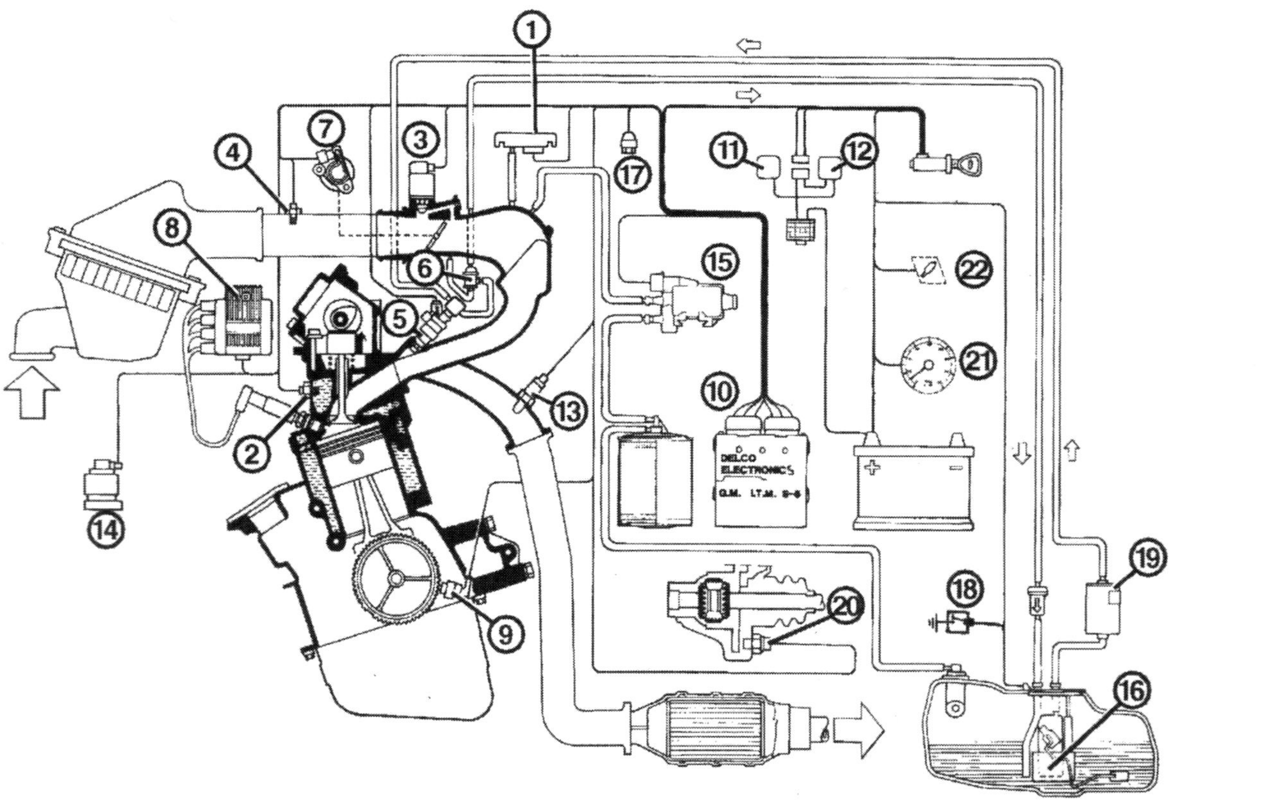

Punto 90: MPI-Einspritzsystem von G.M. ACG Multec-XM (Schema)
❶ Absolutdrucksensor. ❷ Kühlmittel-Temperatursensor. ❸ Leerlauf-Stellmotor. ❹ Ansaugluft-Temperatursensor. ❺ Einspritzventile. ❻ Kraftstoffdruckregler. ❼ Drosselklappen-Potentiometer. ❽ Zündspulen. ❾ OT- und Drehzahlsensor. ❿ Steuergerät. ⓫ + ⓬ Doppelrelais des Einspritz- und Zündsystems. ⓭ Lambda-Sonde. ⓮ Magnetventil der Abgasrückführung (AGR). ⓯ Magnetventil der Kraftstoftankbe- und -entlüftung. ⓰ Kraftstoffpumpe. ⓱ Diagnosestecker. ⓲ Sicherheitsschalter (Kraftstoffzufuhr). ⓳ Kraftstoffilter. ⓴ Geschwindigkeitssensor. ㉑ Drehzahlmesser. ㉒ Kontrolleuchte für Einspritz- und Zündsystem.

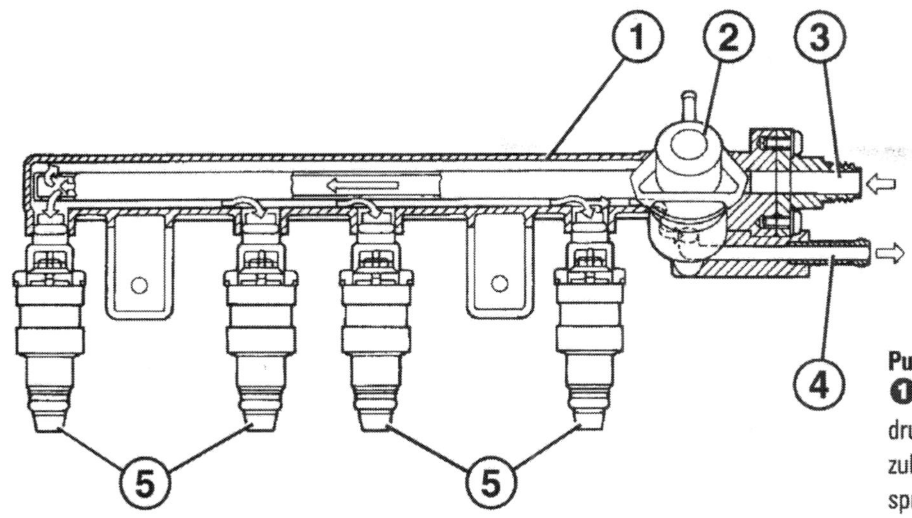

Punto 75: Kraftstoffverteiler
❶ Kraftstoffverteilerrohr. ❷ Kraftstoffdruckregler. ❸ Anschluß für Kraftstoffzulauf. ❹ Kraftstoffrücklauf. ❺ Einspritzventile.

te Leerlaufdrehzahl. Dazu regelt er den Durchlaß eines Bypasskanals unter Umgehung der Drosselklappe. In der Warmlaufphase (und wenn Verbraucher zugeschaltet werden) wird der Motor mit mehr Luft für ein fettes Kraftstoff-Luft-Gemisch versorgt.

Einspritzventile Sitzen direkt vor den Einlaßventilen der Zylinder. Vom Steuergerät genau berechnet, erhält jeder Zylinder die benötigte Kraftstoffmenge in zwei gleichen Schüben. Nach der ersten Umdrehung der Kurbelwelle wird die erste Hälfte der Einspritzmenge in die stehende Ansaugluft vor das geschlossene Einlaßventil gespritzt. Wenn das Einlaßventil öffnet (beim Vierzylinder immer nach zwei Umdrehungen der Kurbelwelle), strömt das Gemisch in den Zylinder, zusammen mit der zweiten Hälfte, die in die strömende Ansaugluft gespritzt wird.

Drehzahlbegrenzung Zum Schutz vor Überdrehen des Motors schaltet das Steuergerät die Einspritzventile ab, wenn eine Drehzahl von 6600/min anliegt.

Ansaugluft-Temperatursensor Sitzt im Ansaugrohr vor der Drosselklappe. Mißt die Temperatur der Ansaugluft. Steigt die Lufttemperatur, sinkt der Widerstandswert im Sensor – das Steuergerät korrigiert das Gemisch.

Kühlwasser-Temperatursensor Sitzt im Zylinderkopf und ragt dort mit seinem Fühler in den Kühlwassermantel. Liefert die Signale zur Temperatur des Motors.

Kraftstoffverteiler Verteilt den vom Kraftstoffilter kommenden Kraftstoff gleichmäßig auf die Einspritzventile. Dient auch als hintere Halterung der Einspritzventile.

Druckregler Direkt am Kraftstoffverteiler montiert. Regelt den Kraftstoffdruck bei allen Lastzuständen des Motors (Punto 75: 2,5 ± 0,05 bar; Punto 90: 3,0 ± 0,2 bar). Der Druckregler ist über einen Unterdruckschlauch mit dem Oberteil des Ansaugkrümmers verbunden, was die unterschiedlichen Drücke in Kraftstoffverteiler und Ansaugkrümmer ausgleicht. So werden die Druckverhältnisse an den Einspritzventilen dem jeweiligen Lastzustand des Motors angepaßt. Überschüssiger Kraftstoff wird zum Tank zurückbefördert.

Lambda-Regelung Wichtig für den Katalysator, der für einwandfreies Arbeiten auf den ständigen Wechsel von leicht angefettetem und abgemagertem Gemisch angewiesen ist. Die Lambda-Sonde übermittelt dem Steuergerät den aktuellen Restsauerstoffgehalt. Der Rechner bestimmt dann die Öffnungsdauer der Einspritzventile (und damit die zugeteilte Benzinmenge).

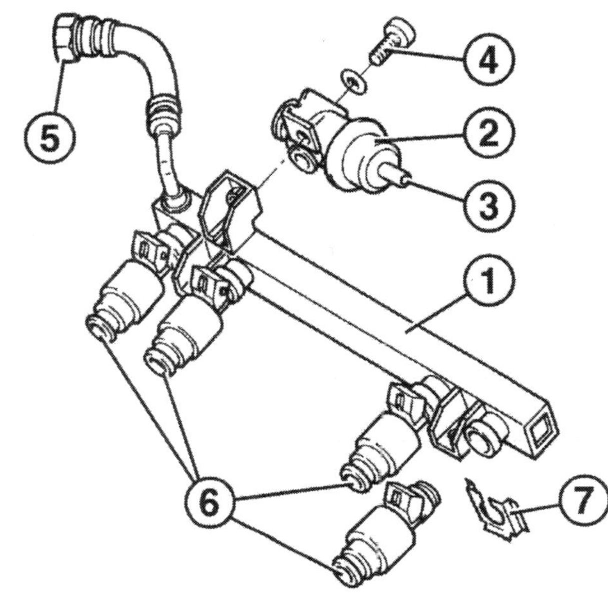

Punto 90: Kraftstoffverteiler
❶ Kraftstoffverteilerrohr. ❷ Kraftstoffdruckregler. ❸ Unterdruckanschluß zum Ansaugkrümmer. ❹ Schraube zur Befestigung des Druckreglers am Kraftstoffverteiler. ❺ Kraftstoffzulauf von der Kraftstoffpumpe. ❻ Einspritzventile. ❼ Sicherungsklammer für das Einspritzventil am Kraftstoffverteiler.

Die MPI-Benzineinspritzung Bosch-Motronic (Punto GT)

Der Punto GT, die stärkste Version des kleinen Italieners, ist mit dem Motronic-Einspritzsystem von Bosch ausgestattet. Es arbeitet in einer Reihe von Details anders als die MPI der beiden anderen OHC-Motoren. Außerdem ist das Bosch-Gerät mit zusätzlichen Bauteilen bestückt.

Die wichtigsten Bauteile der Motronic

Steuergerät Regelt die Dauer und Frequenz der Impulse für jedes Einspritzventil gesondert (sequentiell).

Luftmassenmesser Sitzt hinter dem Luftfiltergehäuse des Ansauggeräuschdämpfers. Mißt die Menge der Ansaugluft.

Ansaugluft-Temperatursensor Sitzt im Ansaugrohr nach dem Luftmassenmesser vor dem Gehäuse der Drosselklappe.

Leerlauf-Stellmotor Ein Drehschieber-Schrittmotor. Direkt auf der Ankerwelle sitzt der Drehschieber und öffnet den Luftnebenkanal so weit, daß sich die vorgegebene Leerlaufdrehzahl unabhängig von der Motorbelastung durch Verbraucher und Temperaturbedingungen einstellt.

Drehzahl- und Positionssensor Kontrolliert die Umdrehungen der Kurbelwelle. Dazu tastet er die Keilriemenscheibe ab. Das Steuergerät wertet die Signale zur Veränderung des Zündzeitpunkts aus. Der Sensor übermittelt auch Signale für die Einspritzfrequenz der Einspritzventile.

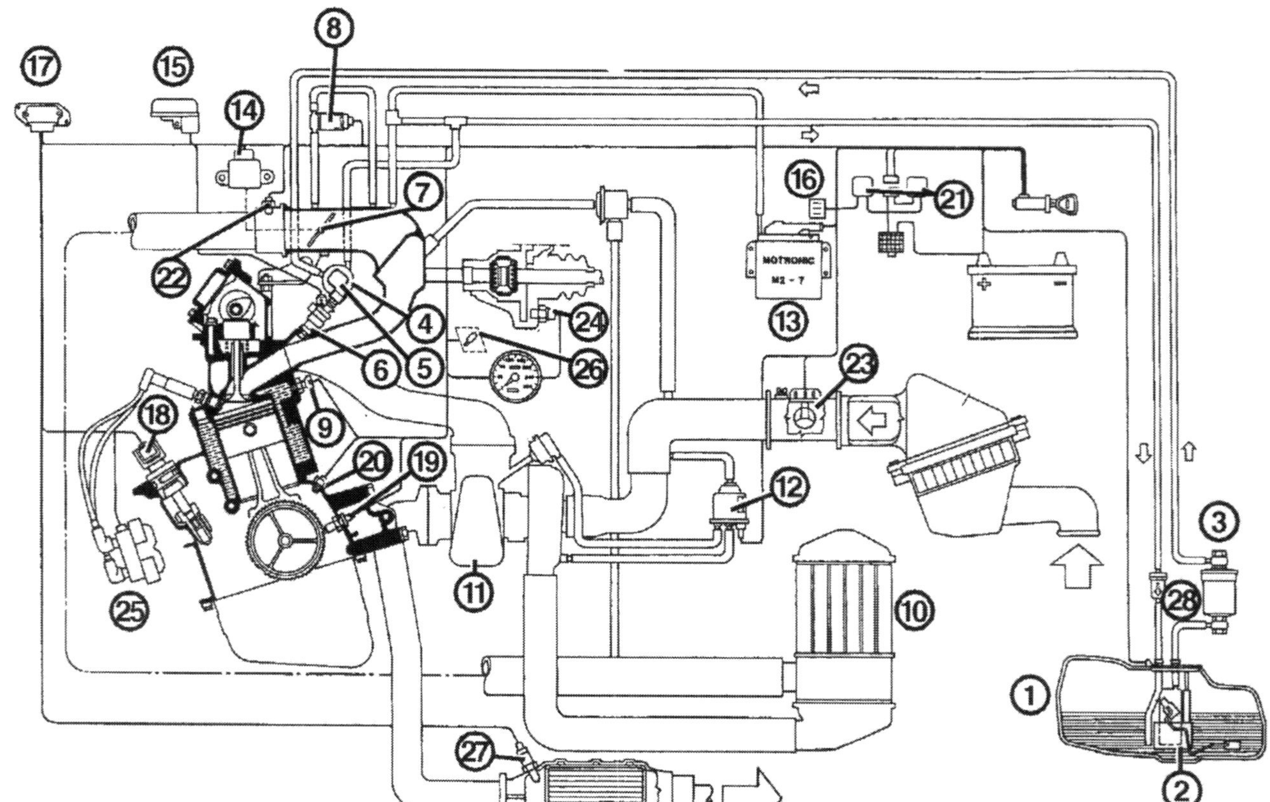

Punto GT: das Einspritzsystem Motronic von Bosch (Schema)
❶ Kraftstofftank. ❷ Kraftstoffpumpe. ❸ Kraftstoffilter. ❹ Kraftstoffverteilerrohr. ❺ Kraftstoffdruckregler. ❻ Einspritzventile. ❼ Drosselklappe. ❽ Leerlauf-Stellmotor. ❾ Kühlmittel-Temperatursensor. ❿ Ladeluftkühler. ⓫ Turbolader. ⓬ Ladedruck-Regelventil. ⓭ Steuergerät. ⓮ Drosselklappen-Potentiometer. ⓯ Absolutdrucksensor. ⓰ Diagnosestecker. ⓱ Zündmodul. ⓲ Hallgeber. ⓳ OT- und Drehzahlsensor. ⓴ Klopfsensor. ㉑ Doppelrelais für Einspritz- und Zündsystem. ㉒ Ansaugluft-Temperatursensor. ㉓ Luftmassenmesser. ㉔ Geschwindigkeitssensor. ㉕ Zündspulen. ㉖ Kontrolleuchte für Einspritz- und Zündsystem. ㉗ Lambda-Sonde. ㉘ Rückflußsperrventil.

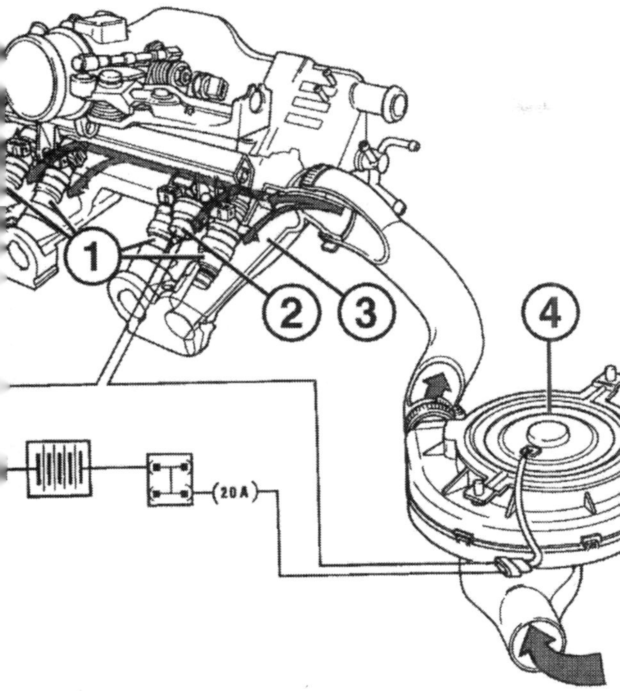

Der Punto GT ist mit einem Einspritzventil-Kühlgebläse ausgestattet, das die Bildung von Dampfblasen verhindern soll. Der vom Gebläse ❸ erzeugte Luftstrom gelangt über einen Schlauch und den im Ansaugkrümmer ❷ eingearbeiteten Kühlkanälen direkt zu den Einspritzventilen ❶. Ein Thermoschalter ❹ schaltet das Kühlgebläse ein, wenn die Temperatur im Bereich der Einspritzventile etwa 110°C überschreitet. Fällt die Temperatur wieder unter etwa 95°C, schaltet das Gebläse wieder ab.

Geber der Fahrgeschwindigkeit Sitzt am Getriebe und signalisiert die Geschwindigkeit des Fahrzeugs.

Hall-Geber Sitzt neben den Zündspulen im Motorblock. Wird von einer Nebenwelle angetrieben. Gibt jeweils nach zwei Umdrehungen der Kurbelwelle wechselnd ein hohes und niederes Spannungssignal ans Steuergerät – immer dann, wenn sich der Kolben des Zylinders 4 im Kompressionstakt genau 108° vor OT befindet. Aus dem Wechselsignal sowie dem Signal des OT- und Drehzahlsensors bestimmt das Steuergerät den Einspritzzeitpunkt.

Klopfsensor Unterhalb des Ansaugkrümmers in den Motorblock geschraubt. Meldet dem Steuergerät durch Schwingungsbilder, welcher Zylinder zu klopfender (unkontrollierter) Verbrennung neigt. Ändert den Zündzeitpunkt für den entsprechenden Zylinder in Richtung »spät«.

Drehzahlbegrenzung Das Steuergerät schaltet die Einspritzventile ab, wenn die Drehzahl von 6700/min überschritten wird.

Schubabschaltung Nimmt man den Fuß vom Gaspedal, wirkt der Leerlaufdrehschieber als Luftpuffer für einen sauberen Übergang in die Schubphase. Das verhindert einen plötzlichen Schadstoffanstieg. Befindet sich die Drosselklappe dann in Leerlauf-Stellung und liegt die Leerlaufdrehzahl über etwa 1200/min, gibt das Steuergerät keinen Öffnungsbefehl an die Einspritzventile. So wird Kraftstoff gespart.

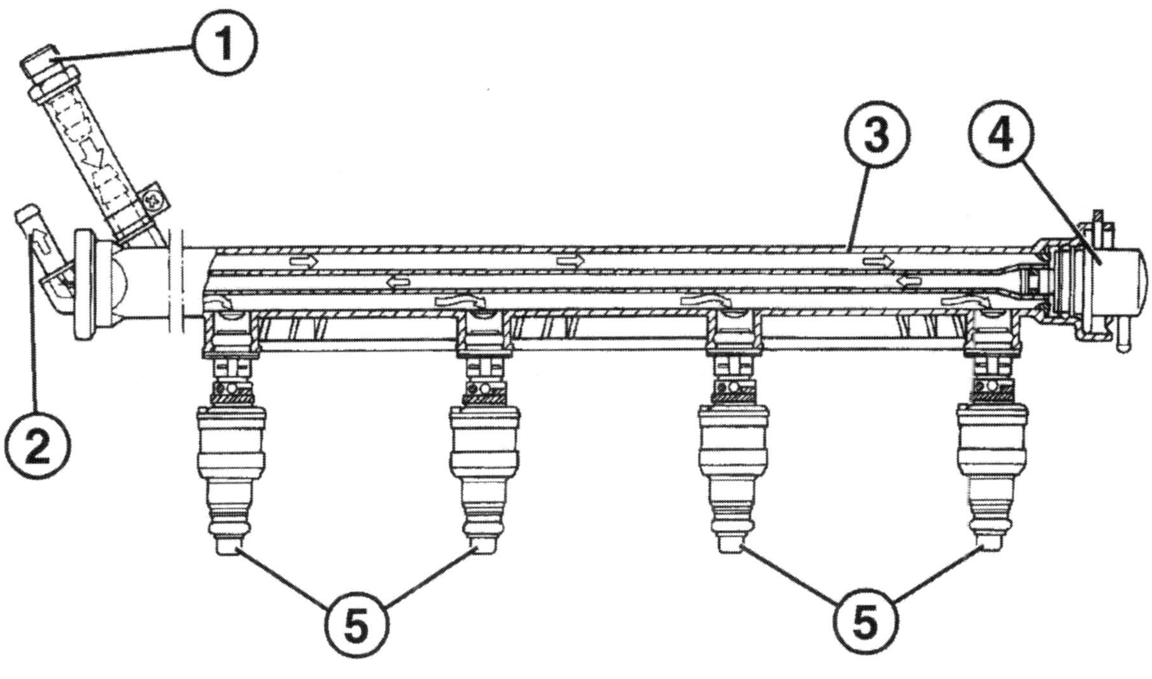

Punto GT: Kraftstoffverteiler
❶ Anschluß für Kraftstoffzulauf. ❷ Kraftstoffrücklauf. ❸ Kraftstoffverteilerrohr. ❹ Kraftstoffdruckregler. ❺ Einspritzventile.

Selbsthilfe bei der Einspritzanlage

Die meisten Arbeiten an der Einspritzanlage sind eine Sache der Werkstatt. Dort gibt's spezielle Prüfgeräte und das entsprechende Know-how. Beim Fehlern im elektronischen Motormanagement zum Beispiel müssen eine Reihe von Tests nacheinander durchgeführt werden, um einen Defekt einwandfrei zu bestimmen. Nur so lassen sich Schäden an elektronischen Bauteilen und Folge-Reparaturen verhindern. Das Steuergerät kann mit Heimwerkermitteln nicht kontrolliert werden. In der Praxis ist allerdings nur sehr selten mit Störungen zu rechnen. Geber, Schalter und Kabelverbindungen geben jedoch gelegentlich Anlaß zu Beanstandungen.

SPI- und MPI-Einspritzsystem

Störungsbeistand

Störung	Ursache	Abhilfe
A Kalter Motor springt nicht oder schlecht an	**1** Versorgungsrelais defekt	Überprüfen, ggf. austauschen
	2 Kraftstoffpumpe fördert nicht oder ungenügend	Benzin im Tank? Pumpe kontrollieren, Fördermenge messen lassen
	3 Druckregler defekt	Systemdruck messen lassen
	4 Unterdrucksystem undicht	Sämtliche Schlauchleitungen überprüfen
	5 Kühlmittel-Temperatursensor defekt	Prüfen lassen
	6 Drosselklappen-Potentiometer defekt	Prüfen lassen
	7 Zündanlage defekt	Zündsystem überprüfen lassen
	8 Drehzahlgeber defekt, oder Kabelverbindung unterbrochen	Überprüfen, ggf. auswechseln lassen
	9 Steuergerät defekt	Kontrollieren lassen
	10 Ansaugsystem undicht (Nebenluft)	Sämtliche Schlauchleitungen überprüfen
B Warmer Motor springt nicht oder schlecht an	**1** Siehe A1 – 10	
	2 Absolutdruckgeber defekt	Prüfen lassen
	3 Einspritzventil(e) undicht	Ventil(e) überprüfen lassen
C Motor springt an, stirbt aber wieder ab	**1** Drosselklappen-Stellmotor arbeitet nicht	Stellmotor überprüfen (lassen)
	2 Siehe A6	
	3 Lambda-Sonde defekt	Funktion prüfen, ggf. ersetzen lassen
D Leerlauf fällt beim Einschalten starker Stromverbraucher bzw. beim vollen Einschlag der Servolenkung ab	Siehe C1	

Programmierung der SPI- und MPI-Benzineinspritzung

Wenn Sie die Batterie abklemmen, werden alle im Steuergerät gespeicherten Werte gelöscht. Dazu gehören die Werte für Leerlauf, Teillast, Vollast sowie Verzögerung. Beim Wiederanklemmen der Batterie kann es daher zu Stottern, Aussetzern beim Beschleunigen und zu unrundem Leerlauf kommen. Das Steuergerät läßt sich aber wieder programmieren. Versuchen Sie es zuerst nach dem folgenden Muster.

Arbeitsschritte

1 Fahren Sie den Motor warm (Betriebstemperatur)

2 Massekabel der Batterie abklemmen und 20 bis 30 Sekunden warten, bevor Sie das Massekabel wieder anschließen.

3 Motor starten, ohne das Gaspedal zu betätigen.

4 Nach fünf Minuten Leerlauf die Drehzahl auf etwa 1500/min erhöhen und den Motor so weitere zwei Minuten laufen lassen. Das Steuergerät speichert die Leerlaufwerte wieder neu. Sind die Symptome noch da, fahren Sie in die Fiat-Werkstatt.

Sichtprüfung

Arbeitsschritte

Überprüfen Sie folgende Schläuche und ihre Halteschellen auf festen Sitz sowie das Schlauchmaterial auf Risse:

1 Unterdruckschlauch zum Absolutdruckfühler (bei entsprechender Motor-Version).

2 Unterdruckschlauch des Bremskraftverstärkers.

3 Sind die Schläuche der Motordurchlüftung in gutem Zustand? Oder sind sie verstopft, verschmutzt oder aufgequollen?

4 Sind die Kraftstoffleitungen dicht?

5 Dichtheit des Druckreglers kontrollieren.

6 Kraftstoffrücklaufleitung vom Druckregler kontrollieren.

7 Wurden die Kabelstecker öfter auseinandergezogen und wieder zusammengesteckt, kann das mangelnden Kontakt zur Folge haben. Kontakte mit Kontaktspray behandeln. Nur im Notfall die Kontaktzungen mit viel Gefühl ein wenig nachbiegen.

Nebenluft-Prüfung

An undichten Stellen im Ansaugsystem tritt Nebenluft ein. Das stört die Berechnungen des Steuergeräts und führt zu falscher Gemischaufbereitung. Das Gemisch magert unkontrolliert ab. Am deutlichsten erkennen Sie diese Störung im Leerlauf an schwankender Drehzahl. Bei voller Belastung kann der Motor auch klingeln.

Arbeitsschritte

1 Unterdruckschläuche auf Risse und festen Sitz prüfen. Alle Schläuche kontrollieren, die an der Einspritzeinheit oder am Ansaugkrümmer angeschlossen sind (Absolutdrucksensor, Bremskraftverstärker, Kraftstoff-Verdunstungsanlage).

2 Motor warmfahren, anschließend im Leerlauf drehen lassen, Motorhaube öffnen, Stecker zur Lambda-Sonde lösen.

3 Sprühen Sie mit einer Startkraftstoff-Spraydose die Einspritzeinheit am Flansch zum Saugrohr, die Flanschdichtungen der Ansaugkanäle sowie die Leitungen zu den unterdruckgesteuerten Aggregaten an. Wenn sich die Motordrehzahl beim Besprühen einer Stelle ändert, ist dort die Undichtigkeit.

Leerlaufdrehzahl prüfen

Die Leerlaufdrehzahl wird über den Leerlauf-Stellmotor vom Steuergerät laufend angepaßt. Dabei berücksichtigt der Rechner auch Faktoren wie zum Beispiel Motorverschleiß. Der FIRE-Motor dreht im Leerlauf mit 950 ± 50/min; der OHC-Motor mit 850 ± 50/min. Diese Werte können Sie mit einem serienmäßigen oder später eingebauten Drehzahlmesser nicht exakt kontrollieren – die Geräte arbeiten dafür zu ungenau. Die Werkstatt verwendet zur Drehzahlmessung einen speziellen Motortester. Wenn die Drehzahl nicht stimmt, liegt die Ursache in der Einstellung der Gasbetätigung oder im Motormanagement.

Leerlauf-Stellmotor prüfen

Arbeitsschritte

1 Motor im Leerlauf drehen lassen.

2 Möglichst viele Stromverbraucher einschalten. Wenn Ihr Punto mit Servolenkung ausgestattet ist: Lenkung voll einschlagen.

3 Die Leerlaufdrehzahl darf kurzfristig absinken, muß sich dann aber auf den vorgeschriebenen Wert einregulieren.

4 Wird die Steckverbindung abgezogen, muß der Motor »absterben«.

5 Andernfalls muß das Ventil komplett ersetzt werden, da es nicht eingestellt werden kann.

Schubabschaltung prüfen (nur SPI)

Arbeitsschritte

1 Ansauggeräuschdämpfer abbauen.

2 Motor starten, kurz auf über 3000/min hochdrehen und schlagartig Drosselklappe schließen. Der gut sichtbare Sprühstrahl des Einspritzventils muß in diesem Augenblick kurz unterbrochen werden. Dann ist die Schubabschaltung in Ordnung.

3 Wenn nicht, Drosselklappen-Potentiometer und Steuergerät kontrollieren lassen.

Einspritzventil prüfen (nur SPI)

Arbeitsschritte

1 Motor warmfahren (Betriebstemperatur), im Leerlauf laufen lassen.

2 Ansauggeräuschdämpfer abbauen. →

3 Spritzstrahl des Einspritzventils beobachten. Er muß ein gleichmäßiges Spritzbild haben und auf die Drosselklappe gerichtet sein.

4 Motor abstellen, um die Dichtheit des Ventils zu prüfen. Jetzt dürfen nicht mehr als zwei Tropfen pro Minute austreten.

Motor springt nicht an

1 Hauptversorgungsrelais der Einspritzanlage kontrollieren.

2 Motor mit dem Anlasser durchdrehen lassen, das Einspritzventil muß sichtbar Kraftstoff abspritzen. Ist dies nicht der Fall, Stecker oben am Einspritzventil abziehen.

3 Multimeter an den beiden Anschlußkontakten des Einspritzventils anschließen und eine Durchgangsprüfung vornehmen.

4 Erfolgt keine Anzeige, ist das Einspritzventil defekt und das Ventil muß erneuert werden.

5 Wenn das Ventil trotz Anzeige nicht abspritzt, die Spannungsversorgung des Einspritzventils prüfen. Verwenden Sie dazu nur einen Leuchtdioden-Spannungsprüfer. Das Gerät an die beiden Kontakte im abgezogenen Anschlußstecker anschließen.

6 Anlasser betätigen lassen: Die Leuchtdioden müssen flackern, sonst Leitungsunterbrechung oder Steuergerät defekt.

Einspritzventil prüfen (nur MPI)

Arbeitsschritte

1 Ein defektes Einspritzventil läßt sich unter Umständen durch bloßes Fühlen mit der Hand ausfindig machen. Das nicht funktionierende Ventil vibriert im Gegensatz zu den anderen bei laufendem Motor nicht

2 Zur Kontrolle der Spannung Stecker eines Einspritzventils abziehen, LED-Spannungsprüfer (keine Prüflampe) am Stecker anschließen.

3 Motor starten. Die Leuchtdioden im Spannungsprüfer müssen flackern, sonst fehlt die Versorgungsspannung. Eventuell hat auch das Steuergerät einen Defekt. Das können Sie jedoch nur in der Werkstatt feststellen lassen.

4 Zur Messung des Widerstands Stecker am Einspritzventil abziehen, Multimeter an den beiden Kontakten des Ventils →

anschließen. Bei 20°C muß der Widerstandswert bei 12 ± 0,4 Ohm liegen.

5 Bei stark abweichenden Werten das Ventil ersetzen.

6 Dichtheitsprüfung: Kraftstoffverteilerrohr samt Einspritzventilen ausbauen.

7 Alle Stecker von den Einspritzventilen abziehen. Die Kraftstoffleitungen bleiben angeschlossen.

8 Zündung mehrmals aus-und einschalten, damit die Kraftstoffpumpe anläuft und das System Druck aufbauen kann.

9 Einspritzventile beobachten. Bei jedem Ventil darf nur ein Kraftstofftropfen austreten. Tropft mehr ab, Ventil tauschen.

10 Zum Prüfen des Spritzstrahls müssen Sie das Kraftstoffverteilerrohr samt Einspritzventilen ausbauen. Die Kraftstoffleitungen bleiben bei allen Ventilen angeschlossen. Ziehen Sie bis auf das jeweils zu prüfende Ventil von allen anderen Ventilen die Stecker ab. Stellen Sie ein Gefäß unter das Prüf-Ventil.

11 Zündung einschalten. Am Ventil muß der Kraftstoff kegelförmig abgespritzt werden. Prüfung an den übrigen Ventilen wiederholen.

Einspritzventil ausbauen (nur SPI)

Arbeitsschritte

1 Batteriemassekabel abklemmen.

2 Ansauggeräuschdämpfer abbauen.

3 Kraftstoffzulauf lockern, um den Druck im System abzubauen.

4 Mehrfachsteckverbindung am Ventil abziehen.

5 Schraube des Ventilsitzsicherungsrings lösen und vorsichtig von der Einspritzeinheit abnehmen.

6 Einspritzventil vorsichtig aus dem Oberteil der Einspritzeinheit herausziehen. Dabei auf die Dichtungen achten.

7 Zum Einbau neue Dichtringe verwenden, mit Vaseline dünn einreiben oder mit Motoröl bestreichen. Einspritzventil so einsetzen, daß der Zapfen in der Aussparung im Oberteil sitzt.

8 Ventilsicherungsring montieren und Mehrfachstecker aufstecken. Dabei auf korrekten Sitz des Steckers achten.

9 Kraftstoffzulauf festziehen, Ansauggeräuschdämpfer anbauen und Batterie anschließen.

Der Gaszug

Der Verbindungszug zwischen Gaspedal und Drosselklappe ist sehr knickempfindlich. Ein Schaden ist programmiert, wenn Sie den Gaszug nach dem Ausbau falsch ablegen oder beim Einbau klemmen. Wenn sich das Gaspedal nur schwer durchdrücken läßt, müssen Sie damit rechnen, daß der Zug bald reißt. Nach einer Motorwäsche sollten Sie den Gaszug wieder schmieren.

Gaszug einstellen

Arbeitsschritte

1 Einen Helfer das Gaspedal ganz niedertreten lassen.

2 Kontermuttern am Widerlager der Einspritzeinheit bzw. Drosselklappengehäuse lösen.

3 Einstellhülse der Außenhülle so weit verdrehen, bis die Drosselklappe in Vollgasstellung ist.

4 Kontermuttern festziehen.

5 Gaspedal loslassen und kontrollieren, ob der Gaszug die Drosselklappe in Leerlauf-Stellung vollständig freigibt. Der Gaszug muß entspannt sein. Sitzt er zu locker oder zu fest, Einstellung wiederholen und erneut kontrollieren

Gaszug ersetzen

Arbeitsschritte

1 Gaszug am Gaspedal aushängen.

2 Ansauggeräuschdämpfer ausbauen.

3 Kontermuttern am Widerlager des Gaszugs lösen und Gewindehülse der Zugaußenhülle aushängen.

4 Gaszug am Drosselklappenhebel aushängen.

5 Führungstülle aus der Stirnwand lösen und Gaszug vom Motorraum her aus der Stirnwand ziehen.

6 Beim Einbau darauf achten, daß die Außenhülle nicht beschädigt oder gar geknickt wird.

Diesel-Einspritzung

Ein Dieselmotor arbeitet mit einer wesentlich höheren Verdichtung als ein Benzinmotor. Der Kraftstoffdruck an der Einspritzdüse ist etwa 100 mal so groß wie bei der Benzineinspritzung. Der Motor des Punto-Diesels ist mit einer Bosch-Verteiler-Einspritzpumpe bestückt. Sie pumpt den Kraftstoff in stabilen Einspritzleitungen mit einem Überdruck von bis zu 158 bar zu den vier Einspritzdüsen. Die Einspritzpumpe reagiert übrigens besonders empfindlich auf Verunreinigungen im Kraftstoff (Schmutz, Wasser). Die Bohrung in der Muffe zur Fliehkraftregelung setzt sich dann zu, was Motorlaufstörungen verursacht. Das wird teuer, denn die Pumpe kann ohne Prüfstand nicht repariert werden. Deshalb Kraftstoffilter regelmäßig austauschen und entwässern.

Die wichtigsten Bauteile der Einspritzpumpe

Flügelzellenpumpe Saugt Kraftstoff aus der vom Filter kommenden Leitung an und befördert ihn unter Druck ins Gehäuse der Einspritzpumpe.

Verteilerkolben Kernstück der Anlage. Ist mit Bohrungen und Aussparungen versehen. Nimmt den Kraftstoff auf, wird durch Hubscheibe und Rollenring in die richtige Position zu den Zylindern gebracht. Deckt sich die Bohrung im Verteilerkolben mit dem Auslaßkanal zu einer Einspritzdüse, fließt der Kraftstoff in Richtung des Zylinders, der gerade verdichtet.

Absteller Ein elektrisches Magnetventil. Es erhält beim Drehen des Zündschlüssels auf die erste Stellung Spannung und gibt dann den Weg für den Kraftstoff in den Verteilerkolben frei. Beim Abstellen des Motors unterbricht der Glüh-Anlaßschalter die Spannungsversorgung – der Absteller verschließt den Füllkanal und der Motor stirbt ab.

Fliehkraftregler (Alldrehzahlregler) Steuert über einen Hebel den Regelschieber, der eine Bohrung im Verteilerkolben verschließt. Wird die Drehzahl des Motors im

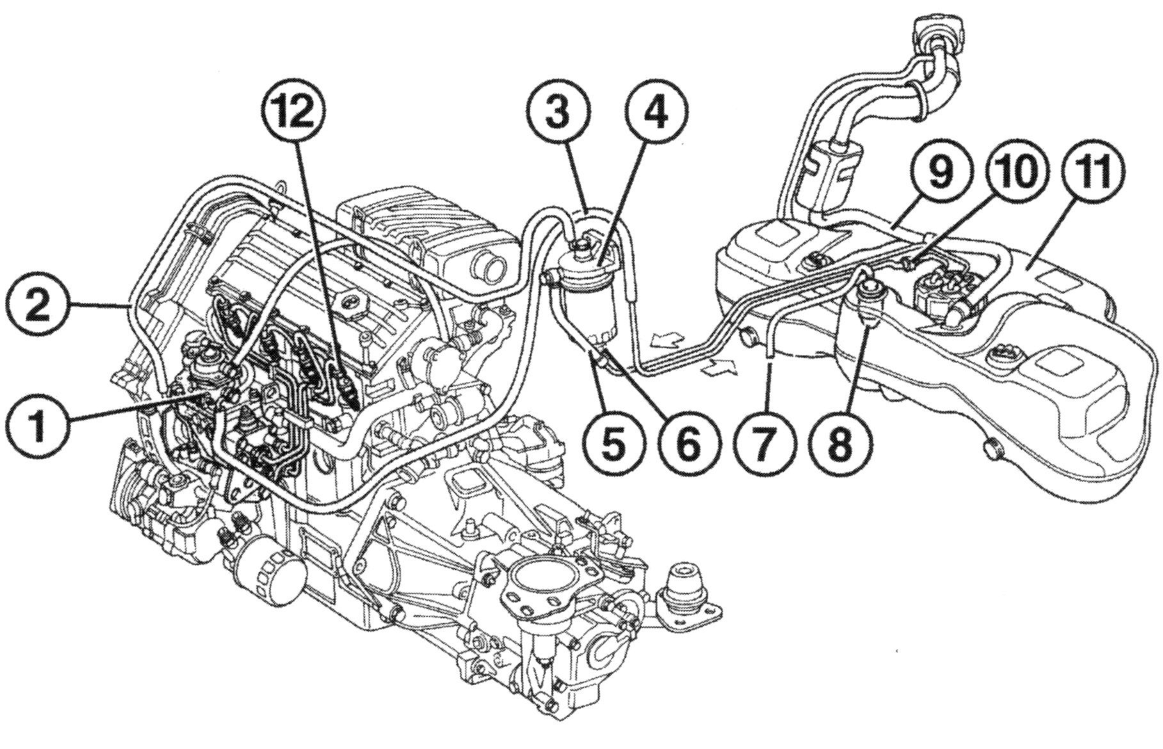

Kraftstofffluß bei der Dieseleinspritzung (Schema)
Der Kraftstoff gelangt vom Tank ⓫ durch die Zuleitung ❺ in den Kraftstoffilter ❹. Der gereinigte Dieselkraftstoff wird dann über die Leitung ❷ in die Einspritzpumpe ❶ gesaugt. Der Überschuß läuft durch die Rücklaufleitung zum Tank zurück. Von der Einspritzpumpe gelangt der Kraftstoff unter hohem Druck über kurze Einspritzleitungen zu den Einspritzdüsen. ⓬ Ein kleine Menge des Kraftstoffs läuft von Einspritzdüse zu Einspritzdüse und schmiert dabei die beweglichen Teile. ❻ Entwässerungsschraube am Dieselfilter. ❼ Druckausgleichsleitung mit Auslaufsicherheitsventil zwischen dem Ober- und Unterteil des Tanks. ❽ Entlüftungsventil mit Überschlagsicherung. ❾ Luftausgleichsventil. ❿ Einwegventil.

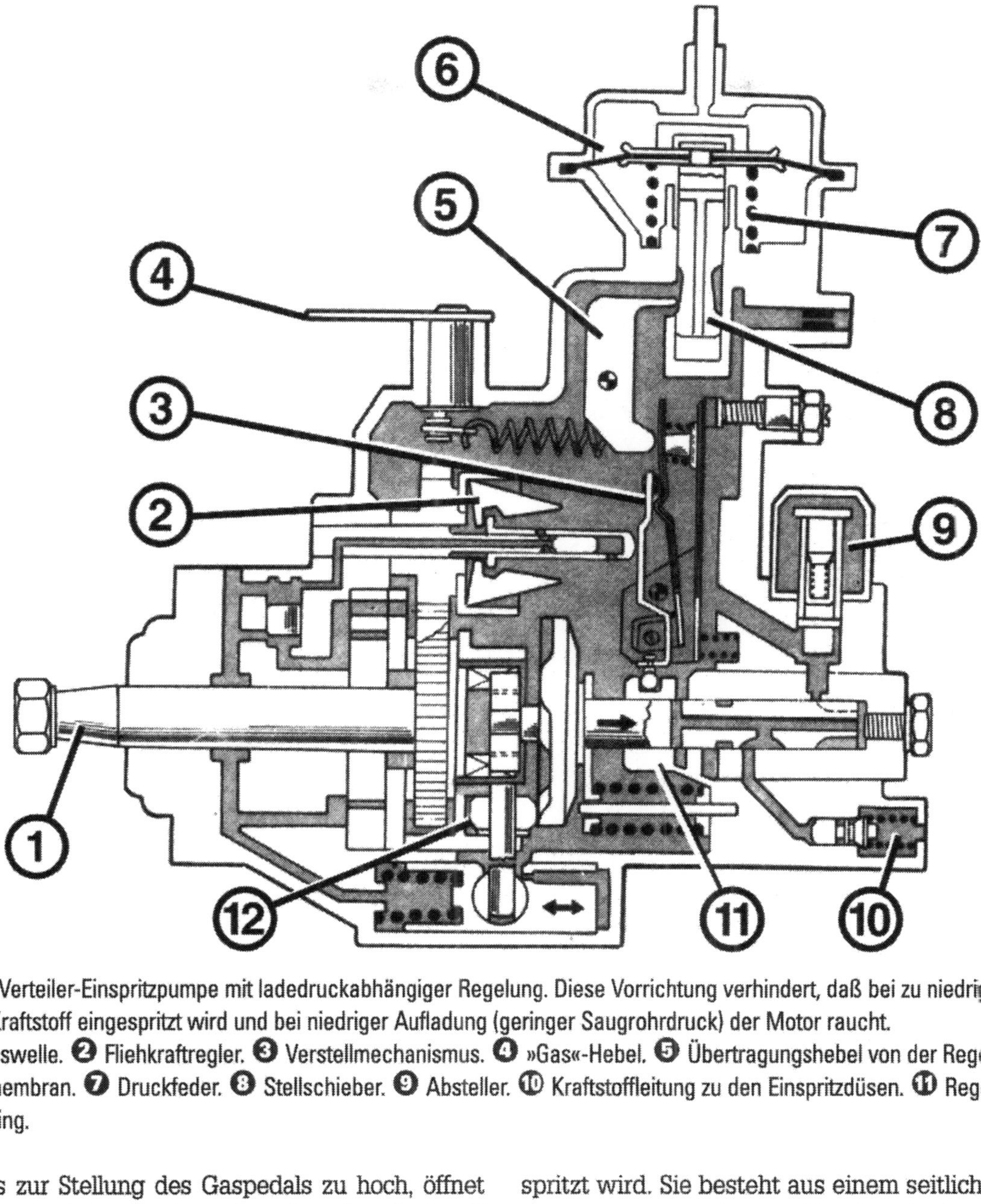

Die Bosch Verteiler-Einspritzpumpe mit ladedruckabhängiger Regelung. Diese Vorrichtung verhindert, daß bei zu niedrigen Drehzahlen zuviel Kraftstoff eingespritzt wird und bei niedriger Aufladung (geringer Saugrohrdruck) der Motor raucht.
❶ Antriebswelle. ❷ Fliehkraftregler. ❸ Verstellmechanismus. ❹ »Gas«-Hebel. ❺ Übertragungshebel von der Regelmembran. ❻ Regelmembran. ❼ Druckfeder. ❽ Stellschieber. ❾ Absteller. ❿ Kraftstoffleitung zu den Einspritzdüsen. ⓫ Regelschieber. ⓬ Rollenring.

Verhältnis zur Stellung des Gaspedals zu hoch, öffnet der Regler die Bohrung. Der überschüssige Kraftstoff fließt ab, die Drehzahl sinkt. Dieses Prinzip funktioniert bei allen Lastzuständen des Motors. Der Fliehkraftregler begrenzt auch die Höchstdrehzahl. Dreht das Triebwerk über 5200 ± 100/min hinaus, öffnet er die Bohrung. Der Motor kann nicht mehr höher drehen.

Spritzversteller Je höher das Triebwerk dreht, desto früher muß der Kraftstoff eingespritzt werden, damit die Zündung rechtzeitig erfolgt. Diese Frühverstellung übernimmt der Spritzversteller.

Kaltstartvorrichtung Verstellt den Einspritzzeitpunkt in Richtung »früh« und erhöht den Einspritzdruck. Der kalte Motor springt besser an, weil der Kraftstoff früher in die heiße verdichtete Luft eingespritzt wird. Sie besteht aus einem seitlich an die Einspritzpumpe angebauten Ventil und einem elektrisch beheizten Thermoelement. Nach dem Start ist die Kaltstartvorrichtung – je nach Umgebungstemperatur – zwischen einer halben und drei Minuten in Betrieb. Dann dehnt sich das Thermoelement aus und öffnet das Ventil. Der Einspritzdruck wird reduziert, die Spritzverstellung geht auf Normalposition zurück.

Einspritzdüsen Spritzen den Kraftstoff in die Wirbelkammer. Dazu muß der Kraftstoffdruck auf etwa 155 bar ansteigen. Erst bei diesem enormen Druck hebt die Düsennadel, die vom Kraftstoff auch gekühlt und geschmiert wird, von ihrem Sitz ab. Ist der Motor technisch in Ordnung, beträgt die Zeit zwischen Beginn der Einspritzung und Zündung ganze 0,002 Sekunden.

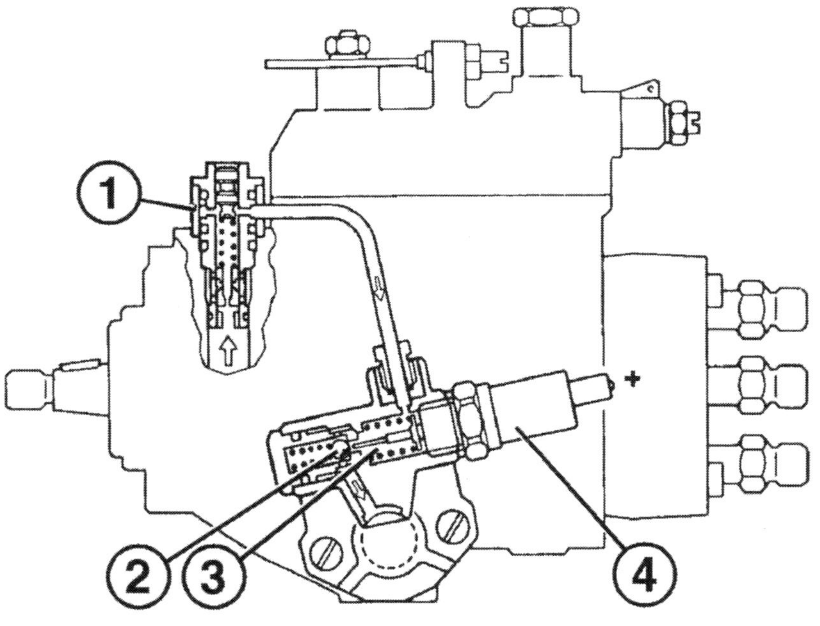

Die hydraulische Kaltstartvorrichtung besteht aus einem Drucksteuerventil ❶, einem Druckhalteventil ❸ und einem elektrisch beheizten Dehnstoff-Thermoelement ❹. Steigt die Motordrehzahl auf über 2000/min, öffnet das Kugelventil ❷ und der erhöhte Kraftstoffdruck geht auf den Normalwert zurück.

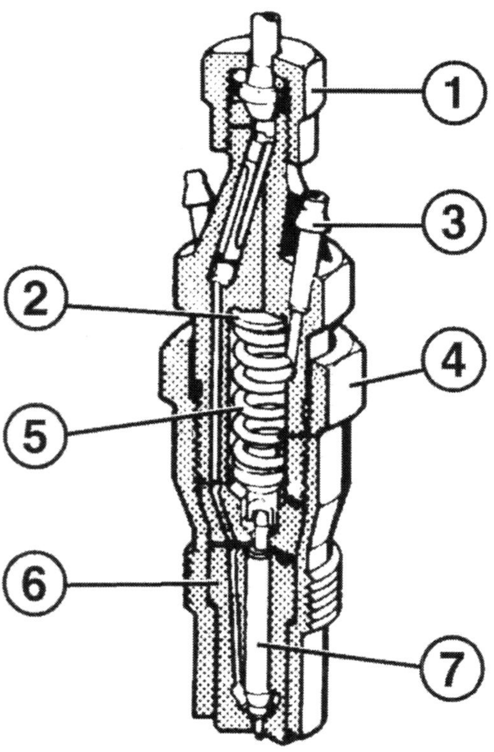

Einspritzventil (Schnittdarstellung)
❶ Überwurfmutter mit Druckleitung. ❷ Druckeinstellscheiben. ❸ Stutzen für Kraftstoff-Rücklaufschlauch. ❹ Düsenspannkörper. ❺ Druckfeder. ❻ Düsenkörper. ❼ Düsennadel.

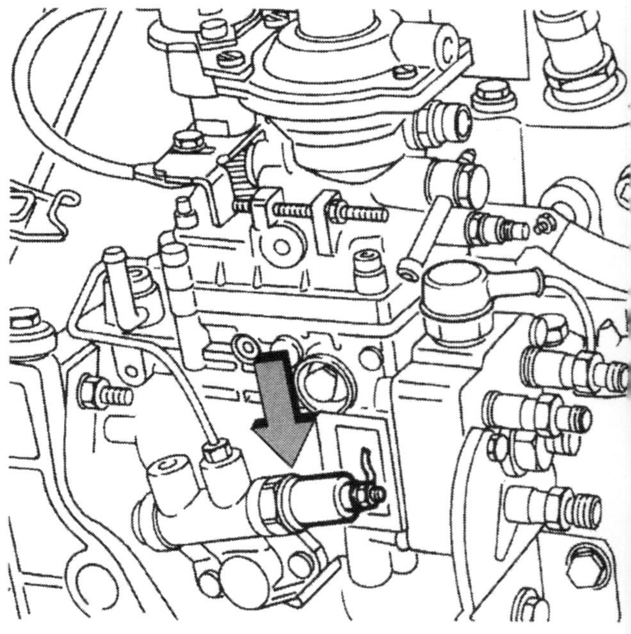

Thermoschalter (Pfeil) **an der Einspritzpumpe.** Die Vorrichtung ist außer Betrieb: bei Kühlmitteltemperatur über 60°C; bei Kraftstofftemperatur über 35°C; wenn das Fahrzeug nach dem Kaltstart sofort über 2000/min beschleunigt wird.

Dieseleinspritzung

Störungsbeistand

Störung	Ursache	Abhilfe
A Motor springt schlecht oder überhaupt nicht an	**1** Tank leer	Auftanken
	2 Nicht lang genug vorgeglüht	Vorglühen, bis die Kontrollampe verlöscht
	3 Temperaturschalter des Kaltstartbeschleunigers defekt	Temperaturschalter kontrollieren
	4 Vorglühanlage defekt	Funktion von Glühkerzen und Relais prüfen, siehe »Die Vorglühanlage«
	5 Elektromagnetischer Absteller lose, defekt oder erhält keine Spannung	Absteller prüfen
	6 Luft im Kraftstoffsystem	Anlasser betätigen, bis Kraftstoff gefördert wird
	7 Kraftstoffversorgung defekt	Einspritzleitungen an den Düsen lösen und beobachten, ob Kraftstoff austritt. Prüfen, ob Kraftstoffleitungen geknickt, verstopft oder undicht sind. Filter verstopft? Im Winter: Kraftstoff paraffiniert
	8 Einspritzleitungen in falscher Reihenfolge angeschraubt	Nach der Einspritzreihenfolge 1 – 3 – 4 – 2 überprüfen: Anschluß rechts oben an der Pumpe zu Zylinder 1, links oben zu 3, links unten zu 4 und rechts unten zu 2
	9 Förderbeginn der Einspritzpumpe verstellt	Einstellen lassen
	10 Eine oder mehrere Einspritzdüsen defekt	Prüfen und reparieren lassen bzw. auswechseln
	11 Einspritzpumpe defekt	Austauschpumpe einbauen lassen
	12 Ventilspiel falsch	Einstellen (lassen)
	13 Kompressionsdruck des Motors zu niedrig	Messen (lassen)
B Motor hat schlechten oder unregelmäßigen Leerlauf	**1** Leerlaufdrehzahl nicht richtig eingestellt	Einstellen (lassen)
	2 Gaszug falsch eingestellt oder schwergängig	Richtig einstellen bzw. gängig machen
	3 Kraftstoffleitung zwischen Filter und Pumpe lose	Anschlüsse festziehen
	4 Unterdruckschläuche oder Unterdruckventil der Abgasrückführung defekt	Kontrollieren, ggf. austauschen
	5 Hintere Halterung der Einspritzpumpe lose oder gerissen	Befestigen oder ersetzen
	6 Siehe A6 bis 9 und 11	
	7 Motoraufhängung lose oder verschlissen	Festziehen oder ersetzen

→

Dieseleinspritzung

Störungsbeistand

Störung	Ursache	Abhilfe
C Starker schwarzer, weißer oder blauer Auspuffrauch	**1** Motor nicht betriebswarm	Bei warmem Motor nochmals prüfen
	2 Viel Gas bei niedriger Drehzahl	Einzelne Gänge beim Fahren etwas höher ausdrehen
	3 Luftfilter verschmutzt	Reinigen bzw. auswechseln
	4 Kraftstoffilter verschmutzt	Austauschen
	5 Höchstdrehzahl verstellt	Einstellen lassen
	6 Einspritzdüsen tropfen	Prüfen lassen bzw. auswechseln
	7 Düsennadel hängt oder ist gebrochen	Prüfen lassen bzw. Düse auswechseln
	8 Zu geringer Einspritzdruck	Düsen prüfen lassen bzw. auswechseln
	9 Falsche Einspritzdüsen eingebaut	Auswechseln
	10 Siehe A9 und 11 bis 13	
D Schlechte Motorleistung, zu geringe Höchstgeschwindigkeit	**1** Gaspedalweg zu kurz	Gaszug einstellen
	2 Gaszug nicht richtig eingestellt	Einstellen
	3 Gas- bzw. Verstellhebel an der Einspritzpumpe lose	Befestigen
	4 Höchstdrehzahl wird nicht erreicht	Einstellen lassen
	5 Einspritzleitung(en) an den Anschlüssen gequetscht bzw. verengt	Leitungen abschrauben und kontrollieren
	6 Falsche Einspritzleitungen eingebaut	Leitungen kontrollieren
	7 Hitzeschilder unter den Einspritzdüsen undicht bzw. defekt	Hitzeschilde kontrollieren bzw. ersetzen
	8 Einspritzdruck der Düsen falsch	Einstellen lassen
	9 Siehe A6, 7, 9 und 11 bis 13	
	10 Siehe C3, 4 und 6 bis 10	
E Motor hat »Fehlzündungen« während der Fahrt	**1** Einspritzdüse(n) locker bzw. defekt	Sicherstellen, daß die Düsen gasdicht fest im Zylinderkopf sitzen
	2 Zylinderkopfdichtung defekt (bei laufendem Motor Gasblasen in der Kühlflüssigkeit?)	Ersetzen lassen
	3 Siehe A12 und 13	
F Motor kann nicht abgestellt werden	Elektromagnetischer Absteller defekt	Absteller prüfen, ggf. ersetzen

Motor nagelt bei Betriebstemperatur

Das typische Nageln des Dieselmotors sollten Sie nur nach dem Kaltstart hören. Wenn das Geräusch bei betriebswarmem Motor nicht aufhört, ist das Intervall zwischen Einspritzbeginn und Selbstzündung des Gemisches zu groß.

Der Motor nagelt:
- bei verstelltem Einspritzbeginn
- wenn eine Düsennadel klemmt
- bei zündträgem Kraftstoff (Sommer-Dieselkraftstoff im Winter)
- bei zu hoher Belastung in niedriger Drehzahl
- bei zu geringem Kompressionsdruck

Kraftstoffanlage entlüften?

Wenn Sie den Tank Ihres Diesel-Punto leergefahren haben, ist das kein Problem – vorausgesetzt, eine Tankstelle ist in der Nähe. Füllen Sie einfach Dieselkraftstoff nach. Die Einspritzpumpe ist selbstansaugend. Sie brauchen nur lange genug mit dem Anlasser zu orgeln, bis Kraftstoff gefördert wird. Die Batterie muß dann natürlich in Ordnung sein.

Einspritzdüsen ausbauen

Eine defekte Einspritzdüse können Sie bei laufendem Motor ausmachen. Lockern Sie der Reihe nach bei allen Düsen die Überwurfmuttern der Einspritzleitungen und ziehen Sie diese wieder fest. Bleibt bei einer Düse trotz gelöster Leitung die Drehzahl konstant, haben Sie den Übeltäter.

Schadhafte Einspritzdüsen machen auf sich aufmerksam durch:
- Ständig defekte Glühkerzen
- Starken schwarzen Auspuffrauch
- Hohen Verbrauch
- Motorüberhitzung
- Starkes Klopfen
- Leistungsabfall

Arbeitsschritte

1. Für jede Einspritzdüse ein neues Hitzeschild (Wärmeschutzdichtung) kaufen.
2. Arbeitsbereich sorgfältig mit Dieselkraftstoff reinigen. Das gilt besonders für die Anschlüsse der Leitungen.
3. Einspritzleitungen komplett abbauen und Öffnungen mit Klebeband gegen Schmutz schützen.
4. Rücklaufleitungen abziehen und Öffnungen von Einspritzpumpe und -düsen gegen Schmutz mit Klebeband verkleben. Dieselreste vorher mit sauberem Lappen abwischen.
5. Einspritzdüsen mit Steckschlüssel SW 27 ausbauen.
6. Sitzt das Hitzeschild noch im Düsenloch, mit Drahthäkchen herausfischen.
7. Zum Einbau neue Hitzeschilde einlegen. Düse mit 70 – 80 Nm festziehen, Überwurfmuttern der Einspritzleitungen mit 15 – 25 Nm anschrauben.
8. Das Zerlegen der Einspritzdüsen lohnt sich nur bei Verunreinigungen. In der Regel ist es besser, wenn Sie die Düsen komplett austauschen. Eine exakte Prüfung der Düse kann nur die Werkstatt durchführen.

Absteller kontrollieren

Der Absteller verriegelt zum Abstellen des Motors die Kraftstoffzufuhr zu den Einspritzdüsen. Bei einem Defekt oder fehlender Stromversorgung geht nichts mehr. Der Absteller gerät in Verdacht, wenn der Motor trotz intakter Vorglühanlage und vollem Tank beim Starten keine Zündungen bringt.

Arbeitsschritte

1. Prüfen Sie, ob das Kabel zum Absteller intakt ist.
2. Lassen Sie einen Helfer den Zündschlüssel drehen. Hören Sie am Absteller genau hin, ob er beim Einschalten der Zündung vernehmlich klickt. Ist dies nicht der Fall, ist die Stromversorgung oder der Absteller selbst defekt.
3. Stromzufuhr prüfen: Zündung einschalten und Prüflampe an den Kontakt des Abstellers halten. Leuchtet sie auf, ist der Absteller defekt.
4. Leuchtet sie nicht, ist das Kabel vom Zündschloß her defekt. Eine Sicherung ist nicht im Spiel.

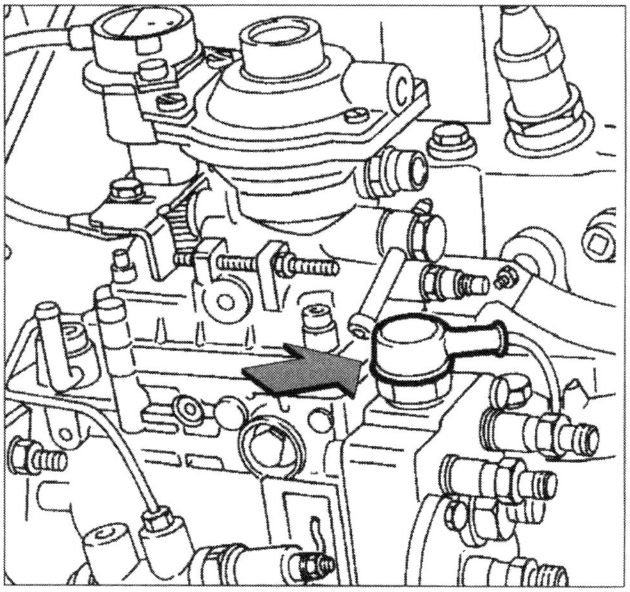

Beim Drehen des Zündschlüssels muß das Einrücken des Magnetventils im Absteller zu hören sein. Andernfalls die beschriebene Funktionskontrolle vornehmen.

Fahren mit defektem Absteller

Ist der Absteller defekt oder hapert es mit der Stromversorgung, können Sie trotzdem weiterfahren.

- Arbeitsbereich um den Absteller reinigen
- Kabel am Absteller abnehmen
- Absteller aus der Einspritzpumpe herausschrauben
- Ventilkolben und Feder aus dem Absteller herausnehmen
- Gehäuse zur Abdichtung wieder einschrauben
- Sie können jetzt den Motor wie üblich starten. Zum Abstellen muß er freilich bei eingelegtem Gang abgewürgt werden

Leerlauf einstellen

Die richtige Leerlaufdrehzahl beim Punto-Diesel beträgt 880/min – 920/min. Zur exakten Einstellung der Leerlaufdrehzahl verwendet die Werkstatt beim Dieselmotor ein Spezialgerät. Mit einem herkömmlichen Drehzahlmesser richten Sie freilich nichts aus, da der Diesel keine für dieses Gerät nötigen Zündimpulse liefert. Sie können jedoch die Drehzahl nach Gefühl variieren, wenn der Motor lästige Dröhngeräusche oder Schüttelfrequenzen produziert.

Arbeitsschritte | **15000 km 2 Jahre**

1. Fahren Sie den Motor warm (Betriebstemperatur).
2. Alle Verbraucher ausschalten – auch der Kühlerventilator darf während der Einstellung nicht laufen.
3. Kontermutter an der Einstellschraube lockern.
4. Drehzahl an der Schraube einstellen. Herausdrehen ergibt niedrigeren, Hineindrehen höheren Leerlauf.
5. Kontermutter festziehen.

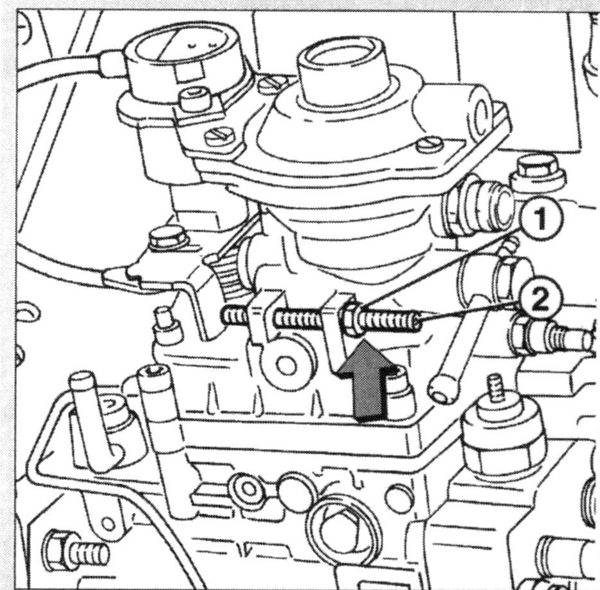

Die Lage der Leerlaufdrehzahl-Einstellschraube (Pfeil) an der Einspritzpumpe. Zum Regulieren der Leerlaufdrehzahl die Kontermutter ❶ lösen und mit einem Schraubendreher die Einstellschraube ❷ so verdrehen, bis die Leerlaufdrehzahl stimmt.

Der Turbolader
(Punto TD 70, GT)

Fiat Punto GT und Punto TD 70 sind mit einem Abgas-Turbolader ausgestattet. Er sitzt am Auspuffkrümmer und ist dort mit dem Abgasstrom des Auspuffkrümmers und dem Hauptstrom des Ansaugluftsystems verbunden. Das Gehäuse des Turboladers ist in zwei Räume geteilt, in dem sich je ein Turbinenrad dreht. Beide Turbinenräder sind auf eine gemeinsame Welle montiert und stehen starr miteinander in Verbindung. Die Abgasturbine nutzt die Energie des Abgasstroms zum Antrieb der auf der anderen Seite der Welle sitzenden Verdichterturbine. Diese verdichtet die Ansaugluft und drückt sie über die Drosselklappe in die Zylinder.

Praxistip

Der Umgang mit dem Turbolader

Nach längerer Vollgasfahrt sollten Sie den Motor nicht sofort abstellen. Sonst kann es zum Verkoken des Turboladers kommen: Die Wellenlager neben den Turbinenrädern heizen sich durch den plötzlichen Hitzestau so stark auf, daß alles Schmieröl im Lager verbrennt und festbackt. Kommt das öfter vor, ist der Lader bald hinüber. Deshalb nach längerem Vollastbetrieb den Motor vor dem Abstellen erst einige Zeit im Leerlauf drehen lassen.

Die wichtigsten Bauteile des Turboladers

Ladedruckregler (Waste-Gate-Ventil) Sitzt am Turbolader. Sorgt dafür, daß sich schon bei geringen Motordrehzahlen ein Ladedruck aufbaut. Das verhindert beim Gasgeben das Turboloch – das schlagartige Einsetzen der Ladewirkung. Außerdem verhindert der Ladedruckregler eine unkontrollierte Aufladung.

Ladedruck-Regelventil Wird vom Steuergerät durch Signale von Drehzahlgeber und Drosselklappen-Potentiometer gesteuert. Beim Punto GT hängt die Regelung des Ladedrucks auch ab von den Werten des Ansaugluft-Temperatursensors, Klopfsensors und Absolutdruckgebers.

Abblaseventil Sitzt neben dem Turbolader. Verhindert im Schubbetrieb bei hohen Drehzahlen das Überladen. Bei geschlossener Drosselklappe staut sich die angesaugte Luft, es entsteht ein Überdruck. In diesem Fall öffnet das Abblaseventil (Bypassventil) und die Luft strömt durch den Ladeluftkreis wieder zurück in den Ansaugluftkreis vor dem Turbolader.

Ladeluftkühler Sitzt links neben dem Kühler des Kühlsystems und ist in den Ladeluftbereich zwischengeschaltet. Kühlt die vom Turbolader verdichtete, stark aufgewärmte Ladeluft ab. Da der Ladeluftkühler direkt im Luftstrom sitzt, ist er schnell mit Insekten und Schmutzpartikeln zugesetzt – die Motorleistung im Ladebetrieb läßt nach. Deshalb häufiger den Kühler reinigen.

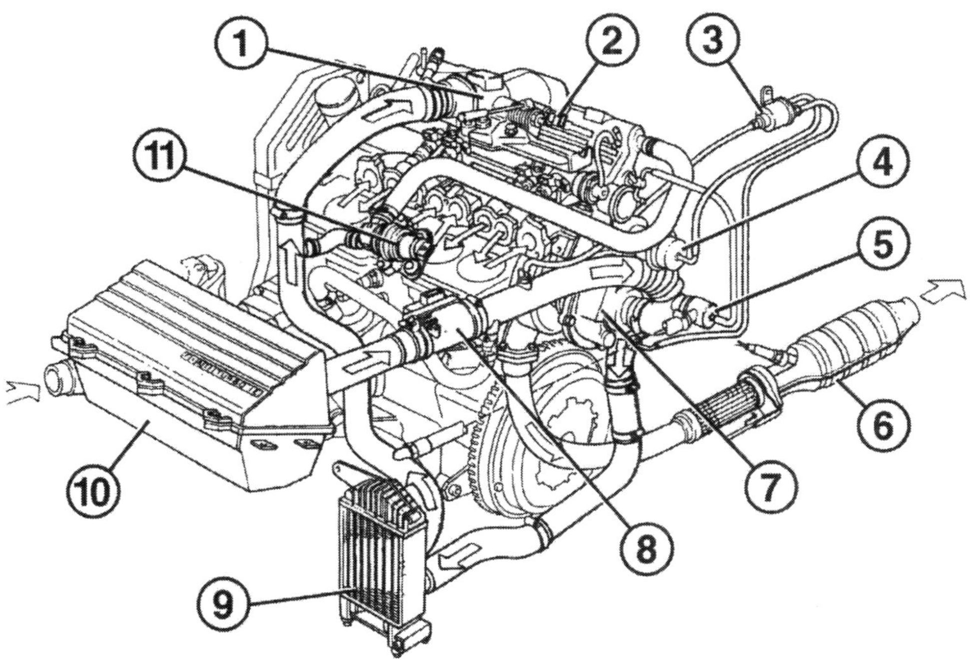

Die Teile der Turboaufladung ❶ Drosselklappengehäuse. ❷ Ansaugluft-Temperatursensor. ❸ Dreiweg-Ladedruck-Regelventil. ❹ Ladedruckregler. ❺ Abblaseventil. ❻ Katalysator mit Lambda-Sonde. ❼ Turbolader. ❽ Luftmassenmesser. ❾ Ladeluftkühler. ❿ Ansauggeräuschdämpfer mit Luftfilter. ⓫ Leerlauf-Stellmotor.

Turbolader

Störungsbeistand

Störung	Ursache	Abhilfe
A Ungenügende Motorleistung	**1** Teile des Ansaugluft- oder Ladeluftkreises undicht	Überprüfen
	2 Luftfilter verstopft	Erneuern
	3 Ladedruckregler schließt nicht	Turbolader ersetzen lassen
	4 Tarierdruck des Ladedruckreglers verstellt	Turbolader ersetzen lassen
	5 Abblaseventil defekt	Schlauch vom Ladeluftkreis zum Ventil abklemmen. Ist der Ladedruck nun hoch genug, Abblaseventil ersetzen
	6 Zündzeitpunkt zu spät	OT-Fühler kontrollieren, siehe Kapitel »Die Zündanlage«
	7 Ladeluftkühler zugesetzt	Reinigen
B Motorklopfen schon bei niedrigen Drehzahlen	**1** Zu hoher Ladedruck durch verklemmten Ladedruckregler	Turbolader ersetzen lassen
	2 Eisbildung im Ansaugkrümmer (nach Kaltstart bei weniger als 0°C Außentemperatur)	Starkes Beschleunigen sofort nach dem Kaltstart vermeiden
	3 Siehe A4	
C Blaue Abgaswolke	**1** Öldundichtigkeit in der Wellenlagerung des Turboladers	Turbolader ersetzen lassen
	2 Leitungen der Motorent- und -belüftung zugesetzt bzw. verstopft	Reinigen, nach der Ursache forschen
	3 Ungenügende Schmierung der Wellenlager (evtl. durch Verkokung)	Motoröldruck prüfen lassen. Ölleitungen des Turboladers auf Durchgang kontrollieren lassen
D Turbolader verursacht Geräusche bzw. Vibrationen	**1** Dichtungen am Ansaug- bzw. Auspuffkrümmer undicht	Undichte Verbindungen festziehen, ggf. Dichtungen ersetzen
	2 Turbine hat Unwucht durch Fremdkörper	Turbolader ersetzen lassen

Die Zündanlage

Die Zündanlage hat beim Benzinmotor die Aufgabe, das Kraftstoff-Luft-Gemisch in den Brennräumen der Zylinder zu entflammen. Das Gemisch kann seine optimale Wirkung jedoch nur entwickeln, wenn es exakt zum richtigen Zeitpunkt gezündet wird. Läuft der Motor Ihres Punto zum Beispiel mit 6000 Umdrehungen, müssen rund 100 Zündfunken in der Sekunde punktgenau an die einzelnen Zylinder verteilt werden. Für diese Maßarbeit ist das Steuergerät zuständig, das auch das Einspritzsystem kontrolliert. Der Prozessor ist mit den Zündzeitpunkten für die verschiedenen Lastzustände des Motors programmiert. Um aus dem Speicher den richtigen Zündzeitpunkt auszuwählen, benötigt das Steuergerät freilich Informationen über den tatsächlichen Belastungszustand des Motors. Dazu wertet es die von den Sensoren übermittelten Daten wie Temperatur und Drehzahl des Motors sowie Stellung der Drosselklappe aus. Wenn Sie das Gaspedal zum Beispiel nur schwach treten (Teillast), verbrennt das Gemisch in den Brennräumen langsamer. Um die Energie des Kraftstoffs trotzdem vollständig zu nutzen, löst das Steuergerät in diesem Fall die Zündung früher aus. Die besten Werte stellen sich ein, wenn das Kraftstoff-Luft-Gemisch im Moment der höchsten Verdichtung gezündet wird.

Der optimale Zündzeitpunkt

Das ist beim Viertaktmotor der Augenblick, in dem der Kolben von der Aufwärtsbewegung des Kompressionshubs in die Abwärtsbewegung des Arbeitstakts übergehen will. Allerdings liegt der Zündzeitpunkt nicht exakt auf dem Oberen Totpunkt (OT). Denn die Kraftstoffteilchen brauchen rund eine dreitausendstel Sekunde, bis sie sich entzünden. Der Startschuß für den Funken erfolgt deshalb noch während der Aufwärtsbewegung des Kolbens, der Verbrennungsdruck dagegen setzt ein, wenn der Kolben den OT gerade überschritten hat. Da das Kraftstoff-Luft-Gemisch stets die gleiche Zeit zum Entflammen benötigt, wird es mit steigender Motordrehzahl früher gezündet.

Die Zweifunken-Zündspulen

Damit an der Zündkerze überhaupt ein Funke überspringt, muß die Spannung zwischen den Elektroden der Kerze etwa 30000 Volt betragen. Dazu wird die bescheidene Bordspannung von 12 Volt erst einmal transformiert. Das erledigen beim Punto spezielle Zündspulen, die jeweils die Stromzufuhr zu zwei Zündkerzen besorgen. Diese Zündspulen sind als sogenannte Zweifunken-Zündspulen ausgeführt (GT: eine Zündspule für vier Zündkerzen). Sie bestehen im Prinzip aus zwei in Reihe geschalteten Einzelspulen und besitzen daher auch zwei Hochspannungsanschlüsse (GT: vier Anschlüsse). Die Zweifunken-Zündspule produziert bei jedem Zündimpuls zwei Zündfunken – für den im Arbeitstakt befindlichen Zylinder und für den Auspufftakt des gegenüberliegenden Zylinders. Bei der Zündfolge der Punto-Motoren (1 – 3 – 4 – 2) wird so gleichzeitig einmal in Zylinder 1 und 4 sowie 2 und 3 gezündet. Den Funken im Auslaßtakt bezeichnet

Technik-lexikon

So funktioniert die Zündspule

Die Zündspule besteht aus einer Primärwicklung mit rund 100 Windungen aus etwa 0,6 Millimeter starken Kupferdraht. Die Sekundärwicklung dagegen hat einige Tausend Windungen aus einem bis zu 0,1 Millimeter starken Kupferdraht. Beide Windungen liegen übereinander und umschließen einen lamellierten Eisenkern. Vom Steuergerät über das Zünd-Leistungsmodul gesteuert, erhält die Primärwicklung Strom von der Batterie (Niederspannung). Dadurch baut sich ein Magnetfeld auf, das durch den Eisenkern verstärkt wird. Unterbricht das Steuergerät diesen Stromkreis, bricht das Magnetfeld für Bruchteile von Sekunden schlagartig zusammen. Dabei entsteht eine Spannung von bis zu 400 Volt. Diese erzeugt in der Sekundärwicklung einen Hochspannungs-Stromstoß (Induktion), der über Zündkabel zu den Zündkerzen geleitet wird.

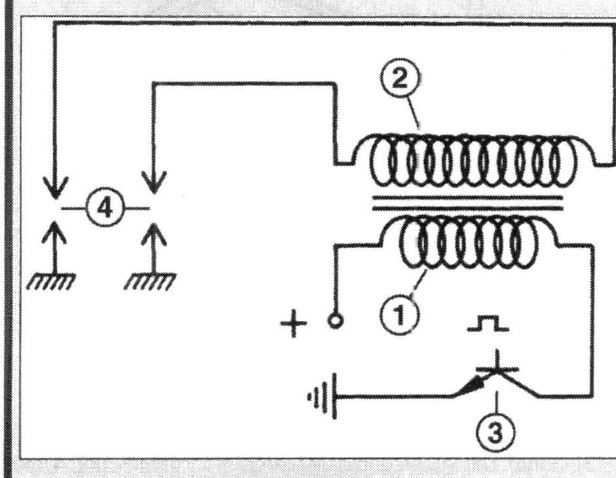

Schaltschema der Zündspulenfunktion
❶ Primärwicklung. ❷ Sekundärwicklung. ❸ Zünd-Leistungsmodul im Steuergerät. ❹ Zündkerzen.

man auch als Stützfunken – er spielt beim Zündvorgang keine Rolle (»verlorener« Zündfunken). Bei der nächsten Umdrehung der Kurbelwelle tauschen die Funken ihre Rollen. Wo vorher der Stützfunke war, ist jetzt der Zündfunke (und umgekehrt). Vorteil dieses Systems: Es spart den aufwendigen mechanischen Zündverteiler und vermeidet damit eine Reihe von Störungsmöglichkeiten wie Schwitzwasser, Korrosion der Kontakte, Kriechströme und Spannungsüberschläge.

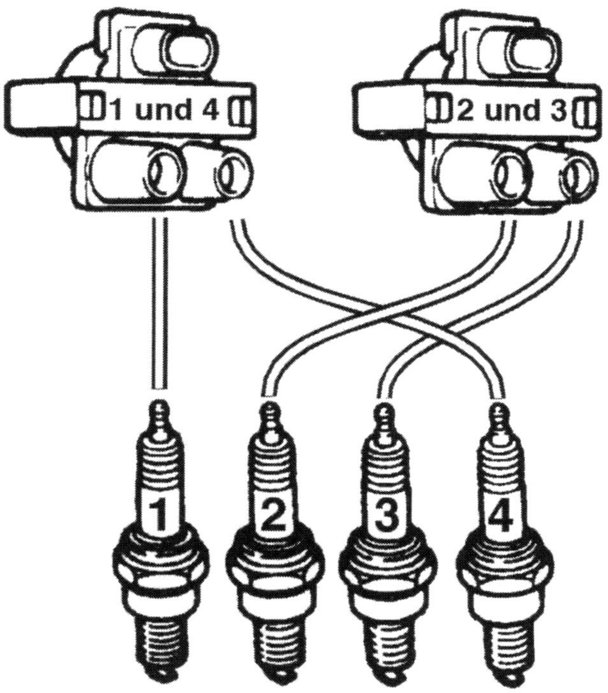

Die Zeichnung zeigt die Versorgung der beiden Doppelzündspulen (Schema). Die linke Zündspule versorgt Zylinder 1 und 4, die rechte Zylinder 2 und 3.

Die Zündkerzen

Die Zündkerzen haben die Aufgabe, das Kraftstoff-Luft-Gemisch im Brennraum zu entzünden. Dabei entstehen Temperaturen von rund 2500 Grad und Drücke von bis zur 60 bar. Damit der Funke trotzdem zuverlässig zwischen den Elektroden überspringt, ist der Anschlußbolzen der Kerze von einem keramischen Isolator umgeben. Mittelelektrode und Anschlußbolzen stecken außerdem in einer elektrisch leitenden Glasschmelze, die für die Verankerung dieser Teile und die Abdichtung gegenüber dem Brennraum sorgt. Ist die erforderliche Zündspannung erreicht, springt der

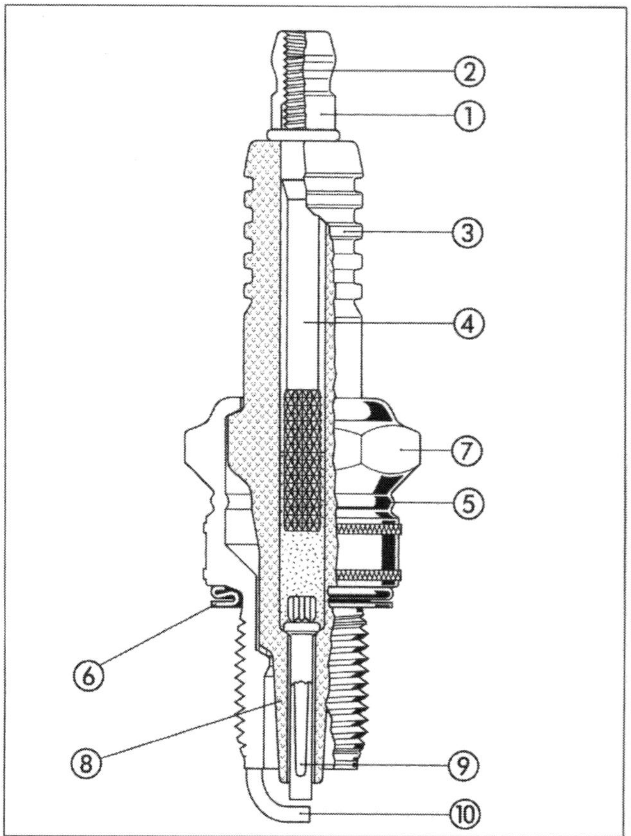

Die wichtigsten Teile der Zündkerze. Für eine einwandfreie Verbrennung muß die Zündkerze in Ordnung sein. Nach 15000 Kilometern ist ein neuer Satz Kerzen fällig.
❶ Anschlußmutter. ❷ Anschlußgewinde. ❸ Isolator. ❹ Anschlußbolzen. ❺ Glasschmelze. ❻ Dichtring. ❼ Gehäuse. ❽ Mittelelektrode. ❾ Isolatorfuß. ❿ Masseelektrode.

Strom als Funke von der Mittelelektrode zur Masseelektrode über und entzündet dabei die Kraftstoffteilchen im Brennraum.

Der Wärmewert

Damit eine Zündkerze exakt arbeitet, muß sie nach dem Motorstart schnell ihre Selbstreinigungstemperatur von etwa 400 Grad erreichen. Sonst setzen sich Verbrennungsrückstände am Isolatorfuß fest. Bei Volllast darf die Temperatur etwa 800 Grad nicht überschreiten. Allerdings sind die Arbeitsbedingungen für die Zündkerzen nicht in allen Motoren gleich. Erst der sogenannte Wärmewert entscheidet, ob Zündkerze und Triebwerk zueinander passen. Verwenden Sie zum Beispiel eine Zündkerze mit zu hohem Wärmewert, kann sich der Isolatorfuß stark erhitzen. Das hätte unkontrollierte Glühzündungen zur Folge, die den Motor sogar zerstören können. Wählen Sie dagegen eine Zündkerze mit zu niedrigem Wärmewert, erreicht diese nicht die nötige Temperatur zur Selbstreinigung – der Isolatorfuß verschmutzt.

Elektrodenabstand und Gewindelänge

Neben dem richtigen Wärmewert müssen die Zündkerzen für den Punto auch einen speziellen Abstand zwischen den beiden Elektroden aufweisen. Er beträgt bei allen Motoren 0,85–0,95 Millimeter (Ausnahme GT: 0,8–1,0 mm). Dieser Abstand kann sich jedoch mit zunehmender Laufzeit der Zündkerzen verändern. Durch die hohe Spannung beim Funkenüberschlag werden nämlich immer wieder kleine Metallpartikel von den Elektroden abgesprengt. Dadurch vergrößert sich der Funkenspalt, was eine höhere Zündspannung erforderlich macht. Wird der Abstand zu groß, kann es zu Zündaussetzern kommen, eventuell springt dann der Motor überhaupt nicht mehr an. Außerdem sollten Sie beim Tausch der Zündkerzen darauf achten, daß die Kerzen-Gewinde etwa 19 Millimeter lang sind. Die Tabelle zeigt, welche Zündkerzen Sie in Ihren Punto einbauen dürfen.

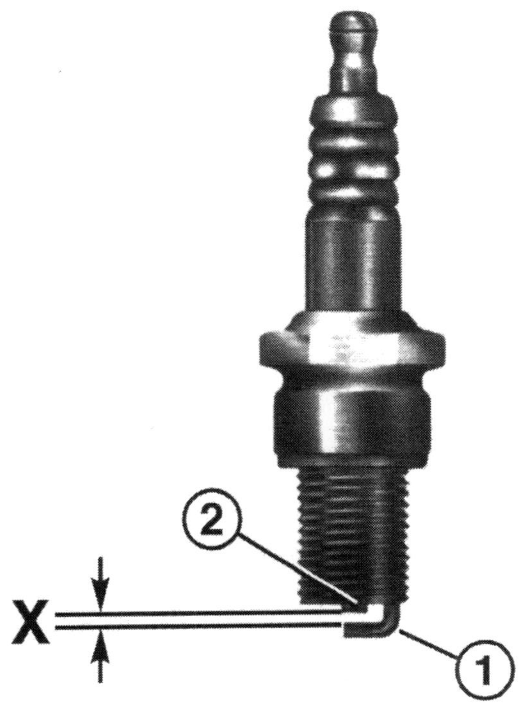

Sie können den Abstand der Elektroden selbst einstellen. Dazu brauchen Sie allerdings eine spezielle Fühlerlehre und einen Spezialeinsteller, mit dem sich die äußere Elektrode biegen läßt. Beide Werkzeuge erhalten Sie zum Beispiel bei den Kerzenherstellern. Gemessen wird der Abstand zwischen Masseelektrode ❶ und Mittelelektrode ❷.

Technik-lexikon

Was das Kerzengesicht sagt

Am Zustand der Kerzenelektroden (»Kerzengesicht«) können Sie erkennen, ob der Motor optimal arbeitet. Die Zündkerzen sind gewissermaßen Zeugen der Verbrennung im Zylinder. Achten Sie bei der Kontrolle der ausgebauten Zündkerzen auf diese Punkte:

Isolatorspitze hellgrau bis grau gefärbt Gute Einstellung der Einspritzanlage, der Motor läuft wirtschaftlich.

Isolatorspitze weißlich gefärbt Zündzeitpunkt stimmt nicht, automatische Zündzeitpunktverstellung im Steuergerät defekt.

Schwarze rußartige Ablagerungen Zündkerze erreicht ihre Selbstreinigungs-Temperatur nicht (häufiger Kurzstreckenverkehr), falscher Wärmewert, CO-Gehalt zu hoch.

Ölschicht über Elektroden Kolbenringe, Ventilführungen oder Abdichtungen der Ventilschäfte schadhaft. Möglicherweise haben Sie jedoch auch Motoröl oder Kraftstoff mit Zusätzen verwendet. Tauschen Sie die Zündkerzen aus, wechseln Sie Öl und Kraftstoffmarke und prüfen Sie erneut den Zustand der Kerzen.

Die Zündkerzen für den Punto

Punto-Modell	Hubraum	Zündkerzenfabrikat			
	(cm³)	Fiat	Marelli	Champion	NKG
55	1108	9GYSSR	L7LCR	RC9YCC	
60/75	1242	9GYSSR	L7LCR	RC9YCC	
85	1242			RA4HCC	OCPR75
90	1581	7GYSSR		RC7YCC	
GT	1372	7GBYSR4		RC7BYC4	

Gefahrenhinweis

Arbeiten an der Zündanlage

Die Zündanlage gilt nach gesetzlichen Richtlinien als gefährliche Anlage. Für alle Arbeiten an diesem System sind besondere Sicherheitsmaßnahmen zu beachten. Überlassen Sie die Arbeit an der elektronischen Zündanlage daher der Werkstatt. Aber auch bei Wartungsarbeiten ist besondere Vorsicht angesagt.

- Berühren Sie bei eingeschalteter Zündung auf keinen Fall die spannungsführenden Teile von Primär- und Sekundärstromkreis – das bedeutet Lebensgefahr.
- Schalten Sie bei allen Wartungen und Reparaturen stets die Zündung aus. Das gilt zum Beispiel für den Wechsel der Zündkerzen ebenso wie für das An- bzw. Abklemmen elektrischer Leitungen und den Anschluß von Prüfgeräten.
- Bei eingeschalteter Zündung genügt eine Erschütterung des Fahrzeugs, um an einer Zündkerze einen Hochspannungsimpuls auszulösen. Bei Arbeiten im Motorraum bedeutet dies Lebensgefahr. Außerdem können Bauteile der Zündanlage zerstört werden.
- Wenn Sie elektrische Schweißarbeiten am Fahrzeug durchführen, müssen Sie beide Kabel an der Batterie abklemmen.

Zündkerzen ausbauen, prüfen und wechseln

Fiat schreibt im Wartungsplan einen Wechsel nach 15 000 Kilometern vor. In der Regel stehen die Kerzen dieses Intervall ohne Probleme durch. Springt der Motor nur unwillig an oder ruckelt er nach dem Starten, kann dies freilich auch an den Zündkerzen liegen – unsichtbare Risse im Keramikisolator füllen sich beim Kaltstart mit kondensierendem Kraftstoff, wodurch der Zündfunke abgeleitet wird. Wenn Sie glauben, daß die Kerzen nicht richtig arbeiten, sollten Sie diese Teile zur Sicherheit austauschen. Die Kerzen sollen bei kaltem Motor gewechselt werden. Dazu benötigen Sie einen Steckschlüssel 21-mm (13/15).

Arbeitsschritte | 15000 km 12 Monate

1 Ansauggeräuschdämpfer komplett ausbauen.

2 Zündkerzenstecker fassen und von den Stiften der Kerzen ziehen.

Die Werkstatt zieht die Kerzenstecker mit einer speziellen Kerzensteckerzange von den Zündkerzen. Achten Sie darauf, daß Sie direkt am Stecker und nicht am Zündkabel ziehen.

3 Einbautrichter der Zündkerzen reinigen (ausblasen), damit beim Ausbau der Kerzen kein Schmutz in die Bohrungen fällt.

4 Zündkerzen mit dem Kerzenschlüssel herausdrehen und in der Reihenfolge der Zylinder ablegen.

5 Zum Einbau die neuen Zündkerzen handfest eindrehen (nicht verkanten), dann mit dem Zündkerzenschlüssel noch eine Vierteldrehung (90 Grad) anziehen. Dies entspricht etwa dem vorgeschriebenen Anzugsdrehmoment (25 Nm).

6 Wenn Sie die alten Kerzen wieder verwenden, müssen Sie das Kerzengewinde vorher gründlich reinigen. Für den Einbau genügt es, den Kerzenschlüssel um 15 Grad zu drehen (Dichtring schon gepreßt).

Praxistip

Zündkerze sitzt fest

Wenden Sie bei einer festsitzenden Zündkerze keine Gewalt an. Bringen Sie den Motor auf Betriebstemperatur und versuchen Sie dann, die Kerze auszubauen. Vorsicht: Sie können sich am heißen Motor verbrennen. Warten Sie mit dem Einbau neuer Kerzen, bis der Motor abgekühlt ist – dreht man eine kalte Kerze ins warme Triebwerk ein, sitzt sie später fest. Die Zündkerze läßt sich beim nächsten Wechsel gut herausdrehen, wenn Sie hochtemperaturfestes Kupferfett auf die Gewindegänge streichen.

Motor und Zündanlage

Störungs-beistand

Störung	Ursache	Abhilfe
A Motor springt schlecht oder gar nicht an	1 Zündspule oder Zündkerzen feucht bzw. verschmutzt, daher kein Zündfunke	Trocknen bzw. reinigen, ggf. mit Zündspray behandeln
	2 Steckverbindungen locker bzw. oxidiert	Kontrollieren, ggf. erneuern (lassen)
	3 Zündkerzen naß (nach häufigen Startversuchen)	Ausbauen und trocknen
	4 Drehzahl-/Positionssensor lose – zu großer Abstand zu Schwungscheibe	Festziehen
	5 Drehzahl-/Positionssensor defekt; Kabel hat Masse oder ist unterbrochen	Erneuern lassen; Kabel kontrollieren bzw. erneuern
	6 Zündspule(n) defekt	Austauschen
	7 Leistungsmodul bzw. Steuergerät defekt	Kontrollieren lassen und ggf. austauschen
B Motor läuft unrund, hat Zündaussetzer	1 Zündkerze defekt	Austauschen
	2 Zündkabel unterbrochen	Leitung ersetzen
	3 Siehe A1 – 7	
C Motor hat keine Leistung	1 Luftmassenmesser defekt oder Steckverbindung sitzt nicht korrekt (nur Punto GT)	Kontrollieren lassen, ggf. ersetzen
	2 Kühlmittel, Ansaugluft-Temperatursensor defekt oder Stecker sitzt nicht korrekt	Steckverbindungen kontrollieren, Sensor ggf. ersetzen lassen
	3 Siehe A4 – 7	

Dieser Störungsbeistand setzt voraus, daß der Motor mechanisch in Ordnung ist und Kraftstoffversorgung sowie Benzineinspritzanlage einwandfrei arbeiten.

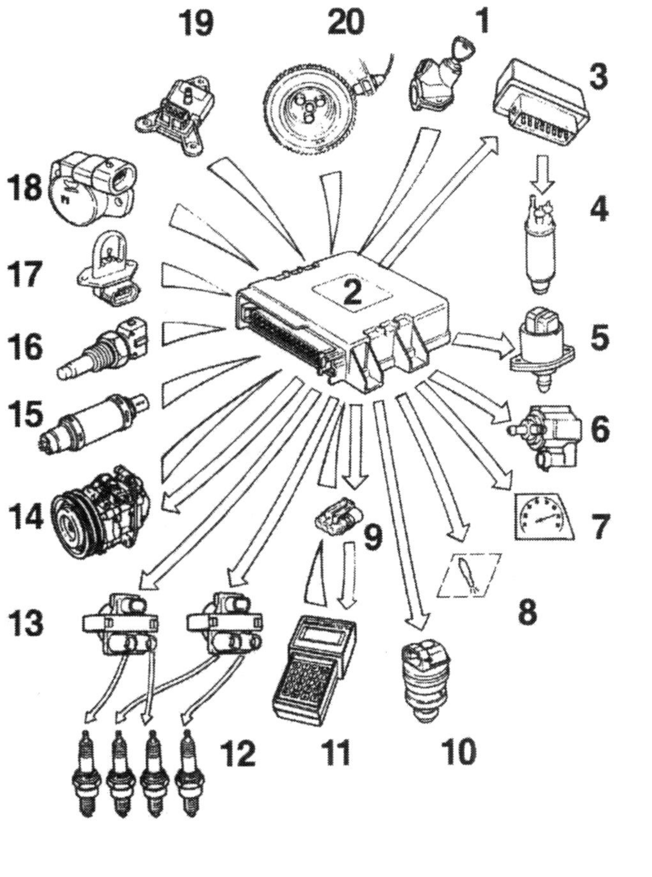

Die Motorregelung beim Punto 55 und 60 (SPI). Sie funktioniert ähnlich beim Punto 85/90 und GT.
❶ Zünd-/Anlaßschloß. ❷ Steuergerät. ❸ Doppelrelais zur Stromversorgung von Steuergerät und Kraftstoffpumpe. ❹ Kraftstoffpumpe. ❺ Stellmotor der Leerlaufregelung. ❻ Magnetventil der Kraftstoftankbe- und -entlüftung. ❼ Drehzahlmesser. ❽ Warnleuchte Einspritzsystem. ❾ Diagnosestecker. ❿ Einspritzventil (bei MPI vier Einspritzventile). ⓫ Diagnosegerät der Werkstatt. ⓬ Zündkerzen. ⓭ Zündspulen mit je zwei Hochspannungsausgängen. ⓮ Kompressor der Klimaanlage. ⓯ Lambda-Sonde. ⓰ Kühlmittel-Temperatursensor. ⓱ Ansaugluft-Temperatursensor. ⓲ Drosselklappen-Potentiometer. ⓳ Absolutdruckfühler. ⓴ Impulsgegeber (Drehzahlgeber).

Zündung lahmlegen

Arbeitsschritte

FIRE-Motor

1 Die Niederspannungsversorgung der Zündspulen unterbrechen. Dazu jeweils Mehrfachstecker von der Zündspule abziehen.

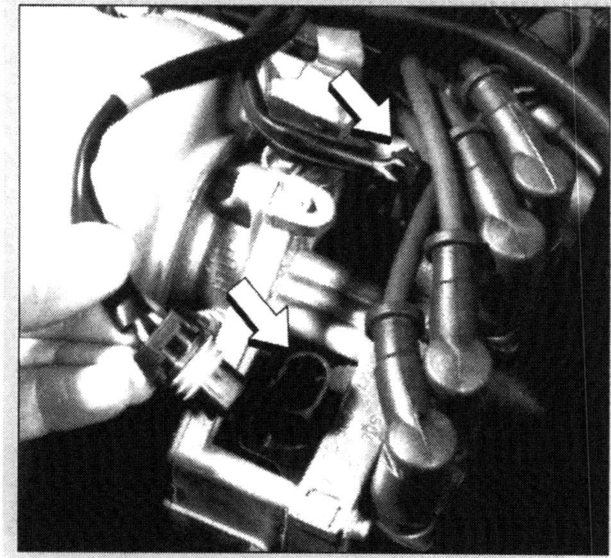

Zündung beim FIRE lahmlegen: Die Mehrfachsteckverbindungen (Pfeile) zu den Zündspulen abziehen – dann ist die Stromversorgung (Niederspannung) zu den Zündkerzen unterbrochen.

Andere Benziner

1 Die Zündkabel von der Zündkerze abziehen und die jeweils zusammengehörenden Kabel 1/4 und 2/3 verbinden.

2 Zündkabel an die Polzange eines Starthilfekabels anklemmen.

3 Andere Polzange des Starthilfekabels fest am Motorblock oder Getriebe (Masse) anklemmen.

Sichtprüfung

Arbeitsschritte

1 Sitzen die Kabelanschlüsse und Mehrfachstecker an Zündspulen und Steuergerät fest? Die Zündkabel müssen fest in den Buchsen stecken. Sie können durch Erwärmung der eingeschlossenen Luft in den Buchsen etwas abheben und dadurch Stottern des Motors verursachen. Wenn die Kabel an den Kerzen nicht fest sitzen, kann es aufgrund der hohen Spannungen zu Kriechströmen und Funkenüberschlägen kommen.

2 Kontrollieren Sie das Gehäuse der Zündspulen. Es darf keine Risse oder Brandspuren aufweisen (von überschlagenden Funken).

3 Haben die Klemmen guten Kontakt zu den Kerzensteckern? Sie dürfen nicht oxidiert sein.

4 Prüfen Sie den Zustand der Zündkabel. Sie dürfen an keiner Stelle durchgescheuert sein. Kabel mit Scheuer- oder Schmorstellen sollten Sie umgehend ersetzen. Bei einem defekten Kabel kann der Zündfunke schon vor der Zündkerze zur Masse überspringen – Sie hören das an Knack- oder Knattergeräuschen im Motorraum.

5 Streusalzschichten auf dem Zündkabel sollten Sie entfernen.

Zündstrom prüfen

Arbeitsschritte

1 Einen Kerzenstecker abziehen, Zündkerze herausschrauben.

2 Stecker wieder auf die Zündkerze stecken. Dann die Kerze so auf dem Motorblock ablegen, daß sie einwandfrei Massekontakt hat.

3 Motor von einem Helfer starten lassen.

4 Springen kräftige Funken am Kabelende bzw. an der Kerzenelektrode über, ist Zündstrom vorhanden.

5 Springen keine Funken über, sollten Sie zunächst die Stromversorgung der Zündanlage prüfen. Wenn Sie dort keine Unregelmäßigkeit feststellen, hilft eventuell eine genaue Sichtprüfung der Zündanlage weiter.

Stromversorgung der Zündanlage prüfen

Für diese Arbeit brauchen Sie ein Multimeter. Beachten Sie, daß Meß- und Prüfgeräte nur bei ausgeschalteter Zündung an- und abgeklemmt werden dürfen.

Arbeitsschritte

1 Die Zündspule erhält den Primärstrom an Klemme 15/+. Über die Primärwicklungen gelangt die Spannung von Klemme 1/– zum Leistungsmodul im Steuergerät. Die Zündspannung von circa 30 000 Volt (30 kV) wird über die Hochspannungs-Zündkabel von den Zündspulen direkt an die Zündkerzen weitergeleitet.

2 Zur Spannungsmessung das Multimeter zwischen Klemme 15/+ und Masse anschließen. Die Stromversorung durch die Batterie ist in Ordnung, wenn eine Spannung von mindestens 11,5 Volt anliegt. Liegt der gemessene Wert darunter oder messen Sie keine Spannung, kann dies folgende Ursachen haben:

- Die Batterie ist nicht richtig geladen.
- Die Verkabelung zum Zündschloß ist unterbrochen.
- Das Zündschloß an Kontakt 15 oder 30 ist defekt (dann dreht allerdings auch der Anlasser nicht).
- Die Verbindung zwischen Zündschloß und Mehrfachstecker des Steuergeräts ist unterbrochen.

Widerstand an der Zündspule prüfen

Mit einem Multimeter können Sie auch den Widerstand an Primärwicklung und Sekundärwicklung der Zündspule messen. Liegen die gemessenen Werte unter den Sollwerten oder zeigt das Meßgerät den Wert »unendlich«, ist ein Austausch der Zündspule fällig. Die Messung sollten Sie bei Raumtemperatur (20 Grad) durchführen. Vor der Arbeit Zündung ausschalten und alle Leitungen an der Zündspule abziehen oder abklemmen. Den Widerstand an der Primärwicklung messen Sie zwischen Plus-Klemme und Masse, den der Sekundärwicklung an den beiden Hochspannungsausgängen der Zündspule.

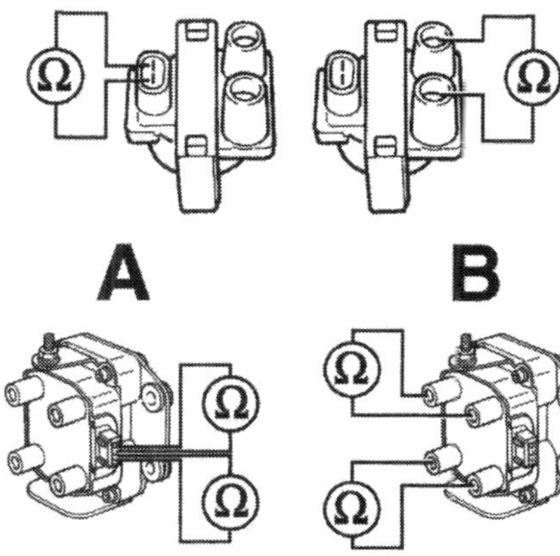

Anschlußschema des Multimeters für die Messung des Widerstands. Oben eine Zündspule des FIRE, unten die des GT. (**A**) Primärwicklung (Niederspannung), (**B**) Sekundärwicklung

Widerstandsmessung

Motortyp	Sollwert Primärwicklung	Sollwert Sekundärwicklung
FIRE (1108/1242 cm³)	0,495 bis 0,605 Ohm	6660 bis 8140 Ohm
OHC (1372 cm³)	0,450 bis 0,550 Ohm	12000 bis 14600 Ohm
OHC (1681 cm³)	nicht meßbar	4500 bis 6400 Ohm

Beim Punto 90 ist der Widerstand der Primärwicklung aufgrund der inneren Verschaltung nicht meßbar. Zur Fehlersuche verwendet die Werkstatt das Diagnosegerät.

Zündspule ausbauen

Arbeitsschritte

1 Massekabel der Batterie abklemmen.

2 Mehrfachstecker von der Zündspule abziehen.

3 Zündkabel aus der Zündspule ziehen.

4 Vier Schrauben lösen und Zündspule vom Halter abnehmen.

5 Beim Einbau der Zündkabel darauf achten, daß die Stecker exakt sitzen. Die Anschlüsse an der Spule sind mit den Zahlen 1 bis 4 gekennzeichnet. Beim Aufstecken der Kabel darauf achten, daß die Zündkabel auf keinen Fall vertauscht werden.

Die Vorglühanlage

Die Vorglühanlage hat die Aufgabe, den kalten Dieselmotor beim Starten zu unterstützen. Sie erwärmt die komprimierte Luft in der Wirbelkammer (und die Kammer selbst) und verbessert damit die Selbstzündung des Kraftstoff-Luft-Gemisches. Kopf der Anlage ist das im Motorraum untergebrachte Vorglühsteuergerät. Es leitet die Vorglühphase ein, schaltet die Stromwege zu den Glühkerzen und unterbricht sie wieder, wenn die Nachglühphase abgeschlossen ist. Da die Dauer dieser beiden Phasen von der Temperatur des Kühlmittels abhängt, wertet das Steuergerät ständig die Informationen des Kühlmittel-Temperatursensors aus.

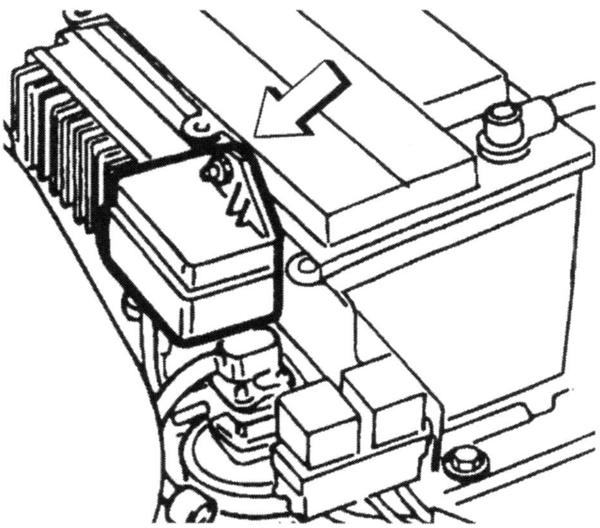

Das Vorglühsteuergerät sitzt in einem Halter an der Batterie vor dem Modul der Abgasrückführung. Entsprechend der Temperatur der Kühlflüssigkeit steuert es die Vor- und Nachglühphase beim Motorstart.

Die Glühkerzen

Für die Aufwärmarbeit in den Wirbelkammern sind die Glühkerzen zuständig. Im Dieselmotor des Punto kommen ausschließlich Schnellstart-Glühkerzen zum Einsatz. Der Glühdraht (Wendel) befindet sich, eingebettet in Isolierpulver, im Inneren des Glührohrs. Das ragt in die Wirbelkammer und erreicht beim Vorglühen eine Temperatur von rund 1000 Grad – nur dann springt der kalte Dieselmotor an. Nach dem Start muß die Glühkerze Betriebstemperaturen von 600 – 900 Grad aushalten.

Technik-lexikon — **Der Glühvorgang**

Vorglühphase Zündschlüssel wird in die erste Schloßraste gedreht. Vorglühsteuergerät gibt den Befehl »Motor vorglühen«. Kontrolleuchte im Armaturenbrett leuchtet auf. Die Glühkerzen erreichen nach etwa neun Sekunden eine Temperatur von 1000 Grad. Je kälter das Kühlmittel, desto länger dauert die Vorglühphase. Bei einer Temperatur des Kühlmittels von 0 Grad läßt das Steuergerät maximal 10 Sekunden lang Strom zu den Glühkerzen fließen. Bei hohen Außentemperaturen verkürzt sich diese Zeit; hat das Kühlmittel bereits seine Betriebstemperatur erreicht, entfällt das Vorglühen. Ist die Vorglühphase beendet, erlischt die Kontrolleuchte, der Motor kann gestartet werden.

Nachglühphase Beginnt, wenn der Motor angesprungen ist. Das Vorglühsteuergerät läßt die Glühkerzen bis zu 180 Sekunden weiterglühen. Sinn des Nachglühens: Das harte Verbrennungsgeräusch des kalten Triebwerks wird gemildert, die Abgaswerte in der Kaltlaufphase werden verbessert.

Vorglühen vergessen? Der Anlasser orgelt den Motor entsprechend der benötigten Vorglühzeit so lange an, bis ein zündwilliges Gemisch entstanden ist. Die bis zum Anspringen des Motors angesammelte und nicht verbrannte Kraftstoffmenge entweicht in einer blauen Rauchwolke durch den Auspuff.

Stromversorgung der Glühkerzen prüfen

Arbeits-schritte

1 Prüflampe zwischen Masse und dem Anschluß des Stromzuleitungskabels zu den Glühkerzen anschließen.

2 Zündschlüssel kurz auf »Vorglühen« drehen. Die Prüflampe muß jetzt aufleuchten. Dann ist die Stromzufuhr zu den Glühkerzen in Ordnung.

3 Leuchtet die Prüflampe nicht, ist vermutlich die 60-A-Hauptsicherung, das Vorglühsteuergerät, das Zündschloß oder ein Zuleitungskabel defekt.

Die Vorglühanlage

Störungsbeistand

Störung	Ursache	Abhilfe
A Vorglüh-Kontrollleuchte brennt nicht beim Vorglühen	1 Kontrolleuchte durchgebrannt	Auswechseln
	2 Kabel zwischen Kontrolleuchte und Klemme LR (Pin 5 am Mehrfachstecker) unterbrochen	Steckkontakt reinigen bzw. Kabel erneuern
B Der Motor springt nur schlecht an	1 Vorglühsteuergerät defekt	Auswechseln
	2 Eine oder mehrere Glühkerzen defekt	Defekte Glühkerzen ersetzen
C Der Motor springt nicht an	1 Siehe B1	
	2 Vorglühsteuergerät hat keine Masseverbindung	Masseverbindung kontrollieren (Pin 1 der Steckverbindung). Steckkontakt reinigen
	3 Siehe B2	
	4 Kabelverbindung zwischen Zündschloß und Vorglühsteuergerät unterbrochen (Pin 3 des Mehrfachsteckers)	Steckkontakt reinigen bzw. Kabel erneuern
	5 Verbindung zwischen Zündschloß und Abschaltventil unterbrochen	Verbindung kontrollieren, ggf. Kabel erneuern
	6 Zündschloß defekt	Auswechseln
	7 Hauptsicherung (60 A) in der Hauptsicherungsbox an der Batterie sitzt nicht richtig, ist korrodiert oder geschmolzen	Richtig stecken. Defekte Sicherung ersetzen, nach Ursache forschen

Dieser Störungsbeistand setzt voraus, daß der Motor mechanisch in Ordnung ist und die Kraftstoffversorgung einwandfrei arbeitet.

Glühkerzen prüfen

Wenn Sie wissen wollen ob Ihre Glühkerzen alle in Ordnung sind, ist eine Sichtprüfung angesagt. Dazu müssen Sie allerdings die Einspritzdüsen ausbauen. Sie können zur Kontrolle auch eine Prüflampe verwenden. Mit dieser Methode lassen sich jedoch nur die Glühkerzen ermitteln, die komplett ausgefallen sind.

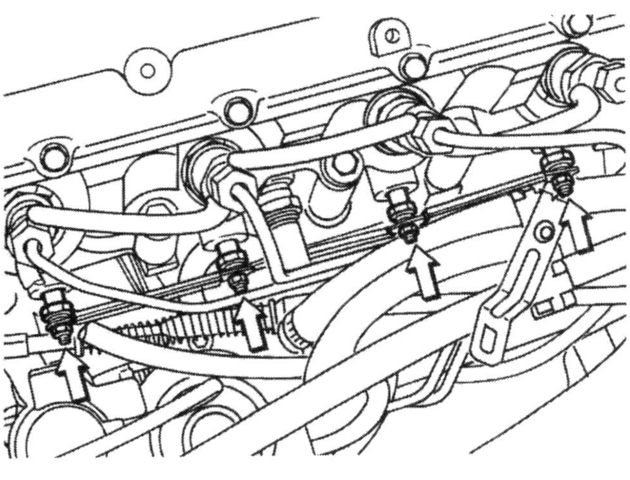

Der Sitz der Glühkerzen (Pfeile) im Motorraum. Zur Prüfung der Funktion die Kerzen nicht ausbauen. Das gilt vor allem, wenn Sie mit Meßgeräten arbeiten – Sie erhalten sonst falsche Werte.

Arbeitsschritte

Sichtprüfung

1 Einspritzdüsen ausbauen.

2 Die Zuleitungskabel der Glühkerzen bleiben angeschraubt.

3 Zündschlüssel auf »Vorglühen« drehen.

4 Durch die Bohrungen im Zylinderkopf können Sie beobachten, welche Kerze nur schwach oder gar nicht glüht.

5 Defekte Kerze ersetzen. Wer auf Nummer Sicher gehen will, tauscht gleich den ganzen Satz aus.

Prüflampe

1 Anschlußkabel von den Glühkerzen abschrauben.

2 Anschlußkabel einer Prüflampe am Pluspol der Batterie anklemmen.

3 Mit der Spitze der Prüflampe der Reihe nach alle Anschlußgewinde der Glühkerzen berühren. Dort, wo die Lampe nicht aufleuchtet, sitzt die defekte Kerze.

Glühkerze ausbauen

Arbeits-schritte

1 Batteriemassekabel abklemmen. Dies ist deshalb wichtig, weil die Anschlußkabel bei eingeschalteter Zündung sonst unter Strom stehen.

2 Zuleitungskabel von der Glühkerze abschrauben.

3 Kerze mit Gabel- oder flachem Ringschlüssel SW 12 herausschrauben.

4 Glühkerzen beim Einbau mit 15 Nm festziehen.

Glühkerze defekt — Praxistip

Ist die Glühkerze defekt, setzt die Zündung im betreffenden Zylinder deutlich später ein. Der Motor läuft dann zunächst nicht mit allen Töpfen, aus dem Auspuff qualmen blaue Wolken. Während der warmen Jahreszeit bleibt diese Störung jedoch oft unbemerkt. Spätestens nach der ersten kühlen Nacht fliegt sie aber auf: Der Motor springt äußerst unwillig oder gar nicht mehr an. Eine Glühkerze steht in der Regel etwa 15 000 Motorstarts durch. Manche Störungen machen der Kerze jedoch früher den Garaus. Defekte an Einspritzdüsen oder Kraftstoffversorgung zum Beispiel lassen die Spitzen der Kerzen regelrecht verbrennen.

Vorglühsteuergerät prüfen

Arbeits-schritte

1 Zuleitungskabel zu den Glühkerzen abschrauben.

2 Prüflampe zwischen dem abgeschraubten Kabelende und Masse anschließen.

3 Zündschlüssel auf »Vorglühen« drehen und Prüflampe beobachten: Sie muß bis zum Verlöschen der Vorglüh-Kontrollleuchte brennen.

4 Kurz den Anlasser betätigen. Während der Anlasser läuft, muß die Prüflampe weiterbrennen, sonst ist möglicherweise auch die Zuleitung zur Relais-Klemme R (+) unterbrochen.

5 Brennt die Prüflampe bei diesen Kontrollen nicht, ist vermutlich das Vorglühsteuergerät defekt. Zur Sicherheit prüfen (lassen), ob die Ursache am Abschaltventil oder Zündschloß liegt.

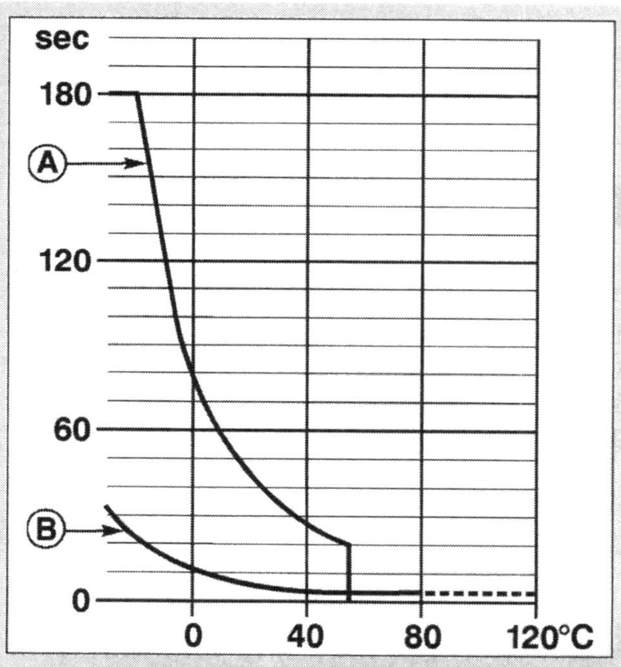

Die Kurve (B) zeigt die Vorwärmzeiten in Abhängigkeit von der Kühlmitteltemperatur. Dabei muß die Kontrolleuchte im Kombiinstrument leuchten. Kurve (A) zeigt die Nachwärmzeit, die beginnt, wenn der Motor angesprungen ist. Das Vorglühsteuergerät schaltet die Glühkerzen dann selbsttätig ab.

Die Kraftstoffversorgung

Der Kraftstofftank befindet sich vor der Hinterachse Ihres Punto unter dem Fahrzeugboden. Er faßt bei allen Modellen 47 Liter (Ausnahme: Punto GT 51-Liter). Diese Leitungen müssen einem hohen Betriebsdruck von über 3 bar widerstehen. Sie sind daher aus besonders druckfestem Material gefertigt und werksseitig mit Schellen (Klemm- bzw. Schraubschellen) gesichert. Man unterscheidet zwischen einer Vorlaufleitung, in die der Kraftstoffilter integriert ist, und der Rücklaufleitung nach vorne zum Motor. Eine Pumpe versorgt den Motor aus dem Tank über dieses Leitungssystem mit Kraftstoff. An der Oberseite des Kraftstofftanks ist auch der Geber für die Kraftstoff-Vorratsanzeige angebracht.

Auch die Tankentlüftung funktioniert nach einem ausgeklügelten System. Am Tankeinfüllstutzen ist die Belüftungsleitung angeschlossen, die zur Oberseite des Tanks führt. Durch diese Leitung entweicht die Luft, wenn der Tank mit Kraftstoff gefüllt wird. Während der Fahrt strömt durch diese Leitung entsprechend der verbrauchten Kraftstoffmenge von außen Luft in den Tank hinein, so daß sich kein Unterdruck bilden kann. Allerdings führt die Entlüftungsleitung des Kraftstofftanks nicht einfach ins Freie. Sie ist vielmehr mit dem Aktivkohlebehälter verbunden, der die austretenden Kraftstoffdämpfe bindet. Neben dem Einfüllstutzen des Tanks ist im Radhaus ein Zweiwegeventil eingebaut. Dieses Ventil steht über die Be- und Entlüftungsleitung des Einfüllstutzens mit dem Tank in Verbindung und sorgt beim Befüllen bzw. beim Leererwerden des Tanks für den wichtigen Druckausgleich. In die Entlüftungsleitung zum Aktivkohlebehälter ist auch ein Überroll-Sicherheitsventil eingebaut. Es sorgt dafür, daß bei einem Überschlag nicht mehr als 30 Gramm Kraftstoff pro Minute (EG-Norm) aus der Entlüftungsleitung tropfen. Es ist so ausgelegt, daß auch bei einer extremen Schräglage des Fahrzeugs die Ausgangsöffnung geschlossen wird.

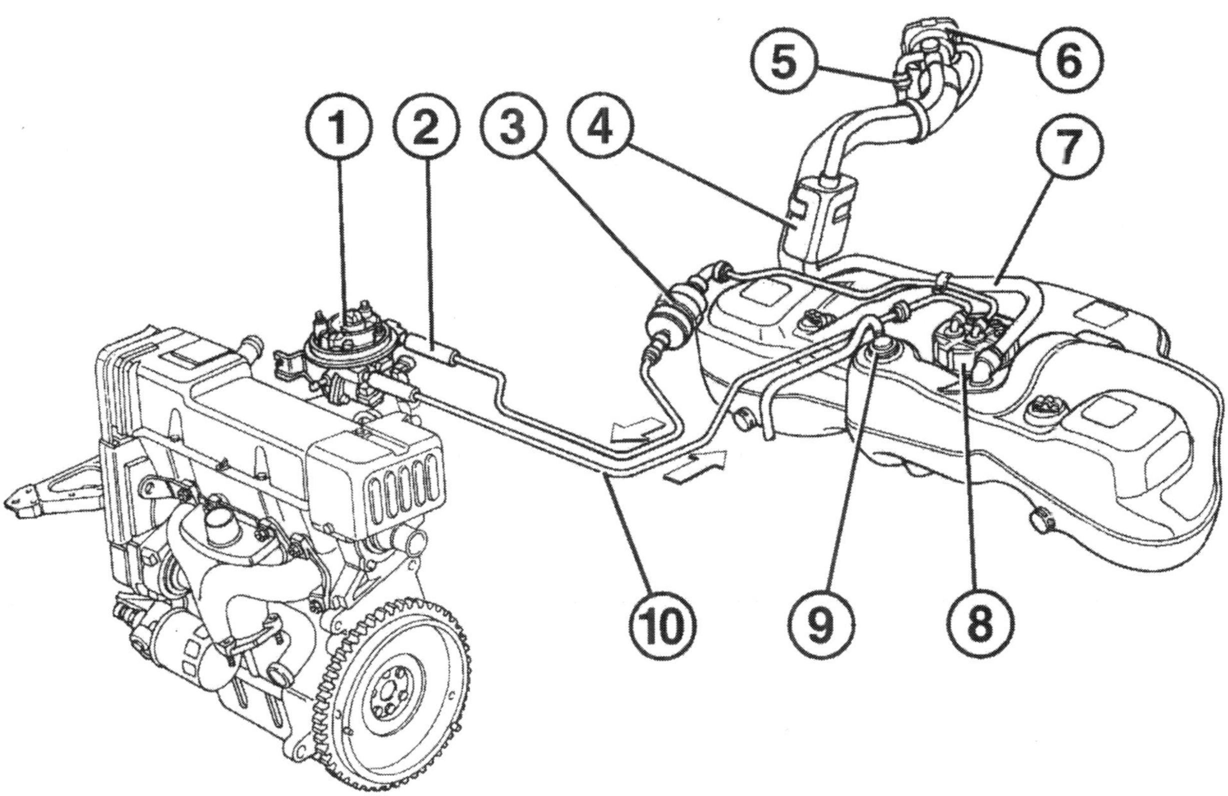

Kraftstoffversorgung des SPI-Einspritzsystems (Schema). Bis auf die Einspritzung ist die Kraftstoffversorgung bei den anderen Benzinern fast identisch.

❶ SPI-Einspritzeinheit. ❷ Kraftstoffzulauf. ❸ Kraftstoffilter. ❹ Druckausgleichsbehälter. ❺ Zweiwege-Sicherheitsventil. ❻ Kraftstoffeinfüllstutzen. ❼ Entlüftungsleitung. ❽ Intank-Kraftstoffpumpe. ❾ Mehrfunktionsbelüftungsventil. ❿ Kraftstoffrücklauf.

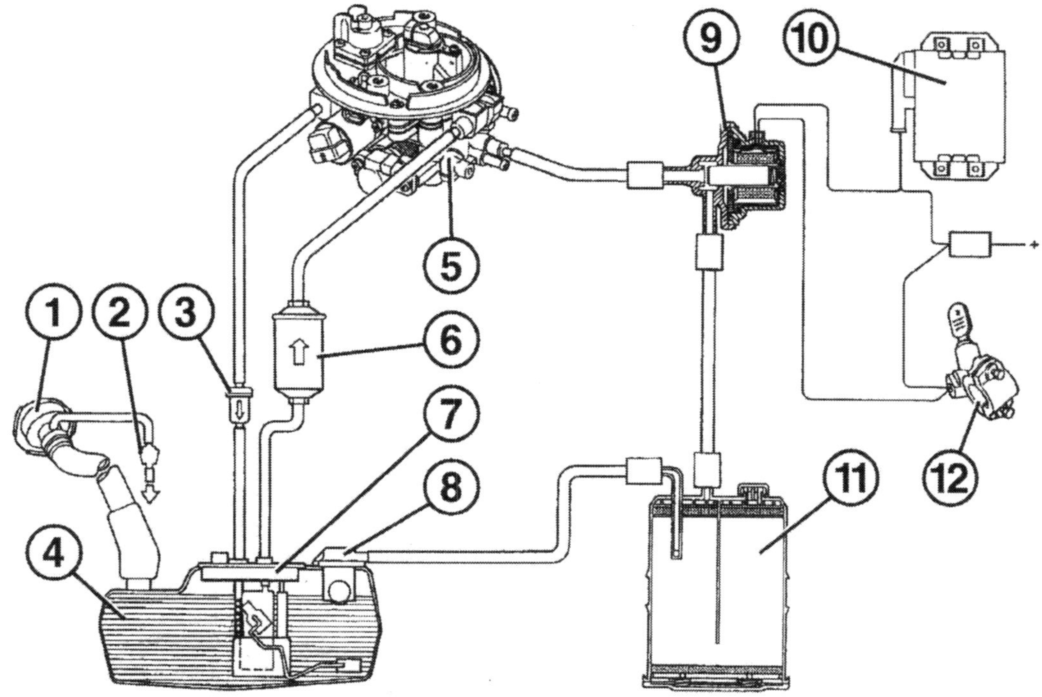

Das Be- und Entlüftungssystem des Tanks (Schema)
❶ Kraftstoffeinfüllstutzen. ❷ Zweiwege-Sicherheitsventil. ❸ Rückschlagventil in der Kraftstoffrücklaufleitung. ❹ Kraftstofftank. ❺ SPI-Einspritzeinheit. ❻ Kraftstoffilter. ❼ Intank-Kraftstoffpumpe. ❽ Mehrfunktionsbelüftungsventil. ❾ Magnetventil. ❿ Steuergerät. ⓫ Aktivkohlebehälter. ⓬ Zündschloß.

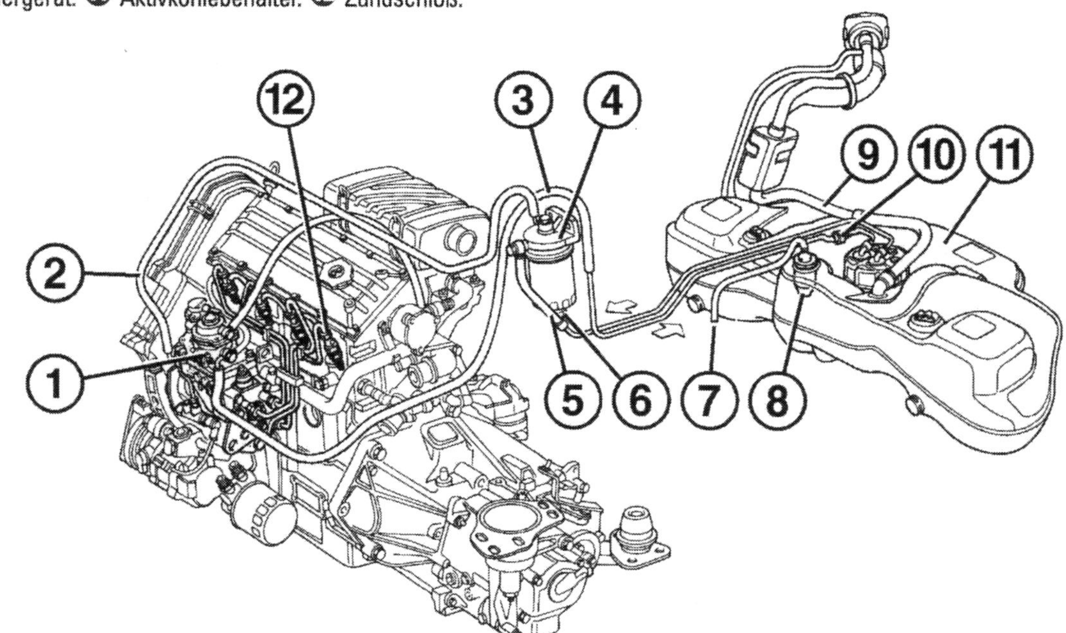

Kraftstoffversorgung bei der Dieseleinspritzung (Schema)
Vom Tank ⓫ gelangt der Kraftstoff durch die Zuleitung ❺ in den Kraftstoffilter ❹. Der gereinigte Dieselkraftstoff wird über die Leitung ❷ in die Einspritzpumpe ❶ gesaugt. Der Überschuß läuft durch die Rücklaufleitung zum Tank zurück. Von der Einspritzpumpe gelangt der Kraftstoff unter hohem Druck über kurze Einspritzleitungen zu den Einspritzdüsen ⓬. Eine kleine Überschußkraftstoffmenge läuft von Einspritzdüse zu Einspritzdüse und dann über die Rücklaufleitung ❸ zurück in den Tank.
❻ Entwässerungsschraube am Dieselfilter. ❼ Druckausgleichsleitung mit Auslaufsicherheitsventil zwischen Tankober- und -unterteil. ❽ Entlüftungsventil mit Überschlagsicherung. ❾ Luftausgleichsventil. ❿ Einwegventil.

Die wichtigsten Bauteile der Kraftstoffversorgung

Kraftstoffpumpe Bei den Benzinern: Eine elastisch aufgehängte Tauchpumpe, direkt im Tank eingebaut (Intank-Kraftstoffpumpe). Umgeben von einem Behälter mit Sieb, der auch bei stark schwappendem Kraftstoff (z.B. in Kurven) die Versorgung ermöglicht. Die Pumpe wird elektrisch betrieben und ist mit dem

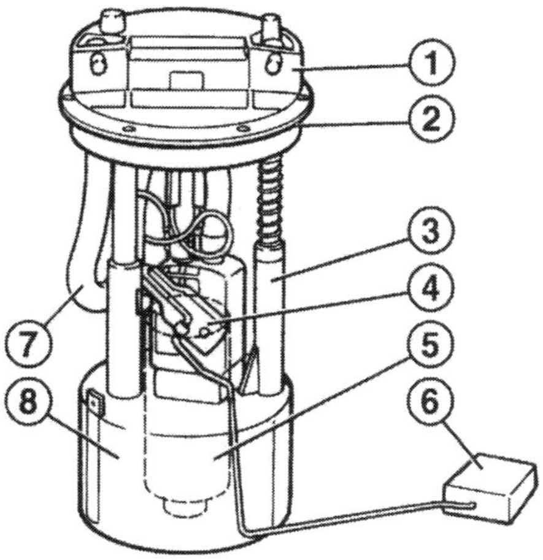

Intank-Kraftstoffpumpe mit Kraftstoffstandsgeber
❶ Verschluß- bzw. Montageplatte. ❷ Dichtung. ❸ Kraftstoffrücklauf. ❹ Kraftstoffstandsgeber. ❺ Kraftstoffpumpe. ❻ Schwimmer. ❼ Kraftstoffdruckleitung. ❽ Siebbehälter.

Geber der Kraftstoffanzeige verbunden. Ein Überdruckventil läßt zuviel geförderten Kraftstoff und Gase direkt in den Kraftstofftank entweichen und hält den Systemdruck auch bei ausgeschalteter Zündung aufrecht. Bei Dieselmotoren: Hier saugt die Flügezellenpumpe den Kraftstoff an.

Kraftstoffilter Filtert flüssige und feste Fremdstoffe aus dem Kraftstoff. Bei den Benzinmotoren: Beim Tank in die Kraftstoffvorlaufleitung eingebaut. Enthält zwei Filterelemente, an denen Verunreinigungen abgeschieden werden. Beim Diesel: Im Motorraum an der Spritzwand montiert. Im Filtergehäuse sitzt ein Fühler, der Wasser registriert. Außerdem ist der Filter mit einer elektrisch beheizten Kraftstoffvorwärmung ausgestattet. Sie schaltet bei Temperaturen unter 5°C ein und verhindert die Paraffinierung des Kraftstoffs.

Aktivkohlebehälter Sitzt im rechten Radhaus (in Fahrtrichtung). Bindet die Kraftstoffdämpfe in der Entlüftungsleitung. Je nach Lastzustand des Motors öffnet das Steuergerät über ein Magnetventil einen Unterdruckschlauch zum Ansaugkrümmer – die Kraftstoffdämpfe werden aus dem Aktivkohlebehälter abgesaugt und der Verbrennung zugeführt.

Der Kraftstoff

Die Benzinmotoren des Fiat Punto benötigen alle den Kraftstoff Euro Super (ROZ 95). Sie können aber auch den umweltfreundlicheren Kraftstoff Super Plus tanken. Das ist vor allem sinnvoll, wenn Ihr Punto zum Beispiel im Urlaub bei voller Belastung und hohen Außentemperaturen längere Strecken zurücklegen muß. Sie werden sehen: Mit Super Plus im Tank verbraucht der Punto weniger Sprit. Im übrigen haben Sie es auch selbst in der Hand, wieviel Sprit Ihr Fahrzeug verbraucht.

So sparen Sie Kraftstoff

Beschleunigen Sie stets zügig, schalten Sie jedoch möglichst früh in den nächsthöheren Gang. Ist die gewünschte Geschwindigkeit erreicht, wählen Sie den höchstmöglichen Gang und lassen den Wagen mit wenig Gas rollen. Der Motor soll nur beim Überholen oder beim Einspuren in den fließenden Verkehr hochdrehen. Außerdem sollten Sie auch beim kurzen Halt vor einer Eisenbahnschranke, Baustellenampel oder im Stau den Motor abstellen – bereits bei 5-7 Sekunden Wartezeit sparen Sie Kraftstoff.

Kraftstoff für den Punto-Benziner

Euro Super	Super Plus
ROZ 95/MOZ 85	ROZ 98/MOZ 88

Der Dieselkraftstoff

Dieselkraftstoff besteht überwiegend aus sogenannten Paraffinen. Diese Kohlenwasserstoffe sind sehr zündwillig, haben jedoch den Nachteil, daß sie bei sinkenden Temperaturen zunehmend auskristallisieren. Die einzelnen Kristalle lagern sich rasch aneinander an und bilden komplexe, netzförmige Verbindungen. Wird es zu kalt, bilden sich viele Kristallnetze – der Kraftstoff versulzt und kann nicht mehr durch den Kraftstoffilter fließen. Diesem Problem begegnen die Hersteller durch Zugabe sogenannter Fließverbesserer. Diese chemischen Zusätze verhindern zwar nicht die Bildung von Paraffinkristallen. Sie legen sich jedoch um die einzelnen Kristalle und verhindern so, daß sich Kristallnetze bilden. Einzelne Kristalle sind klein genug, um durch die Poren des Filters zu schlüpfen. Der Kraftstoff kann also bis zur Einspritzpumpe gelangen.

Tanken Sie mit Ihrem Punto-Diesel nur Dieselkraftstoff nach DIN 51 601 mit einer Cetanzahl (CZ) von mindestens 45. Der Kraftstoff ist überdies vom Hersteller auf die jeweilige Jahreszeit abgestimmt.

- Sommer-Dieselkraftstoff kommt ohne Fließverbesserer aus. Er würde daher schon stocken, wenn das Thermometer unter –2°C fällt.
- Übergangsdiesel verkaufen die Tankstellen im Frühjahr und im Herbst. Er ist noch bei –8° bis –10°C filtergängig.
- Winterdiesel wird durch Zugabe von Fließverbesserern in der Regel mit Temperaturen bis etwa –22°C fertig (DIN-Norm –12°C).

Sommerdiesel im Winter

Haben Sie Ihren Diesel-Punto ein halbes Jahr oder länger nicht bewegt, kann es vorkommen, daß Sie bei Minusgraden mit Sommerdiesel fahren müssen. In diesem Fall hilft die Zugabe eines Fließverbesserers, den Sie in Tankstelle oder Zubehörhandel kaufen können. Fragen Sie nach einer geeigneten Sorte und studieren Sie die Gebrauchsanleitung auf der Dose. Den Fließverbesserer (Zimmertemperatur) in den Tank kippen und dann randvoll tanken. Der in den Erdtanks gelagerte Dieselkraftstoff ist warm genug, der Zusatz kann sich während der Fahrt gut mit dem Tankinhalt vermischen. Ist der Kraftstoff jedoch schon versulzt, ist es für die Zugabe des Fließverbesserers zu spät. Dann sollten Sie den Wagen zunächst in eine beheizte Garage schleppen, wo sich die Paraffinkristalle zurückbilden können. Je wärmer es dort ist, um so schneller zeigt sich eine Wirkung. Erst danach können Sie den Fließverbesserer beimischen.

Tanken im Ausland — Praxistip

Im allgemeinen sind die Qualitäten der Kraftstoffe europaweit einheitlich. Achten Sie bei Urlaubsfahrten ins Ausland – hauptsächlich in den östlichen Ländern – trotzdem darauf, wie die Zapfsäulen beschriftet sind. Im Zweifelsfall betanken Sie Ihren Punto mit Kraftstoff der höchsten Qualitätsklasse – Ihr Motor wird es Ihnen danken.

Technik-lexikon — Begriffe rund um den Kraftstoff

Normalbenzin/Superbenzin Fast identisch bei Reinheitsgrad, Verhalten bei Verdampfung (wichtig für Entzündbarkeit) und Energiebilanz (Heizwert je Kilogramm Kraftstoff). Entscheidender Unterschied: die Klopffestigkeit. Sie ist bei Super höher als bei Normalbenzin.

Klopffestigkeit Je höher das Kompressionsverhältnis ist, um so leichter kommt es zu Selbstentzündungen im Zylinder, wenn der Kraftstoff nicht klopffest genug ist. Superkraftstoff hält höhere Drücke aus als Normalbenzin, entzündet sich daher schwerer. Haben Sie Ihren Punto aus Versehen mit Normalbenzin betankt, klingelt der Motor laut, wenn Sie aus niedrigen Drehzahlen heraus voll beschleunigen. In diesem Fall nur bei mittleren Drehzahlen weiterfahren, zwischendurch Tank mit Superbenzin auffüllen.

Oktanzahl Steht für die Klopffestigkeit eines Kraftstoffs. An der Zapfsäule findet man in der Regel die Bezeichnung »ROZ« (Research-Oktanzahl), seltener die Spezifikation »MOZ« (Motor-Oktanzahl). Die Oktanwerte für die Mindestanforderungen an bleifreien Kraftstoff wurden in Deutschland früher vom Deutschen Institut für Normung (DIN) nach DIN 51 607 festgeschrieben. Heute gilt die Euro-Norm EN 228.

Diesel Dieselkraftstoff ist perfekt auf den Dieselmotor zugeschnitten. Durch seine hohe Zündwilligkeit läuft die Selbstzündung kontrolliert im Bruchteil einer Sekunde ab.
Für den Benzinmotor ist Dieselkraftstoff Gift. Er würde nicht auf den Funken der Zündkerze warten, sondern sich bereits während der Aufwärtsbewegung des Kolbens entzünden. Folgen: hoher Druckanstieg im Zylinder, der Kolben erhält einen Schlag auf den Boden und leitet ihn über das Pleuel auf die Lager der Kurbelwelle weiter. Außerdem entsteht eine enorme Hitze, bei der die Kolbenböden schmelzen können.

Cetanzahl Steht für die Zündwilligkeit eines Kraftstoffes. Eine reine Verhältniszahl, die im Labor ermittelt wird. Dem sehr zündwilligen Kraftstoff Cetan wird die Zahl 100 zugeordnet, dem extrem zündträgen Vergleichskraftstoff (Methylnaphtalin) die Ziffer 0. Die Cetanzahl gibt an, wieviel Volumenprozent Cetan sich in einem Gemisch mit diesem Vergleichskraftstoff befinden müssen, das die gleiche Zündwilligkeit besitzt wie der zu messende Kraftstoff. Beim Diesel soll sie 45 betragen.

Der richtige Umgang mit Kraftstoff

Der Umgang mit Kraftstoff ist gefährlich. Nehmen Sie daher Wartungsarbeiten und Reparaturen an Teilen der Kraftstoffanlage nicht auf die leichte Schulter. Vor allem beim Entleeren des Kraftstoffbehälters müssen Sie mit äußerster Vorsicht vorgehen. Grundsätzlich müssen Sie beim Umgang mit Kraftstoff folgende Vorsichtsmaßnahmen beachten:

- Zuerst die Batterie abklemmen, Kabel gegen Berühren mit den Polen der Batterie sichern.
- Kraftstoffbehälter nur im Freien entleeren. Dazu brauchen Sie ein entsprechendes Abpumpgerät (z. B. Balgenpumpe). Auf keinen Fall den Kraftstoff durch die Öffnung des Gebers der Kraftstoff-Vorratsanzeige auskippen oder durch Ansaugen an einem Schlauch mit dem Mund entleeren – Vergiftungsgefahr durch die hochgiftigen Kraftstoffzusätze!
- CO_2-Pulver- oder Schaumlöscher der Brandklasse B muß in greifbarer Nähe sein.
- Den Kraftstoffbehälter nie über einer Grube entleeren. Die entweichenden Gase sind schwerer als Luft, würden für mehrere Stunden in der Grube bleiben. Folge: Gesundheitsschädigung durch Einatmen, akute Explosionsgefahr.
- Stellen Sie sicher, daß sich während der Arbeit mit Kraftstoff keine eingeschalteten elektrischen Geräte, offene Flammen, Wärme- und Funkenquellen im Raum befinden.
- Kraftstoff darf nur in einen verschließbaren, klar beschrifteten Behälter umgefüllt werden. Dazu gibt's spezielle Behälter mit Flammschutz und Druckausgleichsverschluß.
- Im entleerten Kraftstofftank befinden sich Restgase. Auch die sind gefährlich. Alle Arbeiten deshalb mit besonderer Vorsicht ausführen.

Der Kraftstoffilter ❸ der Benziner ist rechts neben dem Kraftstofftank an den Wagenboden montiert. Zum Abziehen der Kraftstoffleitungen ❶ die Sperrklinken (Pfeil) der Schnellkupplung ❷ eindrücken. Dann Klemmschelle ❹ öffnen und Kraftstoffilter abnehmen. Beim Einsetzen eines neuen Filters unbedingt auf die Durchflußrichtung (Pfeilmarkierung) achten.

Kontrolle der Tankdurchlüftung (Benziner)

Arbeitsschritte

1 Motor warmfahren (Betriebstemperatur), dann im Leerlauf drehen lassen.

2 Am Magnetventil den vom Aktivkohlebehälter kommenden Schlauch abziehen.

3 Am Ventilanschluß prüfen, ob Unterdruck anliegt. Ist dies nicht der Fall, sollten Sie das Magnetventil prüfen.

4 Dazu Massekabel der Batterie abklemmen und Stecker vom Magnetventil abziehen.

5 Schläuche vom Magnetventil abziehen und Ventil abnehmen. Merken Sie sich den Sitz der Anschlüsse für den Wiedereinbau.

6 Versuchen Sie, an einem Schlauchanschluß durchzublasen. Das darf nicht möglich sein.

Kraftstoffilter ersetzen (Benziner)

Arbeitsschritte — 30000 km / 2 Jahre

1 Massekabel der Batterie abklemmen.

2 Fahrzeug hinten aufbocken.

3 Auffangbehälter unter den Kraftstoffilter auf den Boden stellen.

4 Anschluß der Zulaufleitung vorsichtig öffnen, damit der Druck in der Leitung langsam abgebaut wird.

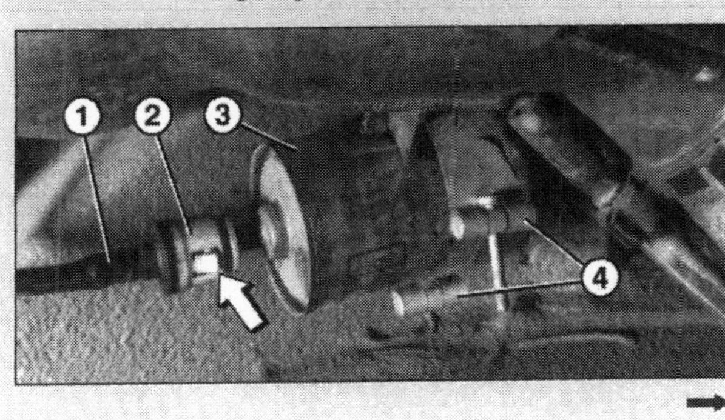

→

5 An Vor- und Rücklaufleitung ggf. Schlauchklemmen ansetzen.

6 Beide Kraftstoffleitungen vom Filter abbauen. Dabei Lappen um die Leitungen legen. Je nach Motortyp sind die Leitungen mit Schlauchschellen oder Schnellkupplungen versehen. Bei der MPI-Benzineinspritzung sind die Leitungen geschraubt. Beim Ausbau auf Reihenfolge der Dichtungsteile achten.

7 Klemmschraube lösen und Filter aus der Halterung ziehen. Den alten Filter als Sondermüll entsorgen.

8 Beim Einbau auf richtige Einbaurichtung achten (Pfeile zeigen die Durchflußrichtung an). Anschlüsse reinigen, Kraftstoffleitungen aufschieben und je nach Filtertyp mit Schraubschellen sichern. Bei der MPI-Benzineinspritzung müssen Sie neue Dichtringe verwenden.

9 Batterie anschließen und Zündung einige Male ein- und ausschalten, damit sich Druck im System aufbaut.

10 Leitungsanschlüsse auf Undichtigkeiten überprüfen.

Kraftstoffilter entwässern (Diesel)

Arbeitsschritte

1 Wenn im Armaturenbrett die Warnleuchte brennt oder ein Filterwechsel fällig ist, muß der Kraftstoffilter entwässert werden.

2 Auffangbehälter unter den Kraftstoffilter auf den Boden stellen. Zum Entsorgen später Kraftstoff in einen Altölkanister umfüllen.

3 Entwässerungsschraube unten am Filtergehäuse aufdrehen, bis Flüssigkeit austritt. Die Schraube nimmt auch den Warnfühler auf – deshalb vorsichtig drehen.

4 Flüssigkeit ablaufen lassen, bis sauberer Kraftstoff austritt (ca. 100 cm³).

5 Entwässerungsschraube handfest schließen.

Kraftstoffilter wechseln (Diesel)

Arbeitsschritte

1 Filter entwässern.

2 Kraftstoffleitungen am Filtergehäuse abbauen.

3 Schrauben der Filterhalterung lösen und Filtergehäuse komplett abnehmen.

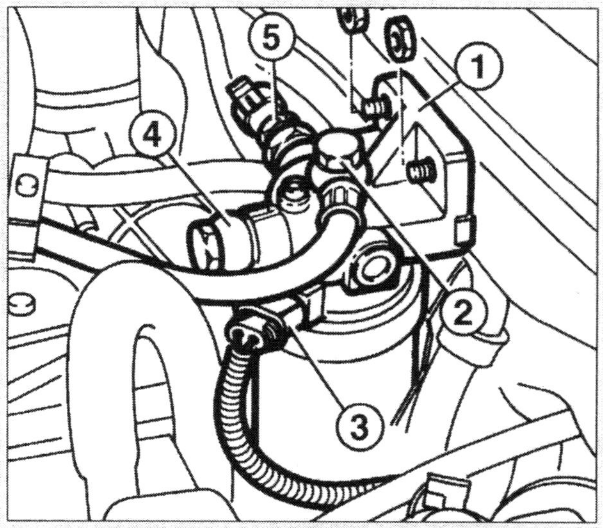

Sie haben beim Abschrauben der Filterpatrone mehr Arbeitsraum zur Verfügung, wenn Sie den Kraftstoffilter vorher komplett von der Stirnwand im Motorraum abbauen.
❶ Halterung an der Motorraumstirnwand. ❷ Anschluß Kraftstoffleitung zur Einspritzpumpe. ❸ Steckverbindung der Kraftstoffvorwärmung. ❹ Anschluß Kraftstoffleitung vom Kraftstofftank. ❺ Thermoschalter der Kraftstoffvorwärmung.

4 Filter von Hand oder mit Spannband abschrauben. Der alte Einsatz ist Sondermüll.

5 Neuen Filtereinsatz richtig herum (Fließrichtung beachten) einsetzen. Filtergehäuse randvoll mit Diesel füllen – das verkürzt den Entlüftungsvorgang erheblich.

6 Filtergehäuse an Spritzwand montieren und Kraftstoffleitungen anschließen.

7 Kontrollieren Sie, ob die Entwässerungsschraube geschlossen ist.

8 Motor anlassen. Dazu bei Bedarf Vollgas geben, bis er anspringt.

9 Kontrollieren Sie, ob alle Anschlüsse dicht sind.

Kraftstoff ablassen

Der Tank besitzt keine Ablaßschraube. Da die Kraftstoffsaugleitung und der Rücklauf an der Tankoberseite sitzen, kann man nicht einfach eine Leitung abziehen und den Kraftstoff auslaufen lassen.

Arbeitsschritte

1 Ist der Tank noch gut gefüllt, durch den Einfüllstutzen einen Schlauch so tief wie möglich in den Tank schieben.

2 Obere Schlauchöffnung mit dem Finger dicht verschließen. Das Auffanggefäß muß unterhalb des Tankbodenniveaus stehen. Schlauch wieder ein Stück herausziehen und ins Gefäß halten. Reicht der Schlauch weit genug in den Kraftstoff, fließt er jetzt durch das Gefälle heraus. Ansaugen von Kraftstoff mit dem Mund gefährdet die Gesundheit.

3 Befindet sich zuwenig Kraftstoff im Tank, hilft diese Methode meist nicht mehr. Dann müssen Sie den Kraftstoff mit einer kraftstoffesten Handpumpe (Balgenpumpe) abpumpen.

Leitungen, Schläuche ausbauen

Arbeitsschritte

1 Vorsicht: Das Kraftstoffsystem steht auch längere Zeit nach dem Abschalten des Motors noch unter Druck. Deshalb beim Losschrauben einer Kraftstoffleitung einen Lappen bereithalten, damit kein Kraftstoff herausspritzen kann.

2 Bei Quetschklemmen mit einem feinen Schraubendreher unter die Schelle fahren und diese durch seitliches Hebeln lockern.

3 Schlauch unter Drehbewegungen abziehen. Ist dies nicht möglich, kleinen Gabelschlüssel hinter dem Schlauchende ansetzen und Schlauch damit abdrücken.

4 Zum Anschluß der Schläuche am besten Schraubschellen verwenden.

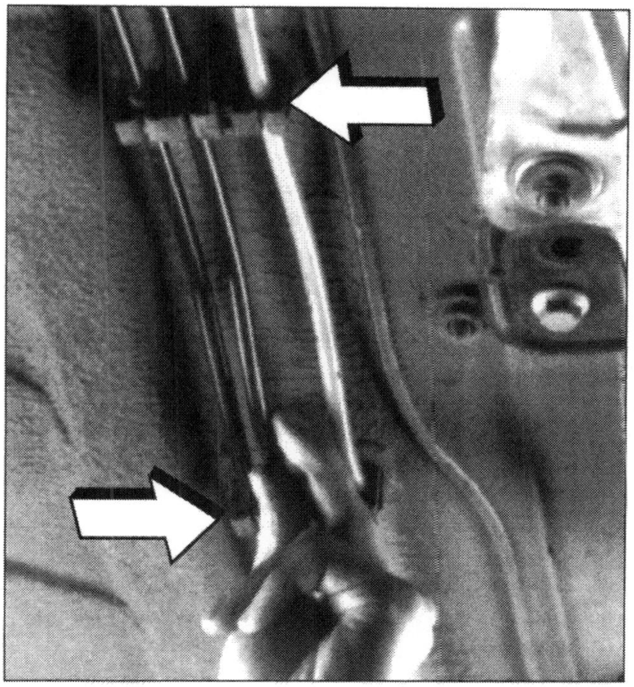

Die Kraftstoffleitungen sind zusammen mit den Bremsleitungen geschützt am Wagenboden in elastischen Halterungen (Pfeile) verlegt. Beim Ausbau müssen die Leitungen vorsichtig aus den Klemmungen gehebelt werden. Wichtig beim Einbau ist der exakte spannungsfreie Sitz in den Halterungen. Sonst kann es zu unerwünschten Vibrationen kommen.

Fehlersuche an der Kraftstoffpumpe (Benziner)

Die Prüfung der Kraftstoffpumpe ist eine Arbeit für die Werkstatt. Wenn Sie einen Defekt an diesem Bauteil vermuten, sollten Sie sich auf folgende Fehlersuche beschränken.

Arbeitsschritte

1 Zündung lahmlegen.

2 Kraftstoff-Druckleitung am Druckregler (SPI) bzw. Verteilerrohr (MPI) lösen – Lappen gegen herausspritzendes Benzin bereithalten.

3 Schon bei stehendem Motor müßte etwas Benzin austreten, da das Kraftstoffsystem unter Druck steht.

→

5 Tritt kein Benzin aus, Zündung einschalten (Anlasser nicht betätigen!).

6 Wenn die Pumpe nicht reagiert: Sicherheitsschalter links neben dem Fahrersitz kontrollieren. Ist der Knopf herausgesprungen, wieder hineindrücken. Läuft die Pumpe jetzt, sollten Sie nach der Ursache für das Herausspringen des Knopfes suchen – er darf nur bei einer starken Erschütterung reagieren (Aufprall ab etwa 25 km/h).

7 Kommt weiterhin kein Benzin, Sicherung kontrollieren bzw. Pumpenrelais prüfen.

8 Ist die Sicherung defekt, muß sie erneuert werden. Läuft die Pumpe jetzt, sollten Sie nach der Ursache für den Sicherungsdefekt suchen.

9 Bauen Sie die Abdeckung unter der Rücksitzbank aus. Manchmal hilft schon ein leichter Schlag auf das Pumpengehäuse. War die Pumpe nur leicht blockiert, läuft sie vielleicht wieder.

Durch einen leichten Schlag auf das Pumpengehäuse (Pfeil) kann eine blockierte Pumpe notdürftig wieder zum Laufen gebracht werden.

10 Sitzt der Kabelstecker an der Pumpe richtig?

11 Läuft die Pumpe immer noch nicht, mit Dioden-Spannungsprüfer (eine normale Prüflampe könnte am Steuergerät Schaden anrichten) feststellen, ob überhaupt Spannung anliegt. Dazu Zündung einschalten.

12 Liegt Spannung an, dürfte die Pumpe defekt sein. Oder ein Kabel ist unterbrochen.

13 Läuft die Pumpe, ohne daß am Druckregler Kraftstoff kommt, ist der Kraftstoffilter oder die Kraftstoffleitung verstopft oder eine Kraftstoffleitung geknickt.

14 Läuft die Pumpe nach allen Prüfungen nicht, bleibt nur noch der Ausbau der Pumpe, um sie zu kontrollieren und bei Bedarf auszuwechseln.

Technik-lexikon

Die elektrische Kraftstoffpumpe

Die elektrische Kraftstoffpumpe wird über ein Relais im Motorraum mit Spannung versorgt. Sie ist nur in Betrieb, wenn der Motor läuft oder wenn Sie den Zündschlüssel zum Anlassen des Motors drehen. Ein zweites Relais tritt in Aktion, wenn der Motor bei eingeschalteter Zündung stillsteht (Steuergerät empfängt keine Drehzahlimpulse mehr). Das Relais unterbricht über eine Sicherheitsschaltung im Motor-Steuergerät die Stromzufuhr. So kann zum Beispiel nach einem Unfall kein Benzin auslaufen.

Kraftstoffpumpe ausbauen

Arbeitsschritte

1 Batteriemassekabel abklemmen.

2 Rücksitzkissen nach vorne klappen, Schutzabdeckung vom Karosserieboden abbauen.

3 Mehrfachstecker von der Kraftstoffpumpe abziehen.

4 Tank und angrenzende Bereiche reinigen.

5 Kraftstoffvor- und -rücklaufleitung abbauen. Dazu die beiden Schnellverschlüsse durch Eindrücken der kleinen Sperrlaschen abziehen. Leitungen markieren.

6 Rohrzange in die Aussparungen des Sicherungsrings auf dem Kraftstoffpumpen-Oberteil einsetzen und Ring losdrehen oder Muttern ringsum lösen. Bei der mit einem Ring befestigten Kraftstoffpumpe benutzt die Werkstatt einen Spezialsteckschlüssel.

7 Tankgeber-Pumpeneinheit vorsichtig aus der Tanköffnung ziehen.

8 Dichtung grundsätzlich erneuern, da sie beim Pumpenausbau stets beschädigt oder deformiert wird.

9 Vor Einbau der Pumpe alle Dichtflächen gründlich reinigen.

10 Dichtung des Einfüllstutzens für leichteren Einbau etwas einfetten.

11 Vor Ansetzen des Sicherungsrings den korrekten Sitz der Dichtung nochmals kontrollieren.

Die Abgasentgiftung

Kraftstoff besteht im wesentlichen aus den Elementen Kohlenstoff und Wasserstoff. Bei der Verbrennung im Motor verbindet sich der Kohlenstoff mit dem Sauerstoff der Luft zu Kohlendioxid (CO_2), der Wasserstoff (H) vereinigt sich mit Sauerstoff (O_2) zu Wasser (H_2O). Aus einem Liter Kraftstoff entsteht rund 0,9 Liter Wasser, das durch die Verbrennungswärme unsichtbar aus dem Auspuff entweicht. Im Winter können Sie nach dem Kaltstart eines Fahrzeugs oft weiße Auspuffwolken beobachten – ein Hinweis auf kondensierendes Wasser.

Abgasentgiftung beim Benziner

Die Benzin-Motoren der in Deutschland angebotenen Punto-Modelle sind alle mit einem geregelten Dreiwege-Katalysator ausgerüstet. Die Bezeichnung »geregelt« weist darauf hin, daß die Verminderung der Schadstoffe durch die Zusammensetzung des Kraftstoff-Luft-Gemisches beeinflußt (geregelt) wird. Dazu sitzt am Einlaßrohr des Katalysators die Lambda-Sonde, die den Sauerstoffanteil im Abgas ständig mißt. Nach diesen Meßwerten gibt das Steuergerät den Befehl zum Anreichern oder Abmagern des Kraftstoff-Luft-Gemisches. Das geschieht in rasch wechselnder Folge: Luftüberschuß zur Verbrennung der Kohlenwasserstoffe, Luftmangel zur Verringerung der Stickoxide. Die aus dieser Mischung entstehenden Abgase gelangen in den Katalysator, der sie nahezu vollständig in Stoffe wie Kohlendioxid, Wasserdampf und Stickstoff umwandelt.

Technik-lexikon — **Begriffe rund ums Abgas**

Kohlenmonoxid (CO) Wird beim Benziner bei der Abgasuntersuchung gemessen. Exakte Steuerung der Einspritzmenge und der Zündverstellwerte sowie gleichmäßige Gemischverwirbelung im Verbrennungsraum sind Voraussetzung für einen niedrigen CO-Anteil. In geschlossenen Räumen giftig, verbindet sich in der Luft mit Sauerstoff zum ungefährlichen Kohlendioxid, das indes wesentlich am Treibhauseffekt beteiligt ist.

Kohlenwasserstoffe (HC) Werden an kalten Stellen und engen Winkeln im Brennraum teilweise nicht verbrannt. Ihr Anteil hängt ab von der Konstruktion des Motors (unveränderliche Größe); zu fettes oder zu mageres Gemisch erhöht jedoch den Ausstoß. Zusammen mit Stickoxiden für Smog (schwer auflösbare Abgasnebelwolken) verantwortlich.

Stickoxide (NO_x) Ihr Anteil steigt bei hohen Verbrennungstemperaturen. Das ist z.B. bei Motoren der Fall, die für geringen CO- und HC-Ausstoß ausgelegt sind (reduziert Kraftstoffverbrauch). Können bei starker Konzentration Atmungsorgane reizen. In Verbindung mit Wasser bildet sich Salpetersäure (saurer Regen).

Schwefeldioxid (SO_2) Bildet sich in geringen Mengen bei Dieselmotoren. Ursache sind die im Dieselkraftstoff enthaltenen Schwefelanteile. Unter Einwirkung von Licht entsteht Schwefelsäure oder schwefelige Säure, die beide zum sauren Regen beitragen. Der Verkehr ist jedoch nur zu 3% für das Entstehen von schwefeligen Säuren verantwortlich.

Abgassonderuntersuchung (ASU) Für Fahrzeuge mit geregeltem Kat seit Dezember 1993 Pflicht. Am Neuwagen ist die ASU-Plakette drei Jahre gültig, dann sind Kontrollen im Zweijahres-Rhythmus fällig. ASU führen markengebundene und Freie Werkstätten, Tankstellen, DEKRA und TÜV durch. Die Auspuffanlage muß intakt sein, ins Ansaugsystem darf keine Nebenluft eintreten. Lassen Sie den Punto stets in der Werkstatt warten, gehört die ASU zum Service dazu.

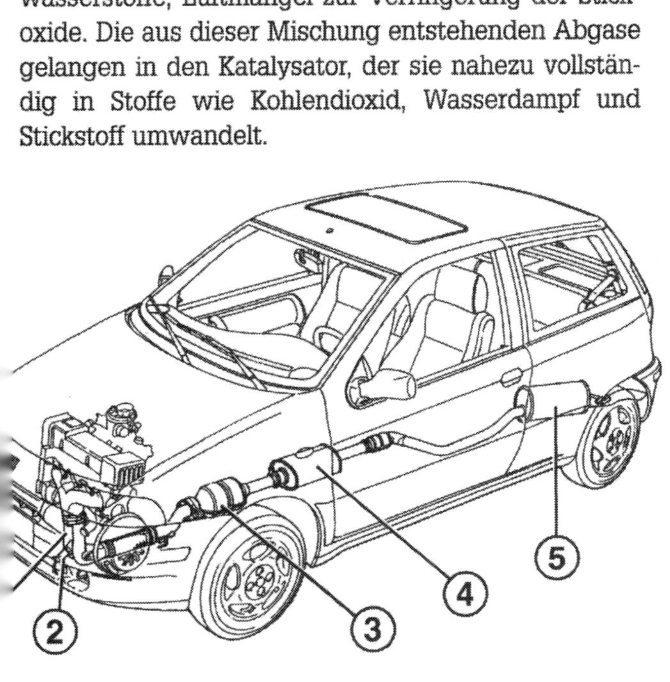

Die Einbaulage des Katalysators
❶ Vorderes Auspuffrohr bzw. Hosenrohr. ❷ Lambda-Sonde. ❸ Katalysator. ❹ Vorderer Schalldämpfer. ❺ Hinterer Schalldämpfer.

Arbeitstemperaturen für den Kat

Damit Katalysator und Lambda-Sonde ihre Arbeit aufnehmen können, müssen sie erst einmal kräftig angeheizt werden (Katalysator: ca. 300°C.). Das dauert in der Regel 25–80 Sekunden. Beide Bauteile reagieren jedoch auf zu große Hitze sehr empfindlich. Steigen die Temperaturen im Katalysator über 900°C, altert er rapide, ab 1200°C wird er zerstört. Bei Temperaturen ab 1400°C schmilzt der Keramikkörper der Lambda-Sonde. Das Auspuffsystem verstopft und der Motor verliert Leistung.

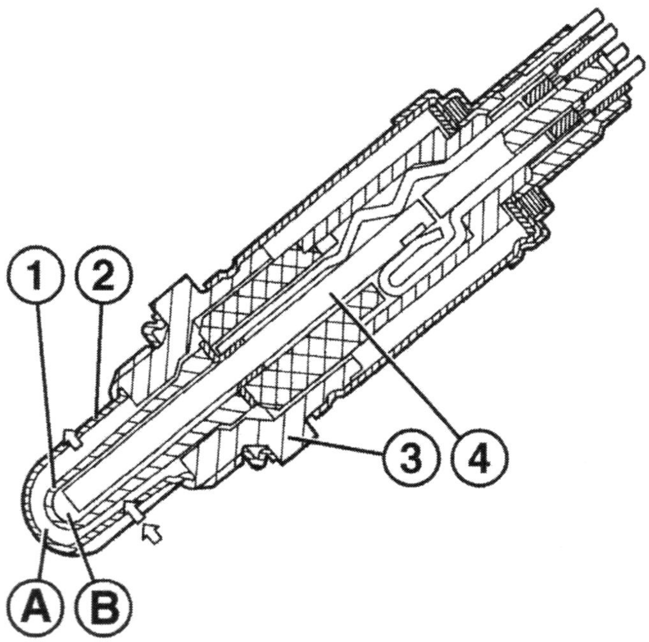

Die Lambda-Sonde (Schnitt)
Die Außenseite **(B)** der Sonde steht mit der Außenluft in Verbindung, die Innenseite **(A)** ragt in den Abgasstrom. Durch den unterschiedlichen Sauerstoffanteil entsteht eine unterschiedliche elektrische Spannung. Diese Werte werden an das Steuergerät gemeldet, das die Einspritzmenge entsprechend verändert.
❶ Keramisches Stützrohr. ❷ Schutzmantel. ❸ Sondengehäuse. ❹ Elektrischer Widerstand.

Regeln für den Umgang mit dem Kat

Der Katalysator verliert mit zunehmender Laufleistung des Fahrzeugs einen Teil seiner Wirkung. Trotzdem verringert er in seinem Arbeitsleben den Anteil des Kohlenmonoxids durchschnittlich um etwa 85 Prozent, der Kohlenwasserstoffe um etwa 80 Prozent und der Stickoxide um etwa 70 Prozent. Allerdings sollten Sie einige Regeln beim Umgang mit Ihrem Katalysator-Punto beachten. Wenn sich zum Beispiel unverbranntes Gemisch im heißen Katalysator entzündet, läßt dies die Temperaturen in gefährliche Höhen ansteigen. Studieren Sie in jedem Fall die Betriebsanleitung Ihres Punto. Dort finden Sie zahlreiche Hinweise zu diesem Thema.

- Auch wenn der Motor nur wegen einer leeren Batterie nicht startet: Verzichten Sie aufs Anrollenlassen, Anschieben oder Anschleppen. Dabei kann unverbrannter Kraftstoff in den Katalysator gelangen, was ihn auf Dauer schädigt. Dies gilt auch für den Diesel.
- Zündaussetzer oder Fehlzündungen deuten auf einen Defekt an der Zündanlage hin. Lassen Sie dies sofort überprüfen.
- Wenn Sie Unterbodenschutz auftragen: Das Mittel darf nicht an den Katalysator kommen.
- Kontrollieren Sie gelegentlich bei aufgebocktem Fahrzeug, ob der Hitzeschutz über dem Katalysator nicht beschädigt ist.
- Durch einen Riß im Auspuffrohr vor der Lambda-Sonde ermittelt die Sonde einen erhöhten Sauerstoffanteil im Abgas – das Gemisch wird angefettet, der Kraftstoffverbrauch steigt.

Abgasentgiftung beim Diesel

Im Auspuffsystem des Punto-Diesels ist ein sogenannter Oxidationskatalysator (entspricht ungeregeltem Kat) eingebaut. Er verringert die Emissionen von Kohlenwasserstoffen und Kohlenmonoxid um bis zu 50 Prozent. Der Kat ist zwar kein Rußfilter, trotzdem spielt er auch bei der Reduktion der Rußpartikel eine wichtige Rolle. Die gasförmigen Kohlenwasserstoffe lagern sich nämlich normalerweise an die festen Rußteilchen an und erhöhen so die ausgestoßene Partikelmenge. Da die Kohlenwasserstoffe aber bereits im Kat oxidieren, können sie sich nicht mehr mit dem Ruß verbinden.

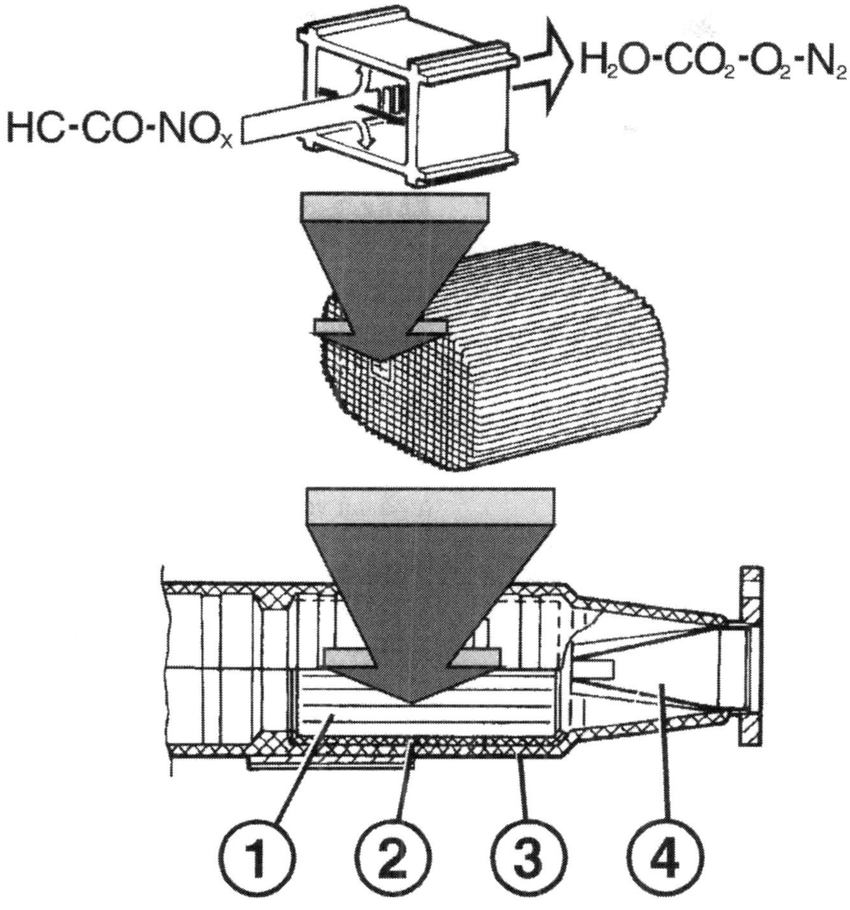

Oxidationsvorgang im Katalysator (Schema)
Der Kat besteht aus der Wabenstruktur des Keramikträgers ❶, der in einem elastischen, schwingungsdämpfenden Metallgewebe ❷ eingebettet ist. Dieses Paket ist von einem hochtemperaturfesten Edelstahlgehäuse ❸ umgeben. Damit die einströmenden Auspuffgase die Katalysatorwaben gleichmäßig durchströmen, ist davor ein Trichtersieb ❹ angeordnet.

AGR – einfach, aber wirksam

Der Punto Diesel ist nach der Abgasvorschrift EG 96 (94/12) mit einer Abgasrückführung (AGR) ausgerüstet. Dieses System senkt den NO_x-Anteil im Abgas. Ein elektronisches Steuergerät regelt die AGR aus Signalen der Kühlmitteltemperatur, Motordrehzahl und der »Gas«-Hebelstellung der Einspritzpumpe. Je nach Belastung des Motors werden aus dem Abgasstrom zwischen 5 bis 15 Prozent des Abgases abgezweigt und ins Ansaugrohr zurückgeleitet. Das Abgas enthält freilich kaum noch verbrennungsfähige Stoffe. Es trägt vielmehr dazu bei, die Temperaturen im Verbrennungsraum abzusenken. Das verringert auch den Anteil der Stickoxide.

Die Auspuffanlage

Die Auspuffanlage ist ein wichtiger Teil des Motors. Sie hat die Aufgabe, die Schadstoffe im Abgas möglichst gering zu halten (Katalysatorbetrieb). Außerdem reduziert sie die Geräusche, die bei der Verbrennung entstehen, auf ein Minimum. Alle Punto-Modelle sind ab Werk mit einer vierteiligen Auspuffanlage ausgestattet. Die Fiat-Werkstatt hat die verschiedenen Teile im Ersatzteillager. Das hat den Vorteil, daß Sie bei einer Reparatur auch einzelne Abschnitte der Auspuffanlage erneuern können.

Die Teile der Auspuffanlage

Die Auspuffanlage der Benziner mit Dreiwege-Katalysator besteht aus Auspuffkrümmer, einfachem vorderem Auspuffrohr (1,1-, 1,2-Liter-Motor und Dieselmotor) bzw. Hosenrohr (1,6-Liter- 1,4-Liter-Turbo und 1,2-Liter-16V-Motor). Daran schließt der Dreiwege-Katalysator mit Lambda-Sonde an. Er ist ans Auspuffrohr mit Vorschalldämpfer angeflanscht, dann folgt der ebenfalls angeflanschte Nachschalldämpfer.

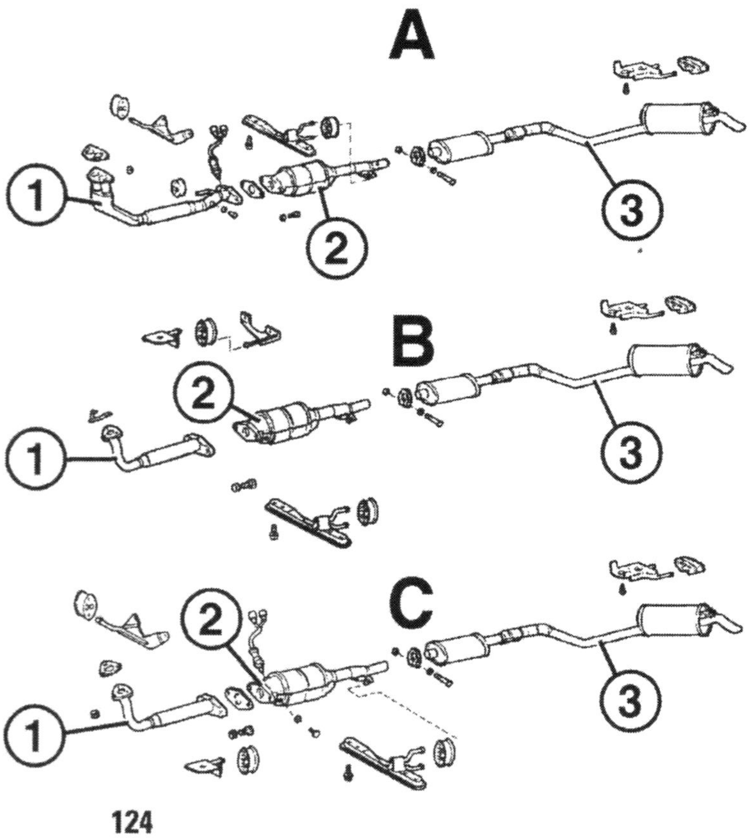

Die Lebensdauer des Auspuffs

Der Auspuff Ihres Fiat Punto hält ungefähr 60 000 Kilometer. Die Lebensdauer hängt natürlich auch von den Einsatzbedingungen Ihres Fahrzeugs ab. Sind Sie überwiegend auf kurzen Strecken unterwegs, fallen wesentlich mehr Kondensat, Ruß und aggressive Säuren im Innern der Anlage an als beim Langstreckenbetrieb mit voll durchgewärmtem Motor.

- Das vordere Auspuffrohr ist seltener als die anderen Teile vom Rost bedroht, weil dort die Verbrennungsgase noch mit Temperaturen zwischen 800 und 1000°C einströmen.
- In den Schalldämpfern und Rohren kühlen die Abgase zunehmend ab; am Endrohr sind sie nur noch 150–300°C heiß. Im letzten Schalldämpfer tritt daher das meiste Kondenswasser aus. Es vermischt sich mit Verbrennungsrückständen zu aggressiven Säuren und läßt das Auspuffblech von innen nach außen durchrosten.
- Die vorderen Teile der Auspuffanlage können bei Langstreckenfahrten unter Temperaturspannungen leiden, wenn bei Regen das heiße Blech ständig kalten Duschen ausgesetzt ist. Dann kann das Material reißen oder brechen.
- Spritz- und Salzwasser fördern den Rostfraß von außen. Steinschlag oder Aufsetzen auf hartem Untergrund wirken ebenso lebensverkürzend wie Schwingungen, die bei defekten oder fehlenden Aufhängegummis entstehen.

Die Auspuffanlagen (Benziner)
A zeigt den Auspuff des Punto 75 und 90; B die Anlage des Punto 55 und 60. C zeigt die Auspuffanlage des Punto GT.
❶ Vorderes Auspuffrohr (Hosenrohr). ❷ Katalysator.
❸ Vor- und Nachschalldämpfer.

Zustand der Auspuffanlage kontrollieren

Die Auspuffanlage ist mit dem Auspuffkrümmer durch Bolzen und Muttern fest verbunden. Am Fahrzeugboden hängt sie freischwingend in Gummistegschlaufen.

Arbeitsschritte | 30000 km 2 Jahre

1 Gummistegschlaufen auf Brüchigkeit, Einrisse oder sonstige Schäden überprüfen, bei Bedarf ersetzen. Zur Kontrolle den Auspuff an den Gummischlaufen etwas nach unten ziehen.

2 Verschraubungen am Auspuffkrümmerflansch auf festen Sitz überprüfen.

3 Halten Sie mit einem Lappen in der Hand das Auspuffendrohr zu. Der Motor muß nach kurzer Zeit ausgehen. Hören Sie zischelnde Geräusche und läuft der Motor ungestört weiter, ist die Anlage an der Geräuschstelle undicht.

4 Ein sehr dumpfer Auspuffton und Knallen im Schiebebetrieb weisen auf einen durchgerosteten Auspuff hin.

5 Klopfen Sie den Schalldämpfer mit einem Hammer rundum gründlich ab, auch an den Stirnseiten. Dabei nicht zu zaghaft hämmern. Klingt es bei jedem Schlag hell, ist das Blech noch gesund. Wird das Klopfgeräusch an manchen Stellen dumpfer, ist die Außenhaut bereits geschwächt und wird bald durchbrechen.

Tips für die Arbeit an der Auspuffanlage

Auf rostigem Blech können Sie nicht mehr richtig schweißen. Der Erfolg von Reparaturen an einer durchgerosteten Auspuffanlage ist daher meist nur von kurzer Dauer. Auspuffkitt und Bandagen halten zwar recht lange, aber das Blech bricht dann bald neben der Reparaturstelle aus. Bei Auspuffanlagen mit mehr als einem Schalldämpfer kommt es häufig vor, daß nach dem Austausch des ersten wenige Monate später auch der zweite den Geist aufgibt. Werkstätten wechseln deshalb die Auspuffanlage in der Regel komplett aus. Das muß jedoch nicht immer sein. Prüfen Sie den Zustand der Anlage genau und entscheiden Sie erst dann, ob Sie einzelne Teile oder das ganze System austauschen.

Arbeitsschritte

1 Der Wagen muß absolut sicher aufgebockt sein. Er soll schließlich nicht kippen, wenn Sie heftig an den Rohren drehen oder zerren.

2 Wenn sich beim Demontieren eine Verschraubung nicht lösen läßt, sollten Sie sie durch Überdrehen abreißen. Beim Einbau grundsätzlich neue Schrauben und Muttern verwenden.

3 Haltegummis zur Sicherheit ebenfalls gleich austauschen.

4 Ist schon einmal ein Teil der Auspuffanlage ersetzt worden, lassen sich die Steckverbindungen der Rohrenden am besten in erhitztem Zustand trennen. Die Werkstatt nimmt dafür einen Schweißbrenner. Sie können aber auch einen Propangasbrenner für Heimwerker verwenden. Halten Sie bei dieser Arbeit unbedingt einen Feuerlöscher bereit. Wenn Sie das Gerät nicht haben: Versuchen Sie es mit Rostlösemitteln.

5 Die Rohre werden durch kräftige Drehbewegungen oder Hammerschläge getrennt.

6 Hilft das nicht, sägen Sie die Rohrverbindung des defekten Schalldämpfers knapp 10 Zentimeter hinter der Verbindungsstelle ab. Den Rest des Rohres mit der Metallsäge in Längsrichtung aufsägen und mit einem kräftigen Schraubenzieher aufhebeln.

7 Die Verschraubungen der Auspuffanlage lassen sich beim nächsten Mal leichter lösen, wenn Sie die Gewinde beim Einbau mit Kupferfett bestreichen. Das gilt auch für die Rohrverbindungen.

Auspuffanlage auswechseln

Unsere Anleitung beschreibt den Ausbau der kompletten Auspuffanlage von vorne nach hinten. Wenn Sie nur einzelne Teile auswechseln, brauchen Sie natürlich nur den für Ihre Reparatur zutreffenden Abschnitt zu berücksichtigen. Denken Sie beim Ersatzteilkauf daran, daß Sie selbstsichernde Muttern durch neue ersetzen müssen. Auch bei ausgebauten Dichtungen und altersschwachen Haltegummis sind Neuteile fällig.

Arbeitsschritte

1 Fahrzeug rüttelsicher aufbocken.

2 Vorderes Auspuffrohr bzw. Auspuff-Hosenrohr am Auspuffkrümmer lösen (drei Stehbolzenmuttern) und vorsichtig absenken.

3 Steckverbindung der Lambda-Sonde (nur Benzinmotoren) trennen.

4 Flanschschrauben (zwei) vorne am Katalysator lösen und vorderes Auspuffrohr abnehmen.

5 Hintere Klemmschelle des Katalysators lösen und Katalysator abnehmen.

6 Mittleres Auspuffrohr mit Vor- und Nachschalldämpfer abnehmen. Dazu den Nachschalldämpfer aus der Gummischlaufe aushängen.

7 Vor dem Einbau den Flansch des Auspuffkrümmers mit Schmirgelleinen von Kohlerückständen reinigen.

8 Die Gewinde der Stehbolzen mit einer Drahtbürste reinigen und mit etwas Kriechöl einsprühen.

9 Beim Einbau alle Teile der Auspuffanlage am Fahrzeug erst einmal lose montieren, die Schraubverbindungen an Flanschen und Schellen handfest beidrehen. Die Verbindungsschellen so montieren, daß die Öffnung nicht auf einen Rohrschlitz sitzt.

10 Auspuffanlage in ihren Gummistegschlaufen ausrichten. Die Gummistegschlaufen sollen unter gleichmäßigem Zug stehen und dürfen nicht verformt sein.

11 Die Auspuffanlage muß auch genügend Abstand zur Karosserie bzw. zu den einzelnen Hitzeschilden haben. Durch Drehen bzw. Verschieben in Längsrichtung die Anlage so ausrichten, daß zum Fahrzeugboden und allen anderen Fahrzeugteilen mindestens 25 Millimeter Abstand besteht.

→

12 Alle Befestigungsschrauben und die Schellenschraube mit 25 Nm festziehen.

13 Machen Sie eine Probefahrt: Die Auspuffanlage darf nicht an die Unterseite anschlagen. Brumm- oder Dröhngeräusche deuten auf eine verspannt eingebaute Auspuffanlage hin. Dann Klemmschellen wieder lösen (Vorsicht an den heißen Rohren!) und Auspuffanlage erneut ausrichten.

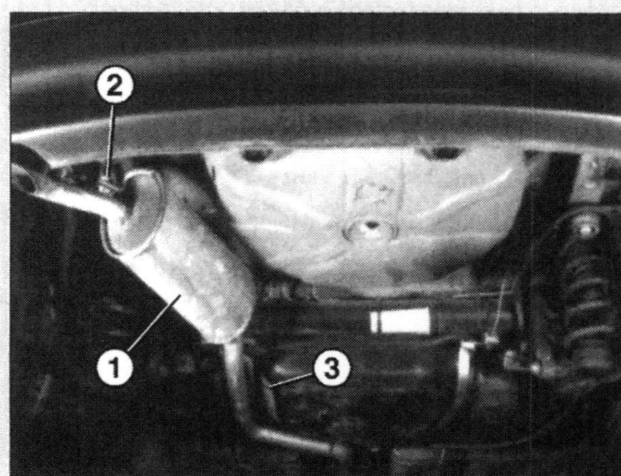

Bevor Sie die neuen Auspuffteile festziehen, müssen Sie die Auspuffanlage unter dem Fahrzeug ausrichten. Dazu die Anlage in die Steggummis ❷ einhängen und so ausrichten, daß der Vor- und Nachschalldämpfer ❶ mit Auspuffrohr sauber zur Umgebung z.B. der Hitzeschilder ❸ sitzt. Dann die Schelle und den Flansch zum vorderen Auspuffrohr endgültig festziehen.

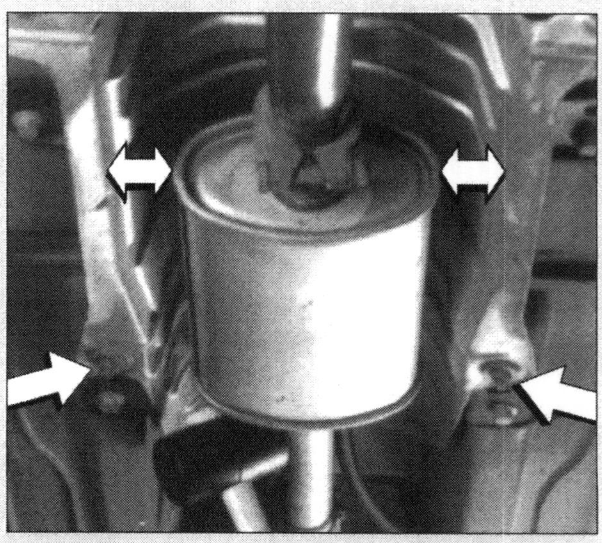

Kontrollieren Sie auch die Hitzeschilder und deren Befestigung (große Pfeile). Lose Hitzeschilder können störende Klappergeräusche verursachen. Bei der Neumontage müssen Sie darauf achten, daß die Abstände (Doppelpfeile) der Auspuffteile zur angrenzenden Karosserie stimmen.

Katalysator auswechseln

Arbeitsschritte

1 Auspuffanlage abkühlen lassen, dann Fahrzeug aufbocken.

2 Steckverbindung der Lambda-Sonde lösen.

3 Katalysator vom vorderen Auspuffrohr trennen. Vorsicht: Wenn Sie dabei zuviel Kraft einsetzen, können die Rohre im Katalysator verdreht werden und so den Keramikkörper beschädigen.

4 Katalysator vom Vorschalldämpfer trennen (Klemmschelle) und abnehmen. Achten Sie darauf, das Bauteil vorsichtig abzusetzen, damit es nicht beschädigt wird.

5 Zum Einbau alle Verbindungsstellen reinigen.

6 Katalysator mit neuer Flanschdichtung zwischen Vorschalldämpfer und vorderem Auspuffrohr montieren.

7 Aufhängung und Ausrichtung der kompletten Anlage kontrollieren.

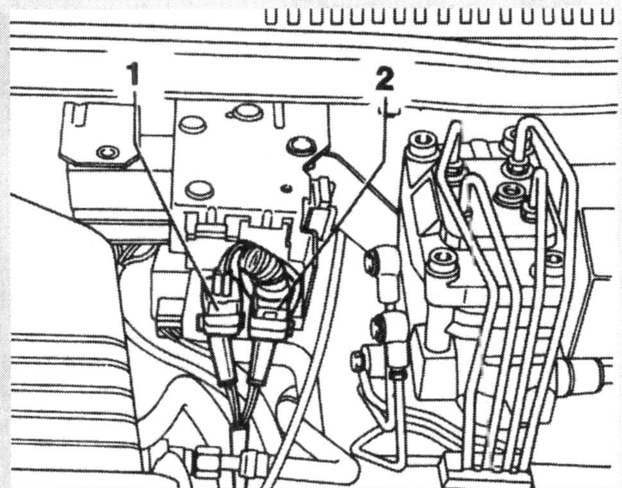

Kontrollieren Sie bei Leerlaufschwankungen den festen Sitz der Lambda-Sonden-Verbindungsstecker. Die Sonde arbeitet mit sehr niederer Spannung. Schon ein erhöhter Übergangswiderstand kann das Motorsteuergerät zum Umschalten ins Notlaufprogramm zwingen.

DIE KRAFT-ÜBERTRAGUNG

Die Kupplung

Die Kupplung ist zuständig für den ungehinderten Kraftfluß zwischen Motor und Getriebe. Die Kupplung betätigen Sie bei stehendem Fahrzeug und laufendem Motor sowie beim Wechsel der Gänge – unter Last sträuben sich Zahnradpaare im Getriebe gegen jede neue Verbindung. Außerdem ermöglicht die Kupplung ruckfreies Anfahren, indem sie die unterschiedlichen Drehzahlen von Kurbelwelle und Antriebswelle des Getriebes ausgleicht. In allen Punto-Modellen mit Schaltgetriebe arbeitet eine sogenannte Einscheiben-Trockenkupplung. Das ist eine ebenso einfache wie zweckmäßige Konstruktion. Fürs Do it yourself hat sie freilich den Nachteil, daß ein Verschleißteil wie die Mitnehmerscheibe nicht ohne weiteres zugänglich ist. Dafür muß zum Beispiel das Getriebe vom Motor getrennt und nach unten ausgebaut werden. Das ist jedoch eine Arbeit, für die viel Know-how und Spezialwerkzeuge erforderlich sind. Den Austausch von Kupplungsteilen sollten Sie der Werkstatt überlassen.

Technik-lexikon: Die wichtigsten Teile der Kupplung

Motorschwungscheibe Ist fest mit der Kurbelwelle verbunden.

Kupplungsscheibe (Mitnehmerscheibe) Sitzt auf der Eingangswelle des Getriebes. Auf beiden Seiten sind Beläge aufgenietet. Die Größe der Kupplungsscheiben hängt ab von der jeweiligen Motorleistung der verschiedenen Punto-Modelle. Es gibt vier Formate: Die Scheiben des Punto 55, 60 und 75 besitzen einen Außendurchmesser von 181,5 Millimetern, die des Punto 90 von 190 Millimetern. In den Versionen GT und TD arbeiten Scheiben mit 215 beziehungsweise 200 Millimetern Außendurchmesser.

Für den Zusammenbau der Kupplung benötigen Sie zwingend einen Zentrierdorn. Damit erreichen Sie, daß die Kupplungsscheibe exakt rund läuft.

Kupplungsdeckel Enthält Druckplatte, welche die Kupplungsscheibe gegen die Schwungscheibe drückt. Ist mit der Schwungscheibe fest verschraubt.

Ausrücklager Beim Tritt aufs Kupplungspedal wird über den Kupplungszug der Ausrückhebel mit der Ausrückgabel betätigt. Die Ausrückgabel drückt das Ausrücklager auf der Ausrückwelle gegen die tortenförmig eingeschnittene Tellerfeder der Kupplungsdruckplatte. →

Technik-lexikon

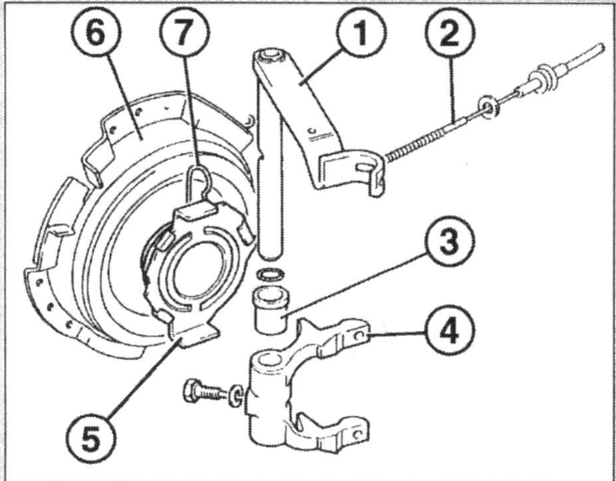

Die Teile der Kupplungsmechanik am Getriebe
❶ Ausrückhebel. ❷ Kupplungszug. ❸ Lagerbuchse des Ausrückhebels im Getriebegehäuse. ❹ Kupplungsausrückgabel. ❺ Kupplungsdrucklager. ❻ Kupplungsdruckplatte. ❼ Sicherungsfeder des Kupplungsdrucklagers.

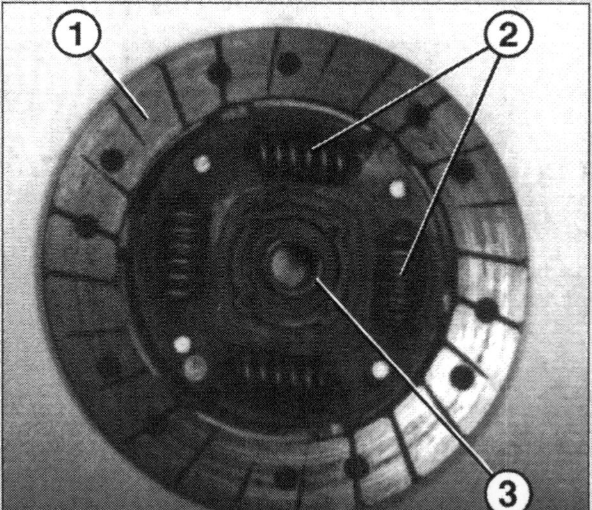

Die Mitnehmerscheibe mit dem Kupplungsbelag ❶ und den Torsionsfedern ❷ sitzt frei beweglich auf der Kerbverzahnung ❸ der Getriebe-Eingangswelle zwischen Kupplungsdruckplatte und Schwungrad des Motors. →

Technik-lexikon

Die Kupplungsdruckplatte ❶ mit der tortenförmigen Tellerfeder ist fest mit dem Schwungrad ❷ des Motors verschraubt.

Kupplungsspiel Besteht, solange das Kupplungspedal nicht gedrückt wird. Ist nötig, damit das Ausrücklager nicht ständig unter Druck steht. Wird kleiner bei abnutzenden Belägen (Pedalspiel wird größer). Die Druckplatte nähert sich dem Ausrücklager. Liegt das Lager ohne Spiel an der Ausrückgabel an, stützt sich die Tellerfeder der Druckplatte gegen das Ausrücklager ab. Statt die Mitnehmerscheibe gegen die Anlageflächen von Schwungscheibe und Druckplatte zu pressen, wird die Feder entlastet und die Reibungskraft geringer – die Kupplung rutscht durch.

Auskuppeln Wenn Sie das Kupplungspedal treten, überwindet das Ausrücklager die Federkraft der Tellerfeder. Die Druckplatte wird entlastet und bei völlig durchgetretenem Pedal zurückgezogen. Die Mitnehmerscheibe kann nun im Raum dazwischen frei umlaufen.

Einkuppeln Die Tellerfeder der Druckplatte drückt die Mitnehmerscheibe langsam gegen das Motorschwungrad, bis sie sich mit der gleichen Drehzahl dreht. So werden die Kräfte sanft übertragen. Dabei schleifen die Anlageflächen eine kurze Zeit aufeinander, ehe die Reibung wieder so groß ist, daß die Motorleistung vollständig auf das Getriebe übertragen wird.

→

Technik-lexikon

Das Gegenstück der Kupplungsdruckplatte ist die Anlagefläche der Motorschwungscheibe ❶, die fest mit dem Kurbelwellenstumpf verschraubt ❷ ist. Das Ritzel des Anlassers greift in den Zahnkranz ❸ der Schwungscheibe.

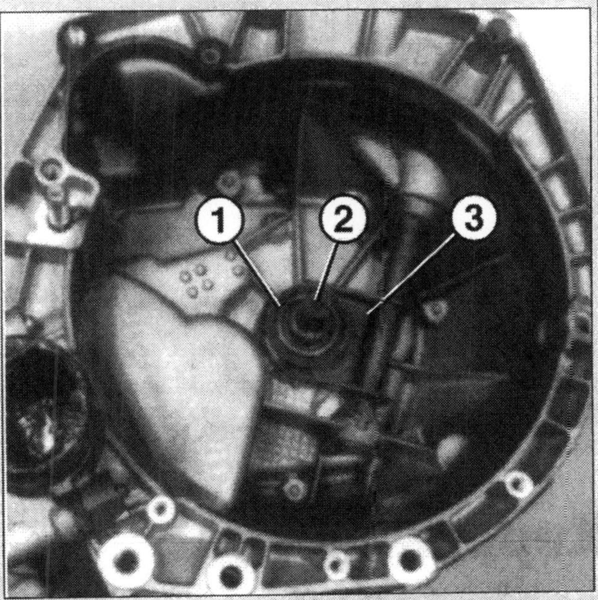

In der Kupplungsglocke des Getriebes sieht man das Kupplungsdrucklager ❶, die kerbverzahnte Getriebe-Eingangswelle ❷ und die Kupplungsausrückgabel ❸mit der Welle des Ausrückhebels.

Kupplung prüfen

Eine schleifende Kupplung macht sich zuerst bemerkbar, wenn Sie Ihr Fahrzeug im höchsten Gang beschleunigen. Der Motor dreht hoch, ohne daß die Fahrgeschwindigkeit zunimmt. Die folgende Prüfmethode zeigt Ihnen, ob die Kupplung noch gut funktioniert. Diesen Test sollten Sie jedoch nur gelegentlich durchführen. Außerdem muß dafür die Handbremse in Ordnung sein.

Arbeitsschritte

1 Handbremse anziehen und Motor starten.

2 3. Gang einlegen, langsam einkuppeln und Gas geben.

3 Bei einwandfreier Kupplung wird der Motor abgewürgt. Dreht er durch, sollten Sie den Pedalweg der Kupplung kontrollieren und bei Bedarf nachstellen. Eventuell ist sogar eine neue Kupplung fällig.

Pedalweg einstellen

Arbeitsschritte — W 30000 km 2 Jahre

1 Der exakte Pedalweg bis zum Bodenblech beträgt 140 ± 5 mm (Punto GT und Punto TD: 145 ± 5 mm).

2 Senkrecht in Tretrichtung neben das Kupplungspedal in der Mitte der Pedaltrittfläche einen Maßstab halten.

3 Kupplungspedal mehrmals bis zum Fahrzeugboden drücken und ganz zurückkommen lassen. So können sich die Übertragungsteile setzen.

4 Pedal loslassen, dann drücken und Abstand zum Anschlagpunkt messen.

Kupplungszug nachstellen

Arbeitsschritte

1 Um den richtigen Pedalweg einzustellen, muß die Länge des Kupplungszugs verändert werden. Die Hülle des Seilzugs stützt sich an einem Widerlager am Getriebe ab.

→

2 Die Kontermutter am Ausrückhebel lösen.

3 Die vor der Kontermutter sitzende Einstellmutter drehen.

4 Pedalweg messen, evtl. korrigieren und Kontermutter festziehen.

5 Kupplungspedal drei- bis viermal treten.

6 Pedalweg erneut kontrollieren und bei Bedarf korrigieren.

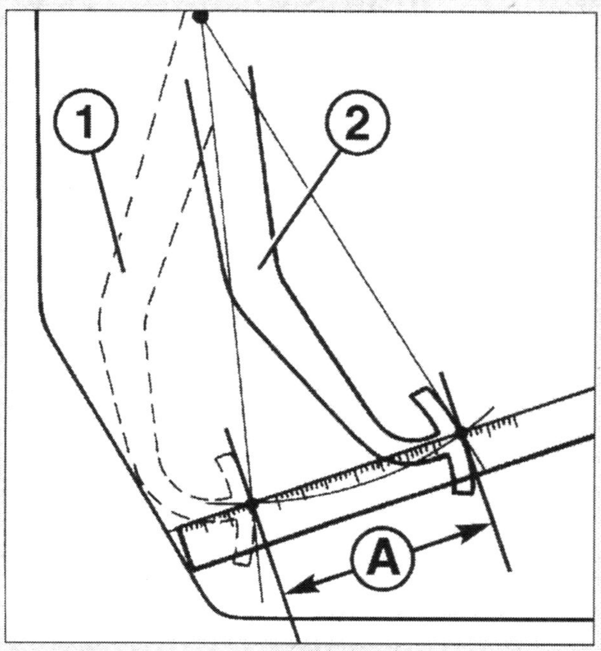

Das Meßschema des Kupplungspedalwegs
❶ Pedal bis zum Bodenblech getreten. ❷ Pedal in Ruhestellung ganz oben. **(A)** Pedalweg zum Bodenblech.

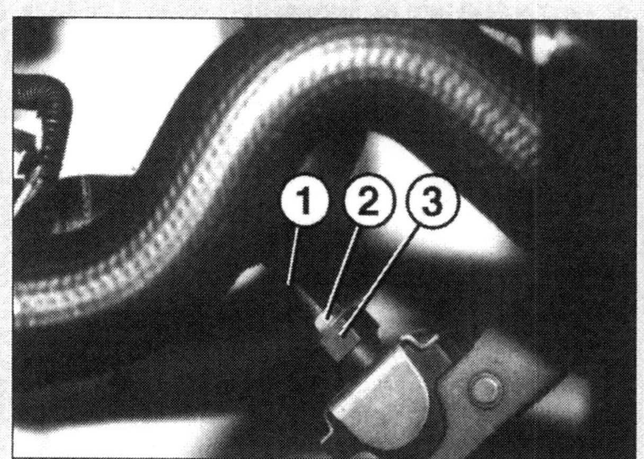

Zum Einstellen des Kupplungszugs ❶ die Kontermutter ❷ lösen und die Einstellmutter ❸ verdrehen. Drehen im Gegenuhrzeigersinn vergrößert das Spiel, drehen im Uhrzeigersinn verkleinert es.

Praxistip

Die Kupplungsmörder

Anfahren mit hoher Motordrehzahl (Kavalierstart) oder im 2. Gang bewirkt einen starken Verschleiß der Kupplungsbeläge. Wenn Sie während der Fahrt den Fuß nicht neben dem Kupplungspedal abstellen, sondern ihn darauf ausruhen lassen, schleift die Kupplung ständig leicht. Das halten die besten Beläge nicht lange aus. Ebensowenig die Unsitte, das Fahrzeug an einer Steigung mit Kupplungs- und Gaspedal in der Waage zu halten. Wenn Sie stets mit eingelegtem 1. Gang und durchgetretenem Kupplungspedal an der roten Ampel warten, ist dies ebenfalls ein Verschleißfaktor. In diesem Fall wird das Ausrücklager stark beansprucht. Kuppeln Sie lieber aus, solange die Ampel rot zeigt, und legen Sie den 1. Gang erst ein, wenn die Ampel auf Gelb schaltet.

Trennt die Kupplung richtig?

Wenn kratzende oder krachende Geräusche den Schaltvorgang untermalen, trennt meistens die Kupplung nicht mehr richtig. Machen Sie folgende Probe mit dem nicht synchronisierten Rückwärtsgang – so schließen Sie eine mögliche Ursache dieser Geräusche durch ein defektes Getriebe aus.

Arbeitsschritte

1 Motor im Leerlauf drehen lassen.

2 Kupplungspedal voll durchtreten, etwa drei Sekunden warten, dann Rückwärtsgang einlegen. Wenn Sie jetzt das kratzende Geräusch hören, läuft die Mitnehmerscheibe nicht ganz frei – die Kupplung trennt nicht sauber.

3 Kontrollieren Sie in diesem Fall zunächst das Pedalspiel der Kupplung und stellen es bei Bedarf nach, bevor Sie weitere Schritte unternehmen.

Fahren mit gerissenem Kupplungszug

Wenn unterwegs der Kupplungszug reißt, bedeutet dies nicht das Ende der Fahrt. Ein nahes Ziel oder die nächste Werkstatt erreichen Sie auch ohne Betätigung der Kupplung. Bei feinfühligem Umgang mit Gaspedal und Schalthebel können Sie sogar hoch- und herunterschalten.

Anfahren 1. Gang einlegen und Anlasser betätigen. Der Punto ruckelt los und setzt sich mit anspringendem Motor in Bewegung. Wer während der Fahrt nicht schalten will, fährt auf diese Weise in der Ebene im 2. Gang an.

Hochschalten 1. Gang nur knapp über Leerlaufdrehzahl hinausdrehen (ca. 1000/min). Gas etwas zurücknehmen, Schalthebel in Leerlauf-Stellung ziehen. Wenn der Gang klemmt, ein wenig Gas geben.
Dann Gaspedal loslassen und den Schalthebel sachte in Richtung des 2. Gangs drücken. Bei richtiger Drehzahl von Motor und Getriebe rutscht der Gang fast von selbst hinein.

- Wenn Sie zu lange gewartet haben, müssen Sie ein wenig Gas geben, damit sich die Fahrstufe ohne knirschende Zahnräder einlegen läßt.
- Hat es nicht geklappt, halten Sie nochmals an und versuchen das Ganze von neuem.
- In die weiteren Gänge schalten Sie auf die gleiche Weise hoch. Am leichtesten geht dies in niedrigen Geschwindigkeiten: In den 3. Gang bei 30 km/h, in den 4. bei 40 km/h und in den 5. bei 50 km/h.

Herunterschalten Geht am besten bei niedrigen Drehzahlen und Geschwindigkeiten.

- Zuerst mit dem Fuß vom Gas gehen und Gang herausnehmen.
- Dann behutsam Gas geben, um die Motordrehzahl anzuheben. Gleichzeitig den Schalthebel in Richtung des niedrigeren Gangs drücken. Bei richtiger Motordrehzahl rutscht der Gang fast ohne Nachdruck hinein.

Kupplungszug ersetzen

Arbeits-schritte

1 Kupplungszug am Ausrückhebel aushängen. Dazu Konter- und Einstellmutter abschrauben. Merken Sie sich die Stellung der Einstellmutter auf dem Einstellgewinde (evtl. messen) – so können Sie den neuen Zug später voreinstellen.

2 Die Sicherungsklammer am Kupplungspedal mit einer Zange abnehmen und Seilzug aushängen.

3 Seilzugführung von der Motorraumseite her von der Stirnwand abschrauben (zwei Muttern).

4 Seilhülle aus dem Widerlager am Getriebe drücken.

5 Seilzug aus der Stirnwand der Karosserie ziehen.

6 Neuen Seilzug durch die Stirnwand in den Innenraum schieben und in den Ausrückhebel mit Nippel, Einstell- und Kontermutter lose vormontieren.

7 Seilhülle in das Widerlager am Getriebe drücken.

8 Seilzug am Pedal einhängen und mit Sicherungsklammer befestigen.

9 Zugführung an der Trennwand festschrauben.

10 Pedalspiel einstellen.

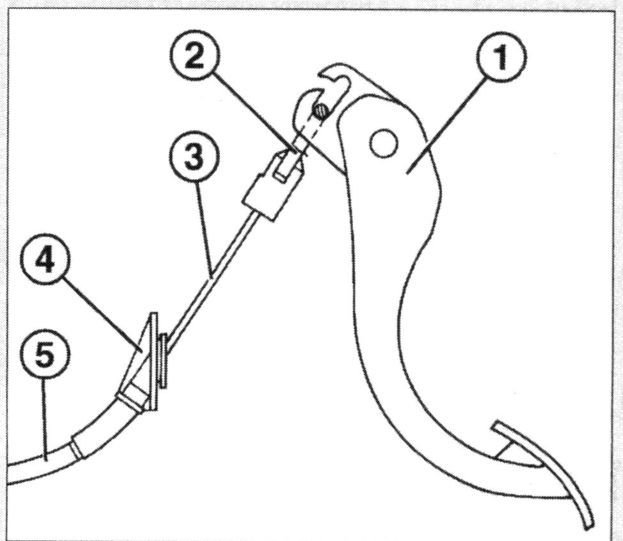

Der Kupplungszug am Kupplungspedal
❶ Kupplungspedal. ❷ Stegnippel des Kupplungszugs. ❸ Kupplungszug. ❹ Kupplungszugführung in der Stirnwand. ❺ Kupplungszug-Außenhülle.

Kupplung

Störungsbeistand

Störung	Ursache	Abhilfe
A Kupplung rutscht	**1** Kupplungseinstellung falsch	Prüfen, ggf. korrigieren
	2 Kupplungsbeläge abgenutzt	Mitnehmerscheibe ersetzen lassen
	3 Anpreßdruck der Kupplung zu gering	Kupplungsdruckplatte ersetzen lassen
	4 Kupplungsbelag verölt	Mitnehmerscheibe und defekte Getriebe- oder Kurbelwellendichtung ersetzen lassen
	5 Kupplung wurde überhitzt	Defekte Teile ersetzen lassen
B Kupplung trennt nicht	**1** Siehe A1	
	2 Kupplungsseil angerissen	Auswechseln
	3 Mitnehmerscheibe klemmt auf Getriebewelle	Kerbverzahnung muß gereinigt und geschmiert werden
	4 Mitnehmerscheibe hat Schlag	Mitnehmerscheibe ersetzen lassen
	5 Mitnehmerscheibe verzogen oder Belag gebrochen	Mitnehmerscheibe ersetzen lassen
	6 Belag nach sehr langer Standzeit an Schwungscheibe festgerostet	Anfahren, wie unter »Fahren mit gerissenem Kupplungszug« beschrieben. Kupplungspedal dauernd durchgetreten halten. Gaspedal ruckartig durchtreten und loslassen, um die Kupplung loszubrechen. Andernfalls wechseln lassen
C Kupplung trennt nicht und rutscht gleichzeitig durch	Kupplungsdruckplatte defekt	Auswechseln lassen
D Kupplung rupft	**1** Siehe A3	
	2 Motor- oder Getriebeaufhängung locker oder defekt	Motor- oder Getriebeaufhängung festziehen oder ersetzen
	3 Unebenheiten auf der Anlagefläche von Schwungscheibe oder Druckplatte	Defektes Teil ersetzen lassen
	4 Falsche Beläge	Mitnehmerscheibe ersetzen lassen
	5 Seilzug hakt bzw. klemmt	Seilhülle um ca. 180° drehen, dann Pedal mehrmals treten. Falls keine Besserung spürbar, Kupplungsseil auswechseln
E Kupplungsgeräusche	**1** Unwucht der Kupplungsdruckplatte bzw. der Mitnehmerscheibe	Defektes Teil ersetzen lassen
	2 Torsions-Dämpferfeder defekt	Mitnehmerscheibe ersetzen lassen
	3 Ausrücklager defekt	Ausrücklager ersetzen
	4 Nietverbindungen in der Kupplung locker	Kupplungsdruckplatte ersetzen lassen

Das Schaltgetriebe

Die Punto-Modelle mit Schaltgetriebe sind serienmäßig mit Fünfgang-Handschaltgetrieben ausgestattet. Außerdem bietet Fiat für den kleinsten Motor ein enggestuftes Sechsganggetriebe als Ausstattungsvariante 6-speed an. Die Vorwärtsgänge beim Punto sind alle vollsynchronisiert, die Übersetzungsverhältnisse der einzelnen Gänge sind bei jedem Modell individuell auf die jeweilige Motorleistung abgestimmt. Die Getriebekomponenten im Punto haben eine sehr hohe Lebenserwartung. Wenn das Getriebe trotzdem einmal defekt ist, müssen Sie die Reparatur der Werkstatt überlassen. Fürs Zerlegen der Wellen und Zahnräder werden nämlich viele Spezialwerkzeuge benötigt, und selbst Fiat-Werkstätten lassen beschädigte Getriebe in der Regel bei einem Spezialbetrieb reparieren.

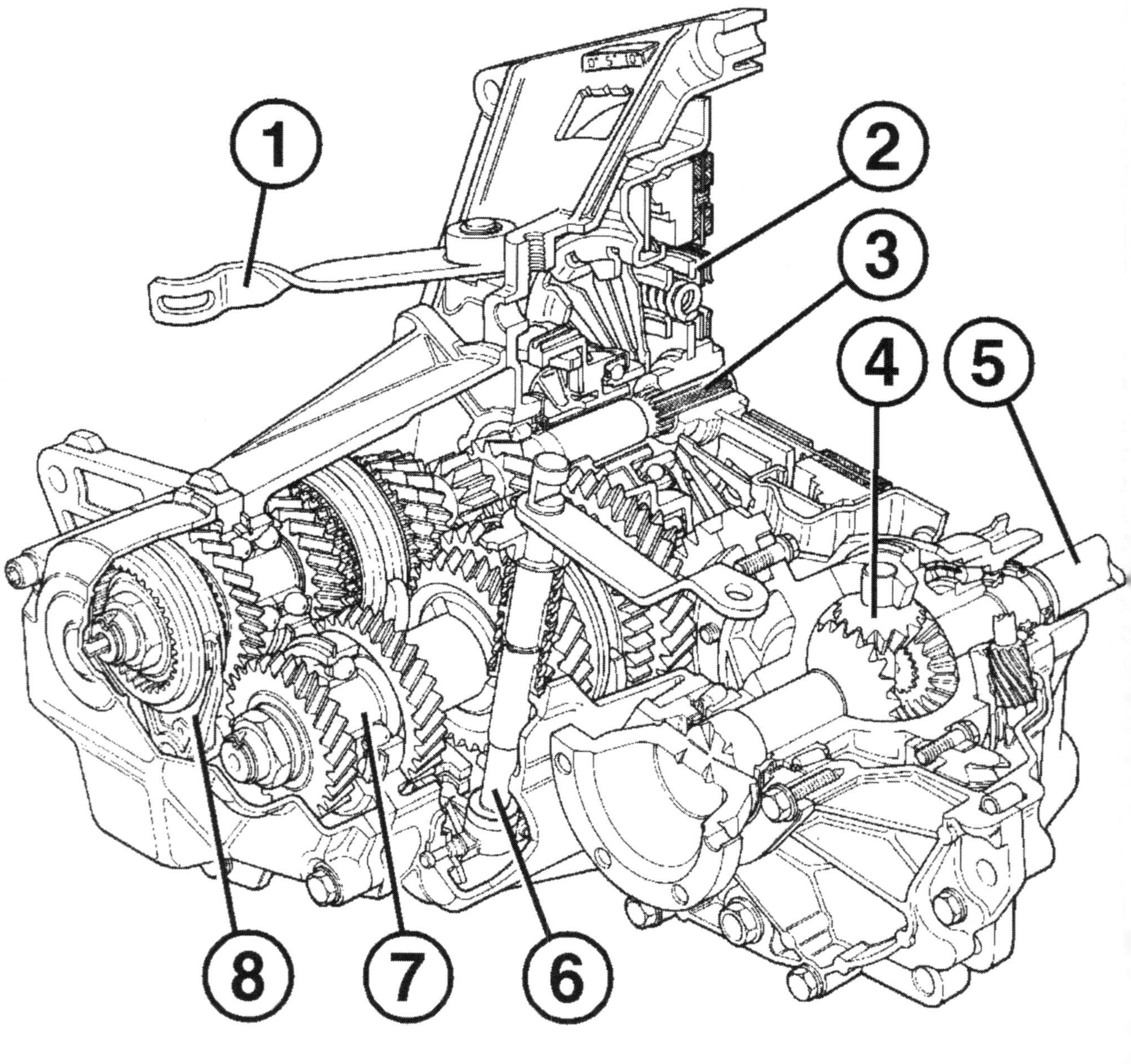

Das 5-Gang-Getriebe
❶ Ausrückhebel der Kupplung. ❷ Kupplungspaket. ❸ Eingangswelle des Getriebes. ❹ Kegelrad des Ausgleichsgetriebes. ❺ Antriebswelle. ❻ Schaltwelle. ❼ Hauptwelle mit Achsgetriebe. ❽ Schaltklaue.

Technik-lexikon

So funktioniert das Schaltgetriebe

Das Getriebe überträgt mit Hilfe eines Systems von Zahnrädern die Leistung des Motors auf die Räder. Dabei werden die Umdrehungen des Motors der gewünschten Geschwindigkeit an den Rädern angepaßt. Allerdings bietet der Motor nur in einem begrenzten Drehzahlband eine verwertbare Leistung. Deshalb sind verschiedene Gänge (Übersetzungen) notwendig, um beim Anfahren, Beschleunigen und Bergfahren stets genügend Zugkraft zu haben. Die ersten drei Gänge übersetzen die Drehzahl ins Langsamere. Der vierte Gang ist der sogenannte direkte Gang, der die Motordrehzahl etwa im Verhältnis 1:1 überträgt. Im fünften Gang ist die Drehzahl der Abtriebswelle größer als die Motordrehzahl. Ein Auto muß natürlich auch rückwärts fahren können. Dazu sitzt auf jeder Antriebswelle ein zusätzliches Zahnrad, das den Drehsinn der Antriebsräder umkehrt. Mit dem Schalthebel wählen Sie den gewünschten Gang – ein Seilzug überträgt die Bewegung des Schalthebels auf eine der Schaltstangen im Getriebe.

Zahnräder und Wellen

Die Motorleistung wird über die Kupplung auf die Antriebswelle (Eingangswelle) des Schaltgetriebes geleitet. Auf dieser Welle sitzen fünf Zahnräder (plus eines für den Rückwärtsgang), beim Punto 6 Speed sechs Zahnräder (plus eines für den Rückwärtsgang). Diese Zahnräder stehen mit den dazu passenden Zahnrädern auf der Abtriebswelle ständig im Eingriff. Die Zahnräder auf beiden Wellen sind auf stiftartigen Rollen (Nadeln) gelagert – es besteht keine starre Verbindung zwischen Welle und Rad. Die Zahnräder laufen also frei um, bis eines von ihnen durchs Schalten in einen Gang mit seinem Gegenpart auf der anderen Welle gekuppelt wird. Dazu wird zunächst auf jeder Welle über einen Synchronring eine starre Verbindung zwischen Zahnrad und Welle hergestellt – das Zahnrad sitzt jetzt fest auf der Welle und kann eine kraftübertragende Verbindung mit dem Gegenrad eingehen. Damit die Zahnräder ineinandergreifen können, müssen freilich zuerst die Drehzahlen der Wellen übereinstimmen. Zu diesem Zweck schleift ein Teil einer Welle über Reibelemente gegen ein Teil der anderen Welle. Durch die Reibung wird die schnellere Welle abgebremst, bis beide Wellen gleich (synchron) drehen.

Praxistip

Probleme beim Schalten

Die Schaltung des Fiat Punto ist so ausgelegt, daß sie selbst nach dem Ausbau des Getriebes nicht eingestellt werden muß. Treten trotzdem Probleme auf, sollten Sie kontrollieren, ob die Teile der Schaltbetätigung verbogen oder die Lagerbuchsen verschlissen sind.

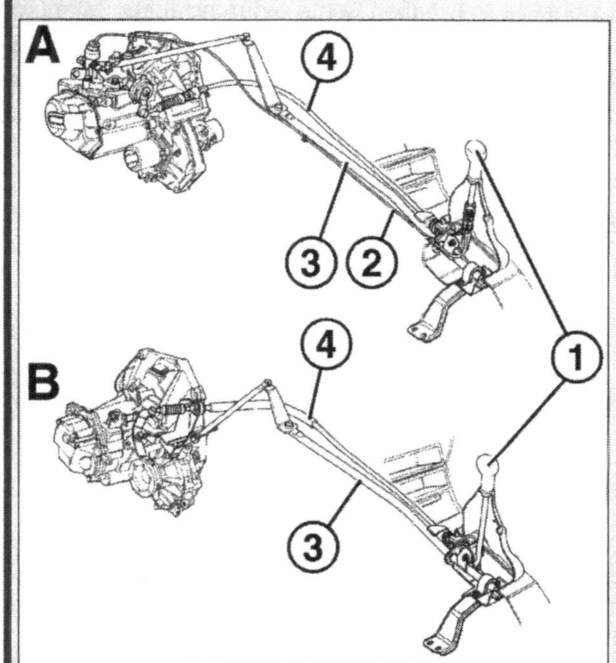

Die äußere Schaltmechanik des Punto 55, 60 und 75 (A), des Punto GT und TD (B)
❶ Schalthebel. ❷ Zug für Rückwärtsgangsperre.
❸ Schaltstange mit Umlenkhebeln. ❹ Schaltzug zum Einrücken der Gänge.

Getriebeölstand kontrollieren

Im Getriebe wird – anders als im Motor – das Schmiermittel nicht verbraucht. Getriebeöl kann jedoch durch undichte Stellen ins Freie gelangen. Zeigt das Getriebegehäuse von außen keine öldurchtränkte Schmutzkruste, ist dieser Wartungspunkt schon erledigt. Andernfalls muß der Ölstand geprüft werden. Wenn Sie Öl nachfüllen, muß das Schmiermittel natürlich den Anforderungen des Herstellers entsprechen. Fiat schreibt das Getriebeöl »TUTELA ZC 80S« der Zähflüssigkeitsklasse SAE 80 W EP (MIL-L-2105 und API GL4) vor.

Arbeitsschritte | 45000 km 3 Jahre

1 Den Punto waagrecht und rüttelsicher aufbocken.

2 Öleinfüllschraube mit einem Innensechskantschlüssel SW 12 öffnen.

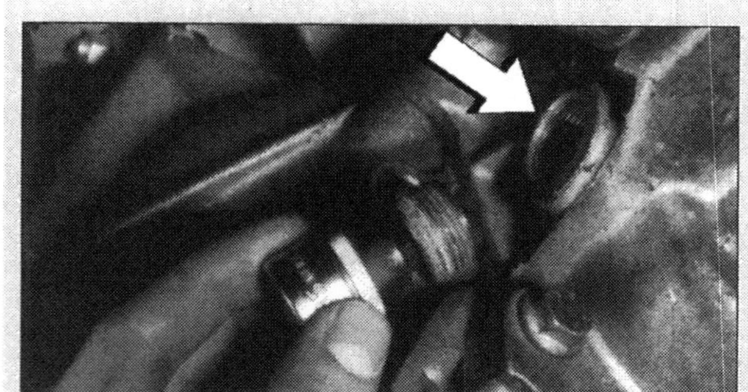

Durch diese Öffnung (Pfeil) nehmen Sie die Kontrolle des Ölstands vor. Fehlt Öl, gehen Sie zum Nachfüllen am besten in eine Tankstelle oder Werkstatt, wo diese Arbeit mit einer speziellen Pumpe viel schneller als in Eigenregie erledigt wird.

3 Läuft bereits Getriebeöl heraus, stimmt der Ölstand.

4 Ansonsten Finger in das Gewindeloch stecken und fühlen, ob der Ölstand bis etwa 5 Millimeter an die Öffnung heranreicht.

5 Wollen Sie bei der Kontrolle des Getriebeölstands ganz sicher gehen, biegen Sie ein Stück Draht rechtwinklig ab und prüfen damit den Ölstand von der Unterkante der Einfüllöffnung aus.

6 Bei größerem Ölmangel (mehr als 5 mm von Unterkante Einfüllöffnung) das vorgeschriebene Getriebeöl mit Hilfe von Trichter und Schlauch oder einer Ölspritzkanne einfüllen, bis es aus der Einfüllbohrung läuft.

Getriebegeräusche — Praxistip

Geräusche aus dem Getriebe bedeuten fast immer einen Verschleiß von Zahnrädern oder Wellenlagern. Wenn solche Geräusche auftreten, dann fast immer nur bei Fahrzeugen, die schon eine hohe Laufleistung auf dem Buckel haben. Kontrollieren Sie in diesem Fall zunächst einmal den Ölstand im Getriebe. Ein heulendes Geräusch nur in einem Gang bedeutet, daß die Verzahnung des betreffenden Gangradpaares vermutlich verschlissen ist.
Bei Geräuschen in allen Gängen liegt die Ursache am Achsantrieb oder an den Wellenlagern des Getriebes.
Rauhe, mahlende Geräusche, die erst bei warmem Getriebe hörbar werden, deuten auf schlagende Synchronringe hin.

Getriebeöl wechseln

Ein Wechsel des Getriebeöls ist nur alle 120 000 Kilometer fällig. Für diese Arbeit brauchen Sie 2,37 Liter Getriebeöl der vorgeschriebenen Spezifikation.

Arbeitsschritte | 120000 km

1 Öleinfüllschraube herausdrehen.

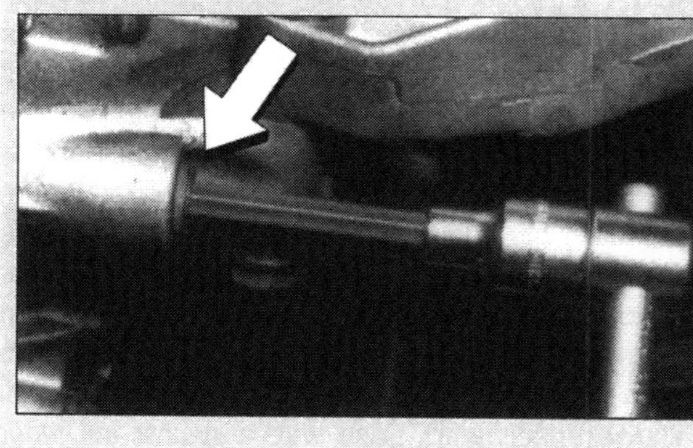

Durch diese Ablaßöffnung (Pfeil) kann das Getriebeöl bis auf einen kleinen Rest abgelassen werden. Zum Öffnen der Schraube benötigen Sie einen 8-mm-Innensechskantschlüssel.

2 Auffangwanne unter das Fahrzeug stellen.

3 Ölablaßschraube unten am Getriebe herausschrauben.

4 Öl auslaufen und ganz abtropfen lassen.

5 Ölablaßschraube einschrauben und festziehen.

6 Neues Getriebeöl einfüllen.

7 Einfüllschraube einschrauben und festziehen.

Das ECVT-Automatikgetriebe

Die Getriebeautomatik des Fiat Punto Selecta ist eine Weiterentwicklung der CVT-Getriebeautomatik (Continously Variable Transaxle), die Fiat speziell für Kleinwagen entwickelte. Der Fiat Uno zum Beispiel wurde in Deutschland im April 1987 erstmals mit dieser Automatik vorgestellt. Das Besondere des ECVT-Automatikgetriebes im Punto Selecta: Es besitzt einen stufenlosen Antrieb über den gesamten Geschwindigkeitsbereich. Dabei entsprechen die Übersetzungsverhältnisse denen eines optimal abgestimmten Sechsgang-Schaltgetriebes. Einstellarbeiten und Reparaturen an der Getriebeautomatik sind ausschließlich Sache der Fiat-Werkstatt.

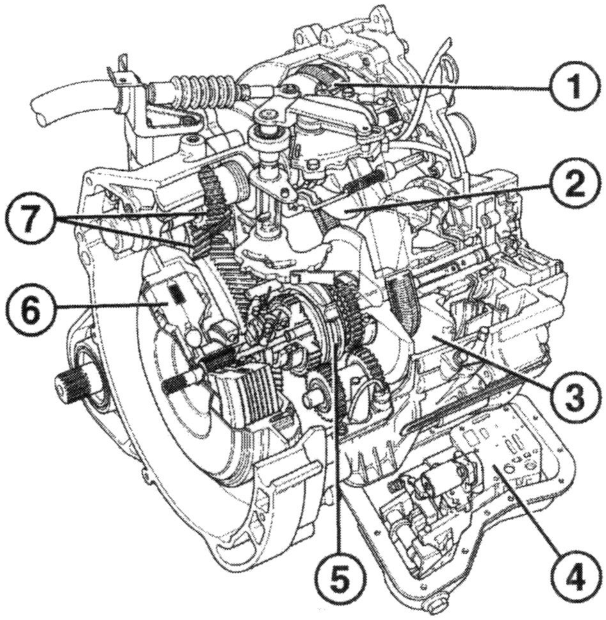

Das ECVT-Automatikgetriebe (Teilschnittzeichnung)
❶ Metallschubgliederband. ❷ Sekundär-Kegelscheibenpaar (angetriebene Kegelscheiben). ❸ Primär-Kegelscheibenpaar. ❹ Hydraulische Steuereinheit. ❺ Schaltmechanismus für Vor- und Rückwärtsfahrt. ❻ Elektromagnetische Kupplung. ❼ Endübersetzungsgetriebe.

Technik-lexikon: So funktioniert die Getriebeautomatik

Kraftübertragung (vom Motor) Durch ein Stahlgliederband aus ca. 280 hochfesten Gliedern mit extrem verschleißfester Oberfläche. Es verbindet die Eingangswelle (Primärwelle) des Getriebes mit der Ausgangswelle (Sekundärwelle) und läuft in paarweise angeordneten, kegelförmigen Scheiben, die je nach Fahrsituation hydraulisch zusammengedrückt oder gespreizt werden.
Kurze Übersetzung (für zügiges Anfahren) Entsteht durch kleinen Gliederband-Radius an den Primär-Kegelscheiben und großen Radius an den Sekundär-Kegelscheiben.

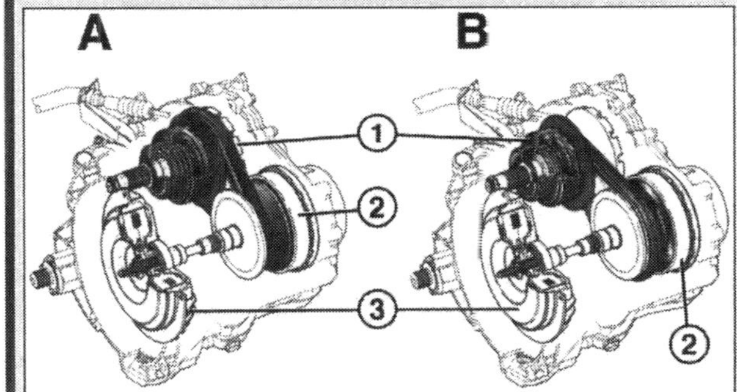

A zeigt die Übersetzung für Anfahren und Bergfahrt. Das Primär-Kegelscheibenpaar ❷ ist gespreizt, das Sekundär-Kegelscheibenpaar ❶ eng gestellt. **B** zeigt die Übersetzung für die Ebene – die beiden Kegelscheibenpaare stehen jetzt genau andersherum als bei **A**.

Lange Übersetzung (für Autobahnfahrt mit niedriger Motordrehzahl). Entsteht durch großen Gliederband-Radius an den Primär-Kegelscheiben und kleinen Radius an den Sekundär-Kegelscheiben.
Hydraulische Steuereinheit Wählt automatisch das Übersetzungsverhältnis, bei dem der Motor mit dem besten Wirkungsgrad arbeitet. Zwischen kürzester und längster Übersetzung sind unendlich viele Übersetzungsverhältnisse möglich.
Elektromagnetkupplung Arbeitet mit Magnetpulver und sorgt beim Anfahren für die Übertragung des Drehmoments. Sie wird von einem elektronischen Steuergerät gesteuert, das ständig Informationen über Motordrehzahl, Geschwindigkeit und Stellung der Drosselklappe verarbeitet. Wird Gas gegeben, schließt diese Kupplung und der weitere Antrieb erfolgt ohne Schlupf auf das System mit den Kegelscheiben.

Ölstand im Automatik-Getriebe kontrollieren

Die Getriebeautomatik des Fiat Punto Selecta ist mit einem speziellen Getriebeöl, dem CVT-Gear Oil der Marke Tutela befüllt. Die Spezifikation dieses Öls unterscheidet sich von der bekannten ATF-Flüssigkeit für andere automatische Getriebe. Falsches Getriebeöl kann beim Selecta einen Totalschaden des Getriebes verursachen. Auch ein ungenauer Ölstand kann zu Problemen führen. Sie sollten die Ölkontrolle daher sehr sorgfältig durchführen. Prüfen Sie bei dieser Gelegenheit auch die Beschaffenheit des Getriebeöls nach Farbe und Geruch – beides gibt Aufschluß über den Zustand der ECVT-Automatik. Das Getriebe kann bei der Kontrolle kalt oder warm sein.

Technik-lexikon: Stellung des Wählhebels

Parken (P) Eine Sperre blockiert die Sekundär-Kegelscheiben und damit das Getriebe. Antriebsräder lassen sich nicht drehen. Der Motor kann nur in »P«-Stellung des Wählhebels angelassen werden. In allen anderen Positionen verhindert ein mechanischer Schalter an der Schaltwelle des Getriebes das Starten.

Neutral (N) Entspricht dem Leerlauf beim Schaltgetriebe. Zwischen Motor und Antriebsrädern besteht keine Verbindung. Antriebsräder sind jedoch nicht blockiert.

Drive (D) Auf die Vorwärtskupplung wirkt ein hydraulischer Druck – das Drehmoment des Motors gelangt auf die Antriebsräder. Dabei bewegt sich der Selecta leicht vorwärts, was durch leichtes Bremsen verhindert werden kann. Wird das Gaspedal betätigt, schließt die Kupplung voll, die Antriebsleistung wird je nach Stellung des Gaspedals ohne Schlupf auf die Antriebsräder übertragen. Mit Einrichtung fürs Kick-Down.

Low (L) Motor läuft im Schubbetrieb mit höheren Drehzahlen. Sinnvoll bei Gefällstrecken (Motorbremse), längeren Steigungen und Serpentinenfahrt. Höchstgeschwindigkeit wird erreicht. Mit Einrichtung fürs Kick-Down.

Rückwärtsgang (R) Soll nur bei stehendem Fahrzeug eingelegt werden. Bei einer Vorwärtsfahrt über 10 km/h verhindert ein Sicherheits-Steuerventil das Einrücken der Rückwärtsgang-Kupplung.

Praxistip: Vorsicht beim Abschleppen

Wenn der Selecta nicht anspringt, hilft weder Anschieben noch Anschleppen. Die elektromagnetische Kupplung kann bei stehendem Motor nämlich keine Verbindung zwischen Motor und Getriebe herstellen. Versuchen Sie es zunächst mit Starthilfekabeln. Wenn Sie den Selecta abschleppen wollen, muß der Wählhebel in Stellung »N« stehen. Dabei auf keinen Fall schneller als 30 km/h fahren und höchstens 25 Kilometer weit schleppen – sonst reicht die Getriebeschmierung nicht aus.

Technik-lexikon: Ölstand im Automatikgetriebe

Ölstand zu niedrig Die Kupplungen werden nicht kraftschlüssig und rutschen durch. Die Ölpumpe saugt Luft an, dabei entsteht Schaum, der vorzeitigen Verschleiß der Getriebeteile verursacht. Außerdem zersetzt sich das Öl, verharzt und bildet Ölschlamm.

Ölstand zu hoch Das Öl wird durch die drehenden Getriebeteile zu stark aufgewirbelt und dadurch übermäßig erhitzt. Dies hat die gleiche Wirkung wie wenn bei zu niedrigem Ölstand Luft angesaugt wird.

Öl sauber und rot Das Öl ist in Ordnung.

Öl verbrannt und dunkel gefärbt Kupplungen sind verbrannt. Getriebe auswechseln.

Feste Rückstände im Öl, Metallabrieb Getriebe erneuern oder auswechseln.

Öl verharzt und klebrig Getriebe war oft überhitzt. Getriebe überholen.

Arbeitsschritte — 30000 km / 2 Jahre

1 Den Punto auf ebenem Boden abstellen.

2 Kontrollieren, ob der Ölstand wenigstens MIN-Niveau anzeigt.

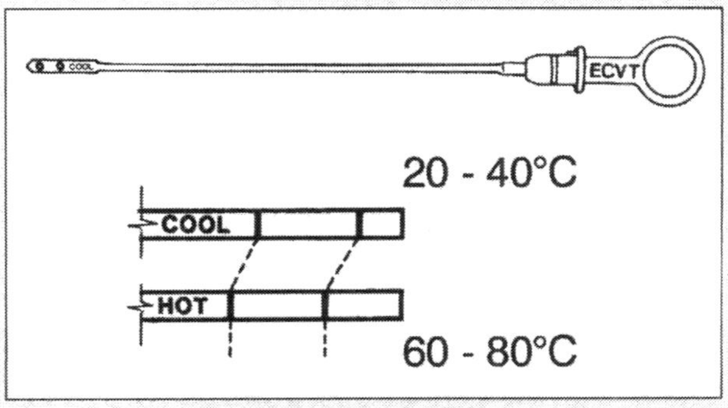

Auf beiden Seiten des Ölpeilstabs am ECVT-Automatikgetriebe befinden sich Bezugsmarken, die für den jeweiligen Betriebszustand den Höchst- und Mindestfüllstand angeben. Zum Abwischen des Ölpeilstabs unbedingt fuselfreie Lappen nehmen, da sonst die Hydraulik des Getriebes beschädigt werden kann.

3 Wählhebel bei laufendem Motor mindestens drei Mal langsam durch alle Wählstellungen schalten, damit das Hydrauliksystem im Getriebe mit Öl aufgefüllt wird.

→

4 Wählhebel in Position »P« oder »N« stellen und eine Minute warten.

5 Bei Leerlaufdrehzahl des Motors Meßstab herausziehen, mit einem sauberen, nicht flusenden Lappen abwischen und wieder bis zum Anschlag hineinstecken.

6 Falls erforderlich, das vorgeschriebene Hydrauliköl durch das Ölmeßstabrohr nachfüllen. Nach der Ursache für den Ölverlust forschen.

7 Ist das Getriebe überfüllt, muß Öl abgesaugt werden.

CVT-Öl wechseln

Praxistip

Bei normalem Fahrbetrieb sieht der Fiat-Wartungsplan einen Wechsel des CVT-Öls im automatischen Getriebe alle 45 000 km/36 Monate vor. Bei häufigem Hängerbetrieb oder zahlreichen Fahrten im Gebirge ist ein Ölwechsel schon nach 20 000 Kilometern sinnvoll. Das ist jedoch eine Arbeit für die Fiat-Werkstatt, die nicht nur die alte Ölfüllung absaugt, sondern auch Ölwanne und Ölsieb reinigt.

ECVT-Getriebeautomatik

Störungs-beistand

Störung	Ursache	Abhilfe
A Parksperre hält nicht auf abschüssiger Fahrbahn	1 Wählhebel-Seilzug falsch eingestellt	Einstellen lassen
	2 Getriebedefekt	Kontrollieren und ggf. auswechseln lassen
B Motor kann in allen Wählhebelstellungen gestartet werden	1 Siehe A1	
	2 Schalter der Startsperre defekt	Schalter auswechseln (lassen)
C Fahrzeug fährt während des Startvorgangs in »P« vorwärts oder rückwärts	Siehe A1 und 2	
D Motor kann in »P« Stellung nicht angelassen werden	1 Siehe A1	
	2 Siehe B2	
E Getriebefunktion stimmt mit Wählhebelstellung nicht überein	Siehe A1	
F Harter Schaltruck beim Verschieben des Wählhebels	1 Getriebeölstand nicht korrekt	Kontrollieren und entsprechende Menge Öl nachfüllen
	2 Bowdenzug der Getriebesteuerung schwergängig	Bewegliche Teile schmieren; Züge auf Verschleiß und knickfreie Verlegung kontrollieren
	3 Siehe A1	
G Keine Kraftübertragung in Wählhebelstellung »D«, »L« und »R« beim Gasgeben	1 Siehe F1	
	2 Getriebeöldruck falsch	Überprüfen lassen
	3 Siehe A1	
	4 Mikroschalter am Gaspedal defekt	Überprüfen und ggf. auswechseln lassen
	5 Steuergerät defekt	Überprüfen und ggf. auswechseln lassen
	6 Störung bei der Elektromagnetkupplung	Überprüfen und ggf. auswechseln lassen
	7 Siehe A2	
H Verzögertes und träges Ansprechen bei »Kick-down«	1 Siehe F1	
	2 Siehe G2	
	3 Gas- und Kick-down-Zug falsch eingestellt	Einstellen lassen
	4 Siehe A2	
I Keine Übersetzungsänderung	1 Siehe A1	
	2 Siehe F1	
	3 Geschwindigkeitssensor defekt	Überprüfen und ggf. auswechseln lassen
	4 Siehe A2	

Der Achsantrieb

Der Achsantrieb ist die letzte Zwischenstation, die das vom Motor produzierte Drehmoment auf dem Weg zu den Antriebsrädern erreicht. Das Getriebe gibt das gewandelte Drehmoment über ein kleines und ein großes Zahnrad (Achsantriebsrad) an den Achsantrieb weiter. An das große Zahnrad ist das Gehäuse des Achsantriebs angeschraubt. Seine Aufgabe besteht darin, die vom Getriebe kommenden Drehzahlen ins Langsamere zu übersetzen, das Drehmoment zu vergrößern und gleichmäßig an die Antriebsräder zu übertragen. Die Antriebswellen stellen die kraftschlüssige Verbindung zwischen Achsantrieb und Radnabe her.

Technik-lexikon: Achsantrieb und Antriebswellen

Achsantrieb Sitzt mit dem Ausgleichsgetriebe (Differential) und dem Schaltgetriebe (beim Selecta: Automatikgetriebe) in einem Gehäuse. Darin befinden sich auch vier ineinandergreifende Kegelräder, von denen zwei mit den Antriebswellen verbunden sind.

Geradeausfahrt Beide Vorderräder rollen mit der Drehzahl des Achsantriebsrades. Das Ausgleichsgetriebe dreht im gleichen Tempo, die Kegelräder stehen still.

Kurvenfahrt Das kurvenäußere Rad muß einen längeren Weg zurücklegen als das innere. Die unterschiedlichen Radumdrehungen müssen also ausgeglichen werden, da sonst der Wagen ruckartig mit durchdrehenden Vorderrädern durch die Kurven fahren würde. Jetzt treten die Kegelräder in Aktion: Die schnellere Drehung des äußeren Kegelrades wirkt über die beiden Übertragungskegelräder auf das Kegelrad auf der Kurveninnenseite ein. Dieses dreht sich dann langsamer.

Kraftübertragung auf Räder (vom Ausgleichsgetriebe) Erfolgt über eine kurze (linke Seite) und eine lange Antriebswelle (rechts), da sich das Getriebegehäuse versetzt zur Mittelachse des Fahrzeugs befindet. Ein Schwingungsdämpfer an der längeren Welle vermeidet unkontrollierte Schwingungen. Beim Punto GT und Punto TD ist die lange Welle geteilt, wobei das Zwischenlager (Stützlager) in einem am Motor befestigten Halter installiert ist.

Gleichlaufgelenk Auf Getriebeseite ein sogenanntes Verschiebegelenk. Auf Radseite mit dem Achsstummel verschweißt. Gleichlaufgelenke ermöglichen eine gleichmäßige Übertragung des Drehmoments, weil sie kaum störende Einflüsse durch Lenkeinschlag oder Einfederungszustand zulassen.

→

Technik-lexikon

Stümpfe der Antriebswellen Laufen auf der Radseite in zwei Kugellagern des Lenk-Schwenklagers. Im Gegensatz zur Kerbverzahnung der Radnabenseite hat die Kerbverzahnung der Getriebeseite einen leichten Drall, was Klackgeräusche beim Anfahren vermeidet.

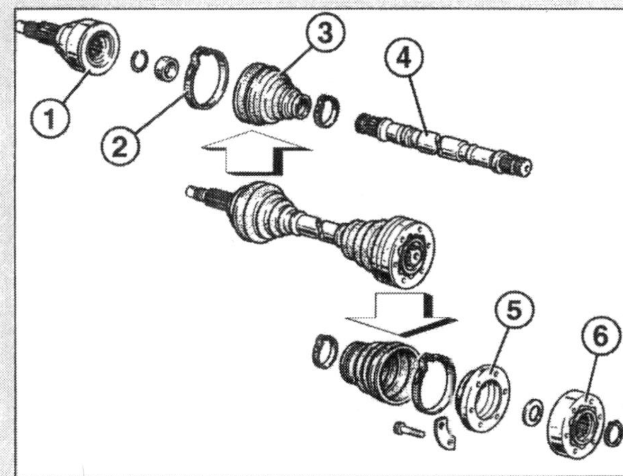

Die linke (kurze) Antriebswelle
❶ Gleichlaufgelenk mit Achsstummel (Radseite). ❷ Lochspannband. ❸ Schutzmanschette. ❹ Antriebswelle. ❺ Flansch für Gleichlaufgelenk. ❻ Gleichlaufgelenk (Getriebeseite).

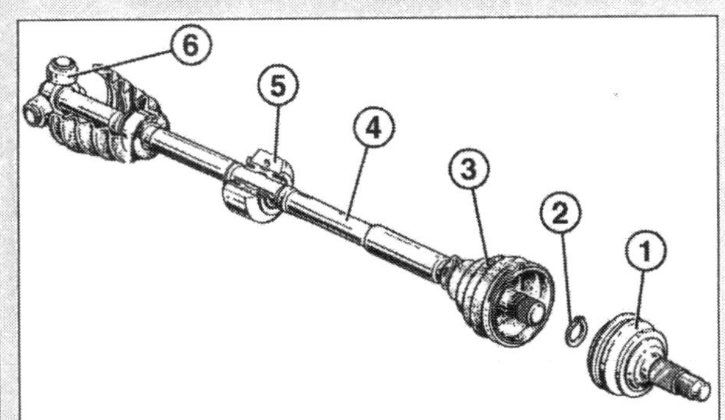

Die rechte (lange) Antriebswelle
❶ Gleichlaufgelenk mit Achsstummel (Radseite). ❷ Sicherungsring. ❸ Schutzmanschette mit Lochspannband. ❹ Antriebswelle. ❺ Dämpfungsgewicht. ❻ Gleichlaufgelenk (Getriebeseite).

Manschetten der Antriebswellen prüfen

Arbeitsschritte | 15000 km 12 Monate

1 Wagen vorn mit freihängenden Rädern aufbocken.

2 Am Rad drehen und beide Gummimanschetten der Welle auf feine Risse und spröde Stellen kontrollieren.

3 Sitz der Haltebänder prüfen.

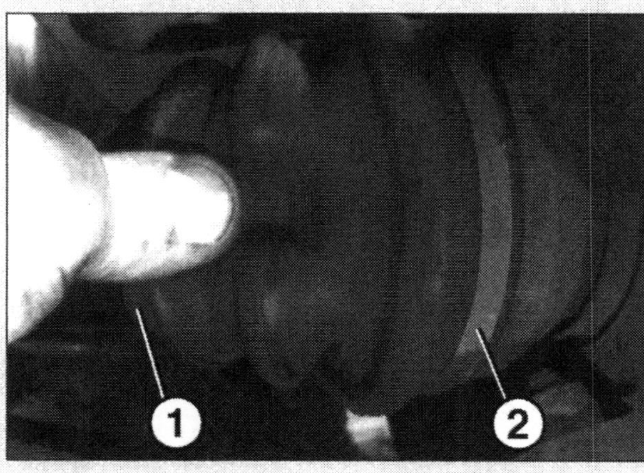

Bei der Kontrolle der Schutzmanschetten sollten Sie auch den festen Sitz des inneren ❶ und äußeren ❷ Spannbandes überprüfen.

4 Fettspuren an der Manschette sind ein Alarmsignal – fehlt Schmiermittel, kann dies das Gelenk zerstören. Die Gelenke sind mit MoS2-Fett (TUTELA MRM2 von Fiat) gefüllt.

5 Beschädigte Manschetten ersetzen. Dazu müssen Sie die Antriebswelle aus dem jeweiligen Antriebsgelenk ausbauen.

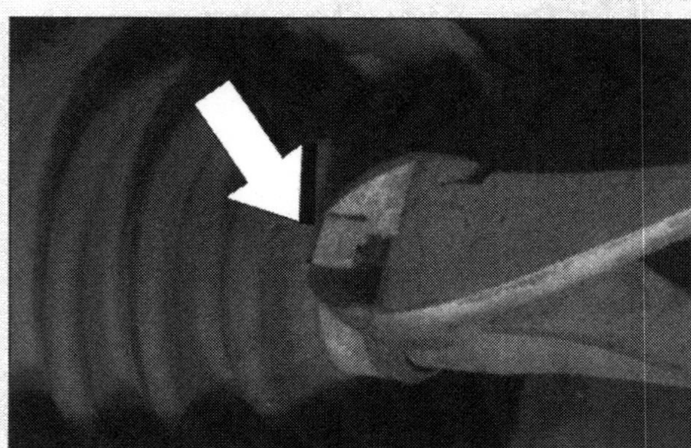

Mit einem Seitenschneider können Sie die Spannbänder spannen. Dabei mit Gefühl vorgehen, damit die Manschette nicht abgequetscht wird.

Praxistip

Wenn die Antriebswelle knackt

Die Lebensdauer der Antriebswellen hängt auch von Ihrer Fahrweise ab. Vermeiden Sie Vollgasstarts mit eingeschlagenen Vorderrädern und Anfahren mit durchdrehenden Antriebsrädern. Geräusche, die auf einen Defekt hinweisen, können plötzlich auftreten, dann aber wieder für mehrere Tage aufhören.

- Rhythmische Schlag- oder Knack-knack-knack-Geräusche beim Gasgeben und im Schiebebetrieb (können sich beim Lenkeinschlag verändern) deuten auf einen Defekt am radseitigen Gelenk hin.
- Wenn bei eingeschlagenen Rädern das Lenkrad vibriert und zittert, ist vermutlich ebenfalls das äußere Gelenk beschädigt.
- Ein Knackgeräusch beim Anfahren mit eingeschlagenen Rädern kann einen Defekt an der Antriebswelle bedeuten. Achtung: Ein Schaden am Radlager äußert sich mit dem gleichen Symptom.

Antriebswelle ausbauen/Gelenkmanschette wechseln

Arbeitsschritte

1 Radabdeckung abnehmen und Radschrauben sowie Radnabenmutter lockern. Lassen Sie dazu einen Helfer die Bremse treten.

2 Wagen vorne mit freihängenden Rädern aufbocken, Vorderrad abbauen.

3 Federbein vom Lenkschwenklager abbauen (zwei Schrauben mit Mutter).

4 Radnabenmutter abschrauben.

5 Die Radnabe vorsichtig von der Antriebs-Gelenkwelle ziehen.

6 Großes Spannband des getriebeseitigen Gleichlaufgelenks (Tripodegelenk) trennen, Schutzmanschette abziehen und zur Wellenmitte verschieben.

7 Überschüssiges Fett am Antriebsgelenk abwischen.

→

Wenn das Federbein gelöst ist, die Radnabe ❶ nach außen ziehen und den kerbverzahnten Achsstummel ❷ des äußeren Gleichlaufgelenks ❸ herausziehen. Wenn die Welle festsitzt, Radnabe mit einem Abzieher abdrücken.

8 Welle mit Tripodestern aus dem Gelenkstück des Getriebes ziehen.

9 Peinlich darauf achten, daß die Fettfüllung nicht verunreinigt wird, sonst ist der nächste Gelenkschaden programmiert.

Neue Gelenkmanschette aufziehen

10 Alte Manschette von der Welle ziehen.

11 Gelenk vor dem Einbau der neuen Manschette mit etwa 50 g frischem MoS2-Fett füllen.

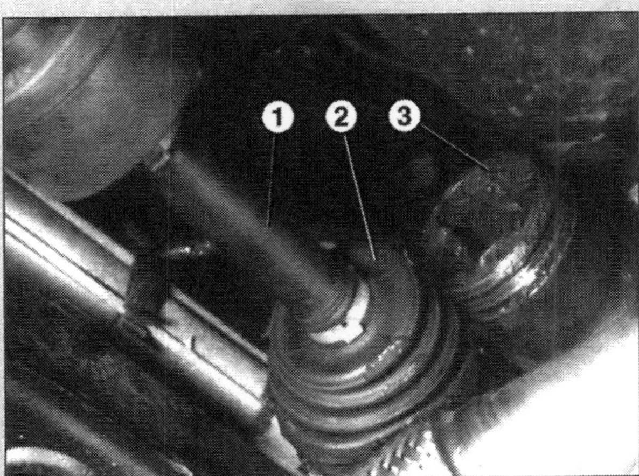

Ausbau der Antriebswelle ❶ durch Auseinanderziehen des getriebeseitigen Gleichlaufgelenks ❸: Der Fettvorrat muß ausgewaschen und komplett erneuert werden, falls Schmutz ins Schmierfett gefallen ist. Wenn Sie keine neue Schutzmanschette ❷ einbauen, muß das alte Teil vorher gereinigt werden.

→

12 Wenn Sie nach dem Ausbau der Antriebswelle die alte Manschette verwenden, vor dem Einbau der Fettvorrat auffüllen und mit neuem Spannband montieren.

13 Manschette über das Gelenk schieben und neue Lochbandklemmen ansetzen. Dabei die Klemmen von Hand so vorspannen, daß der Haken in das nächstliegende Loch einhakt.

14 Mit Seitenschneider noch eine Bucht quetschen, um das Band endgültig zu spannen. Beim Spannen der Lochbandklemme auf der Radnabenseite darauf achten, daß die Spannschlaufe nicht zu weit von der Manschette absteht, da diese sonst bei drehender Welle gegen das Lenkschwenklager schlagen kann.

Ausbau der Welle mit innerem Gelenk

15 Soll die Welle komplett mit dem inneren Gelenk ausgebaut werden, die Getriebeabdeckung der Achswelle am Getriebe abschrauben (vier Schrauben).

16 Achswelle mit Antriebsgelenk aus dem Getriebe ziehen. Damit kein Öl austritt, die Getriebeöffnung mit Stopfen (z. B. flusenfreier Lappen) verschließen. Sie können aber auch vor Arbeitsbeginn das Getriebeöl in ein sauberes Gefäß ablassen. Allerdings ist die Wiederbefüllung nach dem Einbau etwas umständlich.

Einbau der Welle

17 Vor dem Einbau die Kerbverzahnung der Welle reinigen. Überschüssiges Fett und Öl entfernen.

18 Welle ins Getriebe setzen und Getriebeabdeckung festziehen.

19 Radnabe auf die Keilverzahnung des Stumpfs der Antriebswelle drücken und mit Radnabenmutter bis zum Anschlag auf die Welle ziehen.

20 Neue Radnabenmutter mit Unterlagscheibe montieren, aber noch nicht festziehen.

21 Federbein anbauen.

22 Rad montieren und Fahrzeug abbocken.

23 Radnabenmutter mit 240 Nm festziehen und mit Dorn im Nut der Achswelle verstemmen.

DAS FAHRWERK

Das Fahrwerk ist zuständig für Fahreigenschaften und Fahrkomfort Ihres Fahrzeugs. Es hat vor allem die Aufgabe, das Rad bei seiner Bewegung präzise zu führen. Nur dann bleibt das Auto sicher beherrschbar. Dieser Job ist freilich nicht einfach. Denn die Räder müssen sich bei der Fahrt nicht nur drehen, sondern auch Auf- und Abwärtsbewegungen durchführen – schließlich ist keine Fahrbahn völlig eben. Auch beim Bremsen, Beschleunigen und bei der Fahrt durch eine Kurve entstehen erhebliche Kräfte, mit denen das Fahrwerk fertig werden muß. Das geht jedoch nur, wenn seine Komponenten optimal aufeinander abgestimmt sind. Zum Fahrwerk gehören die Federung und Dämpfung, die Radaufhängung an Vorder- und Hinterachse, die Lenkung sowie die Räder und Reifen. Die Bremsen, ebenfalls Teil des Fahrwerks, stellen wir Ihnen in einem eigenen Kapitel vor.

Auslegung des Fahrwerks

Die richtige Radaufhängung ist eine Wissenschaft für sich. Bei jeder Fahrt zum Beispiel über eine Bodenwelle oder durch eine schnelle Kurve verändert sich die ausgeklügelte Geometrie der Räder, die in genau definierten Winkeln zur Fahrzeugachse stehen. Allerdings dürfen die Pneus nie den Kontakt zur Fahrbahn verlieren, weil sie dann keine Brems- und Lenkkräfte mehr übertragen können. Damit die Räder auf dem Boden bleiben, tritt die Federung in Aktion. Sie nimmt Stöße auf und folgt den Unebenheiten der Straße. Das unerwünschte Nachschwingen der Federn verhindern die Stoßdämpfer. Sie müßten eigentlich Schwingungsdämpfer heißen, da sie keine Stöße dämpfen, sondern die Schwingungen der Federn abschwächen.

Das Fahrwerk des Punto – sicher und komfortabel

Fahrverhalten und Fahrsicherheit hängen davon ab, daß die Räder sicher in die gewünschte Richtung gelenkt werden. Die Lenkung soll möglichst feinfühlig sein und zielgenaues Lenken ermöglichen. Sie ist genau auf die Achsen und die Lenkgeometrie abgestimmt. Das Fahrwerk des Fiat Punto ist ein Beispiel dafür, daß man auch mit einem Kleinwagen komfortabel und sicher unterwegs sein kann. Vorder- und Hinterachse des Punto sind mit Querstabilisatoren ausgestattet, vorne federn McPherson-Federbeine, die Hinterräder werden von einer Verbundlenkerachse geführt. Außerdem sind in allen Punto-Modellen Gasdruckstoßdämpfer eingebaut.

Technik-lexikon: Die Vorderachse des Punto

Einzelradaufhängung Nach dem System McPherson (1949 zum Patent angemeldet). Kompakte Einheit aus Stoßdämpfer, Feder und schwenkbarem Radnabenteil (Radführung).

Federbein Besteht aus Schraubenfeder und Teleskopstoßdämpfer, der in der Feder steckt. Innere Anschläge im Federbein begrenzen die Ausfederung nach unten. Bei hartem Durchfedern – etwa bei einem Schlagloch – tritt der Anschlagbegrenzer in Aktion. Er verhindert, daß die Feder ganz zusammengedrückt wird.

Federbeindom (im Kotflügel). Nimmt das Federbein auf. Oben als Gummilager (Stützlager) ausgebildet, das sich, geführt durch einen Zentrierring, an je einer oberen und unteren Tellerscheibe abstützt. Im Stützlager ist die Kolbenstange des Federbeins verschraubt.

Lenk-Schwenklager Hält das untere Ende des Federbeins mit zwei Klemmschrauben. Ist über ein Kugelgelenk mit einem Querlenker aus Sphäroguß verbunden. Der Querlenker sitzt beweglich im Achsträger und nimmt die entstehenden Seitenkräfte auf.

Querstabilisator Am Fahrzeugboden drehbar befestigt und jeweils mit einem Querlenker verschraubt. Reduziert die Seitenneigung bei Kurvenfahrt.

Lenkgetriebe Sitzt hinter dem Motor, am Achsträger befestigt. Ausgeführt als Zahnstangenlenkung mit variabler Übersetzung – unterschiedliche Verzahnungen auf der Zahnstange bewirken verschiedene Übersetzungen bei Geradeaus- und Kurvenfahrt (reduziert Kraftaufwand beim Lenken). An die Zahnstange montiert ist rechts und links die Spurstange – dreht man das Lenkrad, das über eine zweiteilige Lenkspindel mit dem Lenkgetriebe verbunden ist, wird diese Bewegung auf die Lenkhebel des Lenk-Schwenklagers und damit auf die Räder übertragen.

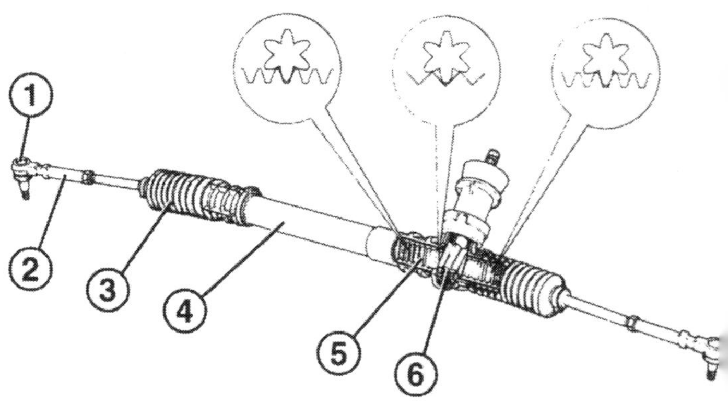

Zahnstangenlenkung Das Lenkritzel greift in die variable Verzahnung der Zahnstange ein und verschiebt diese – je nach Drehung am Lenkrad – nach rechts oder links. Das Ritzel wird durch den in das Lenkgehäuse geschraubten Deckel in Position gehalten, ein sogenannter Gleitstein drückt es auf die Zahnstange. ❶ Spurstangenkopf. ❷ Spurstange. ❸ Lenkmanschette. ❹ Zahnstangengehäuse. ❺ Verzahnung der Zahnstange. ❻ Lenkritzel.

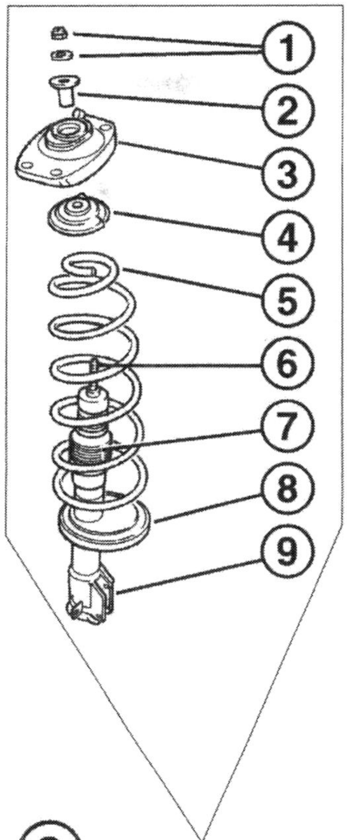

Das Federbein des Fiat Punto
❶ Mutter mit Unterlegscheibe. ❷ Führungs- und Distanzhülse. ❸ Federbeinlager. ❹ Oberer Federteller. ❺ Schraubenfeder. ❻ Kolbenstange des Stoßdämpfers. ❼ Stoßdämpfer mit Staubmanschette. ❽ Unterer Federteller. ❾ Klemmhalterung an Lenk-Schwenklager.

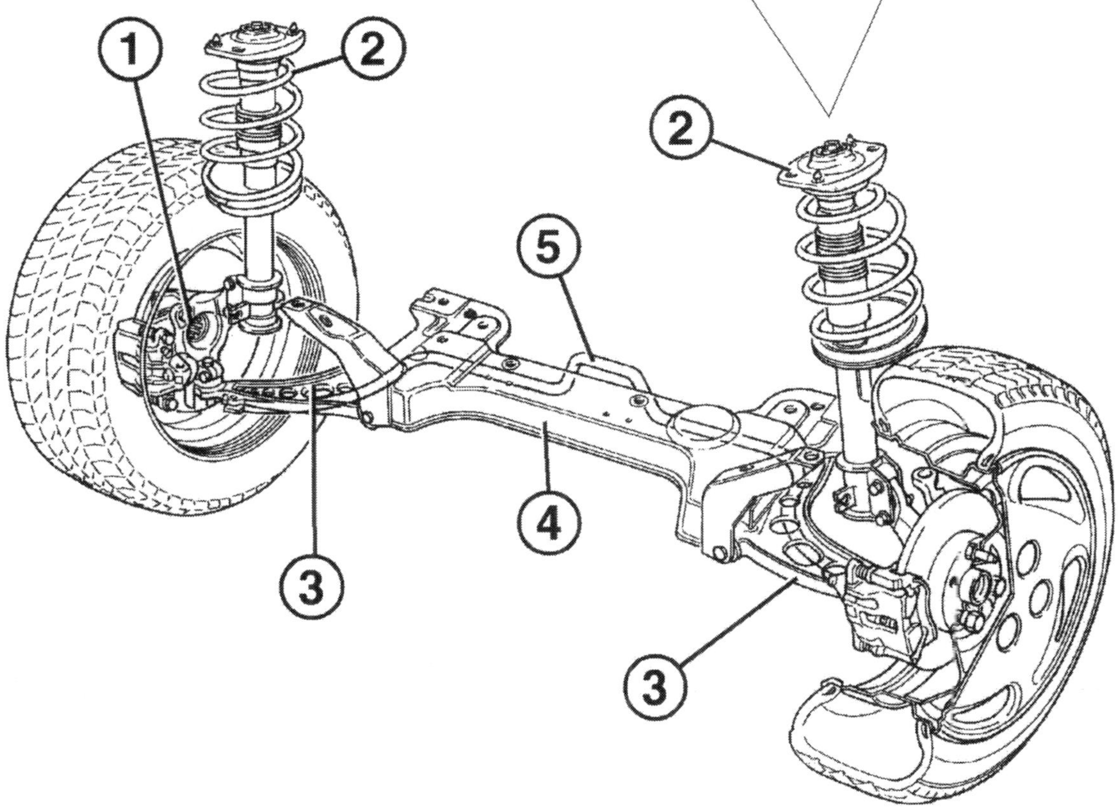

Die Konstruktion der Vorderachse
❶ Lenk-Schwenklager mit Radnabe. ❷ Federbein. ❸ Querlenker. ❹ Achsträger. ❺ Querstabilisator.

Technik-lexikon: Die Hinterachse des Punto

Verbundlenkerachse Besteht aus Achsträger (mit vier Schrauben am Karosserieboden befestigt) und den daran beweglich gelagerten Längslenkern (rechts und links). Zur genauen Führung der Längslenker sitzt ihre Aufnahme mit einem Führungsbolzen und einer Silentbüchse im Achsträger.
Federung Teleskopstoßdämpfer sitzen nahe bei den Rädern auf den Längslenkern, die Schraubenfedern vor den Achsstummeln auf den Längslenkern (getrennte Anordnung). Dämpfer und Feder stützen sich nach oben gegen den Achskörper ab.
Radnabe Sitzt getrennt von der Bremstrommel auf dem Achsstummel. Mit einer verstemmten Radnabenmutter gesichert.

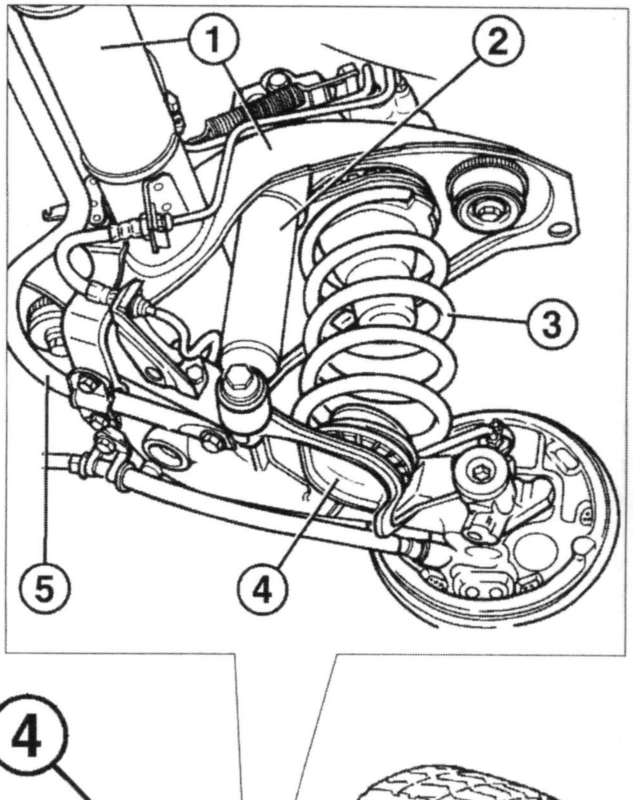

Blick von schräg unten auf die Hinterachsfederung
❶ Achsträger. ❷ Stoßdämpfer. ❸ Schraubenfeder. ❹ Längslenker. ❺ Querstabilisator.

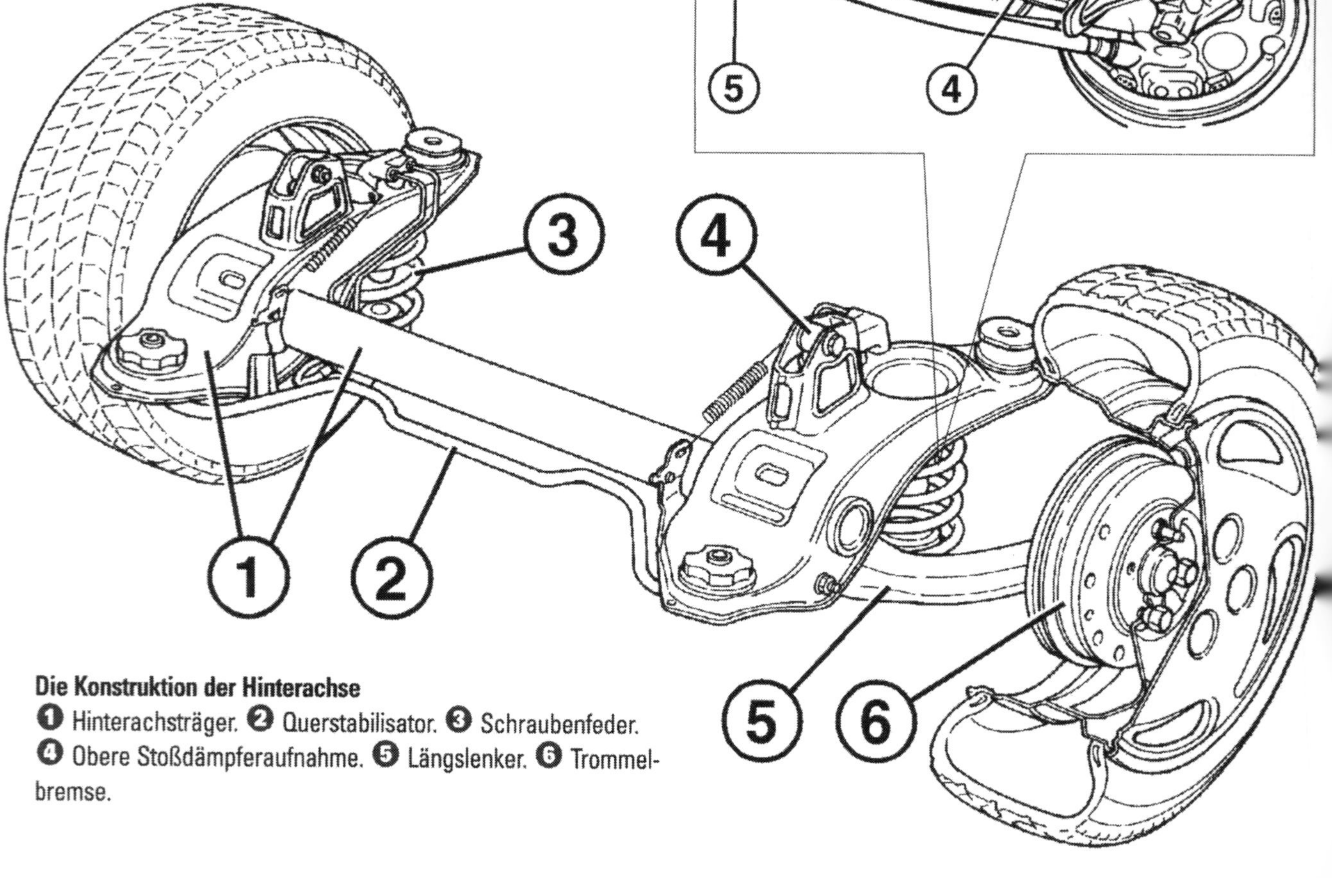

Die Konstruktion der Hinterachse
❶ Hinterachsträger. ❷ Querstabilisator. ❸ Schraubenfeder. ❹ Obere Stoßdämpferaufnahme. ❺ Längslenker. ❻ Trommelbremse.

Do it yourself?

Fahrwerk und Lenkung bieten viel Raum fürs Do it yourself. Vor allem an den Teilen der vorderen Radaufhängung läßt sich manche Wartung in Eigenregie durchführen. Auch für erfahrene Schrauber gibt's viel zu tun. Allerdings sind für bestimmte Arbeiten Werkstattgeräte erforderlich. Wenn Sie diese Werkzeuge nicht besitzen oder sich nicht sicher sind, ob Sie die betreffende Reparatur selbst ausführen können – überlassen Sie die Arbeit der Werkstatt. Mit fehlerhaften Reparaturen gefährden Sie sich und andere. Beschädigte Teile der Radaufhängung dürfen Sie nicht richten oder schweißen – sie müssen grundsätzlich erneuert werden.

Radeinstellung prüfen

Die richtige Stellung der Vorderräder entscheidet darüber, ob Ihr Punto auf ebener Strecke und in Kurven ruhig und sicher auf der Straße liegt. Eine harte Berührung des Bordsteins kann die Geometrie der Vorderradaufhängung jedoch empfindlich stören. Auch verschlissene Gelenke und Gummilager oder unsachgemäße Reparaturen können sich negativ auf das Fahrverhalten auswirken. Die Vermessung der Radstellung ist freilich eine Sache der Werkstatt, die dazu einen speziellen Achsmeßstand verwendet. Einer fehlerhaften Lenkgeometrie können Sie beim Fahren aber selbst auf die Schliche kommen. Dazu müssen beide Vorderreifen dieselbe Reifensorte, Profiltiefe und den vorgeschriebenen Luftdruck aufweisen.

Arbeitsschritte

1 Stehen die Lenkradspeichen bei Geradeausfahrt symmetrisch? Ein schiefsitzendes Lenkrad ist ein Zeichen für falsche Einstellung der Spur.

2 Stehen die Vorderräder in Geradeausstellung symmetrisch zueinander?

3 Läuft das Fahrzeug auf ebener Fahrbahn und losgelassenem Lenkrad geradeaus? Oder zieht es zur Seite?

4 Stellt sich die Lenkung nach Kurven von selbst geradeaus?

5 Ist das Reifenprofil gleichmäßig abgenutzt? Oder zeigen die Außenkanten stärkere Verschleißspuren als innen?

Technik-lexikon: Grundbegriffe der Lenkgeometrie

Vorspur Die Vorderräder stehen vorn enger zusammen als hinten (rollen aufeinander zu). Das gleicht die Reibung zwischen Rad und Straße aus, die das linke Rad nach links und das rechte nach rechts drücken will. Die Vorspur verhindert Flattern der Räder und Radieren der Reifen. Bei der Fahrt durch eine Kurve schwenkt das kurveninnere Rad zur Unterstützung der Lenkbewegung und der Lenkkräfte stärker ein als das kurvenäußere – die Vorspur geht in Nachspur über (Räder stehen hinten enger zusammen als vorn).

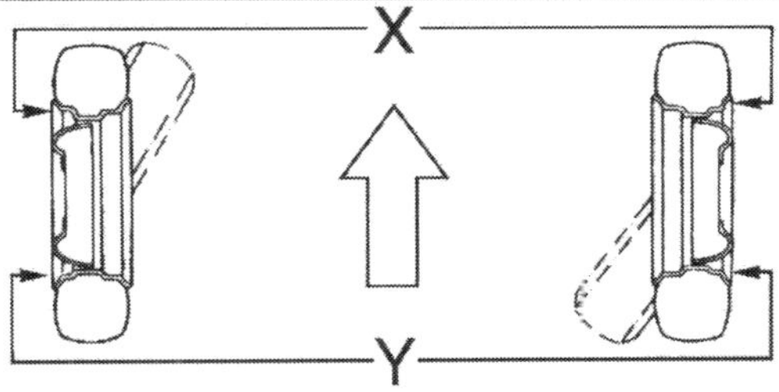

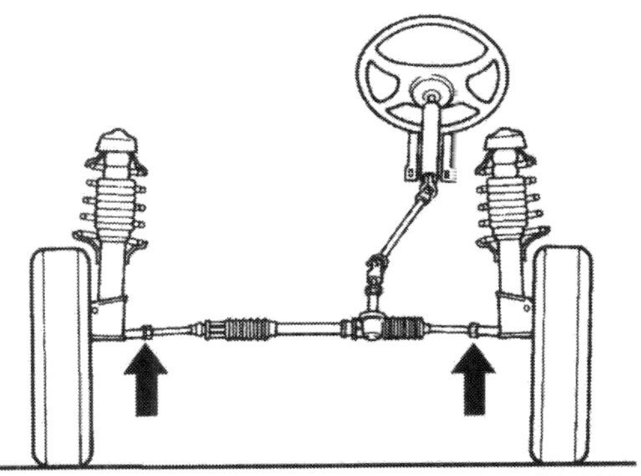

Die Vorspur ergibt sich aus der Differenz zwischen X und Y. Stimmt die Spur nicht, kann sie nach Lösen der Kontermuttern (schwarze Pfeile) durch Verdrehen der Spurstangen eingestellt werden. Die Vorspur beträgt 0 ± 1 mm. Sturz und Nachlauf sind nicht einstellbar.

Sturz Die Neigung des Rades zu einer Senkrechten. Vermindert Fahrbahnstöße auf die Teile der Lenkung, reduziert Lenkkräfte und Reibung der Räder auf der Fahrbahn. Die Vorderräder des Punto haben positiven Sturz (0 ± 1 mm) – sie stehen oben im Radkasten geringfügig weiter auseinander als unten am Boden.

Spreizung Die Neigung der Lenkungsdrehachse zu einer Senkrechten. Denkt man sich eine Linie dieser Achse zum Boden und mißt den Abstand zur Mittellinie durch das Rad (Mittelpunkt der Reifenaufstandsfläche), erhält man den Lenkrollradius. Dieser soll möglichst klein sein, um die Störkräfte in der Lenkung zu verringern. Die Spreizung bewirkt außerdem zusam- →

Technik-lexikon

men mit dem Nachlauf, daß sich bei eingeschlagenen Rädern das Fahrzeug etwas anhebt. Läßt man das Lenkrad los, stellen sich die Räder selbst in die Mittelstellung zurück (Rückstellmoment).

Nachlauf Abstand (in Fahrtrichtung) zwischen der gedachten Verlängerungslinie der Lenkdrehachse zum Boden und dem Mittelpunkt der Reifenaufstandsfläche. Durch den Nachlauf werden die Räder gezogen (und nicht geschoben). Sie neigen deshalb dazu, sich von selbst geradeaus zu stellen und diese Stellung beizubehalten.

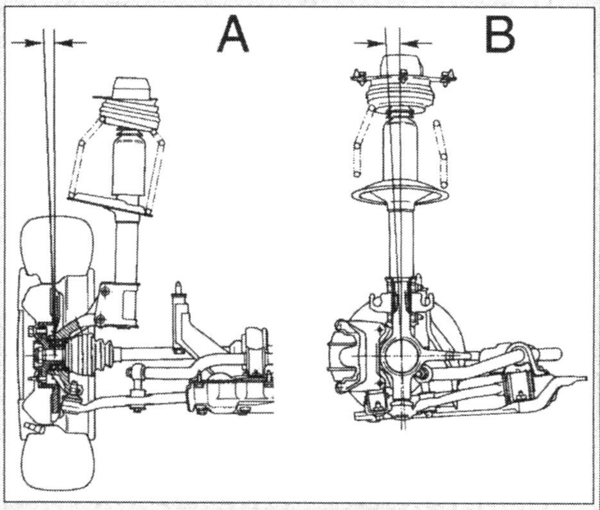

Die Radeinstellung
A Sturz. **B** Nachlauf.

Zustand des Stoßdämpfers prüfen

Nach zwei verschlissenen Reifensätzen besitzen die Stoßdämpfer in der Regel nur noch die Hälfte ihrer ursprünglichen Wirkung. Sie sind dann reif für den Austausch. Die nachlassende Wirkung des Dämpfers gleichen die meisten Fahrer unbewußt durch verändertes Fahrverhalten aus. Lassen Sie das Bauteil zur exakten Diagnose einmal im Jahr auf dem Prüfstand eines Automobilclubs oder von TÜV und Dekra kontrollieren. Die Schaukelmethode, bei der man den Wagen am betreffenden Kotflügel aufschaukelt und plötzlich losläßt, ersetzt keine Prüfung. Damit können Sie nur einen total ausgefallenen Stoßdämpfer feststellen. Es gibt jedoch einige Anzeichen, die auf eine nachlassende Wirkung der Stoßdämpfer hinweisen.

Arbeitsschritte | 15000 km 12 Monate

1 Flattert die Lenkung? In diesem Fall haben die Räder keinen ständigen Kontakt zum Boden.

2 Schwingt die Karosserie bei der Fahrt über Fahrbahnunebenheiten nach?

3 Wirkt das Fahrzeug in Kurven schwammig? Dann werden die kurveninneren Räder nicht genügend auf den Boden gedrückt, die äußeren nicht stark genug entlastet.

4 Nutzen die Reifen ungleichmäßig ab?

5 Haben Sie am Stoßdämpfer starke Ölspuren bis unter den Federteller des Federbeins festgestellt? Geringe Leckverluste sind normal.

Technik-lexikon

So arbeitet der Stoßdämpfer

Im Punto sind Gasdruckstoßdämpfer eingebaut. Sie bestehen aus zwei unterschiedlich großen Zylindern: dem Arbeitsraum, in dem ein Kolben auf- und abgleitet, und dem größeren Vorratsraum für das Hydrauliköl. Ein gasdruckbelasteter Trennkolben unterstützt den Volumenausgleich des Öls vor dem Kolben. Druckstufe: Der Kolben bewegt sich nach unten, über das Kolbenventil strömt Öl in den Raum über dem Kolben. Gleichzeitig fließt das verdrängte Öl über das Bodenventil in den Vorratsraum. Das Bodenventil bestimmt den Widerstand (Dämpfung). Zugstufe: Der Kolben bewegt sich nach oben, über das Bodenventil strömt Öl in den Arbeitsraum. Gleichzeitig fließt das verdrängte Öl aus dem Raum über dem Kolben über das Kolbenventil in den Arbeitsraum. Das Kolbenventil bestimmt den Widerstand.

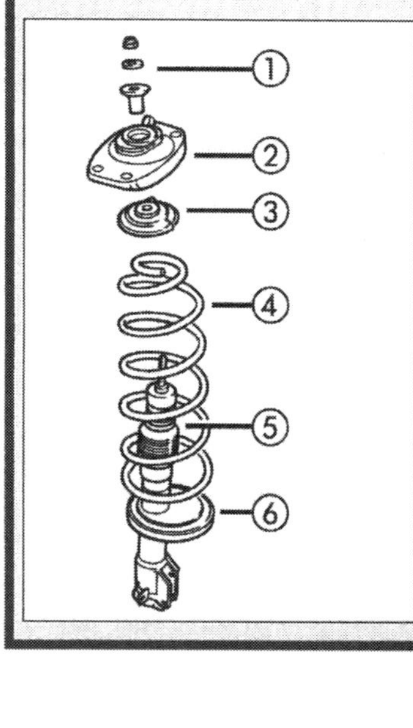

Das zerlegte Federbein
1 Mutter mit Unterlegscheibe.
2 Federbeinlager.
3 Oberer Federteller.
4 Schraubenfeder.
5 Stoßdämpfer mit Staubmanschette.
6 Unterer Federteller.

Lenkungsspiel prüfen

Das Spiel der Lenkung kann nachgestellt werden, wenn es nicht durch einen Defekt verursacht wird. Die Einstellung sollten Sie jedoch der Werkstatt überlassen – sie hat das entsprechende Meßgerät dazu.

Arbeitsschritte | 15000 km 12 Monate

1 Die Räder geradeaus stellen.

2 Greifen Sie durchs geöffnete Fenster und drehen Sie das Lenkrad kurz hin und her.

3 Das Vorderrad muß sich sofort mitbewegen. Achten Sie auf die Felge, denn der elastische Reifen kann einen Teil des Einschlags schlucken, ehe er sich bewegt.

4 Hat die Lenkung um die Geradeausstellung kein Spiel, klemmt aber bei stärkerem Einschlag, ist die Zahnstange der Lenkung verschlissen. Das Lenkgetriebe muß dann ausgetauscht werden.

Manschetten der Lenkzahnstange kontrollieren

Die aus dem Zahnstangengehäuse austretende Zahnstange ist links und rechts durch eine Gummimanschette geschützt. Dringen durch einen rissigen oder beschädigten Faltenbalg Schmutz und Feuchtigkeit ein, verbinden sie sich mit dem Fett des Lenkgetriebes zu einer Schleifpaste, die ständig am Lenkritzel nagt. Eine verschlissene Manschette sollten Sie daher sofort ersetzen.

Arbeitsschritte | 15000 km 12 Monate

1 Leuchten Sie mit einer Taschenlampe jeden Faltenbalg ab.

2 Schlagen Sie die Lenkung voll nach rechts und links ein; ziehen Sie dann den Faltenbalg Stück um Stück auseinander, um Risse in den Falten zu erkennen.

3 Die Spannbänder müssen fest auf der Manschette sitzen.

→

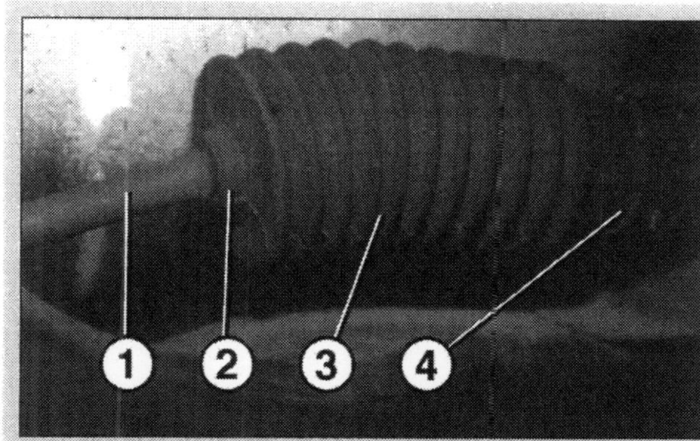

Die Staubmanschette **3** der Lenkung muß richtig in der Nut der Spurstange **1** und dem Zahnstangengehäuse **4** sitzen. Auch die Klemmschelle **2** muß fest sitzen.

Manschetten und Spiel der Spurstangenköpfe prüfen

Das Spurstangengelenk sitzt rechts und links zwischen Spurstange und Spurstangenhebel des Lenk-Schwenklagers. Selbstschmierender Kunststoff umhüllt den stählernen Kugelkopf, eine Manschette schützt ihn vor eindringendem Schmutz und Feuchtigkeit. Spurstangenköpfe mit defekter Manschette oder übermäßigem Spiel müssen umgehend ersetzt werden.

Arbeitsschritte | 15000 km 12 Monate

1 Kontrollieren Sie die Manschetten der Spurstangengelenke auf Risse.

2 Prüfen Sie, ob das Gelenk Spiel hat. Fahren Sie den Wagen dazu am besten über eine Grube.

3 Lassen Sie einen Helfer das Lenkrad mehrmals kurz nach links und rechts drehen. Sie können mit der Hand fühlen, ob die Spurstangengelenke Luft haben.

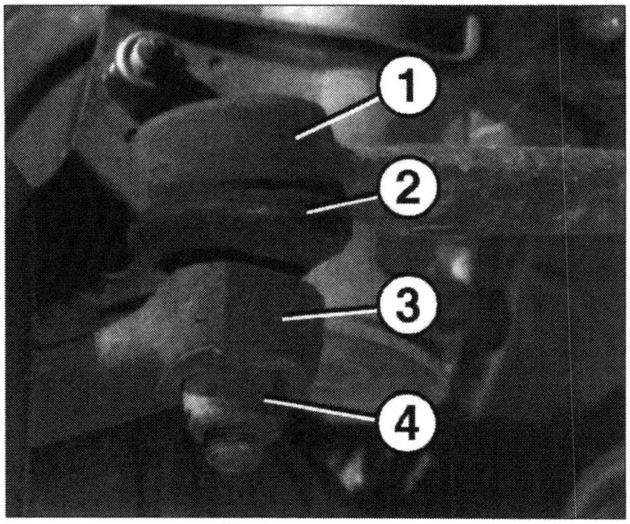

Der Spurstangenkopf ❶ ist mit einer selbstsichernden Mutter ❹ am Lenk-Schwenklager ❸ gesichert. Prüfen Sie die Manschette ❷ regelmäßig auf Verschleiß.

Manschetten der Achsgelenke prüfen

Die Kugelgelenke der Achsgelenke (rechts und links zwischen Querlenker und Lenk-Schwenklager) sitzen in einer Fett-Dauerfüllung in Kunststoffschalen. Staubkappen aus Kunststoff schützen sie vor Nässe und Schmutz. Die Gelenke sind wartungsfrei. Eine beschädigte Staubkappe bedeutet allerdings das vorzeitige Aus fürs Gelenk – eindringender Schmutz wirkt wie Schmirgelsand, Feuchtigkeit läßt es mit der Zeit festrosten.

Arbeitsschritte | 15000 km 12 Monate

1 Lenkung nach einer Seite voll einschlagen.

2 Kappen der Achsgelenke rechts und links auf Beschädigungen kontrollieren. Dabei die Kappen zusammendrücken – so entdecken Sie auch versteckte Risse.

2 Eine schadhafte Staubkappe kann nicht einzeln ersetzt werden, der Querlenker muß komplett ausgetauscht werden.

Radlagerspiel prüfen

Die Räder des Punto laufen jeweils innen und außen auf wartungsfreien Kugellagern. Diese sind an der Hinterachse für mehr als 150 000 Kilometer gut. Die vorderen Radlager halten oft nicht so lange. Ein Defekt macht sich meist durch laute Laufgeräusche bemerkbar. Die Radlager können nicht eingestellt werden und müssen bei einem Schaden ausgetauscht werden. Das ist Sache der Werkstatt, denn Lager, Laufringe, Nabe und Lenk-Schwenklager sind in sehr engen Toleranzen gefertigt und machen bei der Montage Spezialwerkzeuge erforderlich.

Arbeitsschritte | 15000 km 12 Monate

1 Wagen auf festem Boden abstellen. Packen Sie das Rad im oberen Bereich, versuchen Sie, es quer zum Wagen zu bewegen. Bei einwandfreien Lagern darf kein Spiel vorhanden sein.

2 Wenn Sie Spiel an den vorderen Radlagern feststellen: Helfer Bremse treten lassen und Kontrolle wiederholen. Ist dann immer noch Spiel vorhanden, ist das Achsgelenk defekt.

Querstabilisator ausbauen

Arbeitsschritte

1 Wagen vorne aufbocken.

2 Klemmschellen von den Haltern am Querlenker lösen (je zwei Schrauben).

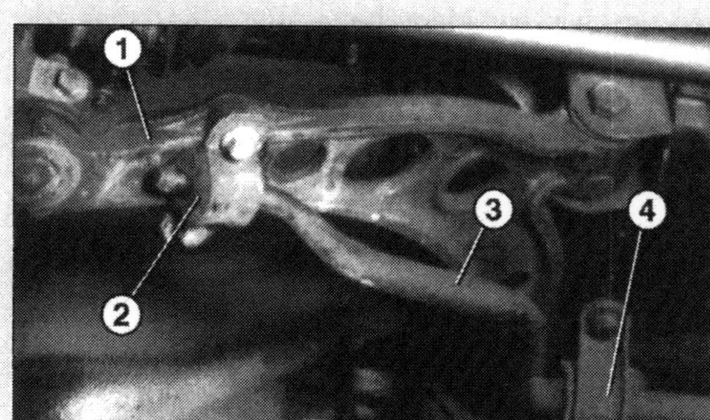

❶ Gummilagerungen. ❷ Querlenker und Klemmschelle. ❸ Querstabilisator. ❹ Achsträger.

→

3 Klemmschellen vom Vorderachsquerträger abschrauben (je zwei Schrauben). Vorsicht: Der Querstabilisator sitzt unter Spannung am Achsträger. Sichern Sie das Teil vor dem Lösen der Schrauben mit einer Schraubzwinge oder Gripzange.

4 Stabilisator abnehmen und seitlich unterm Fahrzeug hervorziehen.

5 Gummilager vom Stabilisator abziehen. Das geht leichter, wenn Sie ihn mit Seifenlauge einreiben. Verschlissene Gummilager auswechseln.

6 Beim Einbau den Stabilisator erst am Achskörper montieren und Befestigungen handfest beidrehen.

7 Stabilisator links und rechts jeweils so an den Querlenker drücken, bis die Bohrungen der Klemmschelle mit den Gewindebohrungen am Querlenker übereinstimmen.

8 Schrauben ansetzen und handfest beidrehen.

9 Alle acht Schrauben an den Klemmschellen mit 30 Nm festziehen.

Querlenker ausbauen

Arbeits-schritte

1 Wagen vorne aufbocken, Vorderrad abbauen.

2 Sicherungsschraube am Kugelgelenk des Querlenkers vom Lenk-Schwenklager abschrauben.

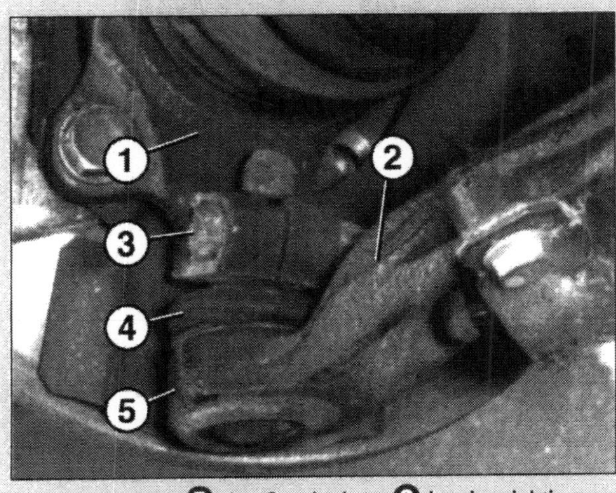

Das Kugelgelenk ❺ des Querlenkers ❷ ist ein wichtiges Führungsteil der Vorderachse. Geschützt von einer Staubkappe ❹, ist es mit einem Bolzen ❸ mit selbstsichernder Mutter am Klemmflansch des Lenk-Schwenklagers ❶ befestigt.

→

3 Kugelkopf mit Abzieher aus dem Lenk-Schwenklager drücken.

4 Querstabilisator ausbauen.

5 Zwei Schrauben der Klemmschellenhalterung am Achsträger herausdrehen. Dazu den unter Spannung montierten Querlenker abstützen (Stempelwagenheber), da sonst das Gewinde beschädigt werden kann.

6 Bolzen der vorderen Querlenkerhalterung lösen und aus der Führung ziehen.

7 Querlenker nach unten schwenken und vom Achsträger abnehmen.

8 Sind die Lagerbüchsen verschlissen, muß der Querlenker komplett ausgewechselt werden. Das gilt auch bei Verformungen des Lenkers, der nicht gerichtet werden darf.

Querlenker einbauen

9 Beim Einbau neue selbstsichernde Muttern verwenden.

10 Schrauben des Klemmhalters lose beidrehen.

11 Bolzen von vorne nach hinten in die vordere Führung des Querlenkers einschieben.

12 Mutter des Bolzens lose beidrehen. Dabei mit Schlüssel am Bolzen gegenhalten und nur an der Mutter drehen.

13 Kugelgelenk am Lenk-Schwenklager mit 32 Nm festziehen.

14 Querstabilisator einbauen.

15 Um die hinteren Befestigungsschrauben des Klemmhalters und der Bolzen der vorderen Querlenkerhaltung festzuziehen, müssen Sie den Wagen vorher absenken. Außerdem müssen die Gummilagerungen unter der richtigen Vorspannung stehen. Bitten Sie einen Helfer, das Fahrzeug (Reifendruck muß stimmen) so zu belasten, daß der Abstand zwischen Boden und Scheitelpunkt des Kotflügels 609 Millimeter beträgt (über Radmitte messen). Erst dann dürfen Sie die Schrauben mit den vorgeschriebenen Drehmomenten festziehen.

Federbein ausbauen

Arbeitsschritte

1 Abdeckung des Federbeins im Motorraum abhebeln.

2 Obere Befestigung des Federbeins lösen. Beim Lösen der Mutter die Kolbenstange mit einem Innensechskantschlüssel (6 mm) gegenhalten. Befestigungsschraube am Federbeindom herausschrauben.

3 Fahrzeug aufbocken und Rad abmontieren.

4 Bremsschlauch am Federbein aus der Halterung drücken.

5 Kabel für ABS-Radsensor (falls vorhanden) aus dem Halter am Federbein lösen.

6 Federbeinklemmhalter vom Lenk-Schwenklager abbauen.

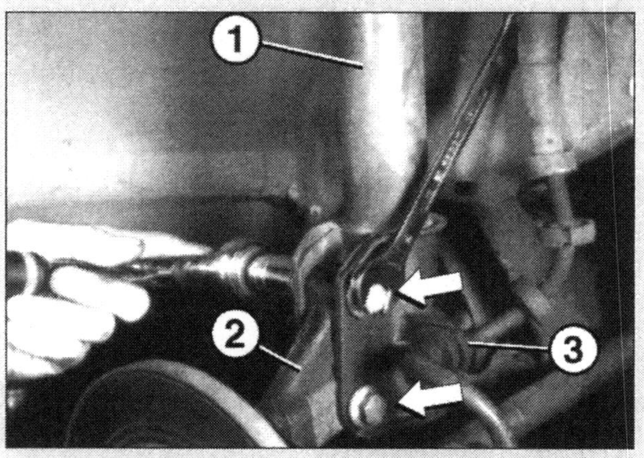

Das Federbein ❶ ist mit zwei Schraubbolzen mit Mutter (Pfeile) am Lenk-Schwenklager ❷ befestigt. Vor Trennen des Federbeins vom Lenk-Schwenklager nicht vergessen, die Bremsleitung ❸ aus der Halterung zu drücken und, falls vorhanden, das Kabel für den ABS-Radsensor zu entfernen.

7 Federbein vom Lenk-Schwenklager trennen.

8 Lenk-Schwenklager mit Draht an Karosserie hochbinden, damit Gelenke nicht überdehnt werden.

9 Zwei Befestigungsschrauben am Federbeindom herausdrehen.

10 Federbein aus dem Radausschnitt manövrieren.

11 Beim Einbau Federbein mit den beiden Führungszapfen in den Federbeindom einsetzen.

12 Obere Befestigungsschrauben mit 49 Nm festziehen, wenn das Fahrzeug auf dem Boden steht.

Stoßdämpfer/Feder vorne ausbauen

Die Schraubenfeder steht unter einem enormen Druck (etwa vierfache Vorspannung). Für diese Arbeit brauchen Sie unbedingt eine Spannvorrichtung (Fiat-Werkzeug) oder mindestens zwei handelsübliche Federspanner. Andernfalls kann es passieren, daß die Teile der Feder nach dem Lösen der zentralen Halteschraube explosionsartig auseinanderfliegen. Das bedeutet für Sie größte Verletzungsgefahr. Wenn Sie eine neue Feder einbauen, sollten Sie beim Ersatzteilkauf auf die richtige Federkennung für Ihr Punto-Modell achten.

Arbeitsschritte

1 Federbein ausbauen.

2 Federbein in einen Schraubstock spannen (Schutzbacken nicht vergessen) und Feder mit Federspannern langsam zusammendrücken, bis die obere Tellerscheibe entlastet ist.

3 Wenn die Feder gespannt ist, mit gekröpftem Ringschlüssel obere Mutter der Kolbenstangen entfernen. Dabei Kolbenstange mit Gabelschlüssel festhalten.

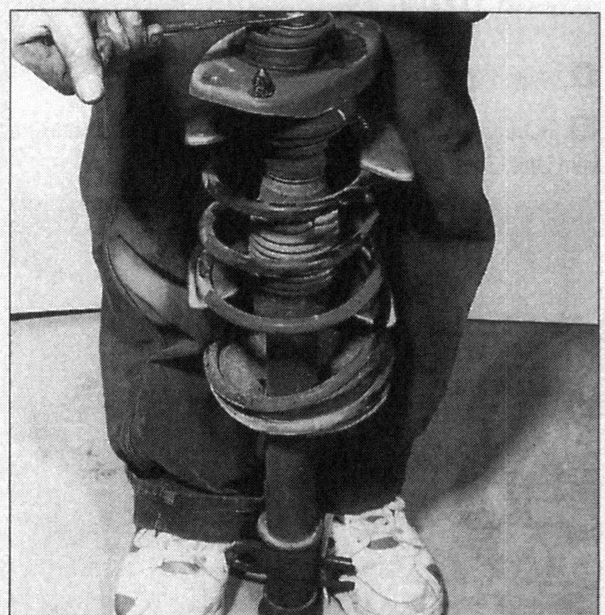

Damit die Feder nicht ungleich zusammengedrückt wird, die Federspanner immer wechselseitig anziehen. Achten Sie darauf, daß die Feder exakt im Spannwerkzeug sitzt und die Spannklauen nicht abrutschen können.

➡

4 Stützlager und obere Federauflage vom Federbein abziehen.

5 Falls die Feder ausgewechselt werden soll, Feder langsam entspannen. Wenn Sie nur den Stoßdämpfer ersetzen wollen, bleibt die Feder gespannt.

6 Beim Zusammenbau darauf achten, daß die Federauflagen sauber sind. Achten Sie bei der oberen Federauflage darauf, daß alle Teile richtig sitzen und nicht verkantet sind.

Spurstangenköpfe auswechseln

Die Spurstangenköpfe sind jeweils links und rechts an die Spurstange angeschraubt. Das hat den Vorteil, daß Sie bei einem Defekt an diesen Teilen nicht die komplette Spurstange austauschen müssen.

Arbeitsschritte

1 Wagen vorne aufbocken und Rad abmontieren.
2 Selbstsichernde Mutter des Spurstangenkopfs am Lenkhebel des Lenk-Schwenklagers lösen.
3 Spurstangenkopf mit einem Klauenabzieher nach oben aus dem Lenkhebel drücken, dann Mutter entfernen.

Den Spurstangenkopf ❶ drückt man mit einem Spurstangenabzieher ❷ aus dem Lenkhebel. ❸ des Lenk-Schwenklagers ❹. Zum Abdrehen des Spurstangenkopfs muß dann noch die Kontermutter ❺ der Spurstange ❻ gelöst werden. →

4 Kontermutter am Endstück der Spurstange lösen und das Endstück von der Spurstange abschrauben. Markieren Sie die Stellung der Kontermutter an der Spurstange (Umdrehungen beim Ausbau zählen) – so sparen Sie sich beim Einbau die Einstellung der Spur.

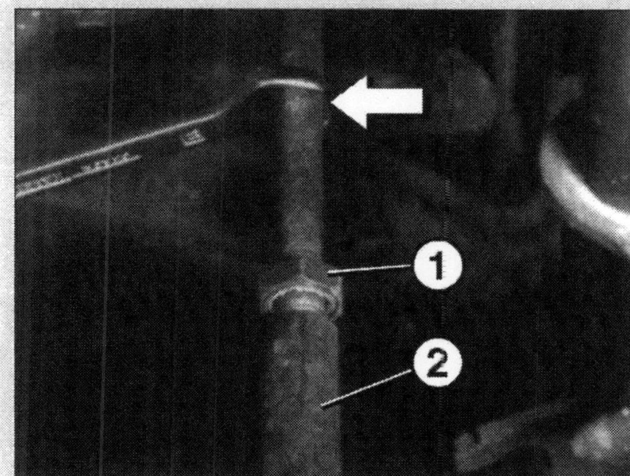

Wenn Sie den Spurstangenkopf ❷ abdrehen oder die Spur einstellen wollen, müssen Sie bei beiden Arbeiten die Kontermutter ❶ lösen. Die Spurstange ist abgeflacht, damit der Gabelschlüssel gut angesetzt werden kann. Das erleichtert das Drehen oder Gegenhalten des Spurstangenkopfs.

Manschetten des Lenkgetriebes austauschen

Arbeitsschritte

1 Spurstangenendstücke ausbauen. Beim Ausdrehen die Umdrehungen zählen und notieren, damit die Endstücke beim Wiedereinbau gleichweit eingeschraubt werden können – sonst ist die Spur verstellt.

2 Beide Spannbänder der Manschette lösen und abziehen. Klemmspannbänder der Erstmontage gegen Schraubspannbänder ersetzen.

3 Manschette abziehen.

4 Zum Einbau Spurstange reinigen und leicht einfetten

5 Manschette über die Spurstange schieben und darauf achten, daß sie richtig in den Nuten von Spurstange und Zahnstangengehäuse sitzt und nicht verdreht ist. Sonst dichtet sie nicht richtig ab. →

6 Manschette mit Spannband sichern. Das äußere Manschettenband erst nach Absenken des Wagens und Prüfen bzw. Einstellen der Spur festziehen.

7 Spurstangenendstücke montieren und mit neuer selbstsichernder Mutter mit 35 Nm festziehen.

8 Spur und Lenkradstellung kontrollieren und bei Bedarf einstellen lassen.

Lenk-Schwenklager ausbauen

Arbeitsschritte

1 Radschrauben lösen.

2 Radnabenmutter lösen. Dazu einen Helfer die Bremse treten lassen.

3 Wagen aufbocken und Rad abnehmen.

4 Bremsschlauch am Federbein aus der Halterung drücken.

5 Kabel für ABS-Radsensor (falls vorhanden) aus dem Halter am Federbein lösen.

6 Federbeinklemmhalter vom Lenk-Schwenklager abbauen.

7 Federbein vom Lenk-Schwenklager trennen.

8 Spurstangenköpfe ausbauen.

9 Kugelgelenk des Querlenkers vom Lenk-Schwenklager abdrücken. Dazu selbstsichernde Mutter lösen.

10 Sicherungsschrauben der Bremsscheibe lösen und Scheibe von Radnabe ziehen. Sitzt die Scheibe fest, helfen oft gezielte Schläge mit einem Kunststoffhammer. Sonst brauchen Sie einen Abzieher.

11 Spritzschutz der Bremse abbauen.

12 Radnabenmutter abschrauben und Lenk-Schwenklager von der Vorderachswelle ziehen. Wenn sie festsitzt, mit dem Abzieher die Antriebswelle aus dem Lenk-Schwenklager drücken.

13 Achswelle gegen Durchhängen abstützen oder mit Draht aufhängen.

14 Lenk-Schwenklager komplett mit Radlager abnehmen.

15 Einbau erfolgt in umgekehrter Ausbaureihenfolge.

→

16 Fahrzeug abbocken. Verwenden Sie in jedem Fall eine neue Radnabenmutter. Ziehen Sie diese fest und vergessen Sie nicht, sie im Wellennut zu verstemmen.

❶ Federbein. ❷ Bremsscheibe. ❸ Spritzschutz. ❹ Lenk-Schwenklager. ❺ Bremssattel. ❻ Kugelgelenk des Querlenkers. ❼ Antriebswelle. ❽ Spurstangenkopf.

Stoßdämpfer hinten ausbauen

Arbeitsschritte

1 Wagen hinten aufbocken.

2 Längslenker unter der Schraubenfeder abstützen.

3 Untere Befestigungsschraube des Stoßdämpfers am Längslenker lösen.

4 Obere Befestigungsschraube des Stoßdämpfers lösen.

5 Stoßdämpfer abnehmen.

6 Beim Einbau die Stoßdämpferschrauben nur handfest beidrehen.

→

7 Fahrzeug auf die Räder ablassen. Um die Stoßdämpferschrauben festzuziehen, müssen Sie den Wagen vorher absenken. Außerdem müssen die Gummilagerungen unter der richtigen Vorspannung stehen. Dazu das Fahrzeug mit rund 50 Kilogramm Gewicht im Kofferraum so belasten (Reifendruck muß stimmen), daß der Abstand zwischen Boden und Scheitelpunkt des Kotflügels 586 Millimeter beträgt (über Radmitte messen). Erst dann dürfen Sie die Schrauben mit den vorgeschriebenen Drehmomenten festziehen: Obere Befestigung mit 62 Nm, untere Befestigung mit 95 Nm.

Praxistip

Geräusche am Stoßdämpfer

Kontrollieren Sie zuerst die Vorspannung der Stoßdämpferbuchsen, bevor Sie neue Stoßdämpfer einbauen. Bei belastetem Fahrzeug (50 kg Gewicht im Kofferraum) die untere Befestigung des Stoßdämpfers lösen und Schraube herausziehen. Der Stoßdämpfer darf sich nicht mehr als 10 mm nach vorne und hinten verschieben lassen. Sonst obere Befestigung lockern, Stoßdämpfer ausrichten und beide Befestigungen mit vorgeschriebenem Drehmoment festziehen. Tritt das Geräusch immer noch auf, den Stoßdämpfer auswechseln.

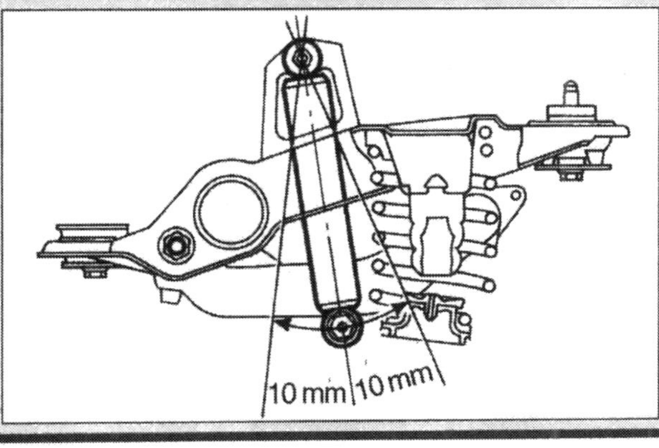

Schraubenfeder hinten ausbauen

Arbeitsschritte

1 Stoßdämpfer ausbauen.

2 Nach Ausbau der Stoßdämpfer den Längslenker soweit ablassen, bis Sie die Schraubenfeder aus der unteren Federauflage nehmen können.

3 Beim Einbau darauf achten, daß die Enden der Federn korrekt in den gesäuberten Federtellern sitzen.

Hintere Radnabe ausbauen

Arbeitsschritte

1 Radabdeckung abnehmen.

2 Fettkappe mit Rohrzange vorsichtig abziehen.

3 Handbremse anziehen und Radnabenmutter lösen.

4 Radschrauben lockern und Fahrzeug aufbocken, bis das Rad freihängt.

5 Bremstrommel abbauen.

6 Radnabenmutter vom Achsstummel abschrauben.

7 Radnabe mit Klauenabzieher vom Achsstummel abziehen.

8 Achsstummel auf Verschleiß kontrollieren. Ist er verbogen (Bordsteinrempler), muß das Fahrwerk vermessen werden. Eventuell ist der Austausch des kompletten Längslenkers fällig.

9 Radnabe mit Distanzringen auf den Achsstummel schieben.

10 Der weitere Zusammenbau in umgekehrter Reihenfolge wie Ausbau.

11 Wagen abbocken, neue Radnabenmutter mit 280 Nm festziehen und im Achswellennut verstemmen.

12 Fettkappe etwa zur Hälfte mit Lithiumfett (TUTELA MR3) füllen und mit Kunststoffhammer vorsichtig auf die Radnabe treiben.

Achten Sie beim Anbringen der Radnabenfettkappe ❶ darauf, daß die Kappe nicht deformiert wird, sonst kann Feuchtigkeit ins Radlager gelangen. ❷ Bundmutter.

Die Servolenkung

Mit der Servolenkung zirkeln Sie Ihren Punto mühelos in knappe Parklücken und durch enge Kurven. Bis auf den Punto 55 S, den Punto 60 SX und den Punto 6-Speed sind alle Punto-Modelle serienmäßig mit dieser Lenkhilfe ausgestattet. Das Prinzip der Servolenkung: Der Motor treibt über einen Keilrippenriemen eine Flügelzellenpumpe an, die Hydrauliköl ins Lenksystem pumpt. Dabei fungiert die Zahnstange im Lenkgetriebe der Servolenkung gleichzeitig als Kolben für das Drucköl. Der Einschlag des Lenkrads überträgt sich auf eine Steuerventileinheit, die Richtung und Menge des Ölstroms regelt. Der Ölüberschuß läuft zurück in einen Vorratsbehälter. Dieser ist am rechten Federbeindom angebracht und steht über einen Schlauch mit der Ölpumpe in Verbindung. Reparaturen an der Servolenkung müssen Sie unbedingt der Werkstatt überlassen. Bei fehlerhafter Instandsetzung kann die Servounterstützung beim Lenken ausfallen.

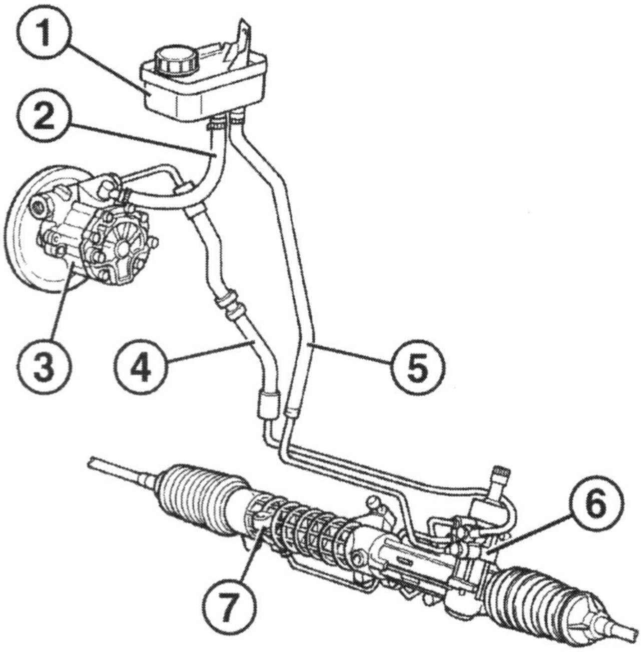

Die Teile der Servolenkung
❶ Hydrauliköl-Vorratsbehälter. ❷ Saugleitung. ❸ Hydraulikpumpe. ❹ Öldruckleitung zum Lenkgetriebe. ❺ Ölrücklauf zum Vorratsbehälter. ❻ Lenkgetriebe mit Drosselventil. ❼ Druckzylinder mit Kolben und Zahnstange.

Die Servopumpe beim Punto Benziner
❶ Saugleitung vom Vorratsbehälter. ❷ Druckleitung zum Lenkgetriebe. ❸ Schwenklager. ❹ Spannschraube mit Stützbügel. ❺ Befestigungsschrauben.

Die Servopumpe beim Punto Diesel
❶ Druckleitung. ❷ Saugleitung vom Vorratsbehälter. ❸ Spannschraube mit Kontermutter. ❹ Keilriemenschutzabdeckung.

Flüssigkeitsstand der Servolenkung kontrollieren

Der Vorratsbehälter der Servolenkung sitzt im Motorraum auf der rechten Seite an der Stirnwand. Das Hydrauliköl ist das gleiche wie für automatische Getriebe. Die Spezifikation: Tutela GI/A (ATF-DEXRON II). Prüfen Sie den Flüssigkeitsstand in diesem Behälter ebenso oft wie das Motoröl.

Arbeitsschritte | ständige Wartung

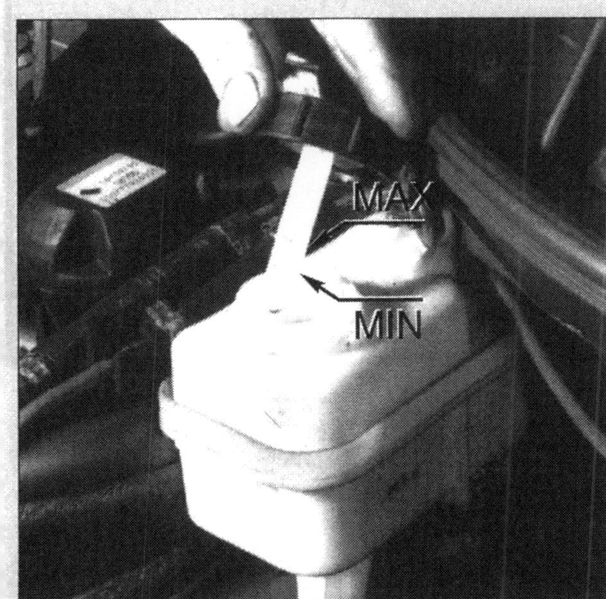

Bei kaltem Motor soll der Füllstand zwischen »MIN« und »MAX« liegen. Nach der Kontrolle den Deckel wieder festdrehen, sonst schwappt das Hydrauliköl aus dem System.

1 Der Flüssigkeitsstand bei kaltem Motor kontrollieren.

2 Die obere Markierung (MAX) kann bei warmer Lenkhilfe überschritten sein.

3 Falls erforderlich, vorgeschriebenes Hydrauliköl nachfüllen.

4 Liegt der Flüssigkeitsstand deutlich unter der Mindestmarkierung (MIN) oder müssen Sie häufig nachfüllen: in der Werkstatt die Lenkanlage prüfen lassen.

Leitungssystem kontrollieren

Praxistip

Hydrauliköl (ATF) kann am Dichtring der Einfüllkappe des Vorratsbehälters austreten, wenn der Behälter leicht überfüllt ist oder wenn Sie den Verschlußdeckel nach der Kontrolle nachlässig aufgesetzt haben. Auch bei häufigen Kurbelaktionen während einer Gebirgsfahrt oder beim Rangieren in engen Gassen kann das Öl austreten. Gravierender ist jedoch der Flüssigkeitsverlust aufgrund mangelnder Dichtigkeit der Leitungsanschlüsse. Ist Ihr Fahrzeug schon sehr viele Kilometer gelaufen, sollten Sie die Leitungen gelegentlich kontrollieren. Dabei lohnt sich auch ein prüfender Blick auf die Pumpenwelle hinter der Keilriemenscheibe.

Pumpe der Servolenkung ausbauen

Wenn Sie zur Erleichterung von Montagearbeiten im Motorraum die Pumpe der Servolenkung ausbauen, brauchen Sie die Schlauchleitungen nicht abzunehmen. Dann gelangt auch kein Schmutz in die Lenkhydraulik. Äußerste Sorgfalt ist jedoch angesagt, wenn Sie die Schläuche ausbauen – selbst kleinste Schmutzpartikel im Hydrauliköl können Funktionsstörungen verursachen.

Arbeitsschritte

1 Fahrzeug vorne anheben und Keilriemenabdeckung abbauen.

2 Beim Dieselmotor obere Schutzabdeckung im Motorraum abbauen (eine Schraube).

3 Keilriemen abnehmen. Dazu die Kontermutter an der Spannschraube der Servopumpe lösen.

4 Hydraulikleitungen von der Pumpe abschrauben und Hydrauliköl aus Pumpe und Vorratsbehälter in einen sauberen Behälter ablaufen lassen. Behälter abdecken.

5 Befestigungsschrauben der Servopumpe lösen und herausdrehen.

6 Servopumpe vom Halter abnehmen.

7 Nach Einbau der Pumpe Hydrauliköl Tutela GI/A (ATF-DEXRON II) auffüllen und System entlüften. →

Lenksystem entlüften

8 Motor starten und im Leerlauf drehen lassen.

9 Das Lenkrad langsam viermal von Anschlag zu Anschlag drehen. Hydrauliköl vorsichtig und langsam in den Vorratsbehälter gießen, damit keine Blasen entstehen.

10 Auf keinen Fall darf der Flüssigkeitsstand im Vorratsbehälter beim Entlüften so tief sinken, daß Luft in das System gelangt. Füllen Sie so lange Hydrauliköl nach, bis sich der Ölstand im Vorratsbehälter stabilisiert hat und keine Luftblasen mehr aufsteigen.

11 Motor ausschalten und Stand des Hydrauliköls kontrollieren.

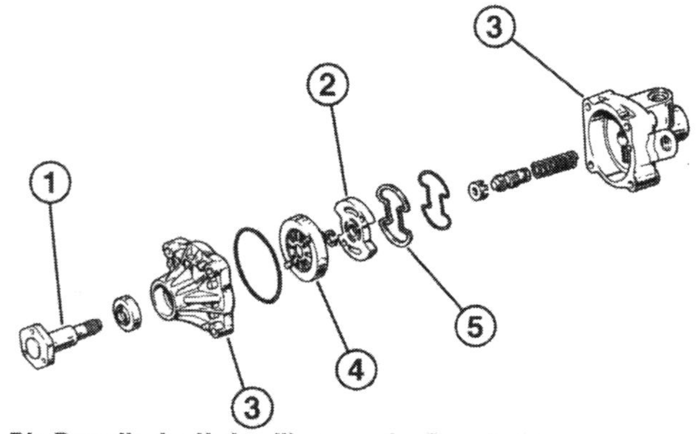

Die Bauteile der Hydraulikpumpe der Servolenkung
❶ Pumpenwelle. ❷ Pumpenrotor. ❸ Pumpengehäuse.
❹ Flügelrad. ❺ Dichtung.

Lenkrad und Airbag – nur für Profis

Die für Deutschland bestimmten Punto-Modelle sind serienmäßig mit einem Fahrerairbag ausgestattet. Dieser Prallsack befördert das an sich einfache Lenkrad zu einem High-Tech-Gerät, an das sich nur versierte Schrauber wagen sollten. Vor allem der Umgang mit den elektronischen Bauteilen verlangt viel Know-how und Erfahrung. Der Gasgenerator des Airbags unterliegt überdies den Bestimmungen des Sprengstoffgesetzes. Das bedeutet, daß sich nur Fachleute ans Werk machen dürfen, die sich mit den speziellen Sicherheitsbestimmungen auskennen. Überlassen Sie beim geringsten Zweifel an Ihren Fähigkeiten die Arbeit der Werkstatt. Wenn Sie ein Profi sind: Beachten Sie zu Ihrer eigenen Sicherheit unbedingt die folgenden Punkte.

Gefahrenhinweis — **Lenkrad und Airbag**

Zündschlüssel Vor Arbeitsbeginn unbedingt abziehen. Ist die Stromzufuhr nicht abgeschaltet und Sie klemmen die Batterie ab, speichert das Airbag-Steuergerät dies als Störung – der Airbag kann in dem Moment zünden, in dem er wieder mit Strom versorgt wird.
Batterie Beide Batteriekabel abklemmen und mindestens 10 Minuten warten, bevor Sie weiterarbeiten.
Lagerung Airbag-Einheit mit Prallplatte nach oben ablegen, also mit nach unten gerichtetem Mechanismus. Lassen Sie den Airbag nicht fallen. Wenn das doch passiert, Airbag von Werkstatt überprüfen lassen. Bei einem Sturz aus etwa 75 Zentimetern Höhe muß der Airbag auf jeden Fall ersetzt werden. Lassen Sie den Airbag bei einer Arbeitsunterbrechung nie unbeaufsichtigt liegen.
Kabel Keinen Kabelstrang des Airbag-Systems instand setzen. Falsche Reparatur kann Airbag auslösen. Bei Bedarf Kabelstrang oder Wickelfeder ganz austauschen.
Messungen Der Anschluß eines ungeeigneten Meßinstruments kann den Airbag auslösen. Daher keine Messungen an der Airbag-Einheit vornehmen.
Sicherheit Tragen Sie bei der Arbeit am Airbag stets Schutzbrille und Handschuhe.

Lenkrad und Airbag ausbauen

Arbeitsschritte

1 Beide Batteriekabel abklemmen, danach mindestens 10 Minuten warten.

2 Obere und untere Verkleidung der Lenksäule abbauen (drei 3-mm-Innensechskantschrauben).

3 Am Lenkrad von hinten drei 5-mm-Innensechskantschrauben herausdrehen. Um besser an die einzelnen Schrauben zu kommen, Lenkrad verdrehen.

4 Prallfläche mit Airbag vorsichtig ein Stück vom Lenkrad abheben, bis der weiße Mehrfachstecker für Airbag und Hupe sichtbar wird. Dann Stecker abziehen und Airbag mit Prallfläche nach oben ablegen.

5 Abdeckkappe der zentralen Lenkradbefestigung abziehen.

→

Haben Sie den Airbag vom Lenkrad abgehoben, müssen Sie die elektrische Steckverbindung vom Zündmodul (Pfeil) abziehen.

6 Lenkrad festhalten und zentrale Mutter der Lenkradbefestigung lösen.

7 Lenkrad ganz nach rechts bis zum Anschlag drehen.

8 Lenkradstellung blockieren. Dazu Lenkspindel mit Schraubzwinge oder Gripzange festklemmen.

8 Schwarze Mehrfachsteckverbindung durch Niederdrücken der kleinen Sicherungszunge trennen.

9 Lenkradmutter mit Nuß SW 24 abschrauben.

10 Position von Lenkradnabe zu Lenkrad für den Wiedereinbau markieren.

11 Lenkrad durch vorsichtiges Ruckeln abziehen. Dabei darauf achten, daß die Kabel nicht im Ausschnitt des Lenkrads hängen bleiben.

12 Beim Einbau muß der Blinkerhebel wegen des Blinkernockens in Neutralstellung stehen.

13 Lenkradmutter mit 55 Nm festziehen und mit Körner verstemmen.

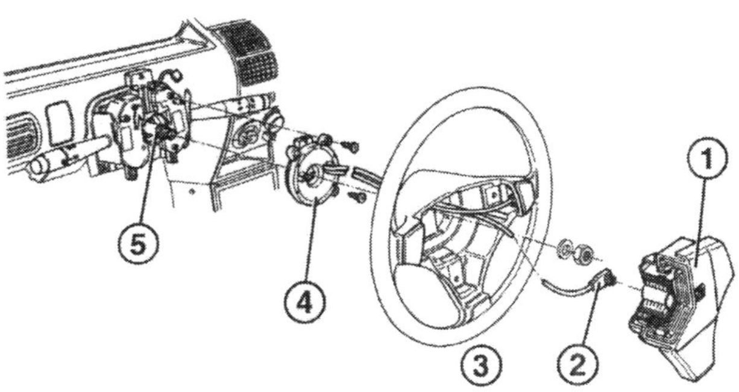

Lenkrad und Airbag (Sprengzeichnung)
❶ Fahrerairbag mit Luftsack, Gasgenerator und Zündmodul.
❷ Elektrische Steckverbindung zum Airbag. ❸ Lenkrad.
❹ Wickelfeder. ❺ Lenkspindel.

Lenkradwickelfeder ausbauen

Die Wickelfeder an der Lenksäule dient als elektrische Verbindung zur Hupe und der Zündeinheit des Airbag-Moduls. Beim Einschlag des Lenkrads werden die Leitungen im Federgehäuse je nach Lenkradbewegung auf- oder abgewickelt.

Arbeitsschritte

1 Airbag und Lenkrad ausbauen.

2 Mehrfachstecker (gelbes Kabel) von der Wickelvorrichtung abziehen. Dazu mit einem kleinen Schraubendreher die Steckersicherung drücken.

3 Drei Befestigungsschrauben am Kranz der Wickelvorrichtung abschrauben.

Ausbau der Wickelfeder ❷: Obere Verkleidung der Lenksäule ❶ abbauen, dann die drei Halteschrauben (Pfeile) lösen.

4 Wickelvorrichtung vorsichtig abnehmen. Der obere Ring darf dabei nicht verdreht werden. Zur Sicherheit die Stellung des Rings mit Klebeband sichern. Die Wickelvorrichtung sollten Sie auf keinen Fall zerlegen – wird sie beschädigt, funktioniert der Airbag nicht mehr richtig.

5 Das Klebeband an der Wickelvorrichtung erst nach Wiedereinbau und Festschrauben entfernen. Die weiteren Montageschritte in umgekehrter Reihenfolge des Ausbaus.

Servolenkung

Störungsbeistand

Störung	Ursache	Abhilfe
A Lenkungsgeräusche	1 Zu niedriger Füllstand	Vorratsbehälter vorschriftsmäßig auffüllen, Undichtigkeit erforschen
	2 Keilriemenspannung zu gering	Keilriemenspannung kontrollieren und spannen
	3 Keilriemen verschlissen bzw. beschädigt	Erneuern
	4 Pumpengeräusch durch defektes Steuerventil	Steuerventil bzw. verschlissene Einzelteile austauschen lassen
	5 Lager der Servopumpe verschlissen	Pumpe auswechseln lassen
B Ausfall der Servolenkung	1 Siehe A1 und 2	
	2 Hydraulikleitungen geknickt oder verstopft	Leitungen reinigen bzw. auswechseln (lassen)
	3 Systemdruck zu gering, Luft im System	Druck prüfen lassen Entlüften und Ursache erforschen
C Lenkung wird mit zunehmendem Einschlag schwergängiger	1 Siehe B3	
	2 Steuerventil verschmutzt oder defekt	Ventil reinigen und ggf. austauschen lassen
D Einseitiges Ziehen der Lenkung	1 Reifendruck stark unterschiedlich	Reifendruck kontrollieren, auf ungleichmäßigen Reifenverschleiß achten
	2 Lenkgeometrie verstellt bzw. deformiert	Lenkung und Radaufhängung untersuchen, Lenkung einstellen lassen bzw. Teile auswechseln lassen
	3 Hydraulikleitung beschädigt, evtl. mit Ölverlust	Leitung ersetzen
E Lenkung geht von alleine schlecht oder gar nicht in Geradeausstellung (schlechte Selbstzentrierung)	1 Lenkspindel oder Radaufhängungsgelenke schwergängig	Beschädigte oder verschlissene Teile ersetzen
	2 Rücklaufleitung verengt bzw. geknickt	Teile erneuern
	3 Zahnstange schwergängig, evtl. bedingt durch Schäden an den Zahnstangenkolben oder Dichtringen	Kontrollieren und ggf. auswechseln lassen
F Undichtigkeiten	1 Hydraulikölaustritt am Lenkgetriebe	Abdichten lassen
	2 Hydraulikölaustritt an Schlauch- und Leitungsanschlüssen	Anschlüsse anziehen bzw. neue Dichtringe montieren (lassen)
	3 Defekte Zahnstangenabdichtung	Lenkung ausbauen, zerlegen und neu abdichten lassen

Reifen und Felgen

Moderne Reifen sind luftgefüllte High-Tech-Hohlkörper aus Gewebe, Gummi und Stahleinlagen. Sie tragen das Gewicht des Fahrzeugs, fangen kleinere Stöße der Fahrbahn ab und übertragen die Kräfte, die bei Antrieb, Bremsen und Kurvenfahrt entstehen. Die Reifen an den Vorderrädern bringen es durchschnittlich auf eine Laufleistung von 15 000 – 35 000 Kilometer, die Pneus der Hinterräder auf 30 000 – 50 000 Kilometer. Aber auch wenn Sie Ihr Fahrzeug nur selten bewegen – spätestens nach sieben, acht Jahren sind die Reifen am Ende, weil sich die Mischung des Gummis mit der Zeit auflöst.

Technik-lexikon

Felgen-Normen

Die Größe einer Felge gibt man nach Normvorschrift stets in Zoll an. Die Bezeichnung 5 Bx14 zum Beispiel bezeichnet eine Tiefbettfelge (x) mit einer Breite von fünf Zoll und einem Durchmesser von 14 Zoll. Der Buchstabe »B« steht für die Form des Felgenhorns. Das Besondere der Tiefbettfelge: Damit die Reifen besser sitzen, befindet sich an einer Schulter der Felge eine rundumlaufende Erhöhung (Hump). Sie verhindert, daß bei schneller Fahrt durch eine Kurve der Reifenwulst durch die Seitenkräfte von der Schulter der Felge ins Tiefbett gedrückt wird.

Zwei Felgentypen für den Punto

Fiat montiert alle Pneus auf Tiefbettfelgen. Mit Stahlblechfelge und Leichtmetallguß-Felge stehen zwei verschiedene Felgentypen zur Wahl. Die Stahlblechfelge gibt's in den Größen $4^1/_2$ Bx13, 5Bx13 und 5Bx14. Die Aluminiumfelge ist in den Größen 5Bx14 und $5^1/_2$ Jx13 (Punto 16 V Sporting und Punto GT) erhältlich. Welche Formate bei Reifen und Felgen für Ihren Punto zugelassen sind, steht in den Kfz-Papieren. Die Tabelle listet die Größen auf, die Fiat für die verschiedenen Punto-Modelle ab Werk oder als Sonderausstattung vorsieht.

Wichtige Daten Ihres Reifens

Auf der Flanke eines Reifens befinden sich Ziffern und Buchstaben, mit denen die Hersteller vorgeschriebene Reifendaten verschlüsseln Den Autofahrer interessiert freilich vor allem das Format des Reifens. 175/70 R 13 bedeutet zum Beispiel, daß der Pneu eine Breite von 175 Millimetern auf die Straße bringt. Die zweite Zahl bestimmt das Verhältnis von Höhe und Breite des Reifens. Im Beispiel beträgt es 70 Prozent. Je kleiner dieses Verhältnis, um so flacher und breiter ist der Reifen. »R« steht für die Radialbauart von Gürtelreifen, die Zahl hinter diesem Buchstaben bestimmt den Durchmesser der Felge in Zoll.

Punto-Modell	Reifengröße	Felgengröße
S 55/60	155/70 R 13 S	4,5Bx13
SX 55/60	165/65 R 13 S 165/60 R	5Bx13
6-Speed	14 S 165/60 R 14 S	5Bx14
Selecta	165/65 R 14 Q (M+S)	5Bx14
S SX EL ELX 75/HSD	165/65 R 14 S 175/60 R	5Bx14
ELX 90	14 S	5Bx14
90 SPORTING	165/65 R 14 S	5Bx14
85 16V	165/65 R 14 T 175/60 R	5Bx14
85 16V SPORTING	14 T 175/60 R 14 T	5,5Jx14
GT	165/65 R 14 T 185/55 R 14 H	5,5Jx14
S SX TD 60/TD 70	165/65 R 14 Q (M+S)	5Bx14
ELX TD 70	185/55 R 14 H 165/65 R 14 Q (M+S) 165/65 R 14 S 165/65 R 14 S 175/60 R 14 S	5Bx14

Wenn Sie andere als die in den Kfz-Papieren zugelassenen Reifen oder Felgen (nur als Originalteil von Fiat oder mit ABE) montieren wollen, müssen Sie die Papiere von der Zulassungsstelle berichtigen lassen. Dazu ist allerdings ein sogenanntes Teilgutachten von TÜV/DEKRA erforderlich.

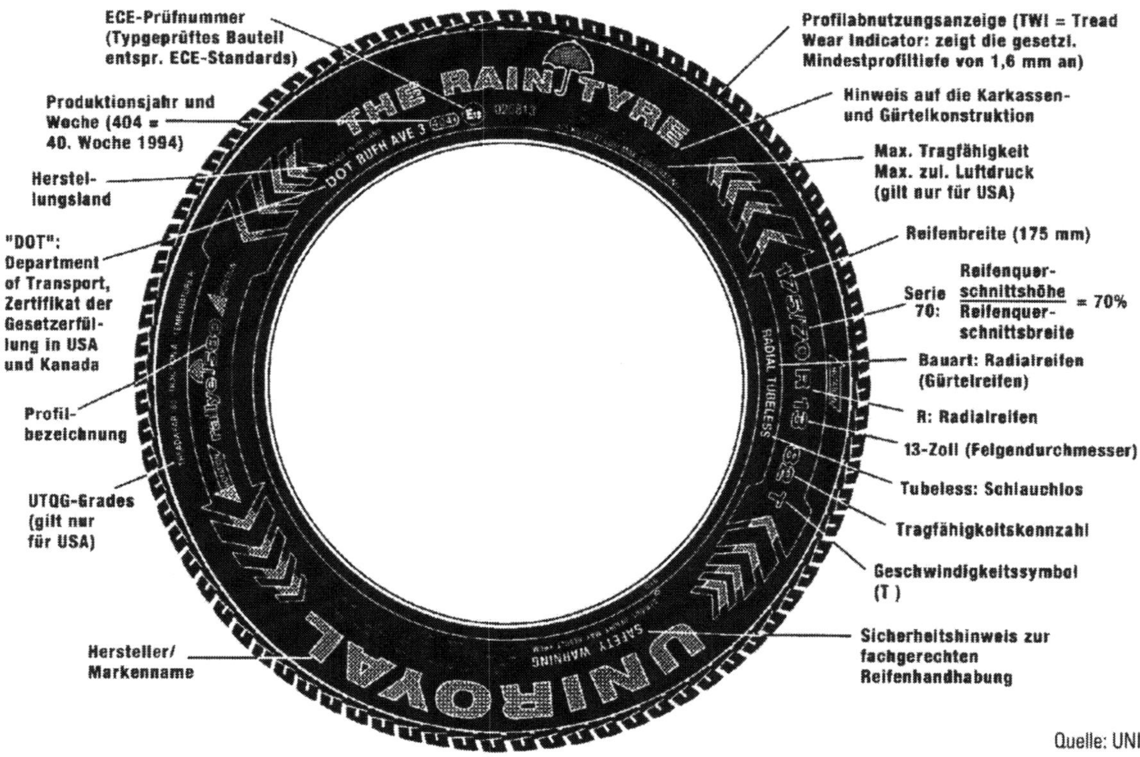

Die Daten eines Pneus auf der Flanke. Achten Sie beim Reifenkauf auf die Spezifikationen, damit der neue Reifen wirklich auf die Felge paßt.

Top-Speed und Alter der Reifen

Ein anderer Buchstabe steht für die zulässige Höchstgeschwindigkeit des Pneus. Ein Reifen mit dem Kennbuchstaben »S« ist für eine Top-Speed bis 180 km/h, mit »T« bis 190 km/h zugelassen. Eine Höchstgeschwindigkeit bis 210 km/h gilt für Reifen mit dem Kennbuchstaben »H«. Wenn Sie mit einem herkömmlichen M+S-Reifen durch den Winter fahren, müssen Sie früher vom Gas gehen: Die Pneus mit dem Kürzel »Q« sind nur für 160 km/h zugelassen. Das Datum der Herstellung verrät die dreistellige »DOT«-Nummer. Ab dem Produktionsjahr 1990 steht hinter dieser Zahl ein kleines Dreieck. Die Nummer 187 besagt zum Beispiel, daß der Pneu in der 18. Woche des Jahres 1997 produziert wurde. Fehlt das Dreieck, haben Sie es mit einem Veteranen aus den 80er Jahren zu tun.

Das Notrad

Der Punto ist serienmäßig mit einem Notrad ausgestattet, das sich jedoch nur für einen kurzen Einsatz eignet. Mit diesem Rad dürfen Sie nicht schneller als 80 km/h fahren, weil Seitenführung und Bremseigenschaften deutlich schlechter sind als bei einem normalen Pneu. An der Vorderachse sollten Sie das Notrad möglichst nicht montieren. Durch seinen kleineren Abrollumfang macht es mehr Umdrehungen als das intakte Rad auf der anderen Seite – das Differential muß diesen Drehzahlunterschied ausgleichen, wodurch die Temperatur des Getriebeöls steigt. Nehmen Sie lieber einen zusätzlichen Radwechsel in Kauf und wechseln Sie ein intaktes Hinterrad nach vorn. Der Reifendruck im Notrad beträgt 2,8 bar. Kontrollieren Sie den Druck sofort nach dem Radwechsel, denn mit zu wenig Luft

Praxistip

Räder richtig tauschen

Sie können den Verschleiß etwas hinausschieben, indem Sie die Räder jeweils einer Fahrzeugseite (gleiche Laufrichtung) gegeneinander austauschen. Der Abrieb der Reifen erfolgt so gleichmäßiger. Nachteil dieser Methode: Beim Ersatz der Reifen sind vier Exemplare auf einmal fällig. Außerdem können Sie beim Wechsel in kurzen Kilometerabständen im Reifenprofil mögliche Fehler der Radaufhängung, Lenkung und Stoßdämpfer nicht mehr deutlich erkennen. Achten Sie beim Tausch der Reifen in jedem Fall darauf, daß sie auf jeder Achse Reifen des gleichen Fabrikats, mit gleichem Profil und Alter montieren.

im Notrad verschlechtert sich das Fahrverhalten dramatisch.

Winterreifen

Winterreifen rollen auf Schnee und Eis sicherer als Sommerreifen. Sie werden aus einer speziellen Gummimischung hergestellt, die bei Temperaturen unter sieben Grad auf trockener und nasser Straße besser haftet. Voraussetzung für die gute Übertragung der Motor- und Bremskräfte auf die Straße ist jedoch ein Profil von mindestens vier Millimetern – ein geringeres Profil ist nicht erlaubt und disqualifiziert den Reifen für den Wintereinsatz. Bestücken Sie in jedem Fall alle vier Räder mit Winterreifen – eine Kombination von Sommer- und Winterreifen kann gefährlich werden. Für einen Winterreifen genügt durchaus eine schmale Ausführung. Investieren Sie das gesparte Geld für breitere Pneus lieber in passende Felgen – das Ummontieren der Reifen im Frühjahr und Herbst kommt auf die Dauer viel teurer. Die Räder müssen übrigens nach jeder Montage neu ausgewuchtet werden. Erhöhen Sie den Luftdruck um 0,2 bar. Wenn die Höchstgeschwindigkeit der Winterreifen unter der Ihres Fahrzeugs liegt, sollten Sie sich zur Erinnerung einen entsprechenden Aufkleber ins Blickfeld kleben.

Reifendruck prüfen

Den Luftdruck sollten Sie stets bei kalten Reifen messen. Denn während der Fahrt erwärmt sich der Reifen, der Druck im Pneu steigt. Sie erhalten daher falsche Werte, wenn Sie direkt nach einer Autobahnfahrt zum Luftdruckprüfer greifen. Prüfen Sie den Reifendruck regelmäßig alle drei bis vier Wochen. Bei einem Mar-

Luftdruckwerte bei kalten Reifen (bar)

Punto-Modell	Reifengröße	Normalbelastung[1] und Normalgebrauch[3]		Volle Belastung[2] und Normalgebrauch[3]	
		vorne	hinten	vorne	hinten
S 55/60	155/70 R 13 S	2,0	1,9	2,2	2,2
SX 55/60	165/65 R 13 S 165/60 R	2,0	1,9	2,2	2,2
6 Speed	14 S	2,0	1,9	2,2	2,2
	165/60 R 14 S	2,2	2,2	2,2	2,2
Selecta	165/65 R 14 Q (M+S)	2,0	1,9	2,2	2,2
S SX EL ELX 75/HSD	165/65 R 14 S 175/60 R	2,0	1,9	2,2	2,2
ELX 90	14 S	2,1	2,0	2,2	2,2
90 SPORTING	165/65 R 14 S	2,1	2,0	2,2	2,2
85 16V	165/65 R 14 T 175/60 R	2,1	2,0	2,2	2,2
85 16V SPORTING	14 T	2,4	2,0	2,4	2,2
	175/60 R 14 T	2,5	2,2	2,5	2,2
GT	165/65 R 14 T	2,4	2,2	2,4	2,2
	185/55 R 14 H	2,5	2,2	2,5	2,2
S SX TD 60/TD 70	165/65 R 14 Q (M+S)	2,4	2,0	2,4	2,2
ELX TD 70	185/55 R 14 H	2,4	2,0	2,4	2,2
	165/65 R 14 Q (M+S)				
	165/65 R 14 S				
	165/65 R 14 S 175/60 R				
	14 S				

[1] Fahrzeug besetzt mit bis zu 3 Personen

[2] Fahrzeug bis zur Höchstbelastung beladen

[3] Betrieb des Fahrzeugs auf allen Straßen, bei allen Geschwindigkeiten (Höchstgeschwindigkeit nicht länger als 30 Minuten). Wenn Sie mit S-Reifen länger mit hohem Tempo fahren wollen, sollten Sie Luftdruck je 10 km/h über 160 um bis zu 0,1 bar erhöhen.

Praxistip

So halten Ihre Reifen länger

- Fahren Sie höchstens mit der Geschwindigkeit, für die Ihre Reifen zugelassen sind. Das gilt vor allem für M+S-Reifen der Kategorie »Q« (160 km/h). Zu hohes Tempo bewirkt mehr Abrieb, im schlimmsten Fall den Reifenkollaps.
- Vermeiden Sie Höchstgeschwindigkeit, wenn Ihr Auto schwer beladen ist. Machen Sie die Wärmeprobe: Ist der Reifen handwarm, steht es gut um ihn. Ein heißer Gummi ist ein Alarmzeichen, das auf zu niedrigen Luftdruck oder einen beschädigten Unterbau hinweist. In diesem Fall: Reifen abmontieren, beim Fachmann prüfen lassen.
- Wenn Sie häufiger auf der Autobahn mit hohem Tempo unterwegs sind: Montieren Sie Reifen, deren Geschwindigkeitsindex eine Klasse höher ist als im Fahrzeugschein verlangt (zum Beispiel »T« statt »S«).
- Achten Sie darauf, daß Sie beim Einparken mit der Reifenflanke nicht am Bordstein schrammen. Über Bordsteine und Schwellen nur langsam und immer im rechten Winkel rollen.

kenreifen ist ein Druckverlust von 1,5 Prozent im Monat normal. Verliert der Reifen mehr Luft, sollten Sie sich ihn genauer ansehen. Die Reifenventile sollten Sie stets mit den Schutzkappen verschließen – gelangt Schmutz ins Ventil, kann die Ventilnadel klemmen und es schließt nicht mehr dicht. Der Reifendruck sollte keinesfalls unter die in der Tabelle (S. 167) aufgeführten Werte sinken. Ein um 0,2 – 0,3 bar höherer Luftdruck hat dagegen Vorteile: Die Lenkung arbeitet feinfühliger, die Reifen halten länger und sogar der Kraftstoffverbrauch sinkt ein wenig. Nachteil: Das Fahrzeug federt nicht mehr so komfortabel wie beim normalen Luftdruck.

Rad wechseln

Arbeitsschritte

1 Handbremse anziehen und 1. Gang oder Rückwärtsgang einlegen.

2 Räder der anderen Wagenseite gegen Wegrollen sichern (Keile, Steine).

3 Alle Radschrauben lockern (eine Umdrehung).

4 Wagen anheben. Den Wagenheber nur im bezeichneten Bereich am Falz des Türschwellers ansetzen.

→

5 Radschrauben herausdrehen.

6 Radzierblende entfernen. Dazu Schraubendreher (Bordwerkzeug) zwischen Felge und Blende ansetzen und Radabdeckung abhebeln.

7 Rad abnehmen und neues Rad (Notrad) auf die Radnabe drücken. Achtung: Die Zentrierstifte müssen in den Führungsbohrungen der Felge sitzen.

8 Die dem Reifenventil am nächsten sitzende Schraube handfest beidrehen, damit das Rad richtig sitzt.

9 Die Radabdeckung ansetzen, dabei das größte Loch der Blende über die bereits eingeschraubte Radschraube schieben. Die übrigen drei Radschrauben handfest beidrehen.

10 Muttern über Kreuz gleichmäßig fest anziehen. Dabei das Rad hin- und herdrehen, damit es sich einwandfrei auf der Radnabe zentriert.

11 Wagen ablassen und Muttern festziehen. Das Anzugsdrehmoment soll 90 Nm betragen – die Muttern daher nicht mit einem verlängerten Radschlüssel anknallen. Andernfalls können sich die Bremsscheiben und Bremstrommeln verziehen, was ungleichmäßige Bremswirkung und Reifenverschleiß zur Folge hätte.

12 Kontrollieren Sie in jedem Fall nach einigen Kilometern Fahrt, ob die Radmuttern richtig angezogen sind.

Zustand der Reifen kontrollieren

Die Vorderräder treiben das Fahrzeug an, lenken es und müssen die Hauptbelastung beim Bremsen aushalten. Sie sind daher auch früher verschlissen als die hinteren Pneus. Den Zustand der Reifen kontrollieren Sie am besten bei aufgebocktem Wagen.

Arbeitsschritte **Ständige Wartung**

1 Drehen Sie jedes Rad einmal komplett durch. Entfernen Sie Steinchen und andere Fremdkörper vorsichtig mit einem kleinen Schraubenzieher aus den Profillamellen. Sitzt in der Reifendecke eine Glasscherbe oder ein Nagel, kann an dieser Stelle Luft entweichen.

2 Achten Sie auf Unregelmäßigkeiten wie Einstiche, Schnitte, Risse und herausgebrochene Profilstücke. Bei einem beschädigten Gummi dringt leicht Feuchtigkeit ins Reifeninnere.

→

Sie können jedoch von außen nicht erkennen, ob der stabilisierende Stahlgürtel schon vom Rost angefressen ist. Lassen Sie den Pneu zur Sicherheit vom Fachmann prüfen. Das gilt übrigens auch bei auffälligem Reifenabrieb.

3 Das Reifenprofil muß über die gesamte Lauffläche mindestens 1,6 Millimeter tief sein. Bei dieser Marke wird auf der Lauffläche an mehreren Stellen ein Profilstandsanzeiger sichtbar. Die Buchstaben »twi« (tread wear indicator) auf der Reifenflanke zeigen, wo sich diese Anzeiger befinden. Tauschen Sie Sommerreifen zur Sicherheit bereits bei einer Profiltiefe von zwei Millimetern, Winterreifen bei vier Millimetern. Das Fahrverhalten wird mit abnehmendem Profil schlechter, vor allem auf nasser Fahrbahn.

4 Kontrollieren Sie, ob alle Reifen gleichmäßig abgefahren sind.

5 Sehen Sie sich die Seitenwände der Reifen genau an. Beulen deuten auf eine Beschädigung des Reifenunterbaus hin.

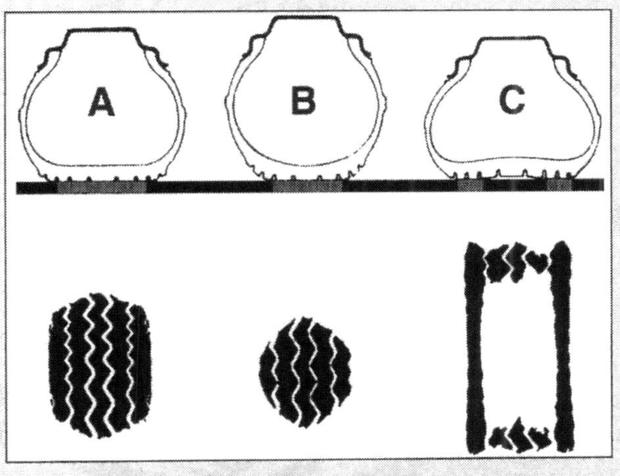

Der Reifendruck bestimmt Form und Größe der Reifenaufstandsfläche – und damit die Lebensdauer des Reifes (Profilverschleiß), Kraftstoffverbrauch und Fahrverhalten (Reifen walken und reagieren dann ungenau und mit Verzögerung auf Lenkbefehle).

A Bei richtigem Luftdruck liegt die gesamte Reifenlauffläche auf der Fahrbahn auf.

B Ist der Druck zu hoch, hat der Reifen nur in der Mitte der Lauffläche Kontakt zur Fahrbahn.

C Bei zu niedrigem Luftdruck läuft das Rad auf den Reifenschultern.

Technik-lexikon: Was das Reifenbild zeigt

Außenseite abgefahren (Vorderreifen) Flotte Fahrweise in Kurven. Reifen auf den Felgen drehen lassen oder gegen Hinterräder austauschen.

Außenseiten stärker abgefahren als Profilmitte Der Reifen wurde lange Zeit mit zu niedrigem Luftdruck gefahren.

Schräges Profil Deutet auf falsche Radeinstellung hin. Dies ist meist dann der Fall, wenn nur ein Reifen einseitig abgefahren ist.

Starke Abnutzung in der Profilmitte Entsteht durch häufiges Fahren mit Höchstgeschwindigkeit. Die Reifen bauchen durch die Fliehkraft aus, nutzen daher in der Mitte stärker ab. Dieser Effekt tritt besonders deutlich an den Hinterrädern auf.

Ungleiche Abnutzung (an mehreren Stellen) Unwucht im Rad. Auswuchten lassen.

Stelle mit starker Abnutzung Bremsung mit blockiertem Rad (Bremsplatte).

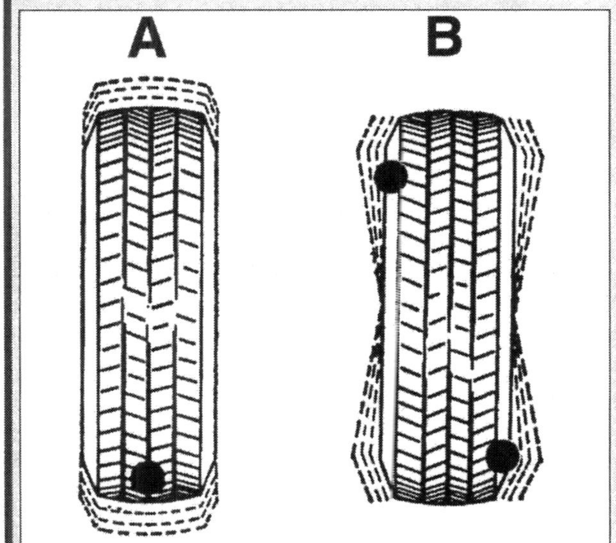

Eine Unwucht im Rad macht sich durch Vibrationen am Lenkrad bemerkbar. Ursache ist eine ungleichmäßige Gewichtsverteilung am Rad, die auch für erhöhten Reifenverschleiß sorgt. Die Beseitigung einer Unwucht ist Sache der Werkstatt. Dort schraubt man das Rad auf eine Auswuchtmaschine, die Unwuchten anzeigt. Bleigewichte an den richtigen Stellen der Felgen gleichen den unrunden Lauf des Rades aus. Statische Unwucht **A:** Das freihängende drehende Rad pendelt stets an derselben Stelle nach unten aus. Das Rad hüpft bei der Fahrt – die Stoßdämpfer verschleißen schneller. Dynamische Unwucht **B:** Liegt schräg zur Radachse. Bei schnellem Lauf flattert und wackelt das Rad.

DIE BREMS-ANLAGE

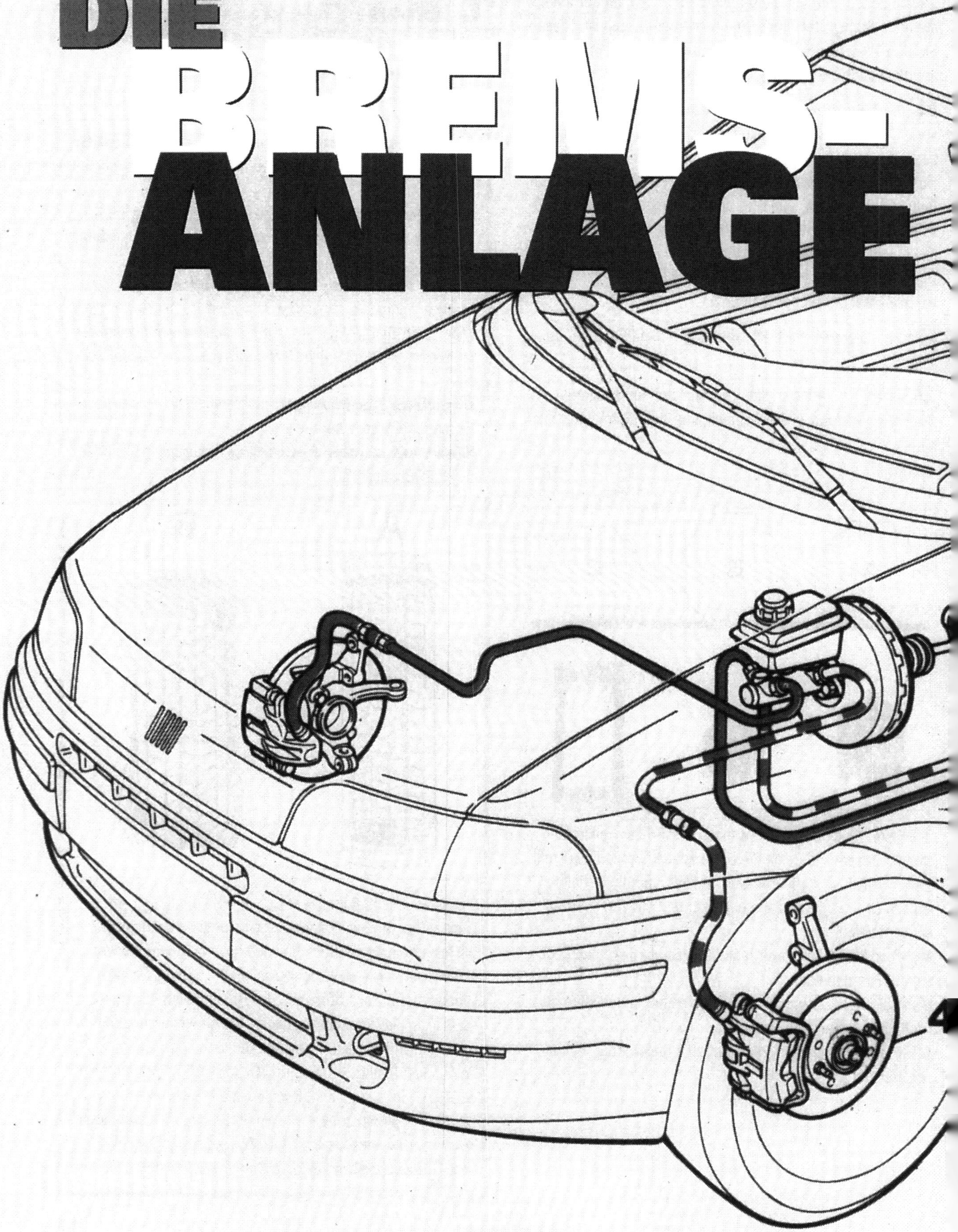

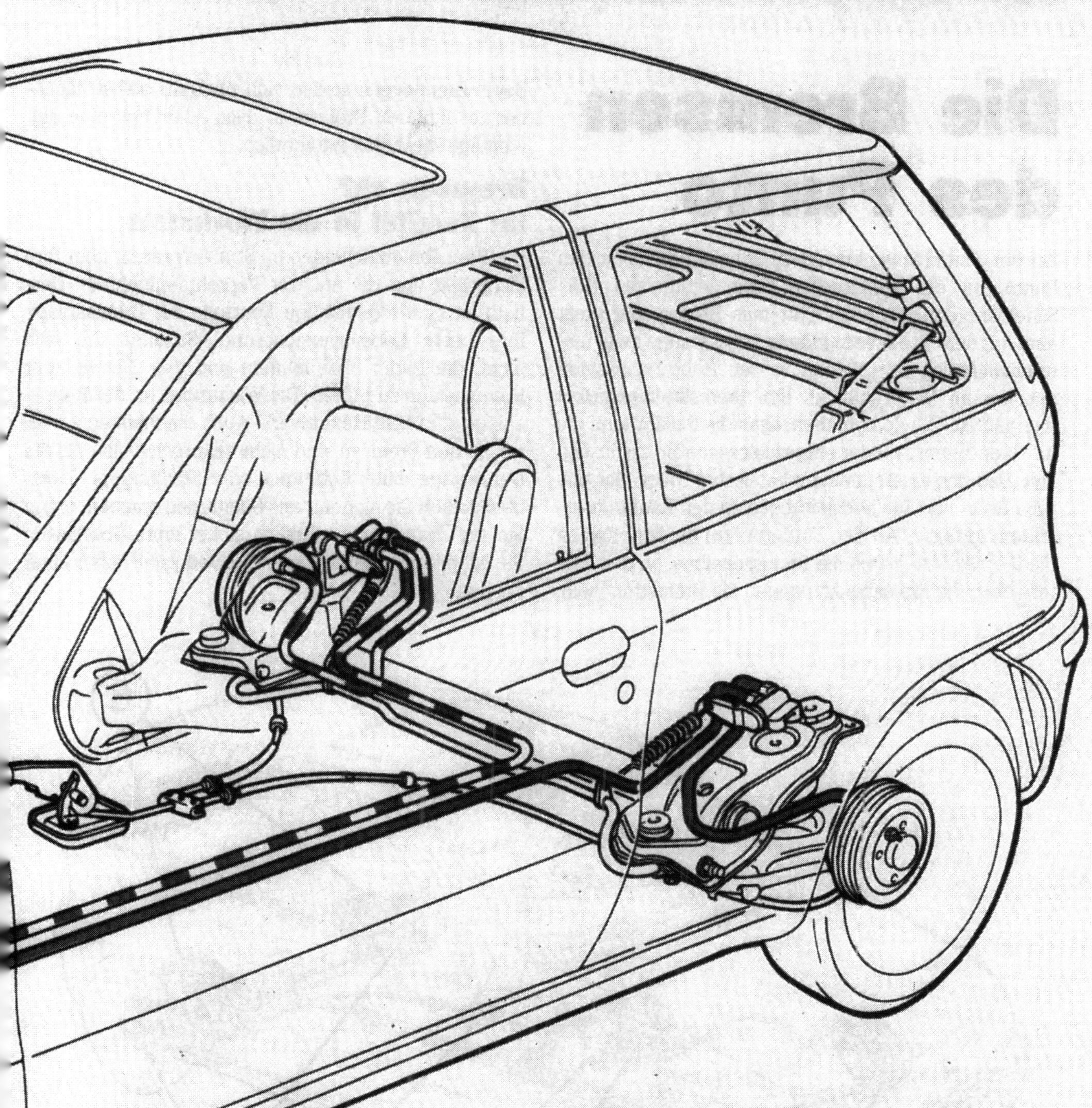

Die Straßenverkehrs-Zulassungsordnung (StVZO) schreibt vor, daß ein Pkw stets mit zwei Bremsanlagen – der Feststellbremse (Handbremse) und der hydraulischen Betriebsbremse (Fußbremse) – ausgestattet ist, die unabhängig voneinander arbeiten. Sinn dieser Vorschrift: Fällt ein System aus, kann das andere das Fahrzeug immer noch abbremsen. Die Bremsanlage des Fiat Punto erfüllt diese Bestimmung mit einer Handbremse sowie einer diagonal geteilten Zweikreisbremsanlage. Dabei ist ein Bremskreis jeweils für ein Vorderrad und das gegenüberliegende Hinterrad zuständig. Fällt ein Bremskreis aus, bleiben Vorderrad und Hinterrad des anderen Kreises bremsfähig. In diesem Fall müssen Sie freilich stärker aufs Bremspedal treten, um die gleiche Wirkung zu erreichen wie bei einer intakten Anlage. Das Pedal läßt sich weiter durchtreten und der Anhalteweg wird wesentlich länger.

Die Bremsen des Punto

An der Vorderachse verzögern Scheibenbremsen den Punto, an der Hinterachse Trommelbremsen (GT: Scheibenbremsen). Beim Tritt aufs Bremspedal preßt eine mit dem Pedal verbundene Druckstange zwei hintereinanderliegende Kolben in den Hauptbremszylinder, der im Motorraum an den Bremskraftverstärker montiert ist. Die Kolben übertragen die Fußkraft auf die im Hauptbremszylinder eingeschlossene Bremsflüssigkeit. Dadurch entsteht ein hydraulischer Druck, der sich über Rohr- und Schlauchleitungen zu den Radbremszylindern fortsetzt. An den Vorderrädern drücken Kolben die Bremsklötze gegen die Bremsscheiben, an den Hinterrädern die Bremsbacken gegen die Bremstrommeln. Beide Bremstypen stellen sich übrigens selbst nach – bei der hinteren Bremse ist dazu allerdings eine aufwendige Mechanik erforderlich.

Bremsen ok? Im Zweifel in die Werkstatt

Die Bremsen entscheiden im Straßenverkehr über Ihre Sicherheit und die anderer Verkehrsteilnehmer. Deshalb ist eine regelmäßige Kontrolle der Bremsanlage Ihre beste Lebensversicherung. Scheuen Sie sich nicht, die Räder abzunehmen und den Zustand der Bremsbeläge zu prüfen. Die Wartungen an der Bremsanlage sind kein Hexenwerk. Auch die meisten Arbeiten an den Bremsen sind nicht anspruchsvoller als die Demontage eines Kotflügels oder Stoßfängers. Trotzdem sollten Sie sich nur ans Schrauben machen, wenn Sie sich Ihrer Sache wirklich sicher sind. Überlassen Sie Arbeiten an der Bremse im Zweifelsfall lieber einer Fachwerkstatt.

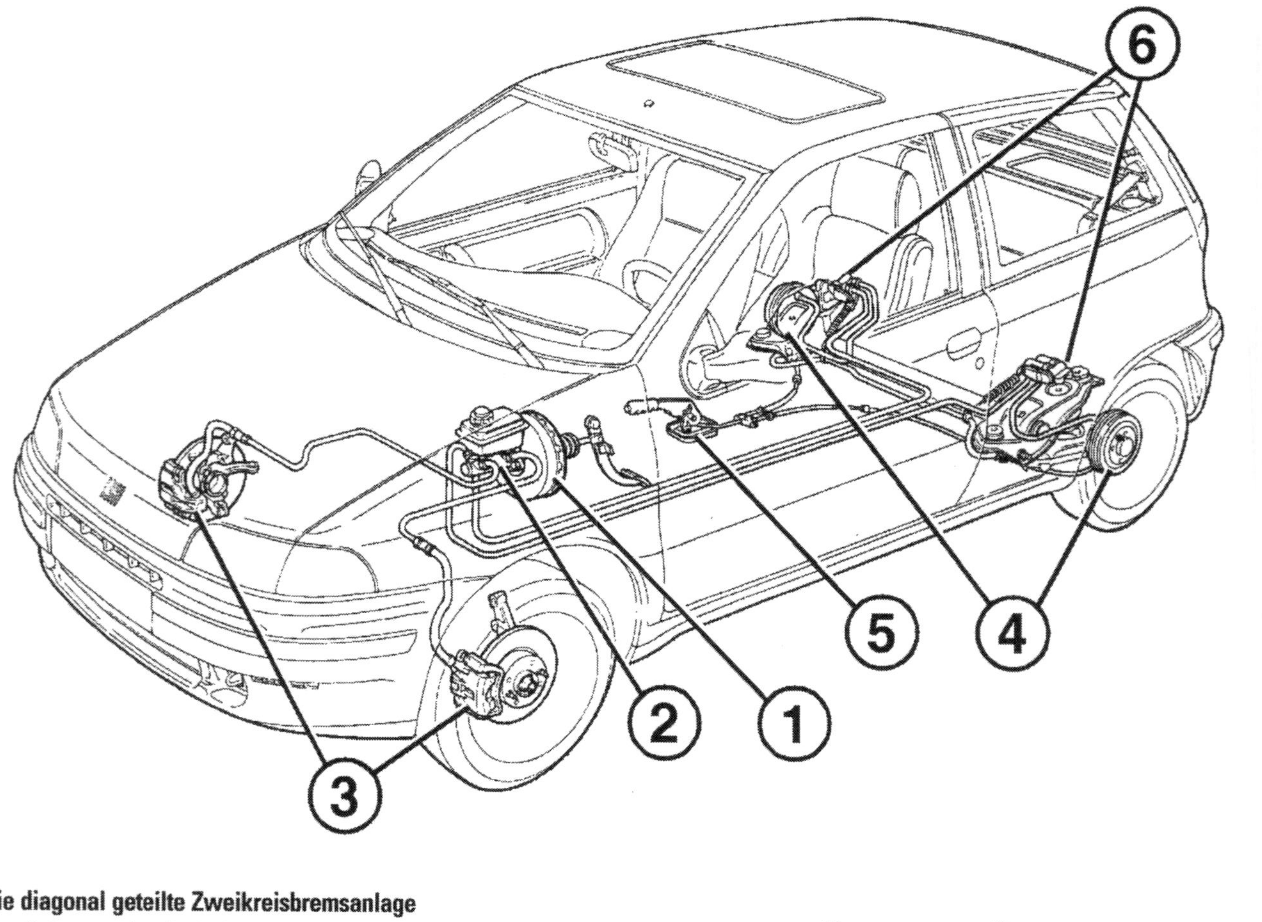

Die diagonal geteilte Zweikreisbremsanlage
Das Schema zeigt die beiden unabhängigen Bremskreisläufe vom Hauptbremszylinder ❷ zu Vorderrad ❸ und Hinterrad ❹. Ebenfalls zu sehen: Der Weg der Handbremsseile zu den Hinterrädern.
❶ Bremskraftverstärker. ❺ Handbremshebel. ❻ Bremsdruck-Regelventile.

Technik-lexikon: Die wichtigsten Teile der Bremsanlage

Zweikreisbremsanlage Diagonal geteilte hydraulische Anlage. Jeweils ein Bremskreis für Vorderrad und gegenüberliegendes Hinterrad.

Hauptbremszylinder Wandelt die mechanische Kraft des Bremspedals in hydraulische Kraft um. Sorgt für schnellen Druckabbau im System beim Lösen der Bremsen.

Bremskraftverstärker Sitzt links im Motorraum hinter dem Hauptbremszylinder. Bringt etwa 60 Prozent der Bremskraft auf. Bezieht seine Kraft beim Benziner über einen Schlauch durch Unterdruck im Ansaugrohr. Beim Diesel gibt's dafür eine separate Unterdruckpumpe, die am Zylinderkopf oberhalb des Getriebes angeflanscht ist. Beim Bremsen reagiert eine elastische Membrane auf den Druckunterschied zwischen äußerem Luftdruck und dem Unterdruck aus Ansaugrohr/Unterdruckpumpe. Sie drückt zusätzlich auf die Kolben im Hauptbremszylinder.

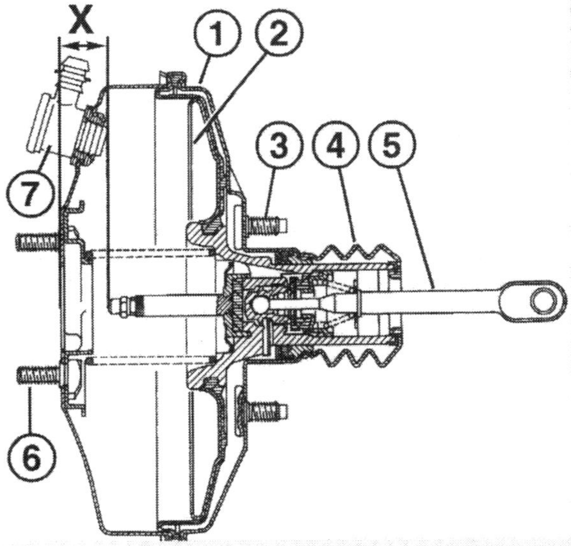

Der Bremskraftverstärker

Fällt er aus, kann man trotzdem bremsen, muß aber viel stärker aufs Pedal treten. Das gilt auch, wenn der Motor nicht läuft. In diesem Fall liefert der Bremskraftverstärker keine zusätzliche Bremskraft.

❶ Bremskraftverstärkergehäuse. ❷ Membrane. ❸ Befestigungsbolzen an Bremspedalhalterung. ❹ Staubmanschette. ❺ Druckstößel vom Bremspedal. ❻ Befestigungsbolzen für Hauptbremszylinder. ❼ Unterdruckanschluß. Das Maß »X« zwischen Druckstange und Anlagefläche des Hauptbremszylinders muß zwischen 22,45 und 22,65 mm betragen.

→

Technik-lexikon

Bremsdruck-Regelventile (Hinterachse) Bei Punto 55/60/75 (ohne ABS) ein Ventil für jede Hinterradbremse, das den Bremsdruck langsamer ansteigen läßt als zu den vorderen Bremsen (Reduzierventile). Verhindern frühzeitiges Blockieren der hinteren Räder. Arbeiten mit fester Einstellung unabhängig von Beladung. Bei Punto 75 (mit ABS)/85/90/GT und TD (mit und ohne ABS) als Regulierventile ausgebildet. Regeln den hinteren Bremsdruck je nach Zuladung. Sind über einen beweglichen Bügel und eine Zugfeder links und rechts mit dem Querstabilisator verbunden. Einstellung des Ventils ist Werkstatt-Arbeit.

Radbremszylinder Flüssigkeitsdruck erreicht hier bis zu 120 bar. Die Kolben der Zylinder übertragen den Druck an Bremsklötze (vorne) und Bremsbacken (hinten).

Technik-lexikon: Die Bremsen

Die vorderen Bremsen

Bremsscheibe Bei den meisten Punto-Modellen eine massive Stahlscheibe (GT: innenbelüftet). Dreht sich mit jedem Vorderrad frei im Luftstrom (führt Reibungswärme ab).

Bremssattel Sitzt wie ein Sattel auf der Bremsscheibe. Im Bremssattel schwimmend auf Führungsbolzen gelagert ist die Bremszange (Schwimmsattelbremsen).

Tritt aufs Bremspedal Ein Kolben in der Bremszange drückt den inneren Bremsklotz gegen die Bremsscheibe. Dadurch verschiebt sich die auf langen Bolzen geführte Bremszange und überträgt den gleichen Druck auf den äußeren Bremsklotz.

Lösen des Bremspedals Die Kolbendichtung zieht den Kolben und dadurch auch den Bremssattel von den Bremsscheiben zurück. So entsteht zwischen Bremsklotz und Scheibe ein Spiel von weniger als einem Millimeter – die Bremsscheibe dreht wieder frei.

Die hinteren Bremsen

Trommelbremsen Beim Punto Serie (Ausnahme GT: Scheibenbremsen). Ausgeführt als Simplexbremse. Besteht aus je zwei halbkreisförmigen Bremsbacken, wobei der Belag aufgrund stärkerem Verschleiß an der vorderen Backe (Auflaufbremsbacke) dicker ist als an der hinteren (Ablaufbremsbacke). Die Bremsbacken werden vom oben sitzenden Radbremszylinder (Doppelkolbenzylinder) gegen die zylindrischen Bremstrommeln gedrückt. Dabei stützen sie sich auf der gegenüberliegenden Seite des Radbremszylinders an einem Stützlager ab, das am Bremsträgerblech angenietet ist.

Nachstellautomatik der Trommelbremse
(oben: perspektivische Ansicht; unten: Draufsicht in eingebauter Position). Nutzt der Bremsbelag ab, verändert sich der Abstand zwischen Bremsbacke und Bremstrommel. Damit die Backen wieder richtig stehen, muß die Druckstrebe ❶ zwischen den Bremsbacken ❼ verlängert werden. Das funktioniert so: Auf einem Gewinde der Druckstrebe sitzt eine Zahnmutter mit Gewindebolzen ❸, die mit einer federbelasteten Ratschenfeder ❺ verbunden ist. Beim Bremsen dreht die unter Federzug stehende Zahnmutter den Gewindebolzen ein kleines Stück – die Druckstrebe wird länger und drückt die Bremsbacken nach außen in die neue Position. ❷ Sicherungsfeder (falls Bremse überhitzt). ❹ Zugfeder zur Bremsbacke. ❻ Bremstrommel. ❽ Handbrems-Schwinghebel. ❾ Bremsankerplatte.

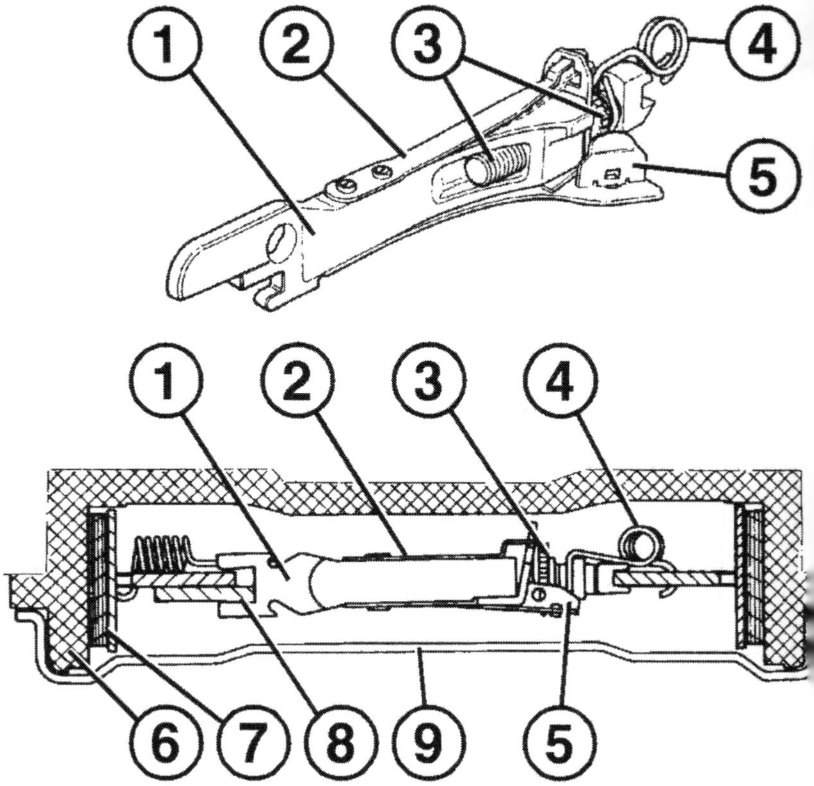

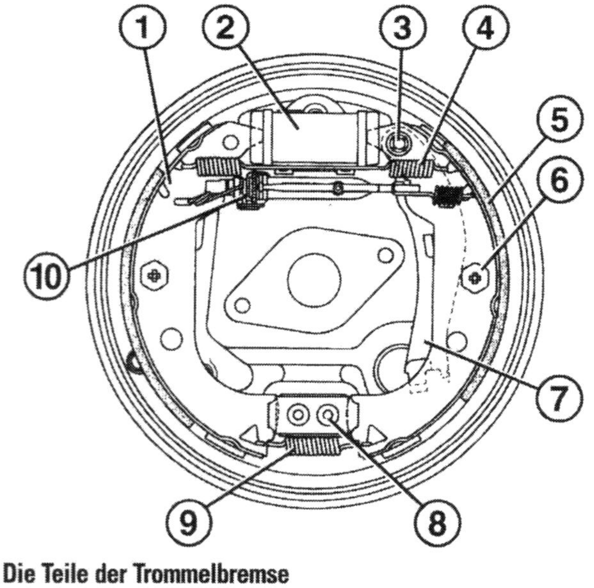

Die Teile der Trommelbremse
❶ Auflaufbacke. ❷ Radbremszylinder. ❸ Lager des Handbrems-Schwinghebels. ❹ Obere Rückzugfeder. ❺ Ablaufbacke. ❻ Bremsbackenniederhalter. ❼ Handbrems-Schwinghebel. ❽ Bremsbacken-Stützlager. ❾ Untere Rückzugfeder. ❿ Bremsbacken-Druckstange mit Nachstellautomatik.

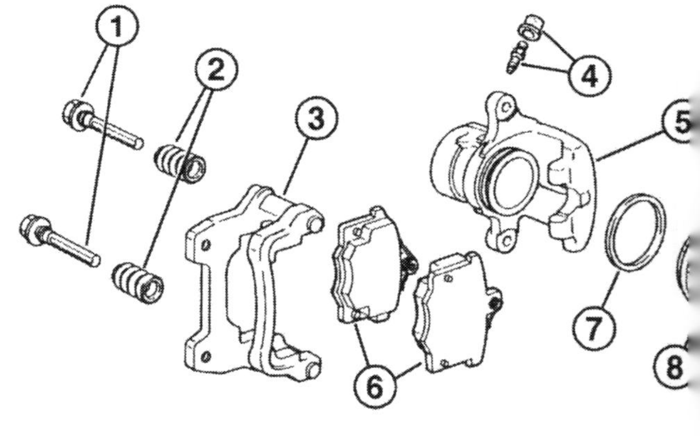

Die Teile der Scheibenbremse (Punto 85/90/GT/TD/ABS)
❶ Führungsbolzen. ❷ Staubmanschetten der Führungsbolzen. ❸ Bremssattel. ❹ Entlüftungsschraube mit Staubhütchen. ❺ Bremszange. ❻ Bremsklötze. ❼ Bremszylinderdichtung. ❽ Bremskolben-Staubmanschette.

Technik-lexikon

Das Antiblockierbremssystem

Der Punto GT ist mit einem Antiblockierbremssystem (ABS) ausgestattet (Option bei den anderen Modellen). Vorteil des ABS: Der Wagen läßt sich auch bei einer Vollbremsung lenken. Dazu dosiert das ABS die Bremskraft an den einzelnen Rädern – eine reine Blockierbremsung ist nicht mehr möglich. Arbeiten am ABS sind Sache der Werkstatt, die Störungen mit einem speziellen Gerät abfragt. Wenn Ihr ABS defekt ist (Kontrolleuchte brennt nicht/ständig), können Sie trotzdem weiterfahren. Die Bremse funktioniert dann wie bei einem Wagen ohne ABS.

So funktioniert das ABS

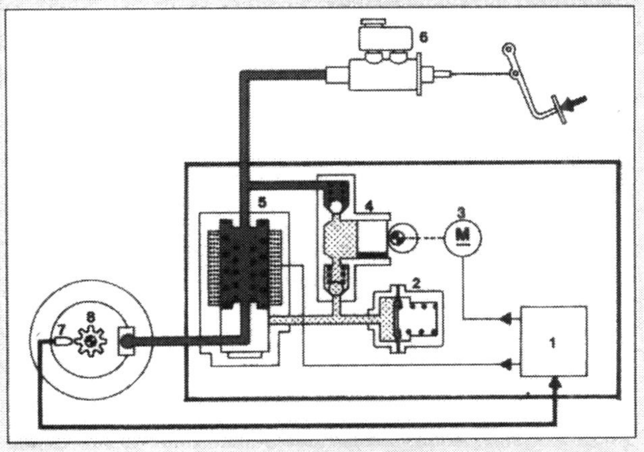

Bremsdruck steigt an Beim Tritt aufs Bremspedal erzeugt der Bremszylinder (6) einen Druck, der über die Bremsleitungen zu den Radbremsen gelangt. Die Elektroventile der Hydraulik bleiben geöffnet, solange das Steuergerät (1) keine Drehzahlunterschiede zwischen den vom Drehzahlfühler (7) ermittelten Werten und den gespeicherten Referenzwerten erkennt. Steigt der Bremsdruck weiter, schließt das Elektroventil (5) der jeweiligen Radbremse.

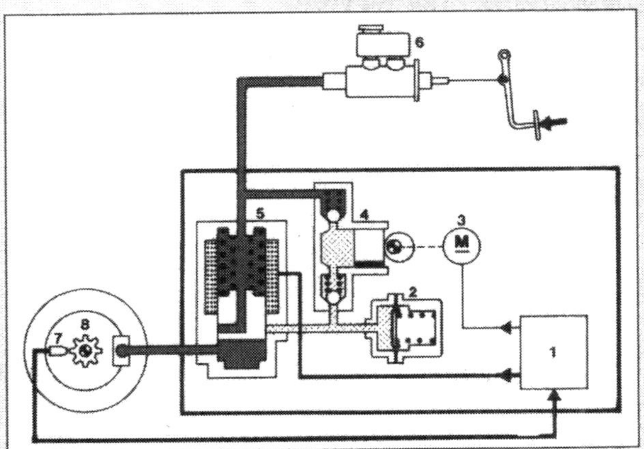

Bremsdruck bleibt gleich Der Bremsdruck kann an dem zum Blockieren neigenden Rad nicht mehr steigen. Der überschüssige Druck wird zur Rückförderpumpe (4) umgeleitet. Das Rad dreht jetzt ungebremst, bis Raddrehzahl und Fahrgeschwindigkeit übereinstimmen. Dann gibt das Steuergerät den direkten Weg vom Hauptbremszylinder zur Radbremse wieder frei. Das Rad wird erneut verzögert. Der Vorgang wiederholt sich annähernd bis zum Stillstand des Fahrzeugs oder bis der Fahrer das Bremspedal losläßt.

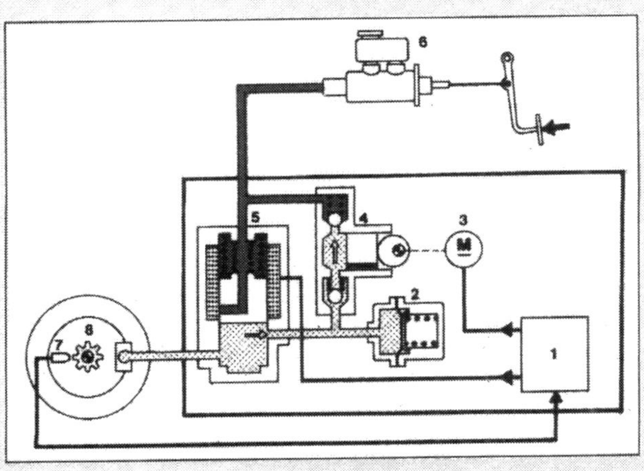

Bremsdruck sinkt Erhält das Steuergerät vom Drehzahlfühler die Information »Rad blockiert«, öffnet das Elektroventil den Rücklauf. Die Rückförderpumpe pumpt den Überdruck vom Bremssattel der Radbremse in den Druckspeicher (2). Dreht sich das Rad wieder, schließt das Elektroventil die Rücklaufleitung. An der Radbremse baut sich wieder Druck auf, bis das Rad entweder erneut blockiert oder die Geschwindigkeit von Rad und Auto übereinstimmen.

❶ Elektronisches Steuergerät. ❷ Druckspeicher. ❸ Steuermotor der Rückförderpumpe. ❹ Rückförderpumpe. ❺ Elektroventile. ❻ Bremszylinder. ❼ Drehzahlfühler. ❽ Impulsrad.

Stand der Bremsflüssigkeit prüfen

Arbeitsschritte | ständige Wartung

1 Der Behälter für die Bremsflüssigkeit sitzt links hinten im Motorraum direkt auf dem Hauptbremszylinder. Kontrollieren Sie den Stand der Bremsflüssigkeit regelmäßig.

2 Auch bei einer intakten Bremsanlage kann der Pegel sinken. Ursache ist der Verschleiß an den Belägen der vorderen Scheibenbremsen. Dann wandern die Kolben der Radzylinder aus den Zylindern heraus – die Bremsflüssigkeit fließt nach.

3 Das ist jedoch kein Grund zur Sorge, solange die Bremsflüssigkeit im Behälter zwischen den Markierungen »MIN« und »MAX« steht.

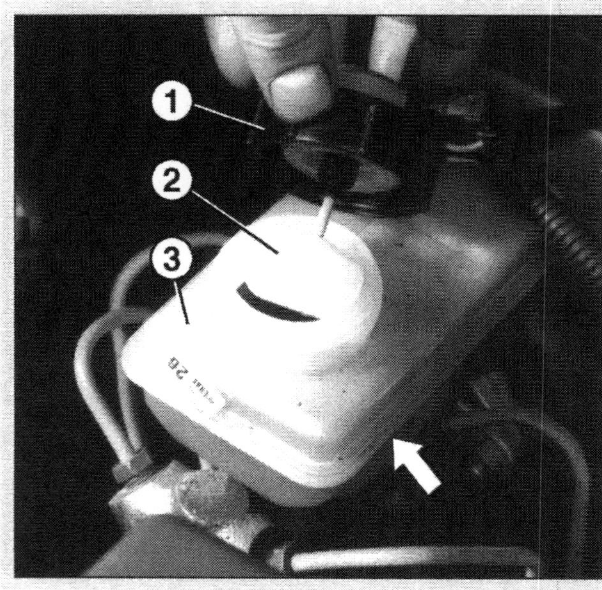

Der Stand der Bremsflüssigkeit darf nicht unter den Steg (Pfeil) absinken. Wenn Sie den Deckel ❶ vom Behälter ❸ abschrauben, sehen Sie den Schwimmer ❷ für die Warnanzeige im Armaturenbrett.

Zustand der Bremsanlage prüfen

Arbeitsschritte | 15000 km 12 Monate

1 Die Unterseite des Wagens muß trocken sein, damit Sie undichte Stellen erkennen.

2 Prüfen Sie die Anschlüsse und Verbindungen von Schläuchen und Leitungen, die Bremssättel und Trägerbleche (dahinter sitzen die Radbremszylinder der Hinterradbremsen). Achten Sie auf dunkle und feuchte Flecken.

3 Prüfen Sie die Bremsschläuche. Sie dürfen keine Scheuerstellen aufweisen, weder feucht noch aufgequollen sein. In diesen Fällen: Schläuche auswechseln.

4 Reinigen Sie die Bremsleitungen mit einem Kaltreiniger. Die Leitungen sind zum Schutz gegen Rost mit einer Kunststoffschicht überzogen – daher zur Säuberung nie Schraubendreher, Schmirgelleinen oder Drahtbürste verwenden. Ist die Schutzschicht beschädigt, Rostschutzgrundierung dünn aufstreichen. Stellen sie Rostnarben oder Verformungen an den Bremsleitungen fest, müssen Sie diese umgehend ersetzen.

5 Befinden sich Schutzkappen auf allen Entlüftungsventilen (an Bremssätteln und Bremsträgerblechen der hinteren Trommelbremsen)?

6 Machen Sie eine (provisorische) Bremsdruckprobe. Treten Sie eine Minute mit voller Kraft aufs Bremspedal – das Pedal darf dabei nicht nachgeben, sonst ist eine der Manschetten im Hauptbremszylinder defekt. Eine exakte Druckprüfung ist Sache der Werkstatt.

Bremskraftverstärker prüfen

Arbeitsschritte | 15000 km 12 Monate

1 Motor abstellen, das Bremspedal mehrmals durchtreten und in seiner tiefsten Stellung halten.

2 Motor starten. Das Pedal muß dann noch ein Stück nachgeben.

3 Wenn sich das Pedal nicht senkt, arbeitet der Verstärker nicht richtig. Meistens liegt das am Unterdruckschlauch. Prüfen Sie Zustand und korrekten Sitz des Schlauchs.

4 Einen defekten Bremskraftverstärker kann man nicht reparieren. Sie müssen ihn stets komplett ersetzen.

→

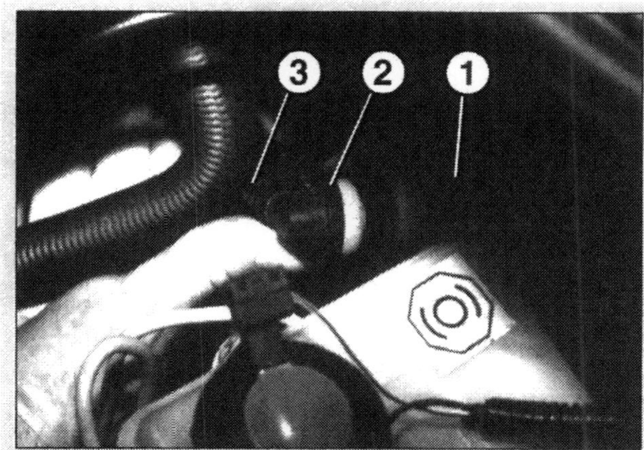

Kontrollieren Sie auch den exakten Sitz des Unterdruckschlauch-Adapters ❷. Störungen am Bremskraftverstärker ❶ verursacht meistens der Unterdruckschlauch ❸.

Bremsbeläge messen (Scheibenbremsen)

Die Beläge an den vorderen Scheibenbremsen leisten mehr Arbeit beim Bremsen als ihre Partner an den Hinterrädern. Sie nutzen daher auch schneller ab. Kontrollieren Sie die Stärke der Beläge regelmäßig, mindestens jedoch alle 15000 Kilometer oder einmal im Jahr. Der Bremsbelag muß ohne Trägerplatte bei allen Punto-Modellen mindestens 1,5 Millimeter stark sein. Das gilt auch für die Beläge der hinteren Scheibenbremsen beim Punto GT.

Arbeitsschritte | 15000 km 12 Monate

1 Nehmen Sie zur Kontrolle jeweils das Rad ab. Nur so kommen Sie richtig an den Belag heran.

2 Als Meßinstrument eignet sich ein Zehnpfennigstück. Halten Sie es zwischen Bremsscheibe und Belagträger. Ist der Belag bei der Dicke des Geldstücks angelangt, ist es höchste Zeit für einen Tausch.

Zustand der Bremsscheiben kontrollieren

Für diese Wartung müssen Sie die Vorderräder (beim GT auch die hinteren Räder) abnehmen. Kontrollieren Sie den Zustand der Bremsscheiben stets gemeinsam mit den Bremsbelägen.

Arbeitsschritte | 15000 km 12 Monate

1 Ein bläuliche Verfärbung der Scheibe ist normal.

2 Achten Sie auf Rillen in den Scheiben. Sie entstehen durch Schmutz oder zu stark abgefahrene Beläge. Die Rillen dürfen nicht zu tief sein.

3 Die Stärke der Scheiben messen Sie am besten, indem Sie zwei Münzen auf die Bremsscheibe legen – so erhalten Sie auch bei eingelaufenen Bremsscheiben genaue Werte.

4 Zu dünne Scheiben müssen immer paarweise ausgetauscht werden.

So messen Sie die Stärke der Bremsscheiben. Damit das Ergebnis stimmt, müssen Sie vom gemessenen Wert die Stärke der Münzen abziehen.

Die Maße der Bremsscheiben

Motor (cm^3)	Durchmesser (mm)	Scheibenstärke (mm)	Verschleißgrenze (mm)
1108/1242	240/257*)	108 – 111/118 – 121*)	92/102*)
1372/1581	257	118 – 121/198 –201	102/182
1697 TD	257	118 – 121	102

*) bei ABS und 1242 16V

Bremspedal und Bremsbelag

Praxistip

Der Leerweg des Bremspedals soll höchstens ein Drittel des gesamten Pedalwegs betragen. Läßt sich das Pedal weiter nach unten drücken (mit der Hand prüfen), sollten Sie sofort die Scheibenbremsen untersuchen – die Bremsbeläge können stark abgefahren oder verklemmt sein. Vielleicht ist auch die Bremszange im Bremssattel festgerostet. Die Prüfung des Pedalwegs ersetzt jedoch keine Kontrolle der Bremsbeläge: Der Bremskolben schiebt den abnutzenden Belag beim Bremsen so weit nach, daß er nach dem Loslassen des Pedals immer die gleiche Grundstellung zur Bremsscheibe hat. Der Pedalweg bleibt also fast gleich, solange die Beläge nicht auf das Mindestmaß geschrumpft sind.

Beläge in Trommelbremsen prüfen

Arbeitsschritte | 15000 km 12 Monate

1 Die Stärke der Beläge kontrollieren Sie durch das Schauloch auf der Vorderseite der Bremstrommel. Der Belag an der Auflaufbremsbacke ist im Neuzustand etwas dicker als an der Ablaufbacke. Er nutzt jedoch auch schneller ab – beide Beläge erreichen daher fast gleichzeitig die Verschleißgrenze, die 1,5 Millimeter beträgt. Bei dünneren Belägen ist der Tausch der Bremsbacken fällig.

Das Schauloch an der Bremstrommel. Die Beläge dürfen nicht dünner als 1,5 Millimeter sein. Für eine exakte Kontrolle müssen Sie die Bremstrommel abnehmen.

Bremsen prüfen

Arbeitsschritte

1 Suchen Sie sich eine ebene, möglichst abgelegene Straße. Führen Sie die Bremsprüfung nur durch, wenn Sie Ihr Fahrzeug beherrschen und andere Verkehrsteilnehmer nicht behindern oder gefährden.

2 Fahren Sie zuerst mit Schrittempo. Mit voller Kraft bremsen, dann den Gummiabrieb auf der Straße ansehen – die Bremsen ziehen gleichmäßig, wenn die Spuren gleich lang sind.

3 Beschleunigen Sie auf etwa 50 km/h. Lassen Sie das Lenkrad los (Hände griffbereit halten), bremsen Sie zuerst sanft und dann scharf bis zum Stillstand. Das Fahrzeug sollte die Spur halten. Zieht es zum Beispiel nach links, ist eine der rechten Bremsen nicht in Ordnung (Wagen zieht in Richtung des stärker gebremsten Rades).

4 Lassen Sie den Punto nach diesem Test auf einer leicht abschüssigen Strecke aus dem Stand losrollen – so stellen Sie fest, ob die Räder frei und leichtgängig sind. Machen Sie nach einer kurzen Fahrt die Wärmeprobe an den Felgen: Sie müssen alle gleich warm sein.

Bremsanlage entlüften

Gelangt Luft ins Bremssystem, müssen Sie die Anlage entlüften. Das gilt zum Beispiel für alle Arbeiten, bei denen Sie die Bremsschläuche abnehmen oder die Bremsleitungen öffnen. In der Regel genügt es, wenn Sie nur den Bremskreis entlüften, an dem Sie gearbeitet haben. Fürs Entlüften brauchen Sie neue Bremsflüssigkeit (Spezifikation DOT 3 oder DOT 4) und einen durchsichtigen Kunststoffschlauch (Scheibenwaschanlage oder Aquarienbelüftung). Außerdem sollten Sie sich von einem Helfer unterstützen lassen. Das Fahrzeug muß mit allen vier Rädern auf ebenem Boden stehen. Achtung: Beobachten Sie während des Entlüftens stets den Stand der Bremsflüssigkeit im Vorratsbehälter. Füllen Sie bei Bedarf Bremsflüssigkeit nach – der Behälter darf nicht leer sein, sonst wird wieder Luft ins System angesaugt.

Arbeitsschritte

1 Betätigen Sie mehrmals das Bremspedal, damit der Unterdruck im Bremskraftverstärker abgebaut wird.

2 Arbeitsreihenfolge: Entlüftungsventil links vorne – rechts hinten; Entlüftungsventil rechts vorne – links hinten.

3 Gummikappe vom Entlüftungsventil abziehen, Ventilnippel säubern.

Stellen Sie den Auffangbehälter über die Entlüftungsschraube (X = 30 cm). Dann steht auch die Entlüftungsschraube unter Flüssigkeitsdruck und durch die Gewindegänge der Schraube kann keine Luft ins Bremssystem gelangen.

4 Kunststoffschlauch auf den Nippel schieben und das freie Schlauchende in einen teilweise mit Bremsflüssigkeit gefüllten Auffangbehälter stecken.

5 Entlüftungsschraube maximal eine Umdrehung lösen. Der Helfer tritt das Bremspedal langsam bis zum Boden, damit die Bremsflüssigkeit und die darin eingeschlossene Luft herausgepumpt wird. Achten Sie dabei auf Schlauch und Auffangbehälter – Sie müssen die Luftbläschen sehen können. Das Bremspedal am Boden halten.

6 Schließen Sie die Entlüftungsschraube. Erst dann das Pedal zurücknehmen.

7 Wiederholen Sie diesen Vorgang so lange, bis Sie keine Luftbläschen mehr sehen können – dann ist die Luft aus der Anlage ausgeschieden. Beobachten Sie ständig den Stand der Bremsflüssigkeit im Ausgleichsbehälter. Warten Sie bis zum nächsten Pumpen jeweils etwa drei Sekunden, damit sich der Hauptbremszylinder wieder füllen kann. →

8 Nach dem letzten Durchgang muß der Helfer das Bremspedal wieder am Boden halten, bis das Entlüftungsventil endgültig geschlossen ist (Schraube nicht anknallen).

9 Die Arbeit an den anderen Entlüftungsventilen wiederholen.

10 Kontrollieren Sie die Funktion der Bremsen bei einer (vorsichtigen) Probefahrt.

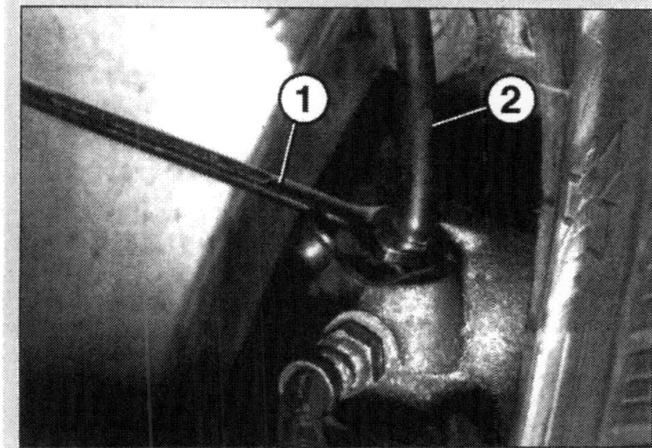

Schließen Sie das Entlüftungsventil mit dem Maulschlüssel ❶, bevor der Helfer das Bremspedal zurücknimmt (Kommando vereinbaren). Sonst kann über den Entlüftungsschlauch ❷ Luft angesaugt werden – die Bremsen würden in diesem Fall nicht richtig funktionieren.

Bremsflüssigkeit wechseln

Der Wechsel der Bremsflüssigkeit ist alle zwei Jahre fällig. Die Werkstatt erledigt diesen Wartungspunkt mit einem speziellen Befüllgerät. Sie können sich aber auch selbst ans Werk machen – die Arbeit ist die gleiche wie beim Entlüften. Sie benötigen zwei Liter frische Bremsflüssigkeit (auf Spezifikation achten).

Arbeitsschritte W alle 2 Jahre

1 Bremsflüssigkeit aus dem Vorratsbehälter mit einer Pipette oder einer sauberen Injektionsspritze entfernen.

2 Die Arbeitsschritte an den einzelnen Entlüftungsventilen sind die gleichen wie beim Entlüften. Sie müssen natürlich regelmäßig Bremsflüssigkeit in den Ausgleichsbehälter einfüllen – bei jedem Ventil sind dies 500 cm³. Diese Menge brauchen Sie, damit sich die neue Bremsflüssigkeit nicht mit der alten vermischt.

Technik-lexikon

Die Bremsflüssigkeit

Hauptbestandteile der Bremsflüssigkeit sind Glykol und Polyglykoläther. Diese Mischung ist bei – 40°C noch dünnflüssig und hat einen sehr hohen Siedepunkt von etwa 270°C. Als sogenannte hygroskopische Flüssigkeit nimmt Bremsflüssigkeit allerdings Wasser auf (undichte Bremsschläuche und Gummimanschetten). Dadurch sinkt der Siedepunkt – bei einem Wassergehalt von 2,5 Prozent liegt er nur noch bei 150°C. In diesem Fall können sich bei stark erhitzten Bremsen (Gebirgsfahrt, Vollbremsungen) Dampfblasen in der Bremsflüssigkeit bilden. Diese werden beim Bremsen zusammengepreßt, das System kann keinen stabilen Bremsdruck aufbauen, das Bremspedal läßt sich tief durchtreten (im Extremfall bis auf den Boden). Wechseln Sie daher zu Ihrer Sicherheit die Bremsflüssigkeit regelmäßig – Fiat schreibt einen Tausch alle zwei Jahre vor.

Vorratsbehälter der Bremsflüssigkeit ausbauen

Arbeitsschritte

1 Mehrfachstecker der Warnanzeige abziehen.

2 Verschlußdeckel abschrauben. Einen Deckel mit Warnanzeige nicht auf dem Kopf ablegen, da Bremsflüssigkeit die elektrischen Kontakte beschädigen könnte.

3 Bremsflüssigkeit mit einer Pipette oder Spritze absaugen.

4 Vorratsbehälter durch seitliches Kippen vom Hauptbremszylinder trennen und abheben.

5 Beim Einbau neue Dichtringe in die Bohrungen des Hauptbremszylinders einsetzen. Dazu die Dichtringe mit Bremsflüssigkeit einreiben.

6 Verschlußdeckel aufschrauben. Funktion des Warnlichtschalters durch Drücken auf die elastische Deckelmitte kontrollieren.

7 Bremsanlage entlüften.

Praxistip

Der Umgang mit Bremsflüssigkeit

Bremsflüssigkeit ist giftig. Nicht mit Mund oder offenen Wunden in Berühung bringen. Sie greift Metall- und Gummiteile zwar nicht an, wirkt jedoch auf Autolack aggressiv. Bremsflüssigkeit, die Sie einmal aus dem System abgelassen haben, dürfen Sie später nicht mehr einfüllen. Verwenden Sie auch keine Bremsflüssigkeit aus einem Behälter, der längere Zeit offen gestanden hat. Gebrauchte Bremsflüssigkeit ist Sondermüll – kümmern Sie sich um eine fachgerechte Entsorgung.

Hauptbremszylinder ausbauen

Arbeitsschritte

1 Bremsflüssigkeit aus dem Vorratsbehälter absaugen.

2 Stecker der Bremsflüssigkeits-Warnleuchte abziehen.

3 Sämtliche Bremsleitungen am Hauptbremszylinder abschrauben.

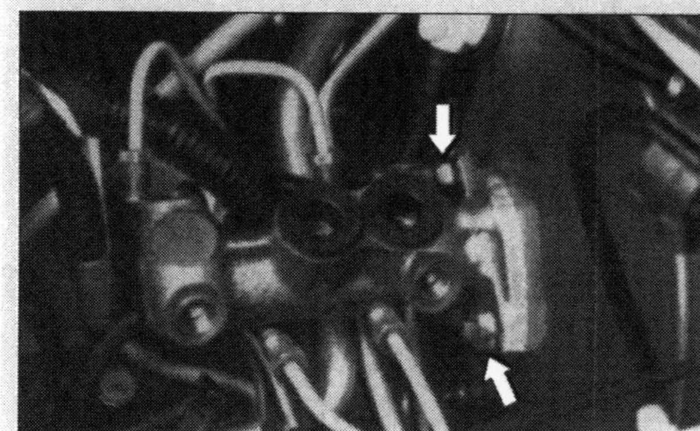

Sind die Bremsleitungen vom Hauptbremszylinder getrennt, kann er durch Lösen der beiden Flanschschrauben (Pfeile) vom Bremskraftverstärker abgenommen werden.

4 Anschlüsse verschließen, damit kein Schmutz eindringen kann.

5 Die beiden Befestigungsmuttern am Bremskraftverstärker abschrauben und Hauptbremszylinder vorsichtig abnehmen.

6 Beim Einbau die Vakuumdichtung nicht vergessen. Achten sie darauf, daß die Anlageflächen sauber sind.

7 Bremsanlage entlüften.

Bremskraftverstärker ausbauen

Arbeits-schritte

1 Hauptbremszylinder ausbauen

2 Bremsdruckstange vom Bremspedal abbauen (Federklammer).

3 Bremskraftverstärker im Innenraum von der Spritzwand durch Lösen der vier Befestigungsmuttern ausbauen.

4 Unterdruckschlauch abziehen und Bremskraftverstärker aus dem Motorraum nehmen.

5 Nach dem Zusammenbau Bremsanlage entlüften. Beim Diesel auf richtige Verlegung des Unterdruckschlauches achten.

Praxistip

So läuft keine Bremsflüssigkeit aus

Wenn Sie eine Bremsleitung (oder Bremsschlauch) lösen, läuft langsam die Bremsflüssigkeit aus dem Vorratsbehälter. Das läßt sich jedoch verhindern. Lösen Sie vor dem Öffnen der Verschraubung eine Entlüftungsschraube im betreffenden Bremskreis. Stecken Sie einen Entlüftungsschlauch auf und plazieren Sie das andere Ende in ein sauberes Gefäß. Dann das Bremspedal voll durchtreten und zum Beispiel mit einer Holzlatte in dieser Stellung fixieren. Die Zulaufbohrungen im Hauptbremszylinder sind jetzt verschlossen, es kann keine Bremsflüssigkeit mehr auslaufen.

Bremsleitung ausbauen

Arbeits-schritte

1 Verwenden Sie zum Lösen und Anziehen der Bremsleitungen einen Bremsleitungsschlüssel 10 x 11.

2 Überwurfmutter der Bremsleitung losdrehen. Dazu Gegenverschraubung festhalten (an einem Bremsschlauch).

3 Ist die Mutter auf der Leitung angerostet (Leitung dreht mit), muß die Leitung in jedem Fall erneuert werden. Die dünnwandigen Rohre knicken schnell ab. Sägen Sie die auszuwechselnde Bremsleitung nahe der Verschraubung ab – Sie können dann die Überwurfmutter mit einer Sechskantnuß losdrehen.

4 Eine neue Leitung nur in einem großen Radius zurechtbiegen.

5 Bremsleitungen in den Abstandshaltern verlegen, Schutzschläuche nicht vergessen (falls vorhanden).

6 Verwenden Sie beim Anschließen stets neue Dichtringe.

7 Bremsanlage entlüften.

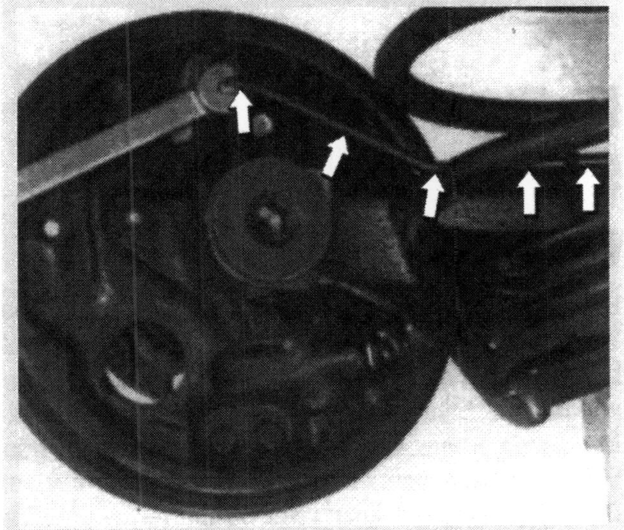

Das dünne Rohr der Bremsleitung knickt leicht ab. Biegen Sie die Leitung daher nur in einem großen Radius (Pfeile) zurecht. Unterstützen Sie die Innenseite des Bogens beim Biegen mit dem Daumen. So können Sie sich langsam an dem Biegeradius entlang arbeiten.

Bremsschlauch ausbauen

Arbeits-schritte

1 Zuerst die Überwurfmutter der betreffenden Bremsleitung losdrehen. Dabei darauf achten, daß sich die Leitung nicht verdreht.

2 Manche Bremsschläuche sind mit einem Blechbügel gegen Rutschen an der Karosserie gesichert. Beim Zusammenbau diesen sogenannten Schlauchhalter nicht vergessen.

3 Beim Einbau den Schlauch immer zuerst an der Stelle festdrehen, an der das Außengewinde sitzt. Dann die andere Verschraubung anziehen.

4 Der Bremsschlauch darf nicht in sich verdreht sein. Den richtigen Sitz erkennen Sie am durchgehenden Farbstreifen oder Gummianguß entlang des Schlauches.

5 Bremssystem entlüften.

6 Kontrollieren Sie unbedingt, ob der Bremsschlauch bei Federbewegungen an einer Stelle scheuern kann. Dann müssen Sie den Abstandhalter verschieben. Wiederholen Sie diese Kontrolle nach einer längeren Fahrstrecke.

Beläge der vorderen Scheibenbremsen tauschen

Bei dieser Arbeit müssen Sie sich gleich zweimal ans Werk machen. Die Beläge dürfen grundsätzlich nur auf beiden Seiten ausgetauscht werden. Achten Sie darauf, daß die Ersatzteile mit einer ABE versehen sind. Mit neuen Bremsbelägen sollten Sie auf den ersten 500 Kilometern häufige Vollbremsungen vermeiden. Der Belag verändert sonst seine Struktur – er verhärtet (»verglast«) und erreicht dadurch nicht seine beste Bremswirkung.

Arbeits-schritte

1 Wagen vorne aufbocken, Räder abbauen.

2 Lenkung einschlagen, damit die Beläge gut zugänglich sind. ➡

Punto 55, 60, 75

3 Mit einer Kombizange den Splint vorsichtig aus dem Sicherungsbolzen ziehen, dann Bolzen seitlich herausziehen.

4 Bremsschlauch aus der Schlauchhalterung am Federbein drücken, Bremszange nach oben schwenken und mit Draht am Federbein sichern.

Entfernen Sie den Sicherungssplint mit einer Kombizange. Dann können Sie den Sicherungsbolzen ❸ herausziehen und die Bremszange ❶ vom Bremssattel ❷ weg nach oben klappen. Sitzt er fest, Durchschlag ansetzen und Bolzen mit leichten Hammerschlägen aus den Führungen treiben.

Punto 85, 90, GT, TD und ABS

5 An der Bremszange beide Sicherungsschrauben der Führungsbolzen herausdrehen. Dazu Führungsbüchse mit einem Gabelschlüssel gegenhalten, damit sie sich nicht mitdreht. ➡

6 Bremszange von den Bremsklötzen abheben und mit Draht am Federbein sichern – der Bremsschlauch darf nicht verdreht oder überdehnt werden.

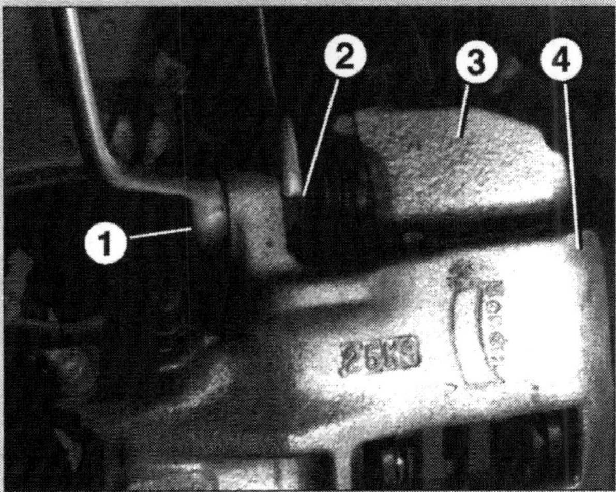

Zum Lösen des Führungsbolzens **1** die Staubmanschette etwas zurückschieben und mit einem Gabelschlüssel **2** gegenhalten. Dann können Sie die Bremszange **4** vom Bremssattel **3** heben.

Beide Bremstypen

7 Bremsklötze vom Träger abnehmen. Wenn Ihr Punto damit ausgestattet ist, müssen Sie die Steckverbindung der Bremsbelag-Verschleißanzeige vom inneren Bremsklotz trennen.

8 Kolben im Bremssattel mit einer Schraubzwinge zurückdrücken. Die Bremsflüssigkeit wird durch die Leitungen in den Vorratsbehälter zurückgepreßt. Damit der Kolben nicht verkantet und die Manschette nicht beschädigt wird, zwischen Bremskolben und Schraubzwinge alten Bremsbelag oder Hartholz legen.

9 Säubern Sie die Führungen des Bremsbelags mit Spiritus (keinesfalls Benzin) und Lappen. Abrieb entfernen Sie mit einer Flaschenbürste, festgebackene Staubkrusten mit einem flachen Schraubendreher. Achten Sie darauf, daß Sie die Kolbenmanschette nicht beschädigen.

10 Zustand der Bremsscheibe kontrollieren, Fett und Schmutz entfernen.

11 Neue Bremsklötze in den Bremsklotzträger einsetzen.

→

Punto 55, 60, 75

12 Bremszange über die Bremsklötze schwenken, Sicherungsbolzen seitlich einschieben und mit Sicherungsklammer sichern. Befestigen Sie den Bremsschlauch im Halter des Federbeins. Dann Lenkung nach links und rechts einschlagen und kontrollieren, ob der Bremsschlauch nirgends scheuern kann und ob die Abstandhalter richtig plaziert sind.

13 Räder montieren, Wagen abbocken. Kontrollieren Sie die Bremswirkung bei einer (vorsichtigen) Probefahrt.

Punto 85, 90, GT, TD und ABS

14 Bremszange vorsichtig über die Bremsklötze schieben.

15 Neue selbstsichernde Sicherungsschrauben in die Führungsbolzen einschrauben und mit 50 Nm festziehen. Führungsbüchse mit einem Gabelschlüssel festhalten.

16 Räder montieren, Wagen abbocken. Treten Sie mehrmals aufs Bremspedal, bis Sie Widerstand spüren. Erst jetzt liegen die Beläge an der Bremsscheibe an und der Wagen ist bremsbereit. Kontrollieren Sie die Bremswirkung bei einer (vorsichtigen) Probefahrt.

Haben Sie die Bremszange **1** hochgeklappt, können Sie die Bremsklötze **2** aus dem Bremssattel nehmen.

Technik-lexikon: Massive Scheibenbremse

❶ Obere Befestigungsschraube am Bremszangen-Führungsbolzen. ❷ Bremsschlauch. ❸ Entlüftungsschraube. ❹ Bremszange mit integriertem Bremszylinder. ❺ Sicherungsbolzen mit Splint. ❻ Spritzblech. ❼ Massive Bremsscheibe. ❽ Bremssattel. ❾ Bremszangenspannfeder. ❿ Befestigungsschrauben der Bremsscheibe mit Zentrierstiften für die Felge.

Technik-lexikon: Innenbelüftete Scheibenbremse

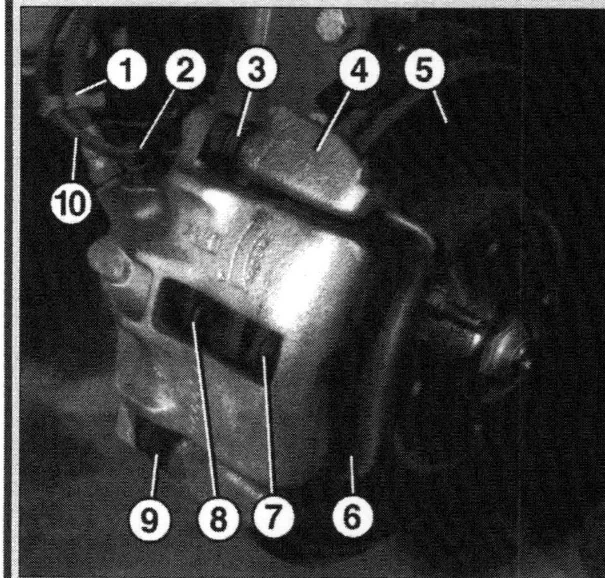

❶ Bremsschlauch. ❷ Entlüftungsschraube. ❸+❾ Staubmanschetten der Bremszangen-Führungsbolzen. ❹ Bremssattel. ❺ Innenbelüftete Bremsscheibe. ❻ Bremsklotz. ❼ + ❽Spannfedern am Bremsklotzträger. ❿Kabel der Bremsbelag-Verschleißanzeige.

Die einfachste Methode, um den Bremskolben in den Zylinder zurückzudrücken: Mit einer Schraubzwinge können Sie den Druck gut dosieren.

Praxistip: Bremsschlauch und Bremszange

Um den Bremsschlauch von der Bremszange abzubauen, sollten Sie ihn zunächst mit einer kleinen Schraubzwinge oder Schlauchklemme abklemmen. Nicht zu stark drehen, damit der Schlauch nicht beschädigt wird. Bremszange abnehmen und Schlauch abschrauben. Verschließen Sie ihn zur Sicherheit mit einem Stopfen, damit keine Bremsflüssigkeit austritt. Verwenden Sie zum Anbau des Bremsschlauchs eine neue Kupfer-Dichtscheibe. Wenn Sie den Bremsschlauch abgenommen haben, müssen Sie die Bremsanlage entlüften.

Bremsscheibe ausbauen

Die Bremsscheiben müssen Sie stets auf beiden Seiten erneuern. Ein Wechsel nur auf einer Seite kann eine ungleiche Wirkung der Bremsen zur Folge haben.

Arbeitsschritte

1 Bremszange mit Bremssattel ausbauen, am Federbein aufhängen.

2 Die beiden Sicherungsschrauben der Bremsscheibe losdrehen. Ist die Verschraubung festgerostet, können Sie sich mit Rostlöser behelfen.

Die Sicherungsschrauben (Pfeile) dienen auch als Zentrierhilfe bei der Radmontage. Sie müssen herausgeschraubt werden, damit sich die Bremsscheibe von der Radnabe abnehmen läßt.

3 Stellung der Bremsscheibe zur Radnabe für den Wiedereinbau markieren.

4 Bremsscheibe durch Schläge mit einem Gummihammer von der Radnabe trennen.

5 Vor dem Ansetzen der neuen Bremsscheibe die Anlagefläche an der Radnabe säubern – so vermeiden Sie einen verstärkten Scheibenschlag.

Praxistip

Bremssattel ausbauen

Der Bremssattel ① ist mit zwei Halteschrauben (Pfeile) am Lenk-Schwenklager befestigt. Diese Schrauben zum Ausbau lösen. Wenn Sie Bremssattel und Bremszange ans Federbein hängen, sollten Sie darauf achten, daß der Bremsschlauch nicht gespannt oder verdreht wird. Bei der Montage des Bremssattels an das Schwenklager die Halteschrauben mit 53 Nm festziehen.

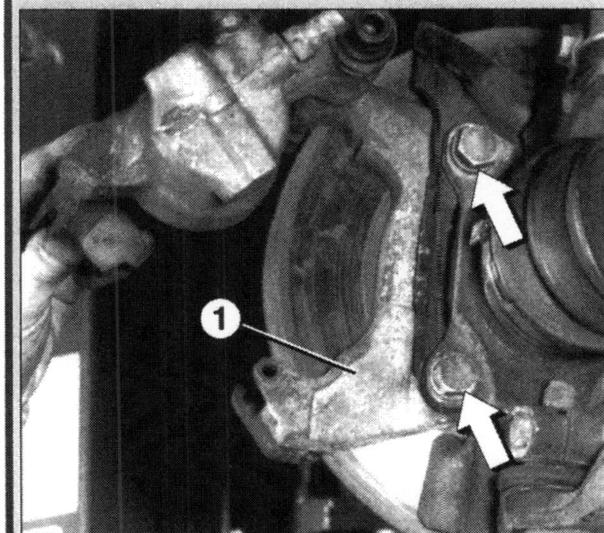

Beläge der hinteren Scheibenbremsen tauschen (nur Punto GT)

Auch bei den hinteren Scheibenbremsen müssen Sie die Beläge auf beiden Seiten tauschen. Verwenden Sie nur Beläge mit ABE.

Arbeitsschritte

1 Wagen hinten aufbocken.

2 Räder abbauen.

3 Handbremse lösen.

4 Beide Sicherungsbolzen lösen. Dabei mit einem Gabelschlüssel gegenhalten.

5 Bremssattel abnehmen und Bremsklötze aus dem Träger entfernen.

→

6 Den Kolben in der Bremszange müssen Sie durch Drehen im Uhrzeigersinn vollständig in den Bremszylinder zurückdrehen. Dazu gibt's einen Spezialschlüssel, der in die Nuten des Bremskolbens eingesetzt wird. Sie können sich aber auch mit einem Flacheisen behelfen. Das Zurückdrehen erfordert etwas Kraft. Läßt sich der Kolben trotzdem nicht bewegen (auf keinen Fall Gewalt anwenden), müssen die Bremszangen komplett ersetzt werden.

7 Führungen des Bremsbelags säubern, Bremsklötze in den Bremssattel einsetzen und Bremszange aufsetzen. Neue selbstsichernde Schrauben verwenden und mit 50 Nm festziehen.

8 Fahrzeug ablassen, damit das Bremsdruck-Regelventil den Bremskreislauf freigibt.

9 Durch mehrmaliges Betätigen des Bremspedals (Fiat schreibt 40 mal vor) legen sich die Beläge an die Bremsscheibe an. Dadurch wird gleichzeitig im Inneren des Kolbengehäuses das Spiel der Handbremse nachgestellt.

10 Handbremse einstellen.

Bremssattel und Bremskolben gängig machen und Staubmanschette wechseln

Bei einer defekten oder nachlässig montierten Staubmanschette kann Schmutz und Feuchtigkeit in den Bremssattel eindringen. Korrosion an den Gleitflächen von Bremssattel und Bremszange macht den Bremssattel schwergängig, außerdem kann der Kolben im Bremssattel festgehen. Beides führt zu einer ungleichmäßigen Wirkung der Bremse. Diese Probleme können auch an den hinteren Scheibenbremsen des Punto GT auftreten. Die Arbeitsschritte sind dann fast die gleichen wie für die vorderen Bremsen. Kontrollieren Sie beim GT außerdem die beiden Gummibälge, die den Schmutz vom Bremssattel fernhalten – poröse und schadhafte Teile sollten Sie ersetzen.

Arbeitsschritte

1 Bremsklötze ausbauen.

→

2 Kontrollieren Sie, ob sich die Beläge in ihren Führungen leicht bewegen lassen. Sonst die Führungen mit einem Schraubendreher säubern. Dabei die Kolbenmanschette nicht beschädigen. Vor dem Einsetzen der Bremsklötze etwas Kupferfett angeben (darf nicht auf die Bremsflächen von Bremsscheiben und -klotz gelangen).

3 Auch die Bremszange am Bremssattel sollte sich bewegen lassen. Ist dies nicht der Fall, Führung säubern. Damit sie gängig bleibt, an den Gleitstellen etwas Kupferfett auftragen

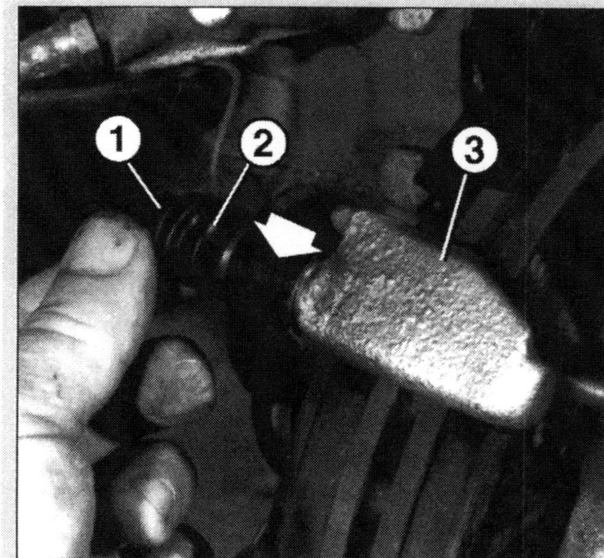

Kontrollieren Sie den Zustand der Staubmanschette ❷. Sitzt der Führungsbolzen ❶ fest, kann sich die Bremszange nicht mehr frei bewegen – die Bremse verschleißt vorzeitig, weil die Bremsscheibe nicht mehr freigegeben wird und überhitzt. Vor dem Einsetzen der Bolzen etwas Fett angeben (Pfeil) und auf exakten Sitz der Staubmanschette achten.

Bremskolben prüfen und Manschette tauschen

1 Um die Gängigkeit des Kolbens zu prüfen, als Anschlag am Bremssattel eine Schraubzwinge mit Holzstück ansetzen (verhindert, daß der Kolben aus dem Zylinder springt und die Kolbenfläche beschädigt wird).

2 Ein Helfer soll das Bremspedal vorsichtig treten. Bewegt sich der Kolben? Wenn nicht, so lange mit dem Bremspedal pumpen, bis er sich bewegt. Dann Kolben durch Drehen der Schraubzwinge zurückdrücken. Diese Übung so lange wiederholen, bis er sich leichtgängig bewegt.

→

3 Staubmanschette und ggf. auch die Kolbendichtung mit einem Haken oder kleinem Schraubendreher aus Kolbennut herausnehmen. Bei den hinteren Scheibenbremsen (Punto GT) müssen Sie den Kolben gegen den Uhrzeigersinn aus dem Kolbengehäuse des Bremssattels herausdrehen. Dann kann die Manschette aus dem Kolbengehäuse genommen werden.

4 Kolben und Zylinderbohrung mit Spiritus oder sauberer Bremsflüssigkeit reinigen. Kolben und Kolbenbohrung auf Riefen untersuchen.

5 Neue Staubmanschette und Kolbendichtung an die Nut am Kolben einsetzen bzw. über den Kolben spannen.

6 Kolben in den Zylinder bis zum Anschlag zurückdrücken.

7 Äußere Lippe der Manschette am Kolbengehäuse ansetzen und rundum gleichmäßig aufdrücken.

8 Wenn Sie den Bremsschlauch gelöst haben, Bremse entlüften, Stand der Bremsflüssigkeit kontrollieren, Schlauch auf Dichtheit prüfen.

Zustand der Bremstrommel prüfen

Arbeitsschritte

1 Fahrzeug aufbocken und Hinterrad abnehmen.

2 Handbremse lösen (muß völlig gelöst sein).

3 Beide Schrauben der Bremstrommel lösen und ausschrauben.

4 Bremstrommel abnehmen. Sitzt sie fest, Trommel drehen und mit Gummihammer ringsum losschlagen. Legen Sie ein Stück Holz unter, wenn Sie einen Hammer verwenden.

5 Bremse mit sauberem Tuch und Spiritus auswischen oder mit Preßluft ausblasen (Staub nicht einatmen).

6 Bremstrommel auf Verschleiß, Beschädigungen und Risse überprüfen. Die Bremsflächen mit den Fingern auf Riefen abtasten.

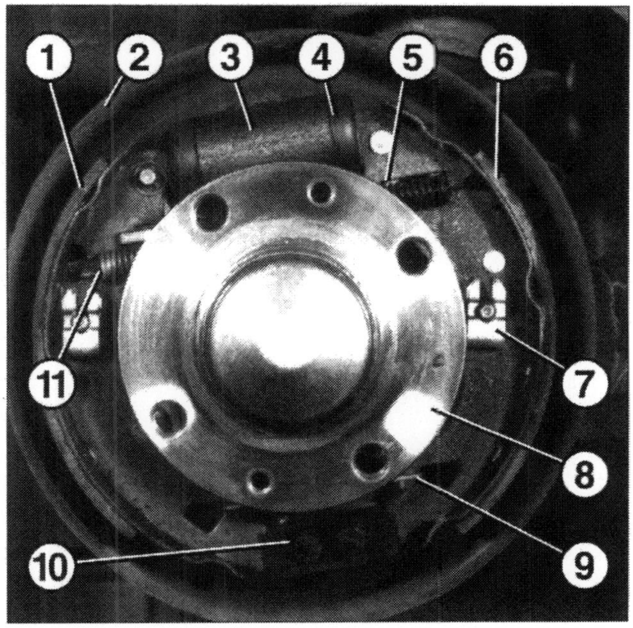

Die Teile der Trommelbremse (rechte Trommel abgenommen)
❶ Ablaufbacke. ❷ Bremsankerplatte. ❸ Radbremszylinder. ❹ Staubmanschette. ❺ Druckstange mit Nachstellautomatik. ❻ Auflaufbacke. ❼ Bremsbackenniederhalter. ❽ Radnabe. ❾ Untere Rückholfeder. ❿ Bremsbacken-Stützlager. ⓫ Obere Rückholfeder.

Praxistip

Bremstrommeln ausdrehen

Neue Bremstrommeln haben einen Innendurchmesser von 180 bis 180,25 Millimetern. Stellen Sie starke Riefen in der Trommel fest, können Sie das Teil plandrehen lassen. Das ist bis zu einem Innendurchmesser von 180,85 Millimetern möglich, bei einem Verschleiß über 181,35 Millimetern muß die Trommel ersetzt werden. Eine gleichmäßige Wirkung der Bremsen setzt freilich voraus, daß beide Bremstrommeln den gleichen Durchmesser haben. Lassen Sie eine Bremstrommel ausdrehen, ist die andere ebenfalls fällig, auch wenn sie keine Riefen aufweist.

Bremsbacken ausbauen

Bei dieser Arbeit müssen Sie stets alle vier Bremsbacken erneuern. Ein Austausch der Bremsbacken ist zum Beispiel angesagt, wenn die Bremsbeläge abgenutzt oder verölt sind (Beläge kleben auf den Bremsbacken). Besorgen Sie sich Original-Ersatzteile von Fiat. Vor dem Ausbau der Bremsbacken sollten Sie sich unbedingt Montagerichtung und Sitz der einzelnen Teile merken. Das gilt vor allem für die Federn. Damit erleichtern Sie sich den Einbau und vermeiden Funktionsstörungen. Wenn Sie gleichzeitig an beiden Bremsen arbeiten, dürfen Sie die Teile unter keinen Umständen untereinander vertauschen.

Arbeitsschritte

1 Fahrzeug aufbocken, Rad abbauen und Handbremse lösen.

2 Aus der Rückseite der Bremsankerplatte mit einem Schraubendreher die Plastikabdeckung heraushebeln.

3 Mit einer Spitzzange den in der Öffnung sichtbaren Handbremszug am Nippel packen und aus dem Handbrems-Schwinghebel aushängen.

4 Handbremszug an der Außenhülle aus der Bremsankerplatte ziehen.

5 Bremstrommel abbauen, Zustand prüfen. Trommel und Bremsankerplatte mit Preßluft ausblasen oder mit trockenem Pinsel auspinseln. Abrieb mit Staubsauger absaugen.

6 Federteller der Bremsbackenniederhalter mit einer Kombizange gegen die Druckfeder drücken, um 90° verdrehen (evtl. Haltestift hinten an der Bremsankerplatte festhalten, damit er sich nicht mitdreht). Federteller und Druckfeder abnehmen, Haltestift herausziehen.

7 Untere Rückzugfeder mit einer Bremsbackenfederzange zwischen den Bremsbacken aushängen. Sie können dazu auch Rohrzange oder Schraubendreher verwenden.

8 Bremsbacken nacheinander vom unteren Stützlager abnehmen.

9 Bremsbacken unten übereinanderdrücken, damit der Radbremszylinder freikommt.

→

Die Rückseite der Bremsankerplatte **1**. Den Nippel des Handbremsseilzugs hängen Sie mit einer Spitzzange aus dem Haken des Handbrems-Schwinghebels **2** aus. Dann können Sie den kompletten Handbremszug an der Außenhülle **4** aus der Bremsankerplatte ziehen.

10 Die Auflaufbacke von der Druckstrebe trennen. Dazu die Bremsbacke unten nach außen schwenken, damit das Schraubteil der Druckstrebe freikommt. Vorher die kleine Rückholfeder der Handbrems-Nachstellautomatik an der Bremsbacke aushängen.

11 Obere Rückzugfeder von den Bremsbacken abnehmen.

12 Die Druckstrebe von der Ablaufbacke abnehmen. Dazu die Strebe gegen den Federdruck von der Bremsbacke soweit abziehen, bis sie nach unten geschwenkt werden kann.

13 Feder und Druckstrebe abnehmen.

Bremsbacken einbauen

1 Prüfen Sie vor dem Einbau, ob Handbrems-Schwinghebel und Druckstrebe sich leicht bewegen lassen. Sonst sparsam Fett angeben.

2 Wenn Sie die Bremsbacken tauschen: Handbrems-Schwinghebel umbauen und mit neuer Klammer-Sicherungsscheibe an der Ablaufbremsbacke sichern.

3 Beim Ansetzen der Druckstrebe auf die richtige Montage der Zugfeder zur Bremsbacke achten – der kürzere Haken muß an der Bremsbacke eingehängt sein.

4 Feder an der nach unten zeigenden Druckstrebe ansetzen und Strebe an der Bremsbacke nach oben schwenken, bis sie in die richtige Stellung einrastet.

→

5 Die Auflaufbremsbacke an der Druckstrebe ansetzen und die obere Zugfeder zwischen beiden Bremsbacken ansetzen.

6 Beide Bremsbacken unten soweit zusammendrücken, bis die Bremsbackenaufnahme der Nachstellvorrichtung korrekt im Steg der Auflaufbremsbacke sitzt.

7 Klammerfeder in Auflaufbremsbacke einhängen.

8 An der Zahnmutter den Gewindebolzen soweit eindrehen, bis die kleine Zugfeder gerade berührt wird. Dann noch eine weitere halbe Umdrehung eindrehen.

9 Die Bremskolben ganz in den Radbremszylinder zurückdrücken.

10 Bremsbacken unten übereinanderschwenken. Sie müssen oben so weit gespreizt werden, daß sie am Radbremszylinder angesetzt werden können. Achten Sie darauf, daß die Staubmanschetten nicht beschädigt werden.

11 Bremsbacken unten ins Stützlager einsetzen und Bremsbacken-Niederhalter montieren.

12 Untere Zugfeder zwischen den Bremsbacken einhängen.

13 Die Spreizung der Bremsbacken mit einem Schraubendreher an der Zahnmutter einstellen. Sie muß unter dem Durchmesser der Bremstrommel liegen (bei einer neuen Bremstrommel maximal 180 Millimeter).

14 Handbremszug von der Rückseite der Bremsankerplatte einschieben und am Handbrems-Schwinghebel einhängen.

Nach Ansetzen der neuen Bremsbacken am Radbremszylinder können sie bei korrektem Sitz der einzelnen Rückzugfedern über die Radnabe geschwenkt und im Stützlager eingesetzt werden. →

15 Bremstrommel aufschieben und Sicherungsschrauben festziehen (10 Nm).

16 Bremspedal anschließend etwa 20 mal betätigen. Dadurch werden die Bremsbacken zur Bremstrommel zentriert und die Bremse durch die Nachstelleinrichtung (links und rechts) gleichmäßig eingestellt (die Zahnmutter der automatischen Nachstellvorrichtung klickt vernehmlich).

17 Räder montieren und Fahrzeug abbocken.

Praxistip

Wenn die Bremsbacke ausgebaut ist

Treten Sie bei ausgebauten Bremsbacken nicht auf die Bremse. Sonst können die Kolben aus dem Radbremszylinder gedrückt werden. Rutschen die Kolben aus dem Zylinder, dringt Luft ins Bremssystem und die Bremse muß entlüftet werden. Am besten sichern Sie die Kolben mit einer Schraubzwinge. Bei abgenommenen Bremsbacken sollten Sie stets auch die Radbremszylinder auf Dichtheit kontrollieren. Klappen Sie die Staubmanschetten zurück: Ist es dahinter feucht, den Radbremszylinder überholen oder austauschen.

Radbremszylinder ausbauen

Arbeitsschritte

1 Bremstrommel und Bremsbacken ausbauen.

2 Entlüftungsventil und Bremsleitung an der Bremsankerplatte abschrauben und Öffnungen gegen Schmutz verschließen.

3 Halteschrauben des Radbremszylinders losdrehen und Zylinder abnehmen.

4 Nach dem Zusammenbau Bremsen entlüften.

Die Handbremse

Mit der Handbremse sichern Sie Ihr Fahrzeug im Stand gegen eine unbeabsichtigte Fortbewegung. Sie wirkt auf die beiden Hinterräder und wird mechanisch betätigt. Wenn Sie den Handbremshebel ziehen, übertragen die Bremszüge (in Umhüllungen am Fahrzeugboden zu den Hinterrädern) diese Spannkraft auf die Schwinghebel in den Hinterradbremsen. Die Ablaufbremsbacke wird gegen die Bremstrommel gedrückt. Gleichzeitig stützt sich der Bremshebel über die Druckstange an der Auflaufbremsbacke ab, die ebenfalls nach außen gepreßt wird. Die Hinterräder werden jetzt gebremst. Die Handbremse müssen Sie in der Regel nur einstellen, wenn Sie einen Bremsseilzug ausgewechselt haben. Eine Einstellvorrichtung am Handbremshebel dient zur Grundeinstellung der Handbremsseile.

Wirkung der Handbremse prüfen

Arbeitsschritte 15000 km / 12 Monate

1 Lassen Sie Ihr Fahrzeug auf einer Straße mit leichtem Gefälle im Leerlauf rollen. Ziehen Sie den Handbremshebel in die erste Raste – die Bremse sollte bereits wirken (Wagen darf nicht schneller werden).

2 Ziehen Sie den Hebel weiter nach oben. In der vierten, spätestens der fünften Raste sollten die Hinterräder blockieren.

3 Ein längerer Leerweg des Handbremshebels weist auf abgenutzte Bremsbeläge hin. Wenn Sie beim Parken die Handbremse regelmäßig kräftig anziehen, kann ein langer Leerweg des Hebels auch bedeuten, daß die Seilzüge gedehnt sind oder Spiel in den Übertragungsteilen von Handbremse und Nachstellmechanismus entstanden ist.

Handbremszüge wechseln

Arbeitsschritte

1 Wagen hinten aufbocken, Handbremse lösen.

2 Aus der Rückseite der Bremsankerplatte mit einem Schraubendreher die Plastikabdeckung hebeln.

3 Mit einer Spitzzange den Handbremszug am Nippel packen und aus dem Handbrems-Schwinghebel aushängen.

4 Handbremszug an der Außenhülle aus der Bremsankerplatte ziehen.

5 Im Inneren des Wagens die Verkleidung des Handbremshebels ausbauen, Bremszüge an der Brücke des Handbrems-Einstellbolzens aushängen.

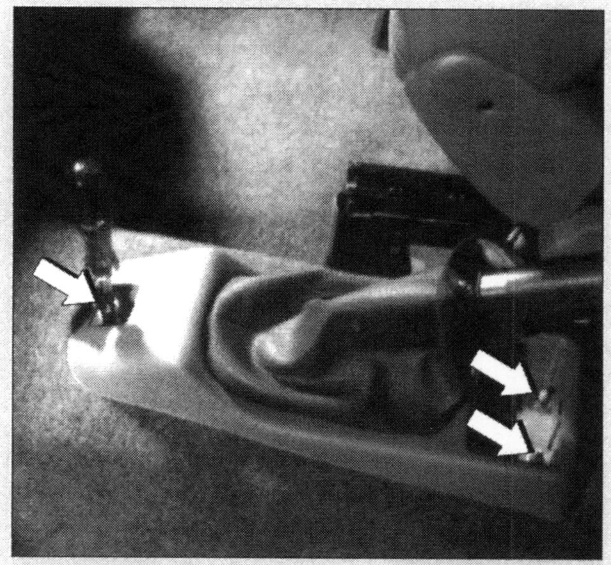

Ausbau der Handbremskonsole: Die Schraubenverkleidungen abhebeln, Schrauben (Pfeile) herausdrehen und Konsole mit Manschette über den Handbremsstock ziehen.

6 Am mittleren Teil des Bodenblechs, wo die Handbremszüge austreten, die beiden Sicherungsklammern ziehen.

7 Die Züge aus den Klammern und Führungen am Wagenboden aushängen und abnehmen.

→

8 Einbau der Handbremszüge in umgekehrter Reihenfolge. Danach die Handbremse einstellen.

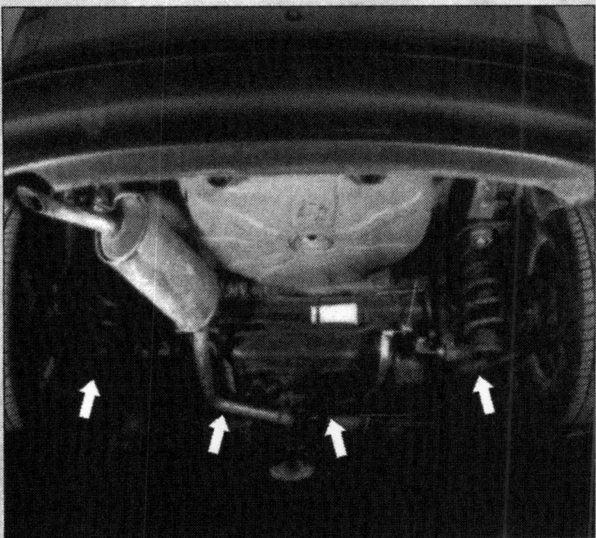

Kontrollieren Sie beim Einbau der Bremszüge die Klammern und Halter (Pfeile) am Unterboden. Beschädigte Teile sollten Sie ersetzen – die Bremszüge machen sich sonst durch störendes Klappern bemerkbar.

Handbremse einstellen

Diese Arbeit steht immer an, wenn Sie ein Handbremsseil gewechselt haben. Kontrollieren Sie vor der Einstellung zuerst, ob die Seilzüge richtig in ihren Führungen verlegt sind. Außerdem sollten die Ausgleichsvorrichtung und die Handbrems-Schwinghebel leichtgängig sein (dürfen nicht klemmen).

Arbeitsschritte

1 Handbremse völlig lösen und Bremspedal treten (für Selbsteinstellung der Bremsbacken).

2 Fahrzeug hinten aufbocken (gegen Wegrollen sichern).

3 Kontrollieren Sie, ob die Hinterräder frei drehen.

4 Ziehen Sie den Handbremshebel um drei Rasten nach oben.

5 Drehen Sie erneut an den Rädern. Sie dürfen sich jetzt nur schwer bewegen lassen. Ist dies nicht der Fall, muß die Handbremse neu eingestellt werden.

➡

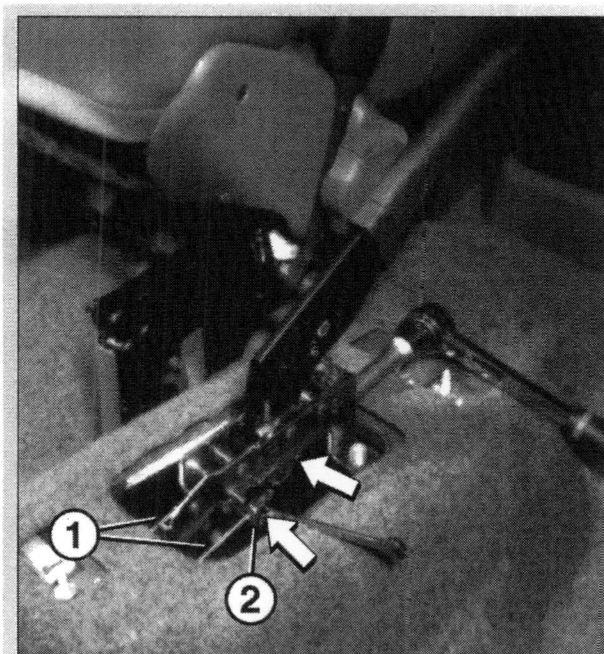

Zur Grundeinstellung müssen Sie die Handbremse lösen. Halten Sie die Kontermutter fest und drehen Sie die Einstellmuttern (Pfeile) mit der Stecknuß im Gegenuhrzeigersinn, bis die Handbremsseile ❶ in der Seilwippe ❷ gespannt sind.

6 Handbremse wieder lösen und die Verkleidung des Handbremshebels ausbauen.

7 Halten Sie die Kontermutter mit einem Maul- bzw. Gabelschlüssel fest.

8 Mit der Stecknuß die Einstellmutter im Gegenuhrzeigersinn drehen, bis die Bremsseile in der Handbremsseilwippe gerade gespannt sind.

9 Handbremse drei Rasten ziehen. Dann wieder die Räder kontrollieren. Achten Sie darauf, daß sich die Räder bei gelöster Handbremse frei drehen können. Diese Arbeit so lange wiederholen, bis Sie die richtige Einstellung der Handbremse gefunden haben.

10 Diese Stellung dann mit Kontermutter sichern und Fahrzeug ablassen.

11 Kontrollieren Sie zur Sicherheit anschließend die Wirkung der Handbremse.

DIE FAHRZEUG-ELEKTRIK

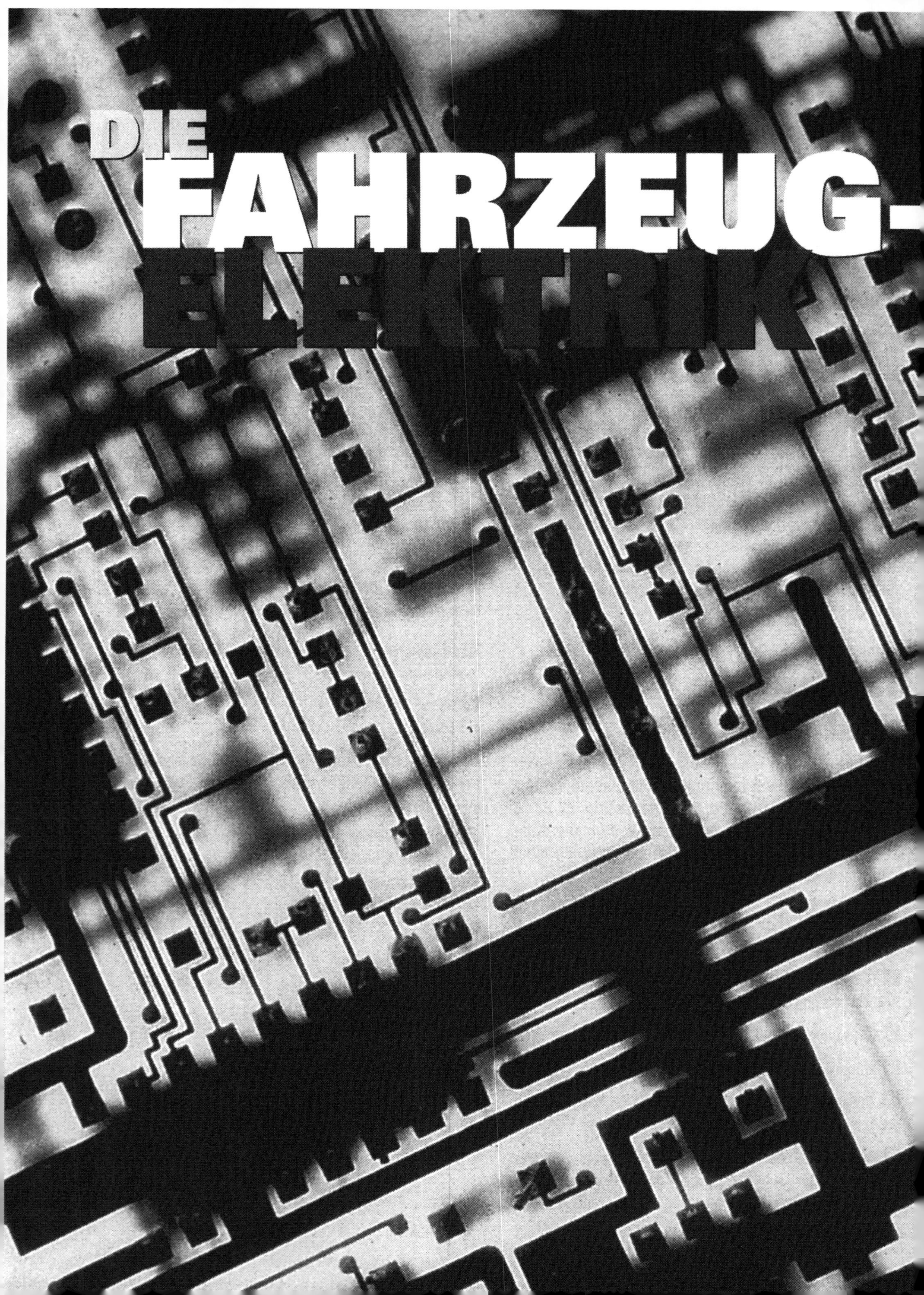

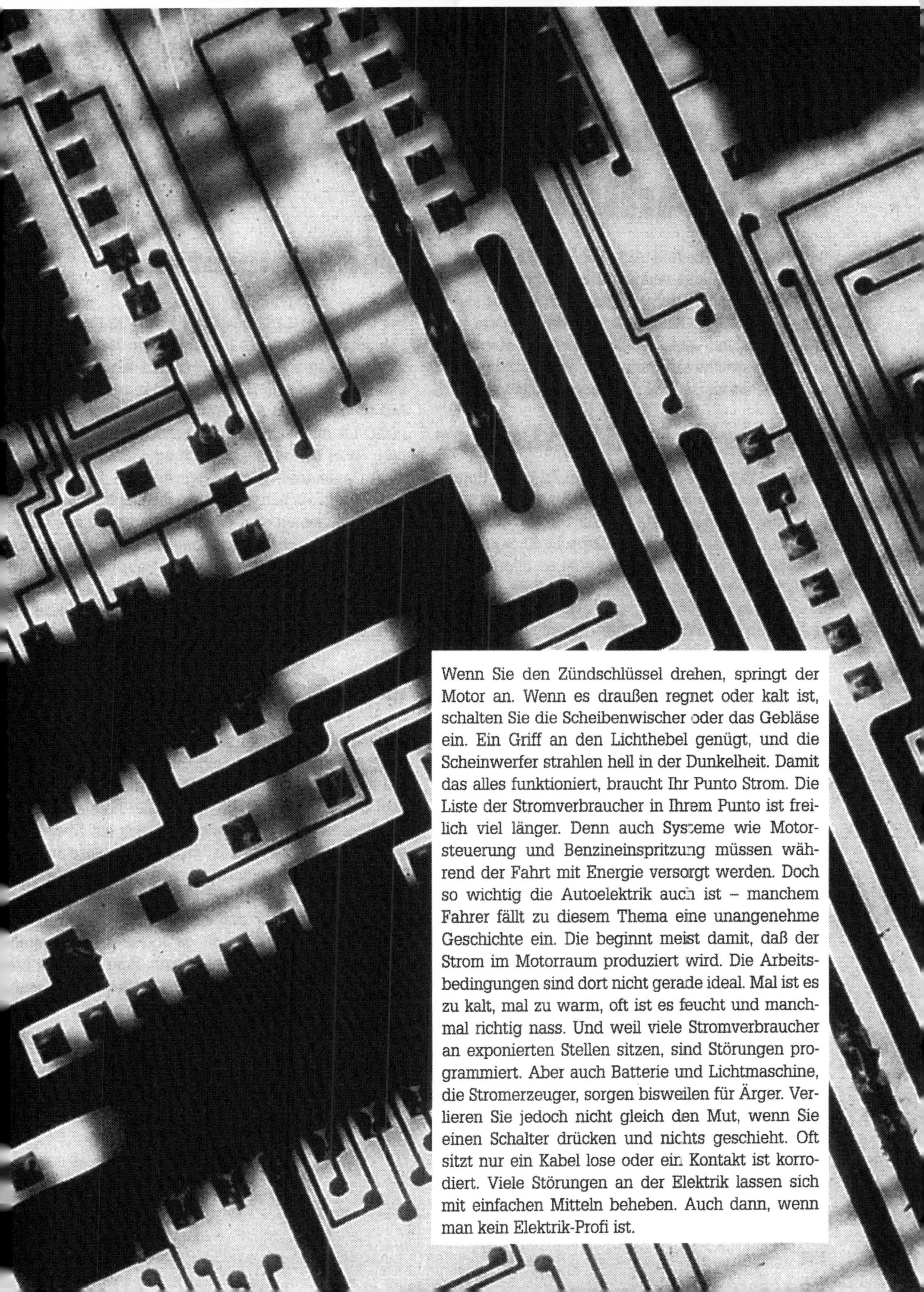

Wenn Sie den Zündschlüssel drehen, springt der Motor an. Wenn es draußen regnet oder kalt ist, schalten Sie die Scheibenwischer oder das Gebläse ein. Ein Griff an den Lichthebel genügt, und die Scheinwerfer strahlen hell in der Dunkelheit. Damit das alles funktioniert, braucht Ihr Punto Strom. Die Liste der Stromverbraucher in Ihrem Punto ist freilich viel länger. Denn auch Systeme wie Motorsteuerung und Benzineinspritzung müssen während der Fahrt mit Energie versorgt werden. Doch so wichtig die Autoelektrik auch ist – manchem Fahrer fällt zu diesem Thema eine unangenehme Geschichte ein. Die beginnt meist damit, daß der Strom im Motorraum produziert wird. Die Arbeitsbedingungen sind dort nicht gerade ideal. Mal ist es zu kalt, mal zu warm, oft ist es feucht und manchmal richtig nass. Und weil viele Stromverbraucher an exponierten Stellen sitzen, sind Störungen programmiert. Aber auch Batterie und Lichtmaschine, die Stromerzeuger, sorgen bisweilen für Ärger. Verlieren Sie jedoch nicht gleich den Mut, wenn Sie einen Schalter drücken und nichts geschieht. Oft sitzt nur ein Kabel lose oder ein Kontakt ist korrodiert. Viele Störungen an der Elektrik lassen sich mit einfachen Mitteln beheben. Auch dann, wenn man kein Elektrik-Profi ist.

Batterie, Generator und Anlasser

Batterie, Generator und Anlasser sind zusammen für den Start des Motors verantwortlich. Damit jedes Bauteil seine Aufgabe erfüllen kann, ist es auf das andere angewiesen. Ohne Batterie kommt der Anlasser nicht in Schwung, ohne Anlasser bleibt der Motor stumm und die Lichtmaschine arbeitslos. Und ohne Lichtmaschine kann die Batterie verbrauchte Energien nicht erneuern.

Batterie und Anlasser

Die Batterie ist der Energiespeicher. In ihrem Inneren laufen chemische Prozesse ab, durch die sie Energie aufnimmt und speichert. Bei der Stromabgabe wird diese chemische Energie in elektrische Energie umgewandelt. Ihre wichtigste Aufgabe ist es, dem Anlasser die nötige Power für den Start des Motors zu liefern. Das ist freilich nicht wenig. Je nach Motor und Anlassertyp benötigt dieses Teil im Augenblick des Starts zwischen 1700 und 4200 Watt. Das liegt auch an den Reibungsverlusten – zum Durchdrehen des warmen Motors braucht der Anlasser nur ein Fünftel dieser Leistung. Sein Strombedarf wächst jedoch bei niedrigen Temperaturen, weil dann die Schmierstoffe zäher werden. Der Fiat Punto ist mit einem sogenannten Schub-Schraubtrieb-Anlasser ausgestattet.

Die Batterien des Punto
(Serien-Ausstattung)

Punto-Modell	Nennkapazität (Ah)	Kälteprüfstrom (A)
55	32	150
60/75/85/90/GT	40/50*)	200/250*)
TD 60/70	60	320

*) mit Klimaanlage

Anlasser-Typen für den Punto

Punto-Modell	Anlasserfabrikat	Typ	Leistung
55/60	Marelli	E80	0,8 kW
75/85/90/GT	Marelli	E80	1,0 kW
TD 60/70	Bosch	DW	1,7 kW

Der Generator

Der Generator (Lichtmaschine) ist das Kraftwerk Ihres Fahrzeugs. Er versorgt bei laufendem Motor alle elektrischen Aggregate mit Strom und lädt die Batterie immer wieder aufs Neue. Im Punto arbeitet, je nach Modell, Motor und Ausstattung, eine Drehstrom-Lichtmaschine mit einer Leistung zwischen 65 und 85 Ampere. Zwei Drittel dieser Leistung werden bereits bei 2000 Generator-Umdrehungen erzeugt. Von den Zusatzaggregaten hängt es ab, ob die Lichtmaschine von einem Keilriemen oder einem Keilrippenriemen angetrieben wird. Eine Drehstrom-Lichtmaschine produziert stets Wechselstrom. Da die Batterie mit Gleichstrom geladen werden muß, besorgen Halbleiter-Dioden die Gleichrichtung des Wechselstroms. Diese Dioden sind sehr empfindlich gegen hohe Spannungen.

Der Spannungsregler

Je schneller die Lichtmaschine dreht, um so höher steigt die Spannung – wie bei einem Fahrraddynamo Ein solches Auf und Ab ertragen die Stromverbraucher im Auto nicht lange. Ein Regler begrenzt daher die Spannung und verhindert zugleich ein Überladen der Batterie. Der Regler ist an der Lichtmaschine angeschraubt – er reguliert die Betriebsspannung je nach Temperatur von Batterie und Umgebung auf Werte zwischen 13,8 und 14,5 Volt. Der Generator ist praktisch wartungsfrei, da es nichts zu schmieren gibt. Selbst die Schleifkohlen sind ohne weiteres für 80000 Kilometer gut. Reparaturen an der Lichtmaschine müssen Sie der Werkstatt überlassen.

Technik-lexikon

Grundbegriffe der Elektrik

Elektrischer Strom kann nur in einem geschlossenen Stromkreis fließen. Der besteht aus Erzeuger (z. B. Batterie), Verbraucher (z. B. Glühlampe, Anlasser) und den Leitungen (Kabel), mit denen Erzeuger und Verbraucher verbunden sind. Die Grundbegriffe der Elektrik veranschaulicht folgendes Beispiel. Stellen Sie sich eine Wasserleitung vor, durch die unter einem bestimmten Druck eine bestimmte Menge Wasser fließt. Dieses System läßt sich mit einem Stromkreis vergleichen.

Spannung Sie entspricht dem Druck in der Wasserleitung. Wird in Volt (V) gemessen.

Strom Entspricht der Wassermenge, die in einer bestimmten Zeit durch die Leitung fließt. Maßeinheit ist Ampere (A).

Leistung Das Produkt aus Spannung und Strom gibt an, welche elektrische Arbeit ein Stromerzeuger an einen Verbraucher abgibt. Wird in Watt (W) angegeben.

Widerstand Vergleichbar mit dem Absperrhahn der Wasserleitung. Ist er ganz geöffnet, fließt das Wasser ungehindert (Widerstand 0). Dreht man den Hahn zu, erhöht sich der Widerstand, bis das Wasser nicht mehr fließen kann (Widerstand ∞). Maßeinheit ist Ohm (Ω).

Kabel Entsprechen der Wasserleitung. Die Dicke der Leitung (Querschnitt) hängt vom Verbraucher ab. Ein Kontrollämpchen kommt mit einer Kabelstärke von 0,5 mm^2 aus, der Anlasser braucht dagegen eine 16-mm^2-Leitung. Ein zu dünnes Kabel heizt sich auf – die Spannung fällt ab. Dann kommen zum Beispiel am Scheinwerfer nicht 12 Volt, sondern nur 10 oder 9,5 Volt an – das Licht wird trübe.

Spannung, Strom und Widerstand messen

Wenn Sie wissen wollen, ob die verschiedenen elektrischen Systeme Ihres Punto in Ordnung sind, brauchen Sie nicht gleich einen Elektriker. Im Handel gibt es eine Reihe von Prüfgeräten, mit denen Sie sich selbst über den Zustand Ihrer elektrischen Anlage informieren können.

Prüflampe (mit Nadelkontakt) Damit testen Sie, ob Spannung in einem Stromkreis anliegt. Je heller die Lampe leuchtet, desto mehr Spannung ist vorhanden. Mit der Nadel der Lampe die Isolierung des zu prüfenden Kabels durchstechen. Die Klemme am Kabel der Lampe wird am blanken Metall angeclipst (Masse). Vorsicht: Die Prüflampe nimmt viel Leistung auf und eignet sich daher nicht für Messungen an elektronischen Bauteilen (z. B. Steuergerät). Hier müssen Sie einen Spannungsprüfer mit Leuchtdioden verwenden.

Spannungsprüfer mit Leuchtdioden Je nach Ausführung zeigt dieses Gerät Gleich- und Wechselspannungen zwischen sechs und rund 700 Volt an. Die Spannungsanzeige erfolgt optisch über die Leuchtdioden. Einfache Geräte gibt's im Handel ab etwa 10 Mark.

Multimeter (Vielfachinstrument) Damit lassen sich Spannung, Strom (Gleich-/Wechselstrom) und Widerstand messen. Geeignete Geräte mit digitaler Anzeige gibt's bereits ab etwa 20 Mark. Die Stromversorgung des Multimeters erfolgt in der Regel durch eine Batterie.

Spannung messen Um mit einem Multimeter zum Beispiel die Ruhespannung der Batterie zu messen, müssen Sie das mit »–« gekennzeichnete Kabel an den Minuspol der Batterie oder Masse anklemmen. Das »+«-Kabel des Meßgeräts an den Pluspol der Batterie oder die zu messende Leitung klemmen. Zeigt das Instrument etwa nur 10,4 Volt an, deutet das auf einen Kurzschluß in einer Batteriezelle hin. Prüfen Sie einmal die Spannung der Batterie, während der Anlasser betätigt wird – ein Meßergebnis von 5 Volt bedeutet, daß es um den Akku nicht mehr gut steht.

Strom messen Dazu müssen Sie den Stromkreis auftrennen und das Meßgerät dazwischen schalten. Bei einer Reihe von Messungen in Ihrem Fahrzeug genügt es, wenn Sie einen Steckkontakt abziehen und dann das Meßgerät zwischen Stecker und Kontaktzunge schalten. Vorsicht: Achten Sie stets auf den Meßbereich Ihres Multimeters. In Verbrauchern wie Anlasser und Glühkerzen (Dieselmotor) fließen sehr hohe Ströme, die Ihr Gerät bei einer Messung beschädigen könnten.

Widerstand messen Mit dem Multimeter prüfen Sie, ob eine Leitung oder ein Schalter Durchgang hat. Fließt der Strom ungehindert, zeigt das Gerät den Meßwert 0. Ist der Stromweg jedoch an einer Stelle unterbrochen, erhalten Sie den Meßwert unendlich (∞). Außerdem können Sie feststellen, welchen Innenwiderstand ein bestimmtes Bauteil hat. →

Technik-lexikon

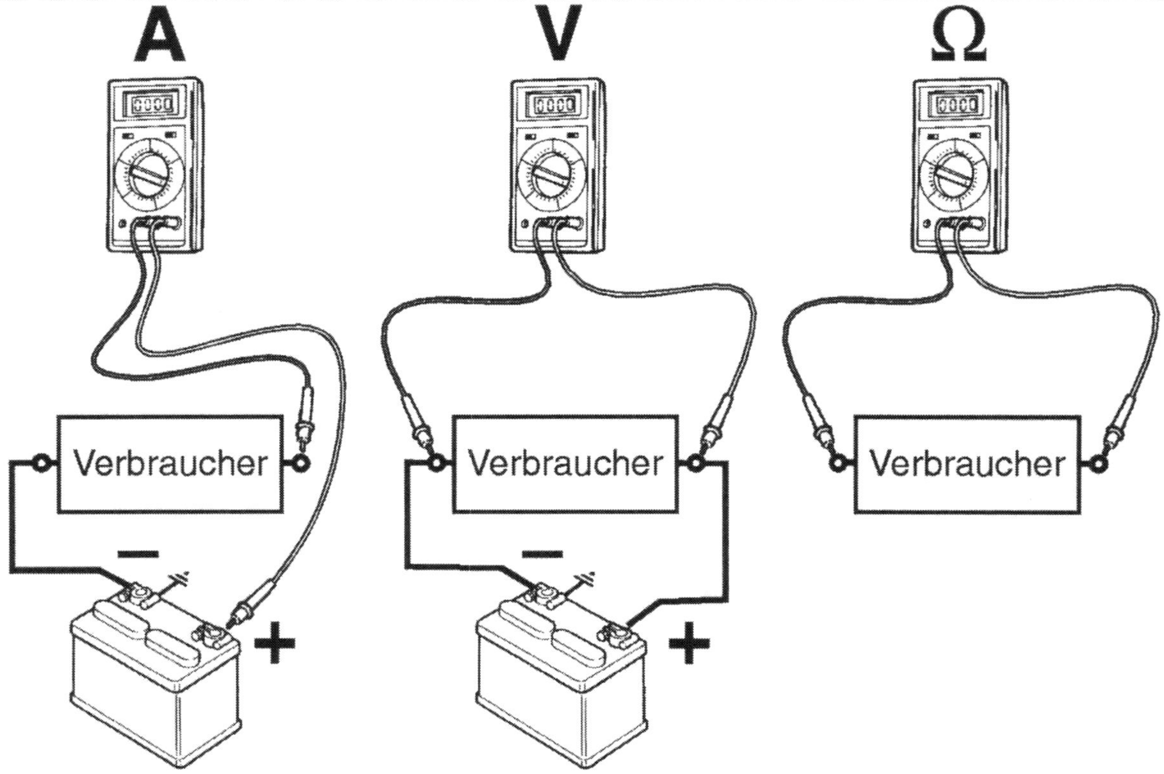

Anschluß des Multimeters zur Messung (Schema): Strom (A), Spannung (V) und Widerstand (Ω). Verbraucher sind zum Beispiel Lampen, Elektromotor und Anlasser.

Eine ausgebaute Batterie sollten Sie einmal im Monat mit einem Heimwerker-Ladegerät nachladen. Völlig leere Batterien können bei Frost einfrieren und platzen. Randvoll geladen, vertragen sie Kälte recht gut.

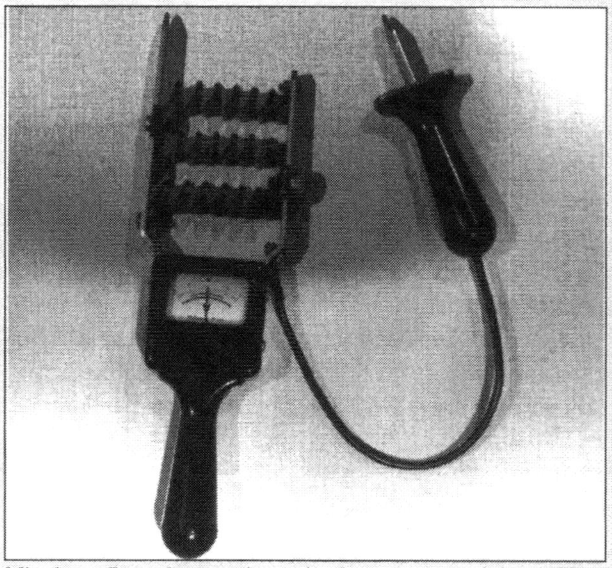

Mit einem Batterietester kann der Batteriezustand durch Messen der Batteriekapazität (A) festgestellt werden. Dabei darf die Messung allerdings maximal 10 Sekunden dauern, da sonst die Batterie zu sehr belastet wird.

Technik-lexikon

Die Batterie

Sechs in Reihe geschaltete Zellen bilden das Herz einer 12-Volt-Auto-Batterie. Eine Zelle besteht aus einer Kombination positiver und negativer Platten, die in einer Art chemischem Teamwork eine Spannung von etwa zwei Volt produzieren. Die Platten setzen sich zusammen aus Hartblei-Gittern, die jeweils mit einer aktiven Masse gefüllt sind. Die positive Platte enthält Bleidioxid, die negative Platte reines Blei. Dazwischen sitzt ein Separator. Er trennt die beiden Platten voneinander, läßt den Elektrolyt jedoch durch mikroskopisch kleine Poren passieren. Der Elektrolyt ist eine leitfähige Flüssigkeit, die zu etwa 37 Prozent aus konzentrierter Schwefelsäure und zu 63 Prozent aus destilliertem Wasser besteht.

Begriffe und Normen

Kennzeichnung Befindet sich auf dem Gehäuse der Batterie, bezeichnet ihre Eigenschaften. Beispiel: »12V 40Ah 200A« (12V = Nennspannung; 40Ah = Nennkapazität; 200A = Kälteprüfstrom).

Nennspannung Die allgemeine Spannungsabgabe (Maßeinheit »V«). Beträgt bei allen Punto-Modellen 12 Volt. Die tatsächliche Spannung hängt vom Ladezustand der Batterie ab. Sie kann größer oder kleiner sein als die Nennspannung.

Nennkapazität Eine Batterienorm. Steht für das Speichervermögen einer Batterie (Maßeinheit »Ah«). Die Kapazität, die eine vollgeladene Batterie bei einer Temperatur von 27 Grad in 20 Stunden abgeben kann, ohne daß dabei die Spannung unter 10,5 Volt absinkt (Entladeschlußspannung). Das Standlicht Ihres Punto nimmt zum Beispiel 25 Watt auf. Bei der Bordspannung von 12 Volt gibt die Batterie einen Stom von 2,08 Ampere ab, nach der Formel »Strom (A) = Leistung (W)/Spannung (V)«. Mit einer 40Ah-Batterie könnten Sie Ihren Punto also theoretisch 19,2 Stunden mit eingeschaltetem Standlicht parken. In der Praxis verhält sich das jedoch anders: Nach etwa 15 Stunden ist das Licht aus und die Batterie leer.

Kapazität Die entnehmbare Strommenge in Amperestunden (Ah). Sie hängt vor allem ab vom Entladestrom, der Temperatur, dem Ladezustand und dem Allgemeinzustand (Alter) der Batterie.

Kälteprüfstrom Steht für die Startfähigkeit einer Batterie bei Kälte (Maßeinheit »A«). Ein definierter Entladestrom, der einer 12-Volt-Batterie bei –18 Grad entnommen werden kann, ohne daß die Spannung innerhalb von 30 Sekunden unter 9 Volt, innerhalb von 150 Sekunden unter 6 Volt absinkt.

Selbstentladung Chemische Vorgänge im Inneren der Batterie führen zur Entladung, auch wenn kein Verbraucher angeschlossen ist. Eine geladene Starterbatterie verliert täglich etwa 0,5 Prozent ihrer Ladung. Hohe Temperaturen, Beschädigungen und Verschmutzungen des Batteriedeckels beschleunigen die Selbstentladung.

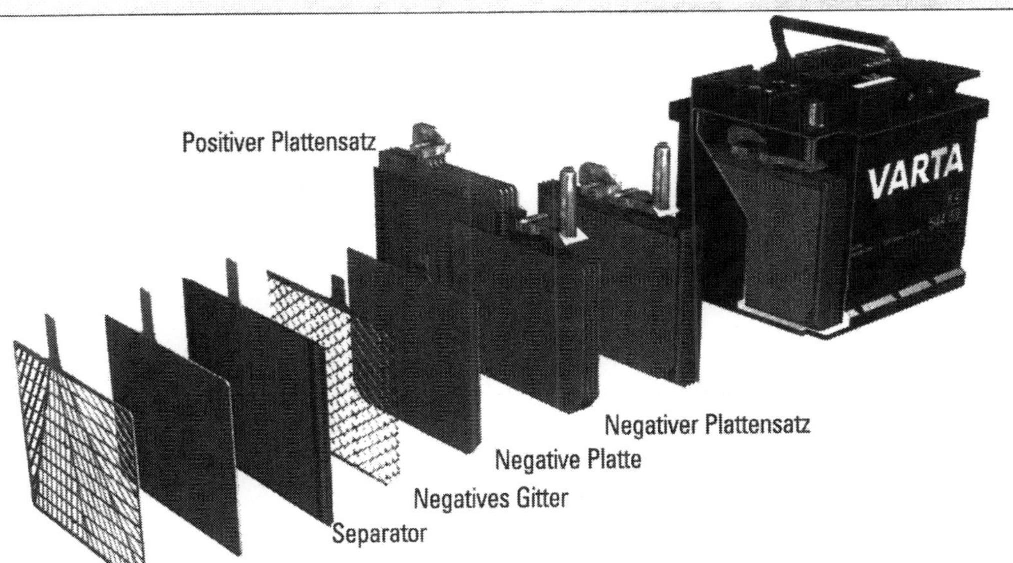

Quelle: Varta

Technik-lexikon

Der Schub-Schraubtrieb-Anlasser

- Beim Drehen des Zündschlüssels in Richtung »Start« liefert die Klemme 50 am Zündschloß über das rote Kabel Spannung an den Magnetschalter, der oben auf dem Anlasser sitzt.
- Eine Einrückgabel schiebt das Zahnritzel des Anlassers auf einem Steilgewinde der Ankerwelle in den Zahnkranz des Motorschwungrads (Schubweg).
- Das Ritzel greift ein, dann schaltet der Magnetschalter über die Hauptkontakte den vollen Batteriestrom ein (kommt von Klemme 30). Das Ritzel schraubt sich in den Zahnkranz und stellt so den Kraftschluß her (Schraubweg) – der Anlasser dreht den Motor durch.
- Ist der Motor angesprungen und wird der Zündschlüssel losgelassen, bricht das magnetische Feld in der Haltewicklung des Magnetschalters zusammen. Die Einrückgabel wird durch eine Rückzugfeder in die Ruhestellung gezogen. Das Ritzel spurt aus und die Stromzufuhr zum Anlasser wird unterbrochen.

Der Anlasser des Herstellers Marelli (Punto 55 und 60)
❶ Anlassermotor. ❷ Magnetschalter. ❸ Ritzelantrieb mit Freilauf.

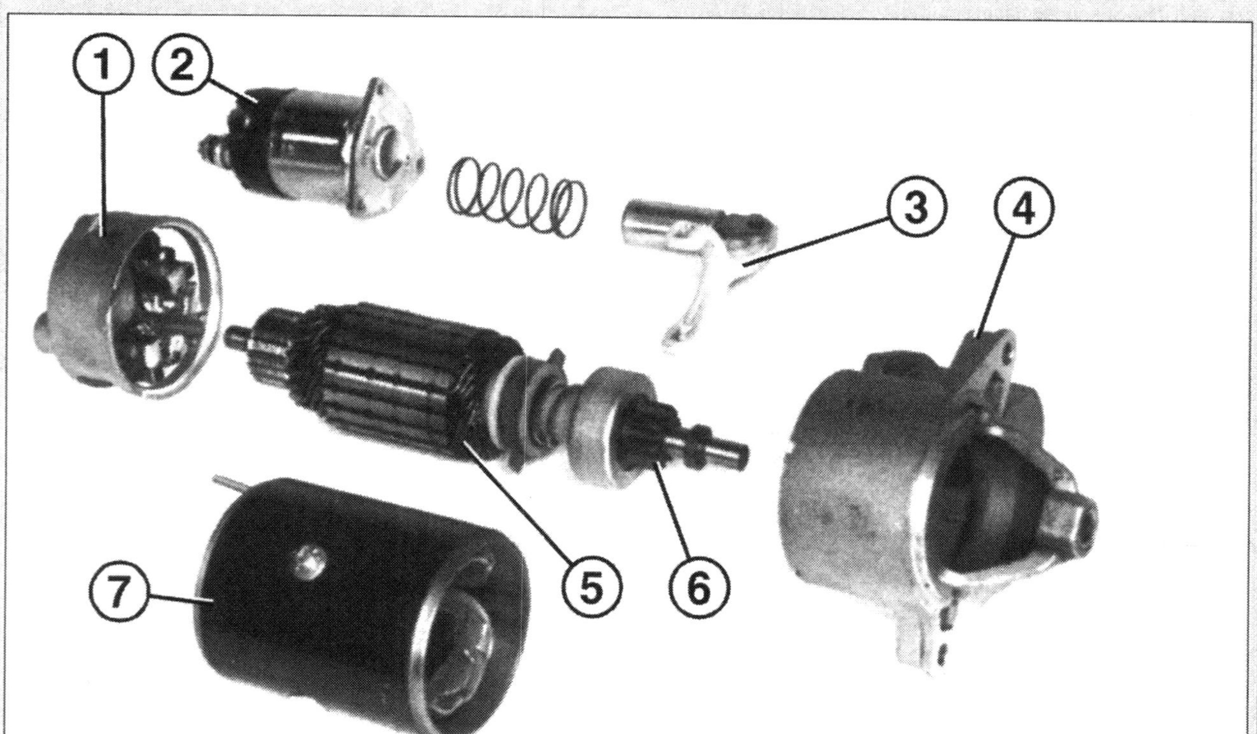

Der Marelli-Anlasser E80 (Leistung 0,8 kW)
❶ Kollektorlagerschild. ❷ Magnetschalter. ❸ Einrückgabel. ❹ Antriebslagerschild. ❺ Anker mit Kollektor. ❻ Ritzelantrieb mit Freilauf. ❼ Feldwicklung mit Gehäusemantel.

Säurestand der Batterie prüfen, Kontakte pflegen

Im Fiat Punto ist eine weitgehend wartungsfreie Batterie eingebaut. Trotzdem sollten Sie regelmäßig den Stand der Flüssigkeit kontrollieren. Die Batterieflüssigkeit besteht aus Schwefelsäure, die mit destilliertem Wasser verdünnt ist. Sehr hohe Temperaturen oder ein defekter Lichtmaschinen-Spannungsregler können jedoch zu einem Wasserverlust in der Batterie führen. Auch eine Selbstentladung (lange Standzeiten) oder eine Tiefentladung durch einen nicht ausgeschalteten starken Stromverbraucher (z. B. Kühlbox im Zigarettenanzünder) kommen als Ursache in Frage. Füllen Sie nur destilliertes Wasser nach – Leitungswasser enthält ebenso wie abgekochtes Wasser leitfähige Salze und andere mineralische Stoffe, die der Batterie schaden.

Arbeitsschritte | 15000 km 12 Monate

1 Die Batteriesäure muß mindestens bis zur MIN-Markierung am Gehäuse reichen.

2 Bei zu niedrigem Säurestand Verschlußstopfen herausdrehen oder mit Schraubendreher heraushebeln.

3 Bei einer geladenen Batterie bis zum oberen Strich (15 mm über den Oberkanten der Platten) mit destilliertem Wasser auffüllen.

4 In eine stark entladene Batterie nur so viel Wasser füllen, daß die Platten gerade bedeckt sind – beim Aufladen steigt der Säurestand erheblich. Erst nach dem Laden bis zur oberen Marke nachfüllen.

5 Den Akku nicht überfüllen – die Säure tritt sonst an den Verschlußstopfen oder an der seitlichen Entlüftungsbohrung aus. Das verursacht Korrosion und Säurekristalle an der Oberfläche der Batterie und ihrem Standplatz.

Kontakte pflegen

1 Oxidkristalle an den Batterieklemmen mit warmem Sodawasser waschen oder mit »Neutralon« von Varta behandeln.

2 Köpfe der Batteriepole und Kabelklemmen mit Säureschutzfett (Bosch »Ft 40v1«) einstreichen. Vorsicht: Kein Fett auf die Kontaktflächen von Pol und Batterieklemme bringen.

Ladezustand der Batterie prüfen

Wirkt die Batterie trotz richtigem Säurestand kraftlos, sollten Sie den Ladezustand kontrollieren. Dazu verwenden Sie am besten einen Säureheber (Aräometer). Die Skala des Geräts zeigt die Dichte der Elektrolyten in der Batterie an. Sie können zur Messung aber auch ein genau anzeigendes Multimeter verwenden (Anzeige-Genauigkeit ± 0,02 Volt). Die Werte der Ruhespannung geben Aufschluß über den Ladezustand der Batterie.

Säuremessung

Arbeitsschritte | 15000 km 12 Monate

1 Führen Sie die Messung erst durch, wenn die letzte Aufladung mindestens sechs Stunden zurückliegt.

2 Batterie-Verschlußstopfen herausdrehen bzw. -hebeln.

3 Halten Sie das Meßgerät senkrecht. Dann soviel Batteriesäure ansaugen, bis die Meßspindel frei schwimmt.

Mit einem Aräometer (Pfeil) messen Sie die Säuredichte der einzelnen Batteriezellen. Ist die Batterie in Ordnung, sind die Meßergebnisse der einzelnen Zellen nahezu gleich.

Säuregewicht (kg/l)	1,28	1,2	1,12
Zustand der Batterie	voll geladen	halb geladen	entladen

Spannungsmessung

Arbeitsschritte

1 Liegt die letzte Batterieladung weniger als sechs Stunden zurück, das Abblendlicht für etwa 30 Sekunden einschalten, damit durch die Ladung entstandene Spannungsspitzen abgebaut werden.

2 Nach vier bis fünf Minuten Wartezeit die Batteriespannung zwischen den Polen prüfen. Zur Messung alle Stromverbraucher ausschalten.

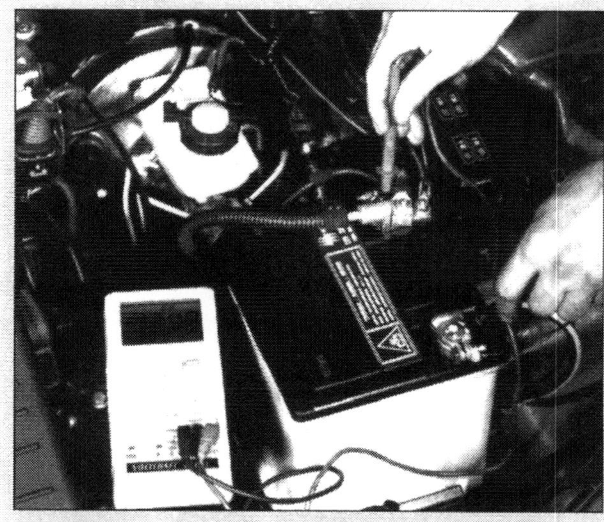

Mit dem Multimeter läßt sich die Spannung exakt messen. Bei einer Ruhespannung unter 12,3 Volt sollte die Batterie geladen werden.

Spannung (V)	12,66	12,48	12,3
Zustand der Batterie	100 % geladen	75 % geladen	50 % entladen

Motor mit Starthilfekabel starten

Verwenden Sie zur Überbrückung von einer vollen zu einer leeren Batterie spezielle Elektronik-Starthilfekabel. Damit schützen Sie die elektronischen Bauteile Ihres Punto vor gefährlichen Spannungsspitzen.

Arbeitsschritte

1 Hilfsfahrzeug dicht an den Punto fahren, damit die Batterien durch die Starthilfekabel verbunden werden können. Schalten Sie in Ihrem Fahrzeug alle Stromverbraucher ab.

2 Die Pluspole mit dem Starthilfekabel verbinden, zuerst die leere, dann die volle Batterie anklemmen.

3 Das andere Kabel zuerst am Minuspol der Fremdbatterie und dann am Minuspol der entladenen Batterie (oder an Masse) anschließen.

4 Motor des Hilfswagens starten und mit erhöhter Drehzahl laufen lassen, damit die Lichtmaschine viel Spannung liefert.

5 Starten Sie Ihr Fahrzeug. Wenn der Motor nicht gleich anspringt, sollten Sie nach weiteren Versuchen immer wieder eine Pause einlegen, damit der Anlasser abkühlen kann. Dabei den Motor des Hilfsfahrzeugs weiterlaufen lassen – die leere Batterie im Punto wird dadurch schon nachgeladen.

6 Zum Abnehmen der Starthilfekabel zuerst den Minuspol der eigenen Batterie, dann den der Fremdbatterie abklemmen. Anschließend Kabel von den Pluspolen abnehmen, erst Vollbatterie, dann Leerbatterie.

7 Nach dem Start eine Zeitlang mit höheren Drehzahlen fahren, damit die Lichtmaschine die Batterie aufladen kann.

Batterie und Lichtmaschine

Störungsbeistand

Störung	Ursache	Abhilfe
A Rote Ladekontrolle brennt nicht beim Einschalten der Zündung	**1** Batterie leer	Mit Starthilfekabeln starten oder Wagen anschleppen
	2 Batteriekabel gebrochen, Kabelklemmen lose oder oxidiert	Batteriekabel und -klemmen kontrollieren
	3 Kontrolleuchte defekt	Ersetzen
	4 Kabelweg zwischen Zündschloß, Kontrollampe und Lichtmaschine unterbrochen	Stromweg mit Prüflampe kontrollieren
	5 Schleifkohlen abgenutzt	Regler austauschen
	6 Spannungsregler defekt	Regler austauschen
	7 Lichtmaschine schadhaft	Lichtmaschine überholen lassen oder austauschen
	8 Feuchtigkeit bildet einen isolierenden Schmierfilm zwischen den Schleifringen und Kohlen (z. B. nach Motorwäsche)	Lichtmaschine mit Druckluft ausblasen oder Schleifringe und Kohlen sauberreiben
B Ladekontrolle brennt oder glimmt bei laufendem Motor	**1** Keilrippenriemen lose bzw. ohne Spannung	Keilriemenspannung kontrollieren
	2 Mangelnder Kontakt an Kabelanschlüssen der Lichtmaschine oder unterbrochene Kabel	Kabelanschlüsse und Kabel prüfen
	3 Siehe A5 bis 7	
C Batterieoberfläche feucht	**1** Zuviel eingefülltes destilliertes Wasser	Ausgasen lassen. Keine Säure absaugen
	2 Batterieverschlüsse verstopft	Entlüftungslöcher säubern
	3 Siehe A6	
D Batterie gast stark	Siehe A6	

Wagen anschieben

Praxistip

Wagen anschieben Das klappt am besten, wenn Motor und Anlasser in Ordnung sind. Beim Diesel muß die Batterie noch soviel Strom liefern, damit die Glühkerzen aufgeheizt werden. Verzichten Sie aufs Anschieben, wenn der Motor wegen einer defekten Zündanlage nicht startet – unverbrannte Gemischanteile können nachgezündet werden und die Temperatur im Katalysator auf gefährliche Höhen treiben.

- Zündung einschalten und 1. Gang einlegen. In höheren Gängen wird die Lichtmaschine für kräftige Stromlieferung zu langsam durchgedreht.
- Kupplung durchtreten, Wagen anschieben lassen, bis er in Schwung ist.
- Kupplung schnell kommen lassen – der Motor wird abrupt durchgedreht und müßte anspringen. Dann sofort Kupplung treten und Gas geben.

Wagen anschleppen

Praxistip

Wagen anschleppen Auch diese Methode eignet sich nicht bei einer defekter Zündanlage. Arbeiten Sie nur mit einem erfahrenen Helfer zusammen. Denken Sie daran, daß Bremskraftverstärker und Servolenkung bei stehendem Motor nicht arbeiten.

- Zündung einschalten, 2. Gang einlegen und Kupplung treten.
- Der Zugwagen muß langsam anfahren.
- Bei etwa 15 km/h die Kupplung langsam kommen lassen. Bleiben Sie stets bremsbereit (Hand an die Handbremse).
- Ist der Motor angesprungen, Kupplung treten und Gas geben.
- Dem Schleppfahrer ein Hupsignal geben, beide Fahrzeuge sanft abbremsen.

Batterie laden

Eine ausgebaute Batterie sollten Sie einmal im Monat mit einem Heimwerker-Ladegerät nachladen. Völlig leere Batterien können bei Frost einfrieren und platzen. Randvoll geladen, vertragen sie Kälte recht gut. Das gilt übrigens auch für einen Akku im vorübergehend stillgelegten Fahrzeug. Befindet sich die Batterie noch an Bord, brauchen Sie zum Laden die Kabel nicht abzunehmen.

Arbeitsschritte

1 Pluskabel des Ladegeräts am Batterie-Pluspol, Minuskabel am Minuspol anklemmen.

2 Der Ladestrom sollte zunächst etwa 10% der Batteriekapazität betragen (z.B. 4,0 A beim 40-Ah-Akku) und sich während der Ladung automatisch verringern.

3 Beim Laden der Batterie wird das destillierte Wasser teilweise zersetzt. Es bilden sich Gasblasen aus Wasserstoff und Sauerstoff – das hochexplosive Knallgas. Es entweicht durch die Entlüftungsbohrungen in der Abdeckung.

4 Stellen Sie daher sicher, daß Ihr Arbeitsplatz gut durchlüftet wird. Das gilt vor allem, wenn Sie mit hohem Strom laden. Vorsicht: Funken beim Ab- oder Anklemmen des Laders oder der Batteriekabel können das Knallgas entzünden. Beachten Sie unbedingt die Sicherheitsvorschriften.

Batterie ausbauen

Bevor Sie die Batterie abklemmen, sollten Sie sicherstellen, daß der Diebstahlcode des Radios vorliegt. Sonst herrscht später Sendepause in Ihrem Gerät. Außerdem werden alle im Steuergerät gespeicherten Werte gelöscht.

Arbeitsschritte

1 Nehmen Sie zuerst das Minuskabel der Batterie ab. Mutter an der Klemme des Minuskabels lösen, Klemme vom Batteriepol abnehmen.

2 Pluskabel-Klemme lösen und abnehmen.

3 Schraube der Halteleiste am Batteriefuß losdrehen und abnehmen. →

4 Batterie herausheben.

5 Achten Sie beim Einbau darauf, daß die Batterie stabil auf der Konsole sitzt (Rütteln verursacht Schäden an den Bleiplatten). Zuerst das Pluskabel anschließen, dann das Minuskabel. Die Kabelklemmen können Sie nicht vertauschen, da die Batteriepole unterschiedlich dick sind. Pole gegen Sulfatieren mit Polfett oder Vaseline einfetten.

6 Den Diebstahlcode des Radios eingeben, Steuergerät programmieren.

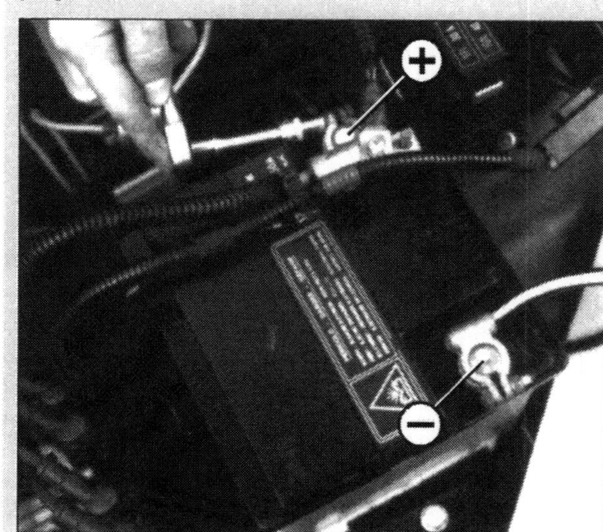

Die Klemmen der Batterie lösen Sie am besten mit einem Gabelschlüssel oder einer Stecknuß SW 8 von den Polen. Zuerst Minusklemme, dann Plusklemme abbauen.

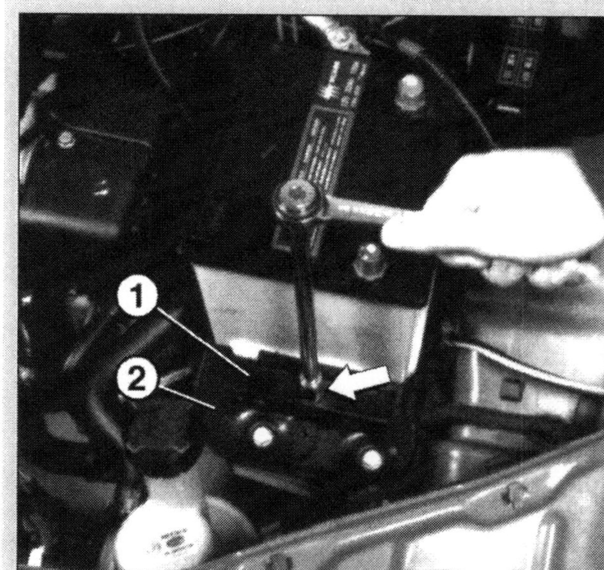

Zum Ausbau der Batterie brauchen Sie nur die Klemmhalterung **1** der Fußleiste zu lösen. Dann können Sie die Batterie von der Konsole **2** abheben.

Defekten Verbraucher ermitteln

Liefert die am Vortag intakte Batterie keinen Strom, hat vielleicht ein defekter Verbraucher im Bordnetz den Akku über Nacht leergesaugt. Das überprüfen Sie zunächst mit einer Strom-Messung. Wenn nötig, ermitteln Sie dann den betreffenden Verbraucher.

Arbeitsschritte

1 Batterie-Minuskabel abnehmen, Kabel des Multimeters zwischen Minuspol und Batteriekabel anschließen. Zeigt das Gerät einen Stromfluß an, ist ein Verbraucher defekt.

2 Massekabel anschließen, Sicherungskasten öffnen und eine Sicherung herausnehmen.

3 An die Kontakte das Multimeter anschließen. Fließt kein Strom, ist der betreffende Stromkreis in Ordnung. Auch ein geringer Stromfluß ist kein Alarmsignal. Geräte wie Bordcomputer, Uhren, Radios und Alarmanlagen ziehen ständig Energie von der Batterie. Der Stromfluß ist freilich viel geringer als bei einem defekten Verbraucher.

4 Wiederholen Sie die Messungen, bis das Gerät einen höheren Stromfluß anzeigt. Die Sicherungstabellen in diesem Buch zeigen, welche Verbraucher zu diesem Stromkreis gehören.

5 Die Verbraucher der Reihe nach ausbauen und jeweils den Strom messen. Wenn das Multimeter keinen Strom mehr anzeigt, haben Sie den Übeltäter ermittelt.

Spannungsregler prüfen

Arbeitsschritte

1 Multimeter zwischen Klemme B+ (rotes Kabel) der Lichtmaschine und Masse anklemmen.

2 Motor zwei Minuten mit 3000 bis 4000/min drehen lassen, damit die Lichtmaschine betriebswarm wird (ca. 80°C).

3 Schalten Sie Standlicht, Radio oder Frischluftgebläse ein. Das entspricht einer Strombelastung von 3 bis 7 Ampere. Die Regulier-Spannung muß jetzt zwischen 14,1 und 14,5 Volt liegen.

→

4 Messen Sie eine höhere Spannung, ist der Regler defekt und muß ausgetauscht werden. Ist die Spannung zu niedrig, deutet das auf abgenutzte Schleifkohlen hin. In diesem Fall Lichtmaschine ausbauen und zum Überholen in die Autoelektrik-Werkstatt bringen.

Fahren mit defekter Lichtmaschine

Praxistip

Wenn die Lichtmaschine oder der Regler streikt, können Sie trotzdem weiterfahren. Die Batterie übernimmt dann die Stromversorgung. Je nach Ladezustand und Kapazität reicht die Energie für etwa fünf Stunden – allerdings nur, wenn Sie bei der Fahrt keine überflüssigen Verbraucher einschalten.

- Mehrfachstecker an der Lichtmaschine abziehen, damit sich die Batterie nicht über den defekten Generator oder Spannungsregler entladen kann.
- Die Fahrt nicht unnötig unterbrechen. Der Anlasser braucht besonders viel Strom. Wenn möglich, den Wagen anrollen lassen.
- Heizbare Heckscheibe, Gebläse und Radio nicht einschalten.
- Scheibenwischer und Scheibenwaschanlage nur bei Bedarf in Betrieb nehmen.
- Bei Dunkelheit möglichst ohne Fernlicht und Nebelscheinwerfer fahren.

Lichtmaschine ausbauen

Arbeitsschritte

1 Spritzschutz im Radhaus abbauen.

2 Minuskabel der Batterie abklemmen.

3 Anschlußkabel von der Rückseite der Lichtmaschine abbauen.

4 Zuerst die Spannschraube, dann die gegenüberliegende Schraube lösen. Die Lichtmaschine nach innen drücken und den Keilriemen abnehmen.

5 Beide Schrauben herausdrehen und die Lichtmaschine vom Halter abnehmen.

→

Klemmen Sie das Batteriemassekabel ab. Dann Anschlußkabel (Pfeil) an der Lichtmaschine abbauen.

Erst die Spannschraube (Pfeil), dann die gegenüberliegende Schraube lösen. Generator nach innen drücken und Keilriemen abnehmen. Dann beide Schrauben herausdrehen und Lichtmaschine abnehmen.

Anlasser ausbauen

Der Anlasser Ihres Punto ist – je nach Baujahr und Motor – mit einem Reduktionsgetriebe ausgerüstet, das für eine Erhöhung des Drehmoments sorgt. Dabei treibt der Anker über ein sogenanntes Sonnenrad einen Planetenradsatz an, dessen Trägerwelle mit dem Anlasserritzel verbunden ist. Verschleiß am Reduktionsgetriebe macht sich in der Regel durch mechanische Geräusche bemerkbar. Streikt der Anlasser, sind daran jedoch meist mehrere Teile beteiligt. Die Schleifkohlen zum Beispiel können klemmen oder stark abgenutzt sein. Auf die Reparatur eines defekten Anlassers müssen Sie verzichten – Fiat bietet nur noch komplette Austauschanlasser als Ersatzteil an.

Arbeitsschritte

1. Massekabel der Batterie abklemmen.
2. Gummiabdeckung an den Anschlüssen des Anlasses anheben und Steckverbindung vom Magnetschalter entfernen.
3. Mutter lösen und Hauptstromkabel (+) vom Anlasser abklemmen.
4. Die von oben zugängliche Schraube vom Motorraum aus lösen und herausdrehen.
5. Fahrzeug vorne aufbocken.
6. Untere Schrauben am Getriebe abschrauben und Anlasser abnehmen.

Bocken Sie das Fahrzeug auf. Diese beiden Schrauben (Pfeile) können nur von unten gelöst und herausgeschraubt werden. Dann den Anlasser nach unten abnehmen.

Der Anlasser

Störungsbeistand

Störung	Ursache	Abhilfe
A Beim Drehen des Zündschlüssels in Startstellung dreht der Anlasser zu langsam oder gar nicht	**1** Kontrollampen brennen schwach oder verlöschen	
	a) Batterie entladen	Mit Starthilfekabeln starten, Auto anschieben/abschleppen
	b) Kabelanschlüsse lose oder oxidiert	Kabel befestigen, Anschlüsse säubern
	c) Anlasser hat Masseschluß	Anlasser überholen lassen oder austauschen
	2 Kontrollampen brennen hell, Klicken aus Richtung Anlasser	Kurz auf den Magnetschalter klopfen. Dreht der Anlasser immer noch nicht:
	a) Kohlebürsten bzw. deren Anschlüsse im Anlasser gelöst	Anlasser überholen lassen
	b) Kontakte im Magnetschalter verschmort	Anlasser überholen lassen oder austauschen
	c) Anlasserwicklung schadhaft	Anlasser überholen lassen oder austauschen
	3 Kontrollämpchen brennen hell, keinerlei Geräusche	Anlasser überholen lassen oder austauschen
	a) Anschluß der Klemme 50 am Magnetschalter lose	Anschluß überprüfen
	b) Klemme-50-Leitung vom Zündschloß zum Magnetschalter unterbrochen	Leitung mit Prüflampe kontrollieren
B Anlasser läuft, ohne den Motor durchzudrehen	**1** Ritzel verschmutzt	Ritzel reinigen
	2 Einrückvorrichtung klemmt	Anlasser überholen lassen
	3 Verzahnung des Ritzels oder der Motorschwungscheibe beschädigt	Wagen bei eingelegtem Gang ein Stück vorschieben. Erneut starten. Beschädigte Teile ersetzen lassen
	4 Planetengetriebe defekt	Anlasser austauschen
C Magnetschalter schaltet in schneller Folge ein und aus, Anlasser läuft nicht an	Batterie stark entladen, beim Einschalten des Magnetschalters fällt die Spannung ab und er schaltet wieder ab	Batterie laden
D Anlasser läuft weiter, obwohl der Zündschlüssel losgelassen wurde	**1** Magnetschalter hängt oder schaltet nicht ab	Zündung sofort abschalten, notfalls Batterie abklemmen. Magnetschalter reparieren oder Anlasser austauschen
	2 Zünd-/Anlaßschalter defekt	Schalter ersetzen
E Ritzel spurt nach Anspringen des Motors nicht aus	**1** Rückstellfeder des Einrückhebels lahm oder gebrochen	Zündung abschalten, ggf. Anlasser austauschen
	2 Siehe B3	

Die Beleuchtung

Die wichtigsten Teile eines Scheinwerfers sind Lichtquelle, Reflektor und Streuscheibe. Als Lichtquelle setzt Fiat, je nach Modell, verschiedene Halogen-Lampen ein. Der Reflektor ist als Parabolspiegel ausgeführt, dessen Innenfläche mit einer dünnen Schicht Aluminium präpariert ist. Er reflektiert und bündelt das Licht – bei eingeschaltetem Fernlicht zum Beispiel verstärkt der Reflektor die Lichtstärke der Glühlampe fast um das Tausendfache. Das schwächere Abblendlicht dagegen nutzt nur die obere Hälfte des Reflektors. Der Gesetzgeber schreibt für das Abblendlicht eine spezielle Lichtverteilung vor – mit einer asymmetrischen Hell-Dunkel-Grenze, bei der sich das Lichtmaximum auf der rechten Seite der Fahrbahn konzentriert. Damit diese Vorgaben eingehalten werden, ist die aus Spezialglas gefertigte Streuscheibe auf der Innenseite mit Zylinderlinsen, Prismen und Parallelflächen ausgestattet, die das vom Reflektor kommende Licht in die gewünschte Richtung verteilen.

Ständige Kontrolle

Lassen Sie die Einstellung Ihrer Scheinwerfer regelmäßig prüfen – zum Beispiel bei den im Herbst stattfindenden Aktionen von ADAC, TÜV und DEKRA. Außerdem sollten Sie vor jeder Fahrt die Beleuchtung Ihres Fahrzeugs kontrollieren. Dazu Zündung einschalten und nacheinander Standlicht, Abblendlicht, Fernlicht und Nebelscheinwerfer einschalten. Am Heck des Wagens müssen Rücklichter, Kennzeichenleuchten und Nebelschlußleuchten einwandfrei funktionieren. Legen Sie sich einen kleinen Vorrat mit den wichtigsten Lampen und Leuchten für unterwegs an.

Diese Ersatzbirnen sollten Sie an Bord haben:

- Halogen-Zweifadenlampe H4 60/55 Watt (Abblendlicht und Fernlicht).
- Halogen-Einfadenlampe H1, 55 Watt (Abblendlicht und Fernlicht).
- Halogen-Einfadenlampe H3, 55 Watt (Nebelscheinwerfer).
- Kugellampe, 21 Watt, Bajonettfassung (Blinker vorn und hinten; Rückfahrleuchten; Nebelschlußleuchte; Bremsleuchten).
- Kugellampe, 5 Watt, Glassockel (Standlicht; seitliche Blinkleuchten).
- Kugellampe, 5 Watt, Bajonettfassung (Schlußleuchten, Leseleuchte).
- Soffitte, 10 Watt, (Kofferraum, Innenleuchte).

Technik-lexikon

Die Leuchtweiten-regelung

In Deutschland ist für Neuwagen eine Leuchtweitenregelung gesetzlich vorgeschrieben. Sie soll verhindern, daß der Gegenverkehr bei beladenem Fahrzeug geblendet wird. Beim Punto kann die Leuchtweite der Scheinwerfer mechanisch durch einen Kipphebel (Scheinwerfer mit Einfachreflektor) eingestellt werden. Außerdem gibt es eine elektrische Ausführung, die über einen vierstufigen Drehregler im Armaturenbrett bedient wird. Dazu befindet sich an jedem Scheinwerfer ein Schrittmotor, der bei Betätigen des Drehreglers elektrisch durch eine entsprechende Frequenz angesteuert wird. Dieser Motor schwenkt den drehbar gelagerten Reflektor des Scheinwerfers über eine Spindel in die gewünschte Stellung. Die Grundstellung des Scheinwerfers am Schalter ist die Stellung »0«. Der maximale Neigungswinkel bei voller Beladung wird in Schalterstellung »4« erreicht. Alle 15000 km oder einmal im Jahr sollten Sie die Funktion der Leuchtweitenregelung überprüfen lassen.

Scheinwerferlampen wechseln (Einfachreflektor)

Die Glühlampen in den Scheinwerfern werden vom Motorraum her ausgebaut. Der Wechsel einer Birne fürs Standlicht verändert die Justierung des Scheinwerfers nicht. Bei allen anderen Lampen sollten Sie nach einem Tausch die Einstellung des betreffenden Scheinwerfers kontrollieren (lassen). Fassen Sie intakte Glühlampen nicht mit den Fingern am Glaskolben an – selbst geringe Spuren von Handschweiß verdampfen auf der brennenden Birne und trüben den Reflektor. Verwenden Sie zum Einsetzen einer Birne ein sauberes Tuch.

Arbeitsschritte

Zweifadenlampe

1 Dreifach-Kabelstecker an der Rückseite des Scheinwerfers mit hebelnden Bewegungen abziehen.

2 Gummi-Abdeckkappe abnehmen.

3 Federbügel der Lampenbefestigung aus der Blechnase aushängen und zurückklappen.

4 Defekte Zweifadenlampe aus dem Scheinwerferreflektor ziehen.

5 Die neue Lampe muß so eingesetzt werden, daß ihre drei Stecker-Kontaktzungen ein nach unten offenes »U« bilden. Die Scheinwerferlampe besitzt eine Arretierungsnase, die in der entsprechenden Aussparung im Reflektor sitzen muß.

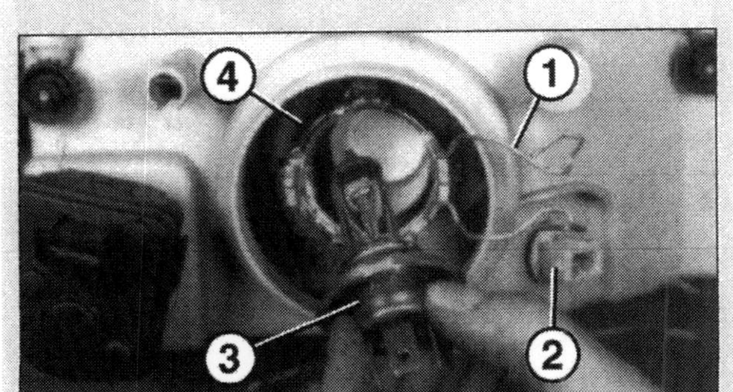

Einsetzen der neuen Lampe: Das Teil am Sockel ❸ fassen und im Reflektor ❹ arretieren. Mit der Federsicherung ❶ sichern, die Staubschutzkappe aufsetzen und die Steckverbindung anbringen. Zum Wechsel der Standlicht-Glühlampe die Fassung ❷ durch eine Linksdrehung aus dem Gehäuse nehmen.

→

Standlichtbirne

1 Standlicht-Lampenfassung (seitlich unter der Zweifadenlampe) ein Stück nach links drehen und mit Fassung aus dem Gehäuse nehmen.

2 Glühlampe aus der Fassung nehmen (Glassockel).

3 Zum Einbau die Standlicht-Lampenfassung nach rechts drehen. Achten Sie darauf, daß die beiden Haltenasen im Reflektor einrasten.

4 Zum Schluß die Funktion der Lampe kontrollieren.

Scheinwerferlampen wechseln (Doppelreflektor)

Arbeitsschritte

Abblendlicht und Fernlicht

1 Die seitlichen Haltezungen der Abdeckkappe drücken, Kappe aushängen und abnehmen.

2 Stecker vorsichtig mit hebelnden Bewegungen von der Lampe abziehen.

3 Federbügel der Lampenbefestigung aus der Blechnase aushängen und zurückklappen.

4 Defekte Lampe aus dem Scheinwerfer-Reflektor ziehen.

5 Neue Lampe einsetzen und mit Federbügel sichern. Dabei auf korrekten Sitz der Lampe im Reflektor achten.

6 Stecker vorsichtig aufstecken.

Standlicht

1 Abdeckkappe abnehmen.

2 Lampenfassung mit Glühlampe aus dem Scheinwerfer-Reflektor ziehen.

3 Glassockellampe aus der Fassung ziehen.

Glühlampen rechtzeitig wechseln

Eine schwach leuchtende Glühlampe deutet darauf hin, daß der Kolben zu stark geschwärzt ist. Das ist zum Beispiel öfter bei der Kennzeichen-Beleuchtung der Fall. Dann die Birne rechtzeitig wechseln. Fällt eine Lampe nach einer längeren Laufzeit aus, sollten Sie auch die intakte Lampe auf der anderen Seite des Fahrzeugs wechseln – sie versagt erfahrungsgemäß kurze Zeit später ebenfalls.

Glühlampe des Nebelscheinwerfers wechseln

Arbeitsschritte

1 Räder einschlagen, bis die Abdeckung des Scheinwerfers im Radhaus gut zugänglich ist.

2 Drei bzw. vier Schrauben (je nach Ausstattung) herausdrehen und Abdeckung abnehmen.

3 Steckersicherung (Zunge) drücken und Stecker abziehen.

4 Deckel des Reflektors im Gegenuhrzeigersinn drehen.

5 Federbügel lösen und Glühlampe aus dem Reflektor nehmen.

6 Beim Einbau darauf achten, daß die Lampe korrekt im Reflektor sitzt.

Hauptscheinwerfer ausbauen

Streuscheibe und Scheinwerfer-Spiegel sind miteinander verklebt. Bei einem beschädigten Scheinwerferglas oder einem matten Reflektor ist daher stets der Austausch des kompletten Scheinwerfers fällig. Das gilt auch für die Zusatzscheinwerfer des Punto. Bei einem Schaden müssen Sie das Streuglas zusammen mit dem Reflektor wechseln. Vorsicht: Nach dem Einbau eines neuen Scheinwerfers grundsätzlich die Einstellung kontrollieren (lassen).

Arbeitsschritte

1 Haltefeder der Blinkleuchte im Motorraum aushängen; Leuchte nach vorne aus dem Ausschnitt des Kotflügels nehmen und Stecker abziehen.

2 Mehrfachstecker von der Rückseite des Scheinwerfers (Hauptlicht, Standlicht und Leuchtweitenregelung) hebelnd abziehen.

3 Drei Schrauben am Gehäuse des Scheinwerfers herausschrauben.

4 Scheinwerfer komplett nach vorne abnehmen.

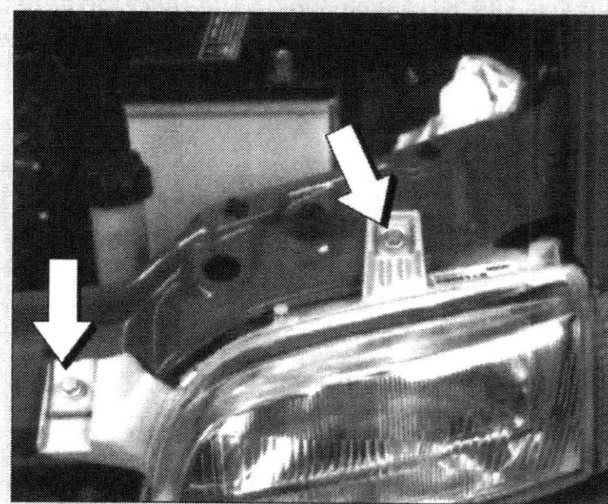

Der Scheinwerfer ist mit drei Schrauben SW 10 (Pfeile) im Ausschnitt des Kotflügels befestigt.

Scheinwerfer provisorisch einstellen

Für die exakte Einstellung der Scheinwerfer ist ein spezielles Meßgerät erforderlich. Überlassen Sie diese Arbeit daher der Werkstatt. Manche Tankstellen bieten übrigens ebenfalls eine fachgerechte Justierung an. Sie können die Scheinwerfer jedoch auch provisorisch prüfen und einstellen, wenn Sie zum Beispiel am Wochenende eine Glühlampe oder einen kompletten Scheinwerfer ausgetauscht haben. Denken Sie jedoch daran, daß dies nur eine Notlösung sein kann. Lassen Sie den Scheinwerfer bei der nächsten Gelegenheit vom Fachmann einstellen.

So bereiten Sie Ihr Fahrzeug auf die provisorische Einstellung vor:

- Der Tank sollte gefüllt sein. Sonst Kofferraum mit Gewicht belasten (bei zur Hälfte gefülltem Tank mit circa 30 Kilogramm).
- Ein Helfer sollte hinter dem Steuer sitzen (oder Fahrzeug zusätzlich mit 75 Kilogramm belasten).
- Der Reifendruck sollte in Ordnung sein.
- Stellen Sie Ihr Fahrzeug gegenüber der Einstellwand ab. Der Abstand zwischen Front und Wand muß exakt fünf Meter betragen.
- Drücken Sie den Vorderwagen kräftig nach unten, damit die Vorderradaufhängung in Ruhelage kommt.

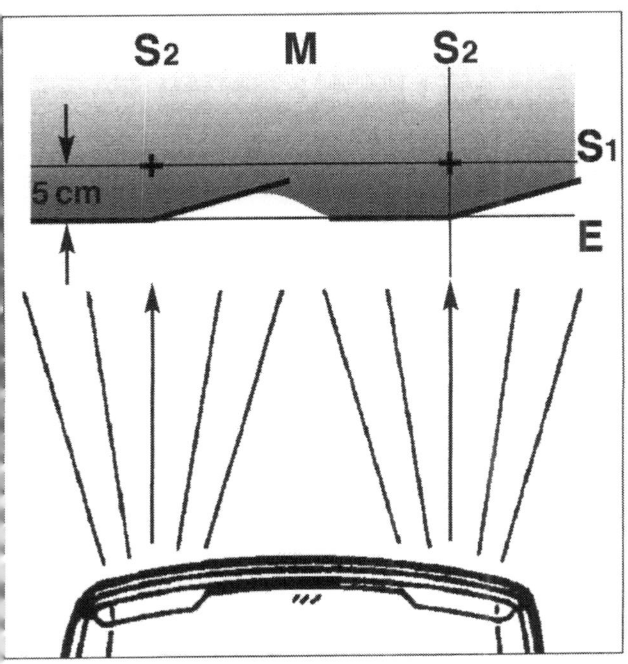

Arbeitsschritte

1 Abstand zwischen Boden und Mittelpunkt der beiden Scheinwerfer ausmessen. Das Maß an der Wand markieren und durch eine Linie verbinden (»S1«).

2 Fünf Zentimeter darunter eine parallele Linie »E« an der Wand anzeichnen. Das ist die Neigung des Abblendlichts auf fünf Meter Entfernung.

3 Durch das Heckfenster nach vorn peilen und von einem Helfer genau in Fahrzeugmitte die senkrechte Linie »M« einzeichnen lassen.

4 Den Abstand zwischen Fahrzeugmitte und dem Mittelpunkt des Scheinwerfers messen (rechts und links). Diese Werte auf die Hilfslinie »S1« (rechts und links vom Schnittpunkt der Linien »M« und »S1«) übertragen und mit einem Einstellkreuz (S2) markieren.

5 Genau fünf Zentimeter unter diesen Kreuzen müssen die Abknickpunkte des Abblendlichts auf der Einstellinie »E« justiert werden.

6 Wenn Ihr Fahrzeug mit Nebelscheinwerfern ausgestattet ist (Option), müssen Sie für die Einstellung nach dem gleichen Verfahren wie oben eine Hilfslinie mit Einstellkreuzen (Mitte der Nebelscheinwerfer) herstellen.

Scheinwerfer einstellen

1 Der Kipphebel der mechanischen Leuchtweiteneinstellung muß in Position »1« stehen, der Drehknopf der elektrischen Ausführung in Stellung »0«.

2 Die Einstellschrauben verstellen Sie vom Motorraum aus am besten mit einem Innensechskantschlüssel.

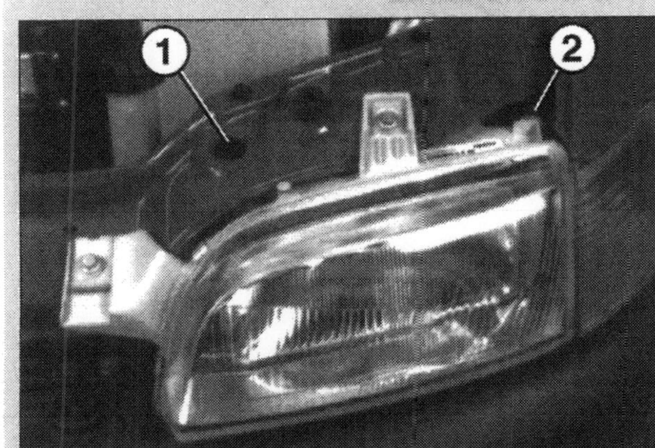

Mit Einstellschraube ❶ korrigieren Sie die Ausrichtung des Scheinwerfers in der Senkrechten, mit Einstellschraube ❷ in der Waagrechten.

➡

3 Zündung und Abblendlicht einschalten.

4 Zuerst an der Höhen-Einstellschraube (zur Fahrzeug-Mitte hin) so lange drehen, bis der Strahl des Abblendlichts mit seiner waagrechten Hell/Dunkelgrenze mit der Einstellinie »E« übereinstimmt.

5 Seiteneinstellung mit der Einstellschraube an der Außenseite des Scheinwerfers (beim Blinker) so ausrichten, bis der Abknickpunkt im Abblend-Lichtbild genau auf das Einstellkreuz ausgerichtet ist. Dabei darf ein Streuanteil von 15 Prozent über der Linie liegen.

6 Bei dieser Einstellung wird das Fernlicht automatisch richtig justiert.

Nebelscheinwerfer einstellen

1 Alle Scheinwerfer bis auf den einzustellenden Nebelscheinwerfer abdecken.

2 Scheinwerfer mit der Schraube (unterhalb des Scheinwerfers) so einstellen, daß die breit gestreuten Scheinwerferstrahlen zehn Zentimeter unterhalb der Hilfslinie (Mittelpunkte der Nebelscheinwerfer) auf der Wand auftreffen.

Heckleuchte ausbauen Kennzeichenleuchte wechseln

Arbeitsschritte

1 Heckklappe öffnen und vom Kofferraum aus mit einem Schraubendreher vorsichtig die Abdeckung von der Verkleidung der C-Säule abhebeln.

2 Obere und untere Befestigungsschrauben an der C-Säule herausschrauben. Dazu können Sie auch den Radschraubenschlüssel aus dem Bordwerkzeug verwenden.

3 Den kompletten Einsatz vorsichtig von außen aus dem Ausschnitt der Karosserie ziehen.

4 Sicherungszunge am Gehäuse der Lampe drücken und Mehrfachstecker abziehen.

5 Hinten am Lampengehäuse vier Schrauben herausdrehen (beim Einbau nicht anknallen).

6 Streuscheibe vom Gehäuse abheben.

7 Defekte Lampe durch leichtes Drücken und Linksdrehung (Gegenuhrzeigersinn) auswechseln.

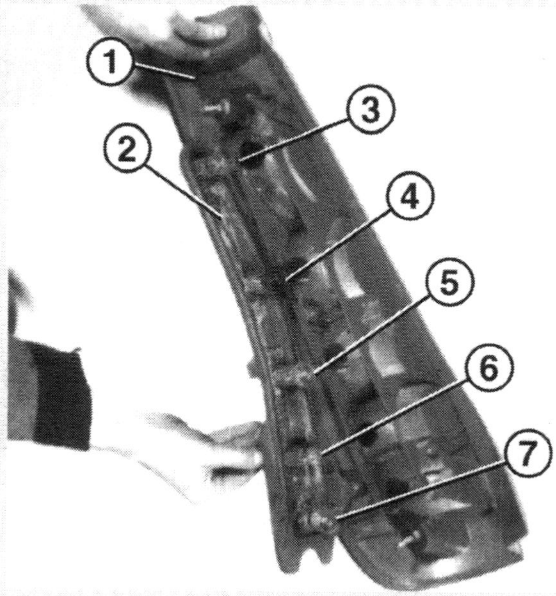

Haben Sie die Streuscheibe ❶ vom Lampenträger ❷ getrennt, können Sie die einzelnen Lampen auswechseln. ❸ Bremslicht (21W). ❹ Blinker (21W, Farbe orange). ❺ Rückfahrlicht (21W). ❻ Standlicht (5W). ❼ Nebelschlußlicht (21W).

Kennzeichenleuchte wechseln

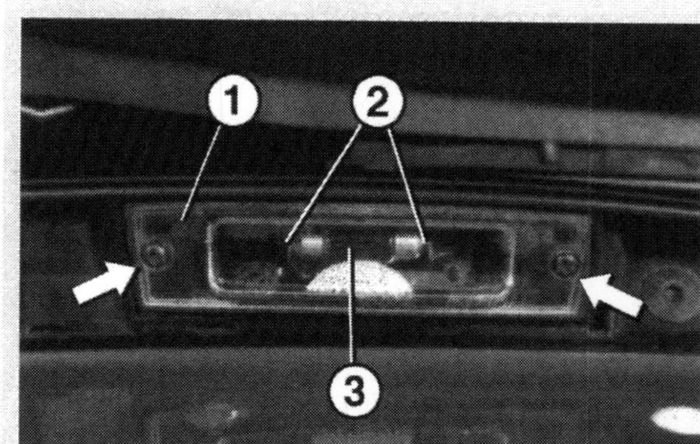

Die Streuscheibe ❶ durch Lösen der beiden Schrauben (Pfeile) abnehmen. Dann die 5-W-Soffitte ❸ aus der Federhalterung ❷ nehmen und Leuchte wechseln.

Die Signaleinrichtungen

Die Signaleinrichtungen Ihres Punto sind ein wichtiges Instrument, um andere Verkehrsteilnehmer zuverlässig über Ihre Fahr-Absichten zu informieren. Wenn Sie zum Beispiel die Fahrtrichtung ändern wollen, betätigen Sie den Blinker, beim Tritt aufs Bremspedal warnen die Bremslichter den Hintermann. Bevor Sie außerhalb einer geschlossenen Ortschaft ein Fahrzeug überholen, drücken Sie kurz die Lichthupe. Aber Ihrem Punto stehen noch mehr Warneinrichtungen zur Verfügung. Die Straßenverkehrs-Zulassungsordnung (StVZO) schreibt nämlich vor, daß jedes Kraftfahrzeug zum Abgeben von Warnzeichen mit einer Hupe ausgestattet sein muß. Außerdem muß die Warnblinkanlage funktionieren, damit im Notfall das haltende oder liegengebliebene Fahrzeug gesichert werden kann. Da die Warnblinkanlage auch bei ausgeschalteter Zündung funktioniert, wird der Schalter direkt vom Batterieplus über eine Sicherung versorgt. Die Richtungsblinker erhalten dagegen nur bei eingeschalteter Zündung Strom vom Zündschloß.

Die Signaleinrichtungen sollten Sie stets vor Fahrtantritt überprüfen.

Warnblinkanlage Drücken Sie bei ausgeschalteter Zündung auf den Druckschalter der Warnblinkanlage auf der oberen Lenksäulenverkleidung. Alle vier Blinklampen und die Kontrolleuchte im Druckschalter sollten im gleichen Rhythmus aufleuchten.

Blinker Zündung einschalten, Blinkerhebel drücken. Die beiden Blinker auf der Fahrzeug-Seite müssen im gleichen Rhythmus blinken, ebenso die Blinkerkontrolle im Kontrollinstrument.

Bremsleuchten Fahrzeug mit dem Heck zur Garagenwand stellen, Bremspedal drücken. Die Wand muß dann rot aufleuchten. Sie können aber auch während der Fahrt in einer Kolonne prüfen, ob Ihr Bremslicht funktioniert. Kontrollieren Sie durch einen Blick in den Rückspiegel, ob sich Ihre Bremsleuchten in den Scheinwerfern oder der Lackierung des folgenden Fahrzeugs spiegeln.

Praxistip

Lichthupe prüfen

Wenn Sie bei eingeschalteter Zündung den Blinkerhebel zum Lenkrad hin ziehen, müssen die Fernlicht-Glühfäden und die Fernlichtkontrolle stets aufleuchten. Funktioniert die Lichthupe nicht, obwohl die Scheinwerfer bei eingeschalteter Beleuchtung brennen, sollten Sie zuerst prüfen, ob das blau/rote Kabel zum Blinkerschalter unter Spannung steht. Ist dies der Fall, dürfte der Lichtumschalter im Hebelschalter defekt sein.

Vordere Blinkleuchten wechseln

Arbeitsschritte

1 Vom Motorraum aus die Haltefeder des Blinkergehäuses aushängen.

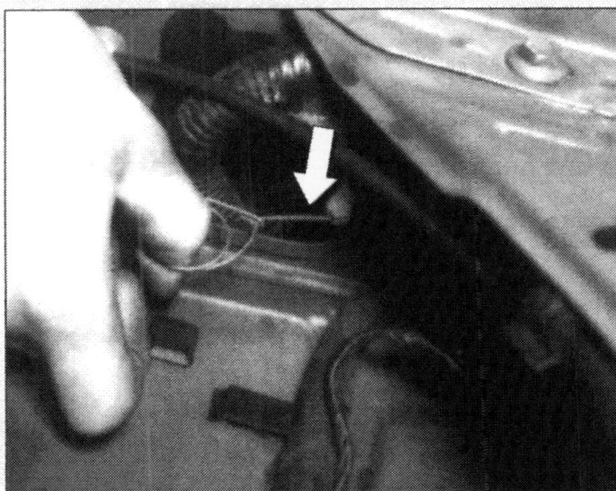

Zum Wechsel der Lampe am vorderen Blinker müssen Sie zuerst die Haltefeder (Pfeil) aushängen. Dann kann das komplette Gehäuse nach vorne abgenommen werden.

2 Blinkleuchte von außen abnehmen.

3 Bajonettverschluß durch Linksdrehung lösen und Glühlampe aus der Fassung nehmen.

4 Zum Einbau die Lampenfassung nach rechts drehen. Kontrollieren Sie, ob die Dichtung der Fassung korrekt sitzt – bei

→

zuviel Luft zwischen Gehäuse und Fassung kann sich im Zwischenraum Schmutz ansammeln, was die Leuchtkraft erheblich einschränken würde.

5 Achten Sie beim Einsetzen des Lampengehäuses darauf, daß die Führungen der Gehäuse von Blinker und Scheinwerfer korrekt ineinandergreifen. Kontrollieren Sie nach dem Einschieben den Sitz des Blinkergehäuses zu den umgebenden Teilen.

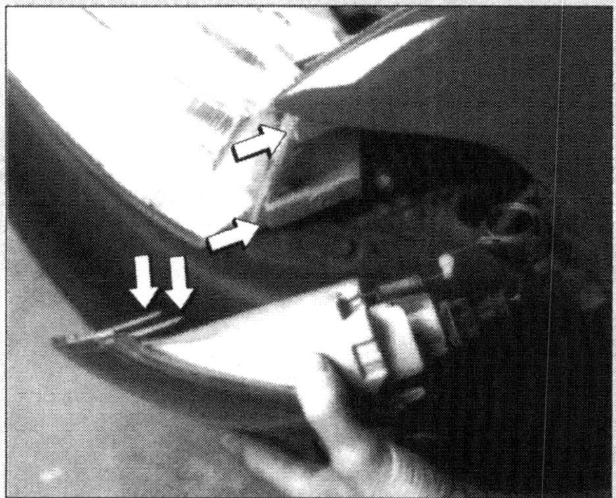

Damit der Blinker nicht verkantet, sollten Sie beim Einbau auf den korrekten Sitz der Führungsnasen (Pfeile) im Blinkerausschnitt achten.

Seitliche Blinkleuchten wechseln

Arbeitsschritte

1 Mit einem kleinen Schraubendreher gegen die Federzunge der Blinkleuchte drücken und das Teil aus dem Ausschnitt des Kotflügels hebeln (Lappen unterlegen). Die Seite, an der sich die Federzunge befindet, ist mit »Si« gekennzeichnet.

2 Blinkleuchte aus dem Ausschnitt des Kotflügels ziehen.

3 Bajonettverschluß nach links drehen und Lampe aus der Fassung nehmen.

4 Prüfen Sie vor dem Einbau die Funktion der neuen Blinkleuchte.

5 Achten Sie beim Einbau auf den korrekten Sitz der Dichtung, sonst ist das Gehäuse der Lampe schnell von innen verdreckt.

➡

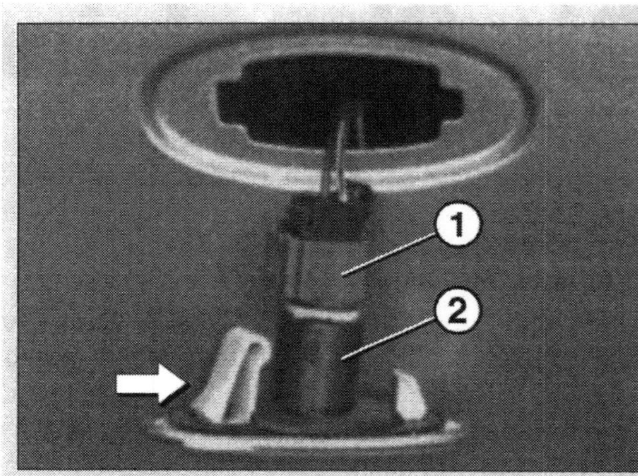

Zum Ausbau der Blinkleuchte die Federzunge (Pfeil) mit dem Schraubendreher zurückdrücken. Legen Sie zum Schutz vor Kratzern einen Lappen unter.
1 Bajonettverschluß. **2** Lampengehäuse.

Behelf bei defektem Blinkrelais

Fällt an Ihrem Fahrzeug der Blinker aus, sollten Sie nicht einfach weiterfahren. Andere Verkehrsteilnehmer müssen schließlich eindeutig erkennen können, ob Sie abbiegen wollen oder nicht. Das gilt vor allem bei dichtem Verkehr und bei Dunkelheit. Wenn der Blinker nicht mehr funktioniert, weil das Blinkrelais ausgefallen ist, können Sie sich durch einen Trick helfen.

Arbeitsschritte

1 Das Blinkrelais sitzt direkt unten am Gehäuse der Hebelschalter-Kombination für Blinker/Licht (linker Kombihebelschalter) und Scheibenwischer (rechter Kombihebelschalter).

2 Untere Verkleidung der Lenksäule abbauen.

3 Blinkrelais leicht ruckelnd aus dem Relaishalter des Hebelschalter-Gehäuses ziehen.

4 Kurzschlußbrücke zwischen den Klemmen 49 und 49 A (am Relais markiert) herstellen. Dazu in die Steckanschlüsse im Relaishalter (liegen gegenüber der entsprechenden Klemme) eine Büroklammer oder ein dünnes Stück Draht einklemmen.

5 Blinkrelais wieder einstecken.

6 Bei gedrücktem Blinkerhebel leuchtet jetzt eine Blinkerseite dauernd. Um einen Blinker-Rhythmus zu erzeugen, müssen Sie den Blinkerhebel mehrmals ein- und ausschalten.

Warnblinker, Blinkanlage und Bremslicht

Störungsbeistand

Störung	Ursache	Abhilfe
A Grüne Kontrollampe für Richtungsblinker leuchtet auf einer Seite in ganz kurzen Intervallen auf, normaler Blinkrhythmus beim Warnblinken	Eine Glühlampe defekt oder ohne Kontakt	Auswechseln
B Blinkleuchten und Kontrolleuchte brennen bei Richtungs- und Warnblinken dauernd oder gar nicht	Blinkrelais defekt	Auswechseln
C Richtungsblinken funktioniert, aber kein Warnblinken	1 Sicherung Nr. 9 defekt	Auswechseln
	2 Kabel (hellblau/weiß) vom Mehrfachsteckerkontakt am Blinkerschalter zur Sicherung Nr. 9 Steckerkontakt 11 (hellblau/weißes Kabel) unterbrochen	Erneuern
	3 Warnblink- bzw. Blinkerschalter defekt	Auswechseln
D Warnblinken funktioniert, aber kein Richtungsblinken	1 Sicherung Nr. 1 defekt	Auswechseln
	2 Kabel (hellblau/rot) zwischen Blinkerschalter Klemme 49 (Mehrfachsteckerkontakt 4 an der Zentral-Elektrikbox unterbrochen)	Erneuern
	3 Siehe C3	
E Kein Richtungs- und kein Warnblinken	1 Siehe C1 und 3	
	2 Siehe D1	
F Eine Bremsleuchte brennt nicht	1 Glühlampe durchgebrannt	Austauschen
	2 Masseverbindung unterbrochen	Kabel kontrollieren. Brennen alle übrigen Lampen in derselben Heckleuchte? Falls nicht:
	3 Unterbrechung in der Zuleitung	Ersetzen
G Beide Bremslichter brennen nicht	1 Sicherung defekt	Überprüfen, ggf. ersetzen
	2 Bremslichtschalter defekt	Kabel kontrollieren
	3 Siehe F1 und 3	
H Bremslicht brennt dauernd	1 Siehe G2	
	2 Kabel zum Bremslichtschalter haben direkten Kontakt	Kabel kontrollieren

Bremslichtschalter prüfen und ausbauen

Wenn beide Bremslichter ausgefallen sind, liegt das oft am Bremslichtschalter, der an einem Halter der Bremspedal-Aufhängung befestigt ist. Beim Tritt aufs Bremspedal drückt eine Feder den Betätigungsstift des Schalters in Richtung »Ein«. Damit werden die Kontakte im Schalter und der Stromkreis zu den Bremsleuchten geschlossen. Wird das Bremspedal losgelassen, drückt der Pedalhals den Betätigungsstift wieder in die Ausgangsstellung – das Bremslicht verlöscht.

Arbeitsschritte

1 Kabelstecker vom Schalter abziehen.

2 Kabelanschlüsse im Stecker mit Büroklammer oder Drahtstück überbrücken.

3 Brennen jetzt die Bremslichter, ist der Bremslichtschalter defekt.

Schalter ausbauen

1 Schalter etwa 60 Grad nach links drehen und aus der Halterung ziehen. Bei Bedarf mit einem Gabelschlüssel SW 14 nachhelfen.

2 Neuen Schalter einsetzen und im Uhrzeigersinn drehen, bis er hörbar im Halter einrastet.

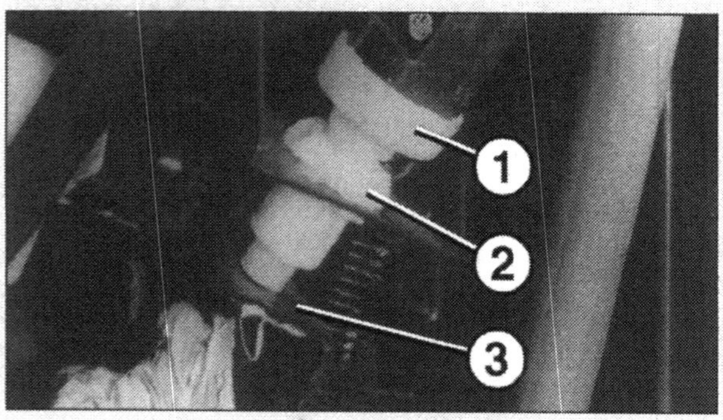

Der Bremslichtschalter (1) muß richtig in die Halterung (2) einrasten, damit das Bremspedal (3) beim Loslassen den Schalterstift in den Schalter drücken kann.

3 Zum Einstellen des Schalters das Bremspedal treten und loslassen. Dadurch wird der Schalter automatisch in die richtige Stellung gebracht.

→

4 Durch Abnehmen des Distanzstücks am Schalterstift wird die Einstellung durch einen Sperrzahn arretiert.

5 Nach Einbau des neuen Schalters Kabel anschließen und Schalter auf Funktion prüfen.

Hupe auf Defekt prüfen

Am Kontakt der Hupe im Lenkrad liegt über die Sicherung Nr. 13 ständig Strom vom Batterieplus an. Deshalb muß auch bei ausgeschalteter Zündung beim Druck auf den Kontakt die Hupe ertönen. Wenn die Hupe keinen Laut mehr von sich gibt, sollten Sie zuerst prüfen, ob das Teil wirklich defekt ist.

Arbeitsschritte

1 Kabelstecker von der betreffenden Hupe abziehen.

2 Hupe ausbauen.

3 An jedem Steckeranschluß der Hupe ein Hilfskabel aufstecken und mit dem Pluspol und Minuspol der Batterie verbinden. Bleibt es ruhig, ist die Hupe defekt.

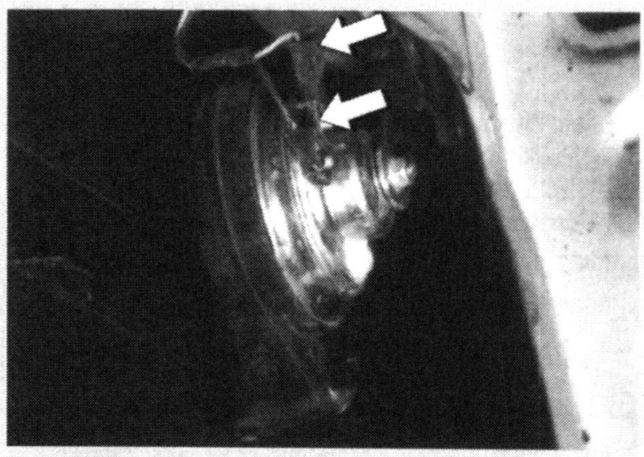

Bleibt die Hupe bei der Funktionskontrolle stumm, liegt dies meist an oxidierten Steckverbindungen (Pfeile). Nach Ausbau der linken Radhausabdeckung Stecker abziehen, Kontaktflächen reinigen und mit Kontaktspray einsprühen.

4 Eine krächzende oder stumme Hupe läßt sich durch Drehen der Einstellschraube an der Hupenrückseite wieder aktivieren. Dazu Schraube unter der Vergußmasse freilegen.

5 Nach dem Einstellen die Schraube mit Karosserie-Dichtmasse oder Silikonkautschuk wieder verschließen.

Die Hupe

Störungsbeistand

Störung	Ursache	Abhilfe
A Hupe tönt nicht	**1** Sicherung defekt	Ersetzen
	2 Kabel (schwarz/violett) vom Lenkrad zur Hupe unterbrochen	Kabelverlauf kontrollieren, Steckkontakte der Hupe blank kratzen
	3 Kabel (violett) vom Hupenrelais zur Hupe unterbrochen	Prüfen, ggf. ersetzen
	4 Hupenrelais defekt	Prüfen, ggf. ersetzen
	5 Hupe defekt	Prüfen, ggf. ersetzen
B Hupe tönt dauernd	**1** Kabel vom Hupenkontakt zur Hupe hat Masseschluß	Schwarz/violettes Kabel von der Hupe abziehen. Hupt es nicht mehr, Kabel reparieren
	2 Siehe A4	
	3 Hupe hat inneren Masseschluß	Hupe ersetzen. Unterwegs Kabel von der Hupe abziehen

Instrumente und Geräte

Die meisten Meßstellen im Inneren Ihres Punto werden durch elektronische Bauteile kontrolliert. Das spart Ihnen jede Menge Arbeit, weil Sie nur noch wenige Anzeigen und Kontrollämpchen beachten müssen. Die sollten Sie freilich stets im Blick haben und eventuelle Fehlanzeigen in jedem Fall ernst nehmen: Leuchtet während der Fahrt plötzlich eine Kontrollleuchte auf, ist dies grundsätzlich ein Alarmzeichen. Das gilt für die Öldruckleuchte ebenso wie für die Airbag-Kontrolle, die nur beim Einschalten der Zündung für etwa vier 4 Sekunden aufleuchten darf. Dann ist das System in Ordnung – brennt oder blinkt sie dagegen während der Fahrt oder erlischt sie nicht, liegt ein Defekt im Airbag-System vor. In diesem Fall sollten Sie den Luftsack umgehend in der Fiat-Werkstatt überprüfen lassen.

Sensoren, Kabel und Schalter

Allerdings arbeiten die Kontrollsysteme selbst nicht immer ohne Störungen. Manchmal sind Sensoren oder Kabel beschädigt, bisweilen sorgt ein kaputter Schalter für eine Fehlinformation. Wenn Sie zum Beispiel feststellen, daß mehrere Anzeigeninstrumente nicht richtig anzeigen, liegt das häufig am Regler der Lichtmaschine, der bei einem Defekt die Werte für die Bordspannung zu hoch oder zu niedrig einstellt. Bevor Sie mit Ihrem Punto losfahren, sollten Sie stets einen Blick auf das Armaturenbrett werfen (die Anzeigen hängen ab von der jeweiligen Ausstattung Ihres Fahrzeugs).

- Funktionieren Analoguhr (im Kombiinstrument) und Digitaluhr (im Lampenträger der Innenleuchte)?
- Wenn Sie die Zündung einschalten, müssen Ladekontrolle und Öldruckwarnleuchte aufleuchten. Auch die Warnleuchten für Kühlflüssigkeitstemperatur, Airbagsystem und Handbremse (bei angezogenem Hebel) müssen jetzt leuchten.
- Wenn Ihr Punto entsprechend ausgestattet ist, müssen auch die Kontrolleuchten für folgende Systeme brennen: Fiat-Code, Benzineinspritzung, Vorglühkontrolle (beim Diesel), ABS und Getriebeautomatik.
- Der Zeiger der Tankuhr sollte langsam über die Skala auf Position wandern.
- Betätigen Sie die Schalter für Warnblinker, heizbare Front- und Heckscheibe, Nebelscheinwerfer und Nebelschlußleuchte(n) – brennen jeweils die Kontrolleuchten?
- Brennen bei eingeschaltetem Licht die Leuchten für Instrumente und Schalter sowie für Abblendlicht und Fernlicht?
- Betätigen Sie den linken Kombihebel – leuchten die grüne Blinkerkontrolle und die Fernlichtkontrolle?
- Starten Sie den Motor. Die Lade- und Öldruckkontrolleuchte müssen verlöschen.
- Prüfen Sie während der Fahrt die Funktion von Tachometer, Kühlmitteltemperaturanzeige und Drehzahlmesser.

Praxistip

Instrumente zeigen nicht an

Öldruck-Kontrolle leuchtet nicht (nach dem Start) Zündung einschalten, Kabel am Öldruckschalter abziehen und an blankes Metall halten. Brennt das Warnlicht jetzt, ist der Öldruckschalter defekt und muß ausgetauscht werden. Leuchtet die Kontrolle nicht, ist entweder die Zuleitung, die Leiterfolie des Kombiinstruments oder die Warnlampe defekt.

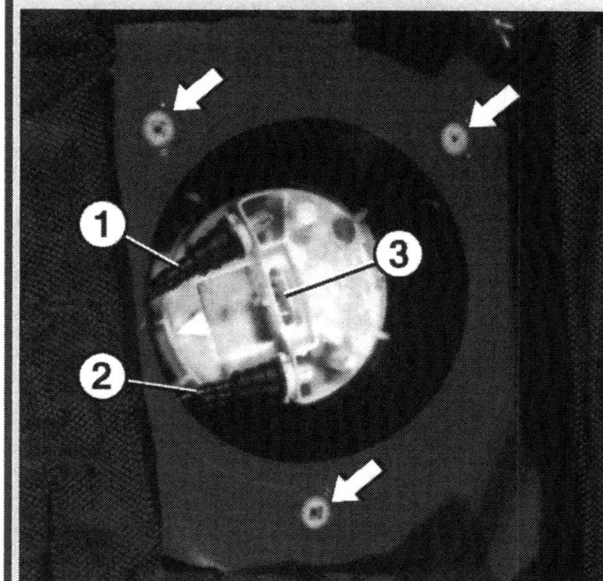

Keine Tankanzeige Entweder ist das Anzeigeinstrument oder der Tankgeber defekt. Eventuell ist auch die Stromzufuhr unterbrochen. Im elektrischen Teil der Kraftstoff-Vorratsanzeige ist nur eine eingeschränkte Fehlersuche möglich. Verschraubung (Pfeile) lösen und Abdeckung am Geber abnehmen. Dann prüfen, ob in der Zuleitung zum Mehrfachstecker und am Geber ❸ Durchgang vorhanden ist. Die Kraftstoffvorleitung ❶ und die Rücklaufleitung ❷ zur Kraftstoffpumpe können Sie ebenfalls auf Durchgang prüfen. →

Praxistip

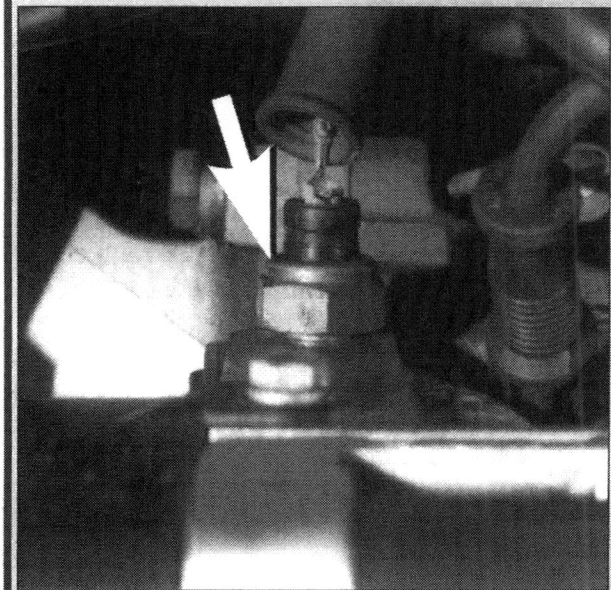

Keine Anzeige der Kühlmitteltemperatur Der Geber der Temperaturanzeige (Pfeile) ist beim FIRE-Motor (oben) links neben der Zahnriemenabdeckung, beim OHC-Motor (unten) neben Zylinder 2 in den Zylinderkopf geschraubt. Grau/weißes Kabel am Temperaturfühler abziehen und fest mit Masse verbinden. Zündung kurz einschalten – wandert die Anzeigenadel ins rote Feld (oder brennt Warnleuchte), ist der Temperaturfühler defekt.

Spannung der Schalter prüfen

Ein defekter Schalter ist manchmal die Ursache für eine Störung im elektrischen System. Beim Punto setzen eine Reihe von Schaltertypen (Druckschalter, Hebelschalter, Kombischalter) die verschiedenen Stromverbraucher in Betrieb. Zur Kontrolle der Spannung verwenden Sie am besten eine Prüflampe mit Nadelkontakt.

Arbeitsschritte

1 Suchen Sie den Schaltplan für Ihren Punto heraus.

2 Zuerst stellen Sie fest, welche Kabel Spannung führen. Dazu mit der Nadel der Prüflampe die Isolierung der Kabel durchstechen.

3 Prüfen Sie, ob am Schalter überhaupt Spannung anliegt. Dazu müssen Sie in der Regel Zündung oder Beleuchtung einschalten.

4 Den Schalter einschalten. Dann kontrollieren, ob der Schalter die Spannung weiterleitet.

Kombiinstrument ausbauen, Anzeigengerät prüfen

Bei einer defekten Kontrollampe müssen Sie stets das Kombiinstrument ausbauen. Alle Instrumente und Kontrolleuchten im Kombiinstrument erhalten ihre Stromzufuhr nicht über Kabel, sondern durch eine sogenannte Leiterfolie, auf der die Leitungen aufgedruckt sind. Wenn Sie feststellen, daß die Tankanzeige und andere Instrumente falsch anzeigen, sollten Sie das Anzeigengerät prüfen. Die Ursache für die Fehlinformation liegt meist an der falschen Bordspannung durch den Regler der Lichtmaschine.

Arbeitsschritte

1 Batteriemasse abklemmen.

2 Links und rechts an der Plexiglas-Abdeckscheibe des Kombiinstruments die beiden 3-mm-Innensechskantschrauben herausdrehen. Vorsicht: Die Plexiglasscheibe ist sehr empfindlich.

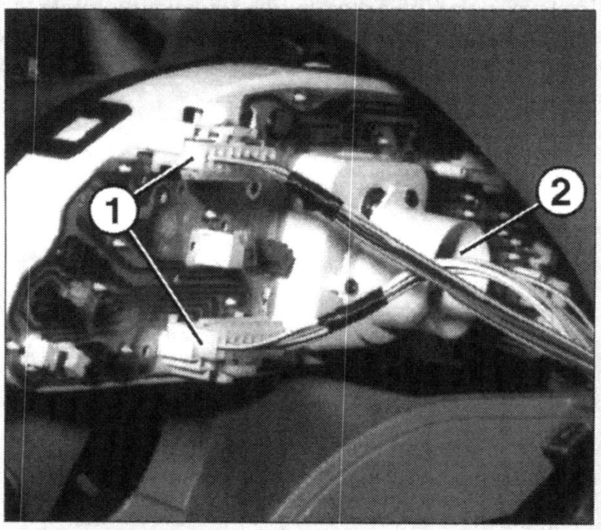

Ausbau des Kombiinstruments: Die beiden Schrauben an der Plexiglasscheibe lösen und das Instrument nach vorne aus dem Armaturenbrett schwenken. So erhalten Sie genug Spielraum, um die Mehrfachstecker und die Tachowelle abzuziehen.

3 Das Kombiinstrument nach vorne ziehen und soweit nach links aus dem Ausschnitt des Armaturenbretts schwenken, daß die Mehrfachstecker und die Tachowelle von der Rückseite des Kombiinstruments abgezogen werden können.

4 Tachowelle und Mehrfachstecker abziehen.

Anzeigengerät prüfen

1 Kontaktzunge für das grau/rote Kabel mit dem Minuspol einer 12-Volt-Batterie verbinden, Kontaktzunge für das rosa Kabel mit dem Pluspol – rührt sich die Anzeigenadel nicht, ist das Anzeigengerät defekt.

2 Schlägt die Anzeige auf »Voll« aus, liegt der Fehler an der Kabelzuführung.

3 Beim Einbau des Kombiinstrumenst darauf achten, daß die Mehrfachstecker und die Tachowelle richtig sitzen.

4 Funktion der Lampen und Anzeigen vor dem Einbau prüfen.

Kontrollampen auswechseln, Leiterfolie ausbauen

Die Kontrollampen sowie die Lampen für die Beleuchtung des Kombiinstruments sind mit Fassungen aus Kunststoff an der Rückseite des Kombiinstruments fixiert. Für den Wechsel brauchen Sie 1,2-Watt- oder 3-Watt-Glassockellampen. Wenn Sie die Leiterfolie austauschen wollen: Für die verschiedenen Modelle gibt es verschiedene Ausführungen. Lassen Sie sich beim Ersatzteilkauf die für Ihr Fahrzeug passende Leiterfolie heraussuchen.

Arbeitsschritte

1 Kombiinstrument ausbauen.

2 Die Lampenfassungen etwas andrücken, dann durch eine Drehung nach links lösen.

3 Lampe aus den Instrumententräger nehmen.

4 Zur Sicherheit das Kombiinstrument mit einem Prüfgerät auf Durchgang prüfen. Bei dieser Gelegenheit können Sie auch Kontakt-Probleme beseitigen.

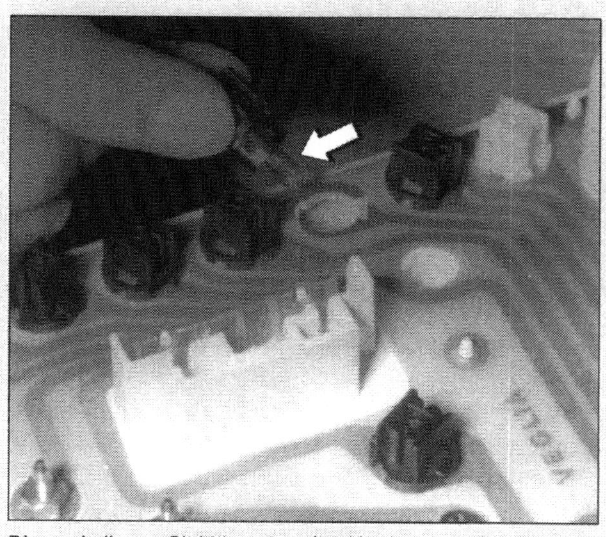

Die sockellosen Glühlämpchen (Pfeil) sitzen bei allen Punto-Modellen in Fassungen aus Kunststoff, die mit einem sogenannten Renkverschluß im Instrumententräger befestigt sind. Strom erhalten die Lämpchen über die Leiterfolie.

→

5 Wenn Sie eine neue Lampe einsetzen müssen – das Ersatzteil gibt's nur komplett mit Fassung.

Leiterfolie ausbauen

1 Alle Lampenfassungen durch Linksdrehung (Bajonettverschluß) ausbauen.

2 Die Anschlüsse der Instrumente vorsichtig lösen (Anschlüsse hängen ab von der Ausstattung).

3 Leiterfolie vorsichtig von den Fixierstiften des Kombiinstruments abziehen.

Tachowelle ausbauen

Der Tachometer mißt weder die genaue Entfernung noch die Geschwindigkeit Ihres Fahrzeugs. Er zählt vielmehr die Umdrehungen des Tachowellenantriebs am Gehäuse des Getriebes und setzt sie in Kilometerangaben um. Dabei hängt es von der Größe der Reifen und der Achsübersetzung ab, nach wieviel Umdrehungen der Tachowelle Ihr Punto einen Kilometer auf der Straße zurücklegt. Wenn die Tachonadel zittert, bedeutet das in der Regel, daß die Tachowelle einen Knick hat und bald brechen wird. Bei einem Fahrzeug mit hoher Laufleistung kann auch der Tachoantrieb im Getriebe verschlissen sein.

Arbeitsschritte

1 Kombiinstrument ausbauen.

2 Tachowelle am Getriebe abschrauben und herausziehen.

3 Tachowelle zum Motorraum hin aus der Gummitülle in der Stirnwand und aus dem Windfang ziehen.

4 Beim Einbau die Tachowelle durch die Gummitülle drücken und in die Spritzwand einsetzen.

5 Die Welle ohne Knicke oder enge Biegungen mit den Halteklammern an den alten Befestigungspunkten festklemmen.

→

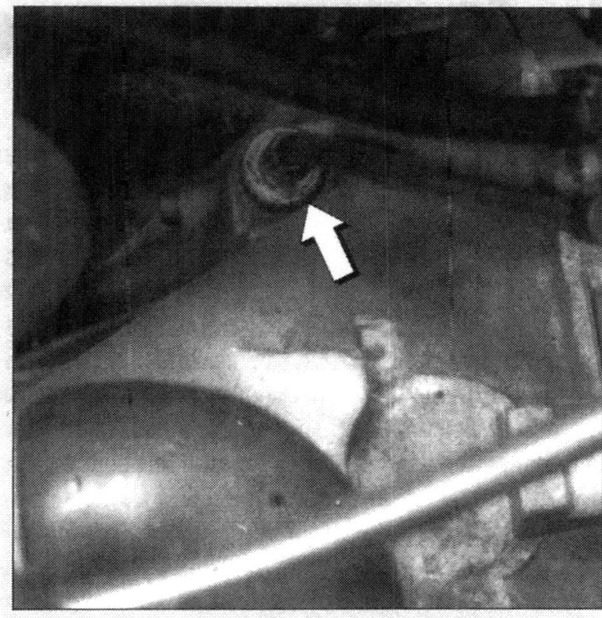

Die Tachowelle sitzt unterhalb des Hauptbremszylinders am Getriebe. Die Überwurfmutter kann meist von Hand abgeschraubt werden. Dieses Teil beim Aufschrauben nicht anknallen.

Leitungen und Sicherungen

An den meisten Stromverbrauchern im Punto sind zwei Kabel angeschlossen. Doch oft läßt sich nur eine Leitung vom Verbraucher zur Batterie oder zum Generator zurückverfolgen. Die andere ist meist schon nach wenigen Zentimetern am Blech der Karosserie, am Motor oder am Getriebe festgeschraubt oder an einer Steckerzunge eingesteckt. Die Automobilbauer machen sich hier ein physikalisches Prinzip zunutze – Metallteile, in der Autoelektrik als Masse bezeichnet, können nämlich Strom leiten. Man spart daher die langen Kabel für die Rückleitung des Stroms zum Minuspol der Batterie ein und überläßt diese Aufgabe der Masse. Wenn ein Verbraucher nicht funktioniert, liegt dies häufig an der fehlenden Masseverbindung. Er holt sich dann den Kontakt zur Fahrzeugmasse auf Umwegen und stiftet dabei Verwirrung im elektrischen System.

Kabel und Klemmen

Trotz der rationellen Bauweise gibt es in Ihrem Punto jede Menge Kabel. Das scheinbare Gewirr ist freilich sehr gut geordnet. Die Farben der Kabel spielen dabei eine wichtige Rolle. »Grün« zum Beispiel hängt stets mit dem Fernlicht zusammen, »Grau« mit dem Abblendlicht und »Gelb« mit dem Standlicht. Außerdem sind im Punto die meisten Anschlüsse an den Mehrfachsteckern und den Relais numeriert, entsprechend einer Numerierung, an die sich die meisten europäischen Hersteller halten.

Die wichtigsten Bezeichnungen der Klemmen:

Klemme 15 Mit dem Zündschloß verbunden, erhält nur bei eingeschalteter Zündung Strom. Außer der Zündspule werden auch jene Verbraucher versorgt, die nur bei Betrieb des Fahrzeugs Strom erhalten sollen. Im Punto sind die Kabel an den Normklemmen 15 mit der Farbe »Orange« gekennzeichnet, bei bestimmten Verbrauchern außerdem mit einem farbigen Zusatzstreifen.

Klemme 30 Erhält ständig Strom vom Pluspol der Batterie, bei laufendem Motor von der Lichtmaschine. Diese Kabel sind durch die Farbe »Braun« oder »Rot« bezeichnet, bisweilen gibt es auch zusätzliche Farbstreifen. Vorsicht: Da in diesen Leitungen ständig Strom fließt, müssen Sie bei vielen Arbeiten im Motorraum stets das Minuskabel der Batterie abnehmen – unvorsichtiger Umgang mit Werkzeug kann sonst Kurzschlüsse und Funkenregen verursachen.

Klemme 31 Die Masse-Klemme. Damit ein Stromkreis geschlossen ist, muß der Verbraucher mit der Fahrzeugmasse verbunden sein. Die Massekabel erkennen Sie an der Farbe »Schwarz«.

Die Sicherungen

In Ihrem Punto sorgen zahlreiche Sicherungen für den Schutz der elektrischen Systeme. Eine Sicherung ist Teil eines Stromkreises. Sie tritt in Aktion, wenn zum Beispiel bei einem Kurzschluß (defekter Verbraucher, beschädigtes Kabel) der Strom plötzlich stark ansteigt. Der dünne Schmelzdraht der Sicherung glüht dann im Bruchteil einer Sekunde durch und unterbricht den Stromfluß. Die Sicherung verhindert also eine Überlastung des Stromkreises – übrigens auch dann, wenn Sie an einen bereits voll ausgelasteten Stromkreis zusätzliche Verbraucher anschließen. Damit Ihr Punto bei einem elektrischen Defekt nicht ohne Strom dasteht, sind die Sicherungen auf verschiedene Stromkreise verteilt. Die Einspritzanlage und die meisten elektrischen Aggregate haben eine eigene Absicherung. Die Schaltungen zwischen Anlasser, Batterie, Lichtmaschine und Zündschloß werden dagegen nicht von Sicherungen überwacht. Bei einer Störung an diesen Teilen können Sie sich daher den Blick in den Sicherungskasten sparen. Einzige Ausnahme: Im Punto GT überwacht seit dem Modelljahr '95 eine Hauptsi-

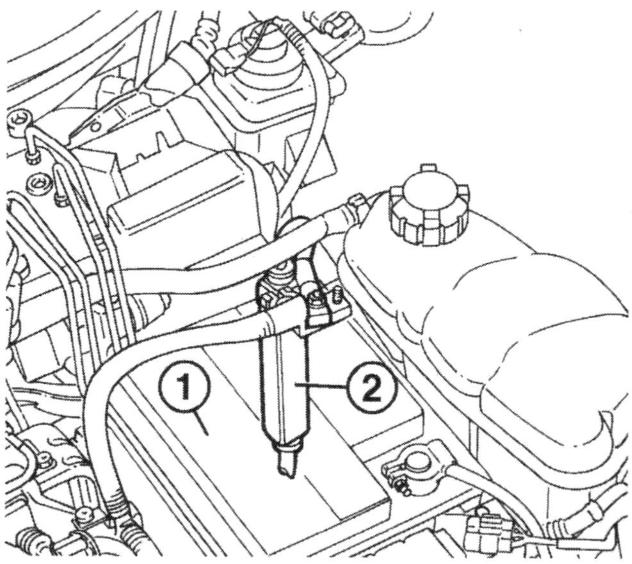

Die Hauptsicherung ❷ beim Punto GT ab Modelljahr '95. Geschützt vor mechanischen Einflüssen, ist sie neben der Batterie ❶ senkrecht in einem Gehäuse montiert.

cherung auch den Stromfluß zwischen Batterie und Verbrauchern wie Anlasser und Lichtmaschine. Die 125-A-Sicherung ist zwischen Batterie und Zentral-Elektrikbox geschaltet und schützt die gesamte Fahrzeug-Elektrik bei Störungen durch Kabelbrand oder Kurzschluß.

Zentral-Elektrikbox und Zusatz-Elektrikbox

Die Zentral-Elektrikbox befindet sich links unterhalb der Lenksäule hinter dem Ablagefach. Von dieser Box gehen alle Leitungen in genau definierten Strängen zu den Verbrauchern. Die Zentral-Elektrikbox nimmt insgesamt 15 Sicherungen auf, die je nach Modell und Ausstattung teilweise oder ganz belegt sind. Auf der Rückseite der Box sitzen 3 Relais sowie verschiedene Mehrfachsteckverbindungen. In manchen Punto-Modellen gibt es noch eine Zusatz-Elektrikbox für sechs Sicherungen und Relais. Dieser zweite Sicherungskasten befindet sich hinter einer Klappe im Handschuhfach.

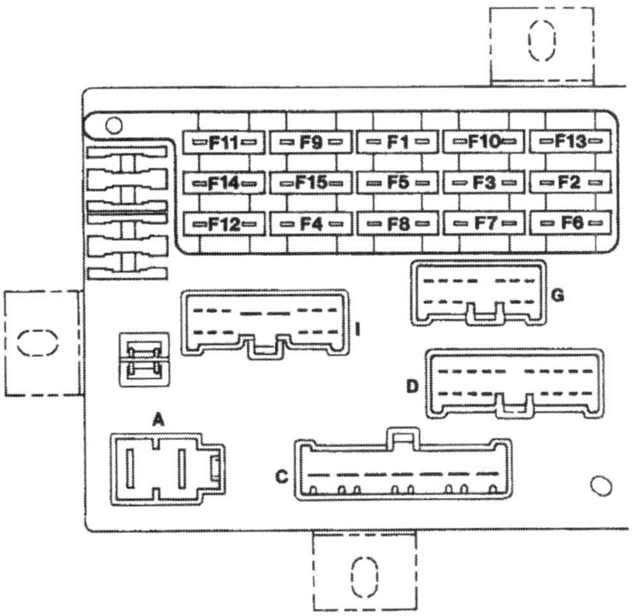

Zentral-Elektrikbox: Die Sicherungen von »F1« bis »F15«. Unter den Sicherungen befinden sich Plätze für die Mehrfachstecker.

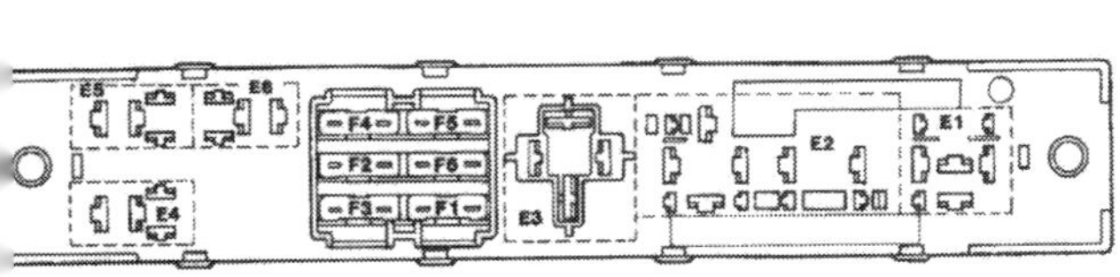

Zusatz-Elektrikbox: Die Anordnung der Sicherungen und Relais.

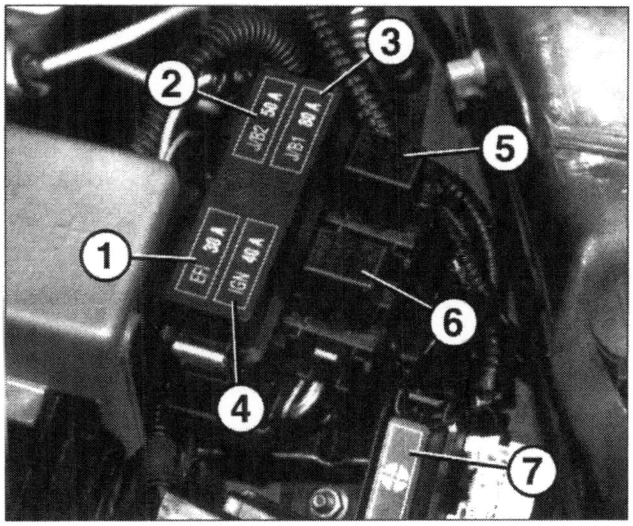

Seit dem Modelljahr '95 befindet sich, je nach Modell und Ausstattung, ein zusätzlicher Sicherungshalter im Motorraum neben der Batterie.

❶ 80A-Hauptsicherung für Zentral-Elektrikbox. ❷ 40A-Hauptsicherung für Zünd-/Anlaßschloß (bei Diesel für Absteller).
❸ 30A-Hauptsicherung für Einspritzsystem, Diebstahl-Alarmanlage, 60A-für Glühkerzen (Diesel). ❹ 50A-Hauptsicherung für Zubehör (zum Beispiel Steuergerät, Getriebeautomatik).
❺ 60A-Hauptsicherung für ABS. ❻ 30A-Sicherung für Kühlerventilator (nur TD mit Klimaanlage). ❼ 40A-Sicherung für Kühlerventilator (Benziner mit Klimaanlage und Diesel).

Die Schaltrelais

In Ihrem Punto gibt es eine Reihe von Verbrauchern, die im Vergleich zu anderen einen hohen Strom aufnehmen. Sie werden jedoch nicht direkt durch den Schalter in Betrieb genommen. Diese Aufgabe übernimmt das Schaltrelais. Wenn Sie einen Schalter betätigen, aktivieren Sie dadurch zunächst nur einen geringen Schaltstrom. Dieser kommt an Klemme 86 im Schaltrelais an und wird dann zu Klemme 85 geschlossen. Dadurch zieht eine Magnetspule einen Kontakt gegen kräftigen Federdruck an und schließt so den Stromkreis für den Arbeitsstrom. Der Arbeitsstrom wird auf kurzem Weg direkt an Klemme 30 des Relais herangeführt und von dort bei geschlossenen Schalterkontakten weiter über Klemme 87 an den Stromverbraucher weitergeleitet. Vorteil dieser Konstruktion: Die Schalterkontakte werden nicht durch hohen Stromfluß beansprucht. Außerdem vermeidet man Spannungsverluste, die bei langen Kabelwegen zwischen Schalter und Verbraucher entstehen würden.

Die Sicherungen in der Zentral-Elektrikbox

Nr.	A	Kabelfarbe Eingang	Kabelfarbe Ausgang	Erhält Strom vom	angeschlossene Stromverbraucher
1	15	orange/ weiß	hellblau/ rot	Licht-Kombischalter	Rückfahrscheinwerfer; Bremsleuchten; Zusatzbremsleuchte; Geber des Tachometers; Digitaluhr; Blinker; Checkpanel; el. Außenspiegel
2	10	gelb	gelb/rot	Zündschloß	Standlicht vorne rechts; Standlicht hinten links; Kennzeichenleuchte rechts; Beleuchtung von: Radio; Instrumenten; Zigarettenanzünder; Beleuchtung von: Schalterfeld; Schalter Scheinwerferverstellung; Schalter el. Außenspiegelverstellung; Schalter Sitzheizung
3	10	gelb	gelb/ schwarz	Zündschloß	Standlicht vorne links; Standlicht hinten rechts; Kennzeichenleuchte links; Beleuchtung von: Schalter Heizung-/Klimaanlage; Dimmer Digitaluhr
4	10	grau/rot	grau	Licht-Kombischalter	Abblendlicht rechts
5	10	grau/rot	grau/ schwarz	Licht-Kombischalter	Abblendlicht links; Scheinwerferverstellung
6	10	blau/rot	grün	Licht-Kombischalter	Fernlicht rechts
7	10	blau/rot	grün/ schwarz	Licht-Kombischalter	Fernlicht links; Fernlichtkontrolle
8	10	grau/rot	grau	Schalter Nebelschlußleuchten	Nebelschlußleuchten
9	10	schwarz/ rot	hellblau/ weiß	direkt von Batterie	Warnblinkanlage
10	15	schwarz/ rot	weiß/rot	direkt von Batterie	Innenbeleuchtung, Lesespot; Kofferraumleuchte; Uhr; Zentralverriegelung; Radio; Zigarettenanzünder; Blinker der Diebstahlsicherung
11	20	schwarz/ rot	Relais-Klemme 30	direkt von Batterie	Heizbare Heckscheibe und Kontrolleuchte; Außenspiegelbeheizung
12	30	schwarz/ rot	hellblau/ weiß	direkt von Batterie	Kühlerlüfter
13	20	schwarz/ rot	Relais-Klemme 30	direkt von Batterie	Hupe
14	20	Relais-Klemme 87	orange/ weiß	Relais	Scheibenwischer; Heckscheibenwischer; Pumpe Front- und Heckscheibenwascher
15	20	Relais-Klemme 87	hellblau/ schwarz	Relais	Heizgebläse

Die Sicherungen in der Zusatz-Elektrikbox

Nr.	A	Kabelfarbe Eingang	Kabelfarbe Ausgang	Erhält Strom vom	angeschlossene Stromverbraucher
1	30	rot	rot	Zentral-Elektrikbox	Fensterheber
2	20	rot	Relais-Klemme 30	Zentral-Elektrikbox	Nebelscheinwerfer
3	20	rot	rot	Zentral-Elektrikbox	Zentralverriegelung
4	20	Relais-Klemme 87	rot	Relais	Schiebedach
5	30				frei
6	30				frei

Spezielle Relais-Typen

Die Schaltrelais sind in der Relaisplatte von Zentral-Elektrikbox und Zusatz-Elektrikbox eingesteckt. Je nach Modell, Baujahr und Ausstattung findet man außerdem in separaten Haltern im Motorraum die Relais der Kraftstoffeinspritzung und Motorsteuerung, für Kühlerventilator, ABS und die Vorglühanlage des Dieselmotors. Daneben gibt es im Punto noch Relais-Typen, die bestimmte Funktionen auslösen. Dazu gehören zum Beispiel das Blinkrelais, das die Blinkimpulse steuert, und das für den Intervallbetrieb der Scheibenwischer zuständige Scheibenwischer-Relais.

Die Relais in der Zentral-Elektrikbox

Relaisbezeichnung	Geschalteter Verbraucher
E1	Rückstellung von Front- Heckscheibenwischer in Endposition
E2	Hupe
E3	Heizbare Heckscheibe; Außenspiegelbeheizung

Die Relais in der Zusatz-Elektrikbox

Relaisbezeichnung	Geschalteter Verbraucher
E1	Zentralverriegelung
E2	Fensterheber
E3	Schiebedach
E4	Abblend- und Fernlicht
E5	Nebelscheinwerfer
E6	Nebelschlußleuchte(n)

Sicherung wechseln

Arbeitsschritte

Zentral-Elektrikbox:

1 Zwei Schrauben oben am Ablagefach herausdrehen und Fach herausklappen.

Zusatz-Elektrikbox:

2 Abdeckung im Handschuhfach nach unten klappen.

3 Den Sicherungszieher (Rückseite des Ablagefachs) über den Kunststoff-Körper der Sicherung schieben und Sicherung herausziehen. Stellen Sie die Stärke der Sicherung fest – die neue Sicherung muß die gleiche Leistung haben.

4 Neue Sicherung in den Sicherungsplatz eindrücken. Achten Sie auf den korrekten Sitz.

5 Brennt die neue Sicherung sofort wieder durch, haben Sie eventuell eine zu schwache Sicherung eingesetzt oder ein Verbraucher ist defekt.

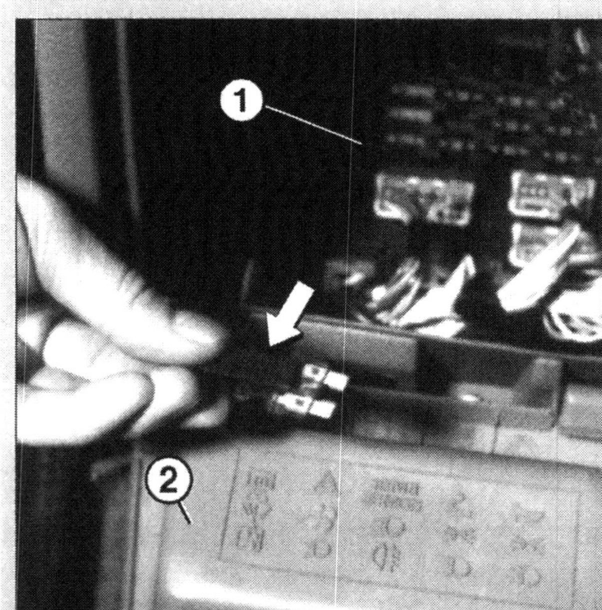

Zentral-Elektrikbox ❶: Das Ablagefach ❷ nach vorne klappen. Der Sicherungszieher (Pfeil) befindet sich auf der Rückseite des Fachs. Dort finden Sie auch einen Plan der Stromkreise und der zuständigen Sicherung.

Technik-lexikon: Die Sicherungen des Punto

In den Sicherungs-Boxen des Punto stecken sogenannte Flachsteck-Sicherungen. In ein durchscheinendes Kunststoff-Teil sind zwei flache Stecker eingebettet, die durch einen Schmelzdraht verbunden sind. Die Beschriftung der Sicherung informiert ebenso wie die Farbe über ihre Stärke: Violett (3 A), Braun (7,5 A), Rot (10 A), Blau (15 A), Gelb (20 A), »Farblos« (25 A), Grün (30 A). Eine durchgebrannte Sicherung erkennen Sie am unterbrochenen Schmelzdraht. Oft ist auch der Rücken der Plastikumhüllung herausgebrochen oder geschmolzen.

Störungssuche am Relais – Behelf bei einem Defekt

Arbeitsschritte

1 Klemme 30 muß immer Spannung führen.

2 Zur Kontrolle das Relais ein Stück aus dem Sockel herausziehen und mit der Nadel einer Prüflampe Klemme 30 antippen. Die Lampe muß aufleuchten.

3 Relais abziehen, Klemme 86 mit Batterieplus und Klemme 85 mit Masse verbinden. Die Magnetspule muß den Relaiskontakt deutlich hörbar anziehen, sonst ist das Relais defekt.

Behelf bei defektem Relais

1 Relais aus dem Sockel oder Mehrfachstecker abziehen.

2 Klemme 30 und 87 im Relais-Steckfeld des Sicherungskastens bzw. den Sockel des Mehrfachsteckers mit einem Stück Draht (Büroklammer) überbrücken. Dadurch erhält der betreffende Verbraucher Dauerstrom.

3 Zum Abschalten des Verbrauchers müssen Sie die Kurzschlußbrücke wieder abziehen.

Die Schaltpläne

Die Schaltpläne in diesem Ratgeber gelten für die Motor-Elektrik der am meisten verbreiteten Motor- und Ausstattungsvarianten des Fiat Punto. Schaltpläne für die allgemeine Elektrik im Punto konnten teilweise nicht berücksichtigt werden. Die Modellpflege am Punto bringt auch bei der Elektrik immer wieder kleine Änderungen bei den Schaltungen mit sich. Daher sind in diesen Schaltplänen auch Abweichungen zu Ihrem Punto-Modell möglich.

Aufbau der Schaltpläne

Normklemmen Zweistellige Ziffern kennzeichnen Normklemmen an elektrischen Bauteilen, Mehrfachsteckverbindungen oder Verbrauchern.

Kabelfarben Sind abgekürzt angegeben. Es bedeuten: A - hellblau; B - weiß; C - orange; G - gelb; H - grau; L - blau; M - braun; N - schwarz; R - rot; S - rosa; V - grün; Z - violett.

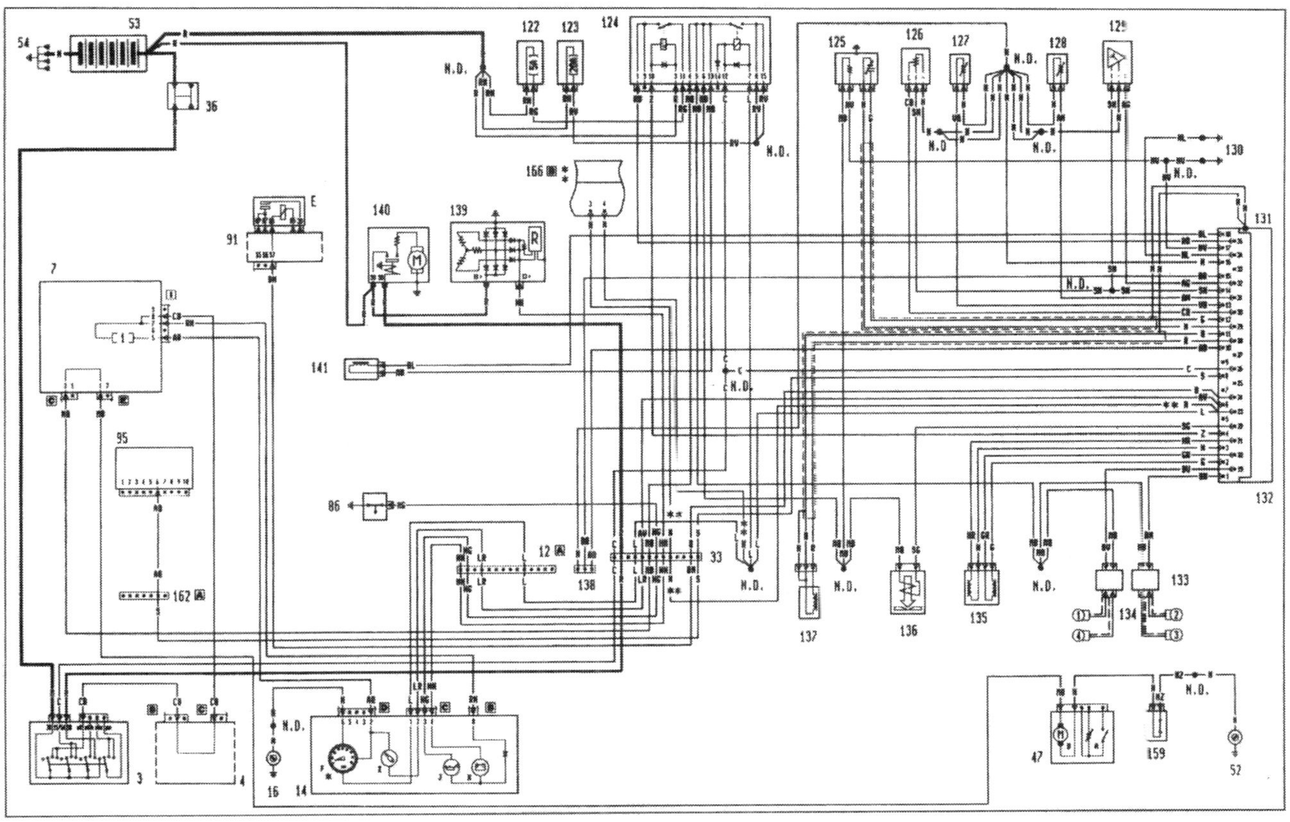

Punto 55: Motor 1108 SPI – 1242 SPI
Anlasser, Zündung, elektr. Einspritzanlage, Kontrolleuchten (Batterie, Motoröldruck), Warnleuchte Einspritzanlage.

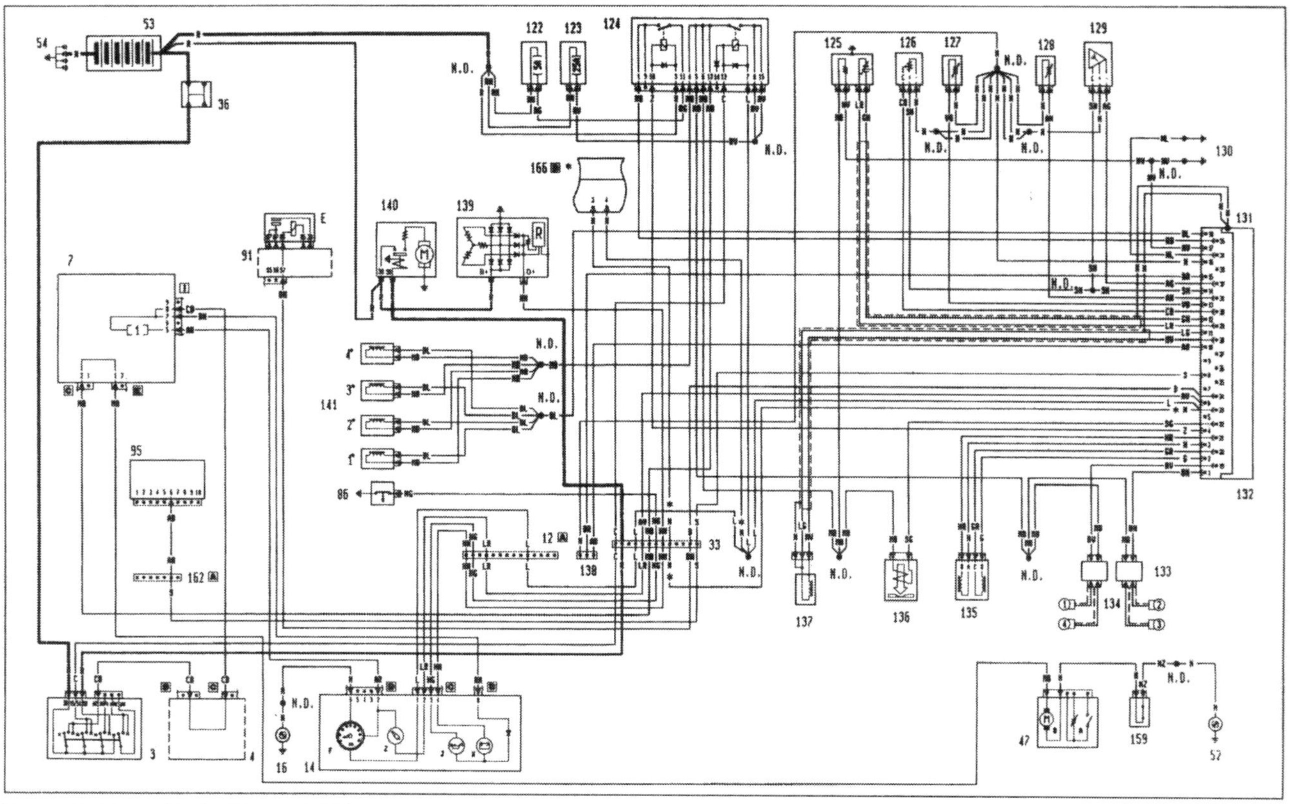

Punto 55: Motor 1108 SPI – 1242 MPI

Anlasser, Zündung, elektr. Einspritzanlage, Kontrolleuchten (Batterie, Motoröldruck), Warnleuchte Einspritzanlage.

Punto TD 60/70

Anlasser, Vorglühanlage, Kontrolleuchten (Batterie, Motoröldruck), Kontrolleuchte Turbolader, Kaltstarteinrichtung.

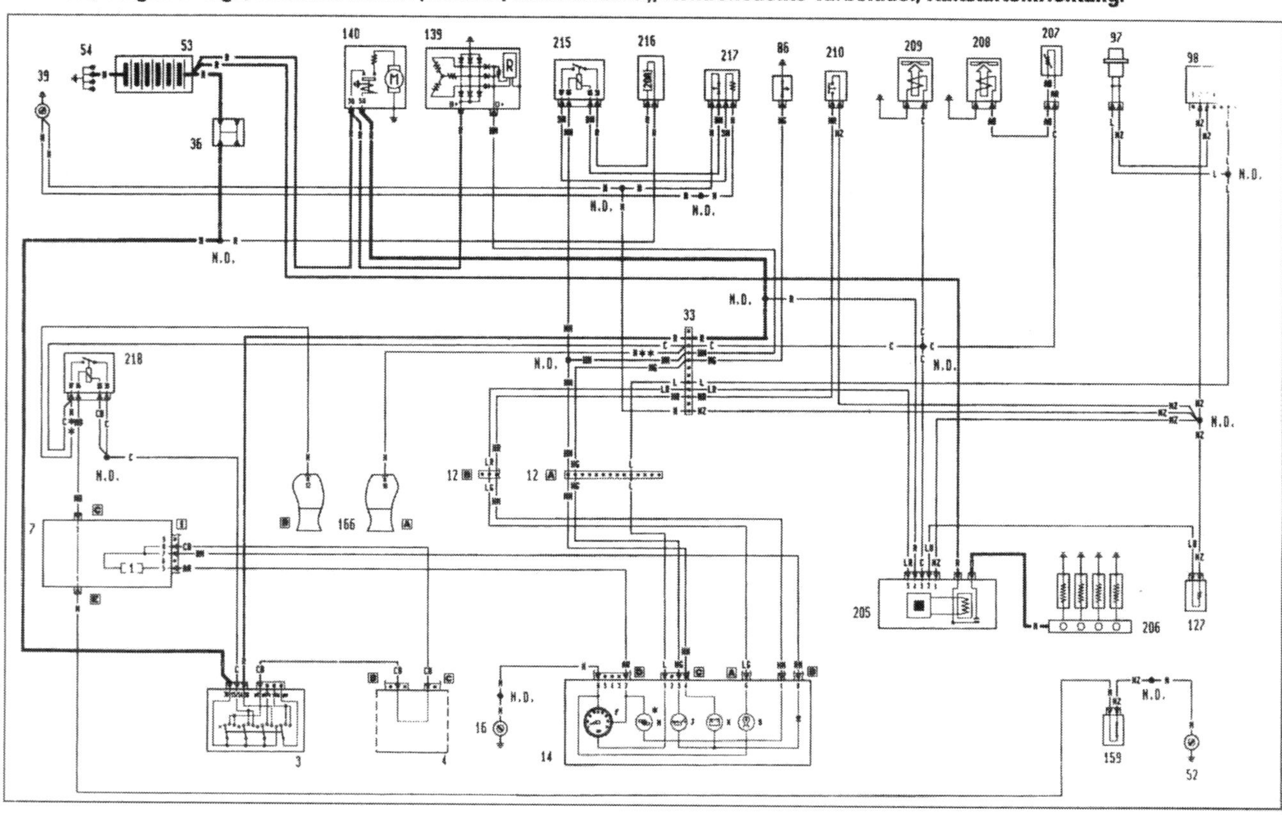

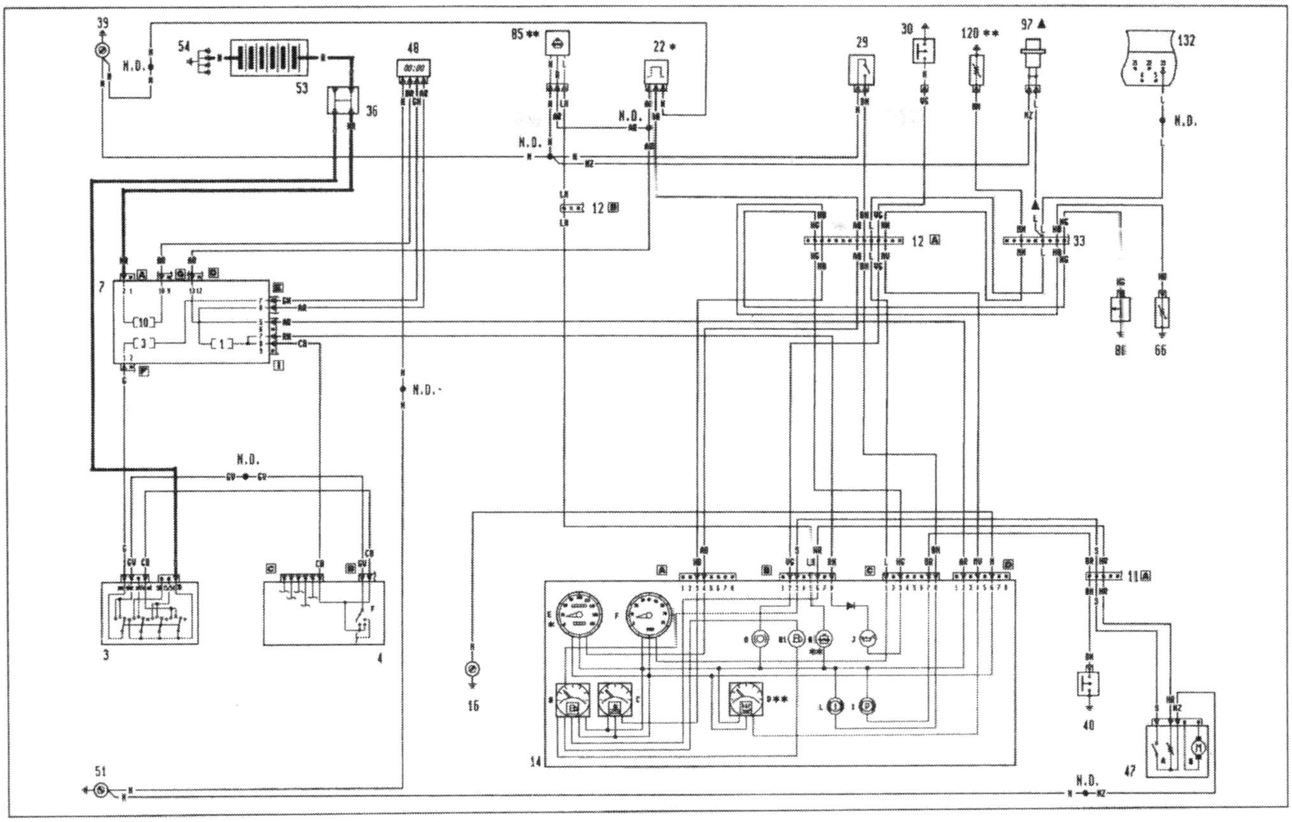

Punto SX/EL

Punto S/ED/SX/EL/ELX

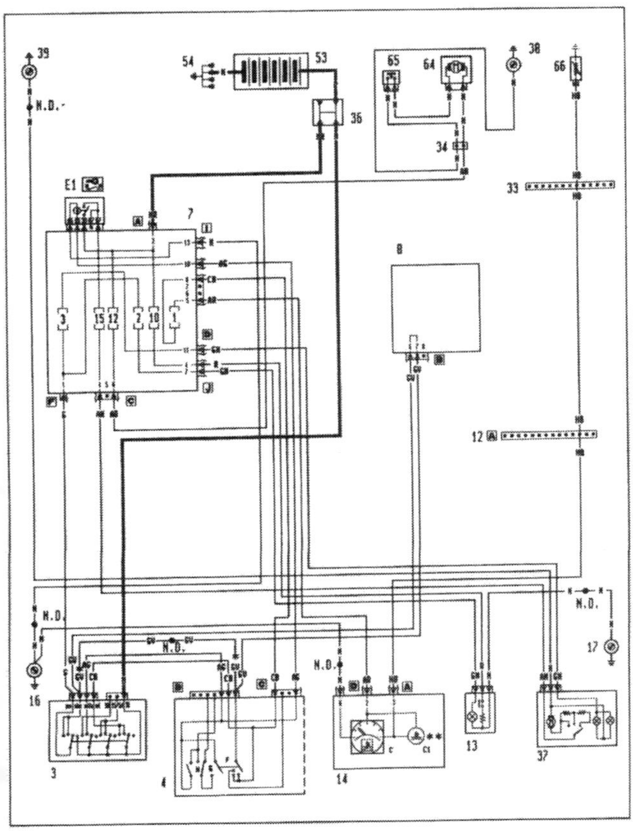

Punto SX/EL

Punto S/ED/SX/EL

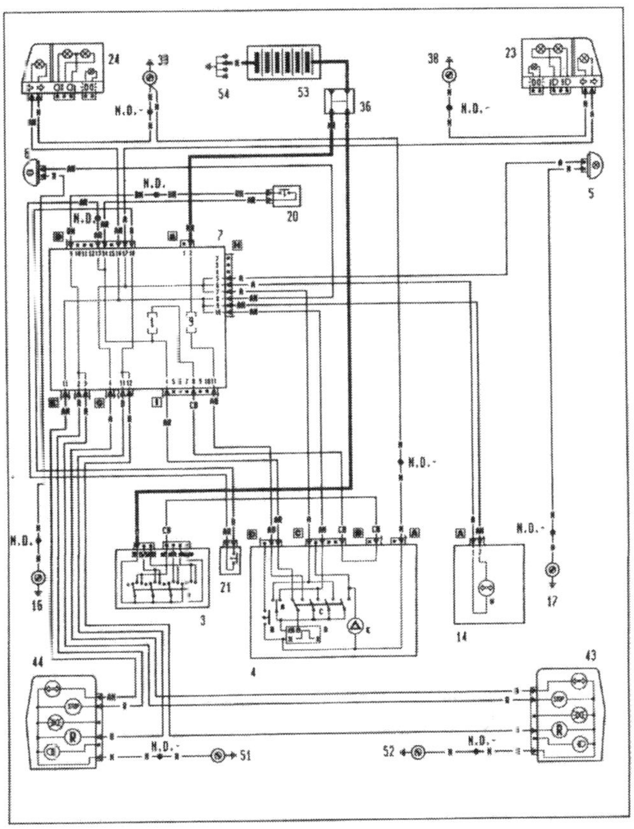

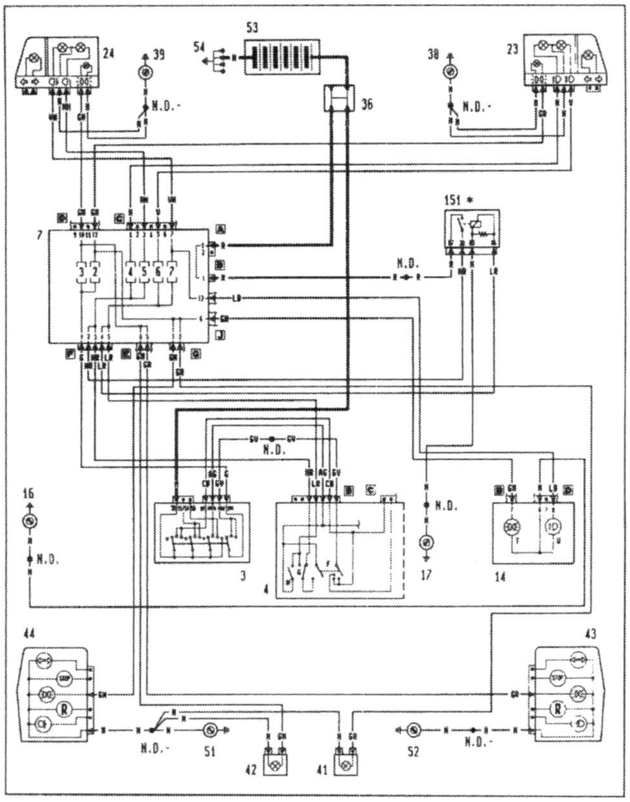

Punto S/ED/SX/EL

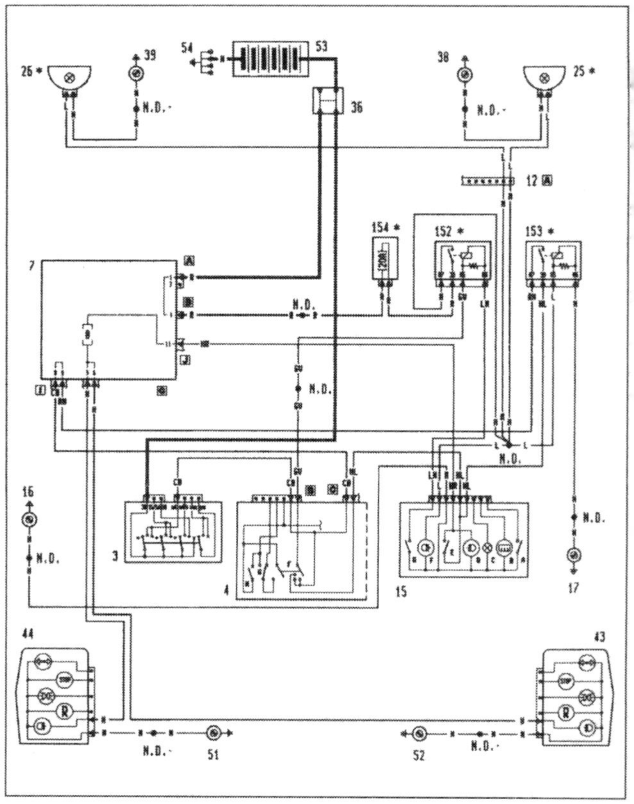

Punto S/ED/SX/EL

Punto SX/EL

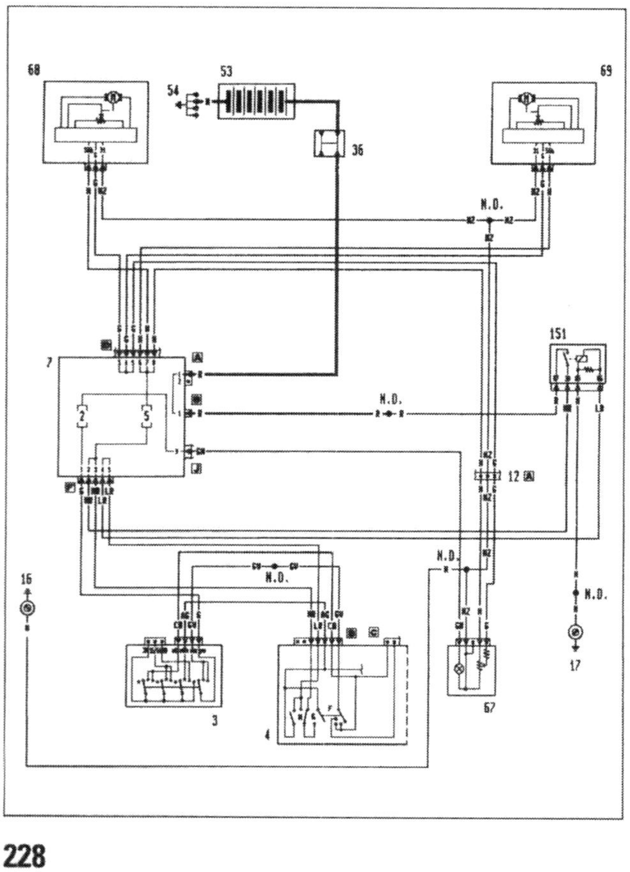

Punto S/ED/SX/EL

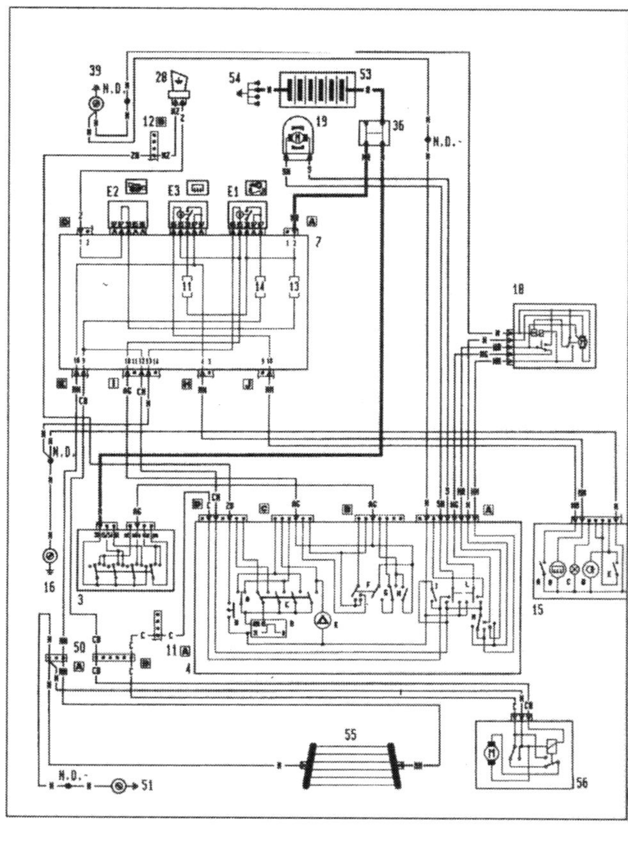

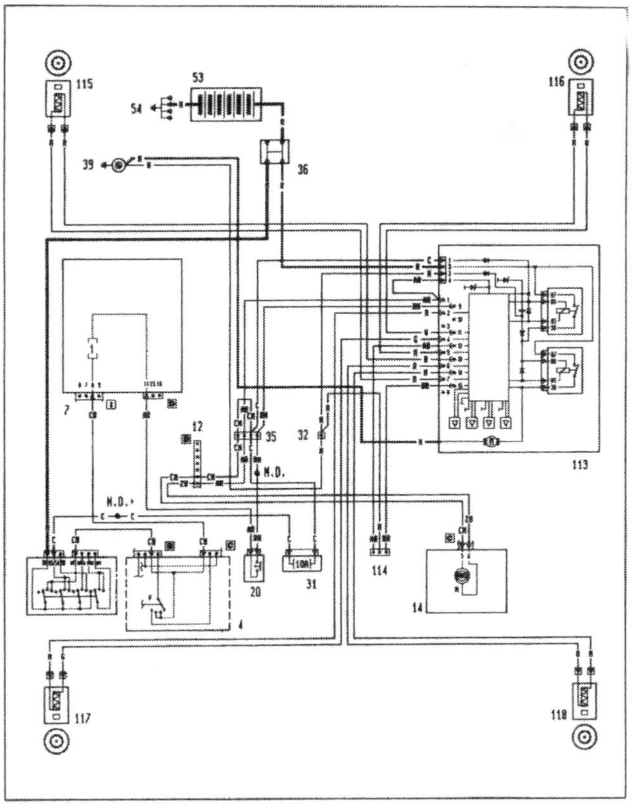

Punto SX/EL/ELX/GT

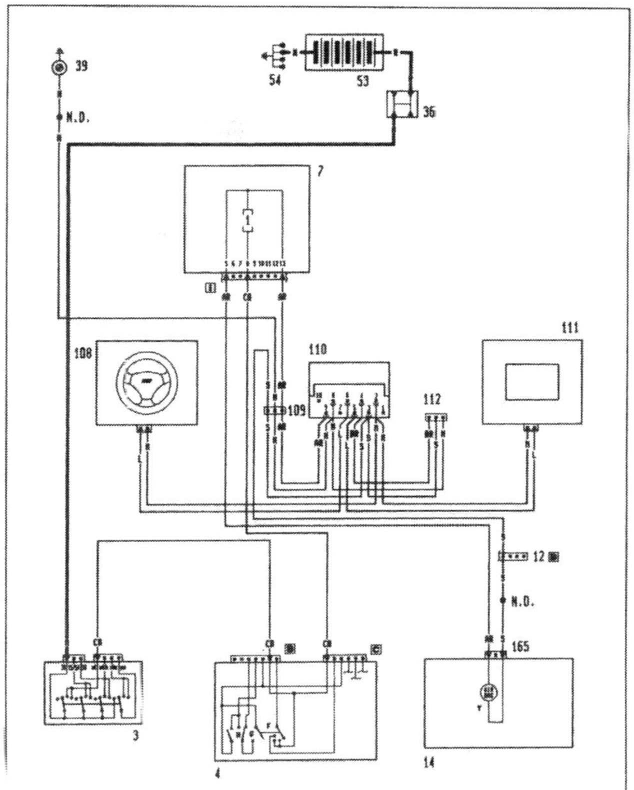

Punto S/ED/SX/EL/ELX/GT/TD

Punto SX/EL

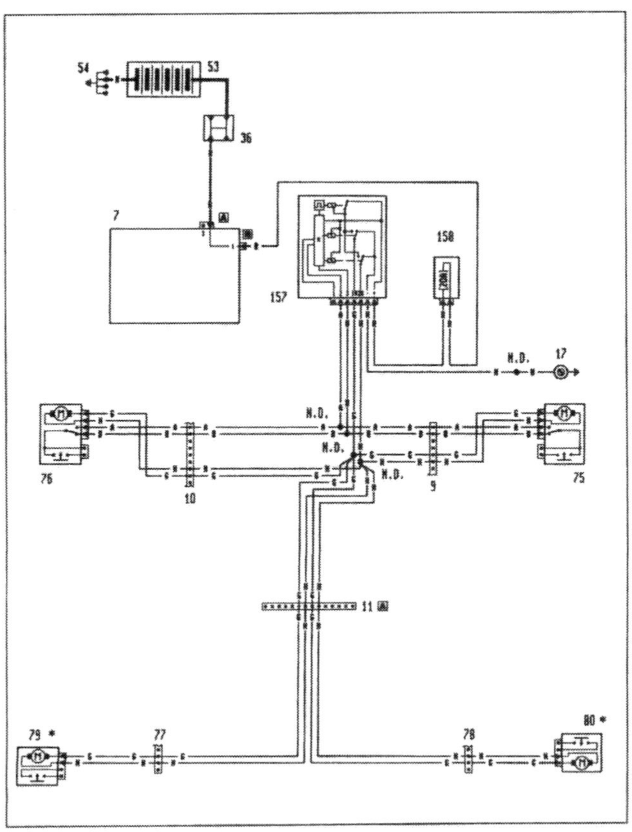

Punto SX/EL

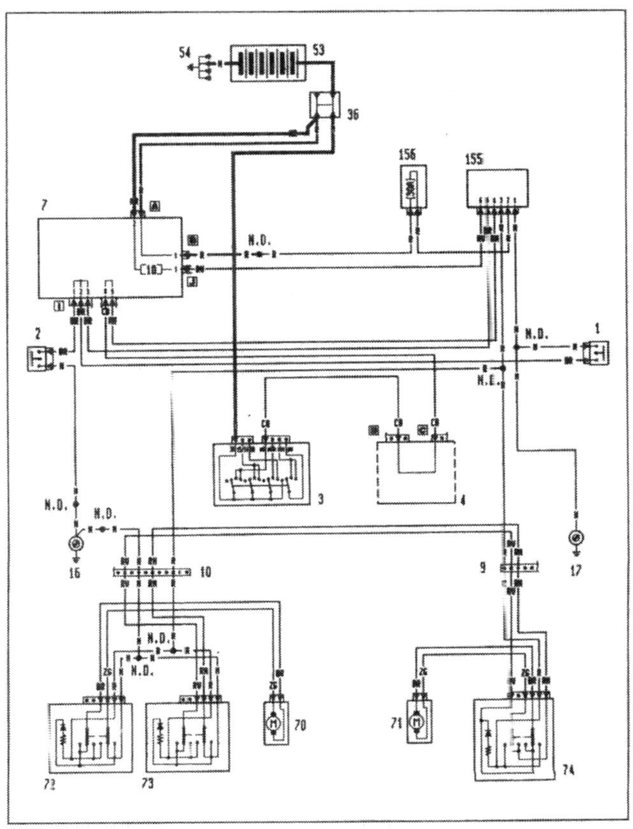

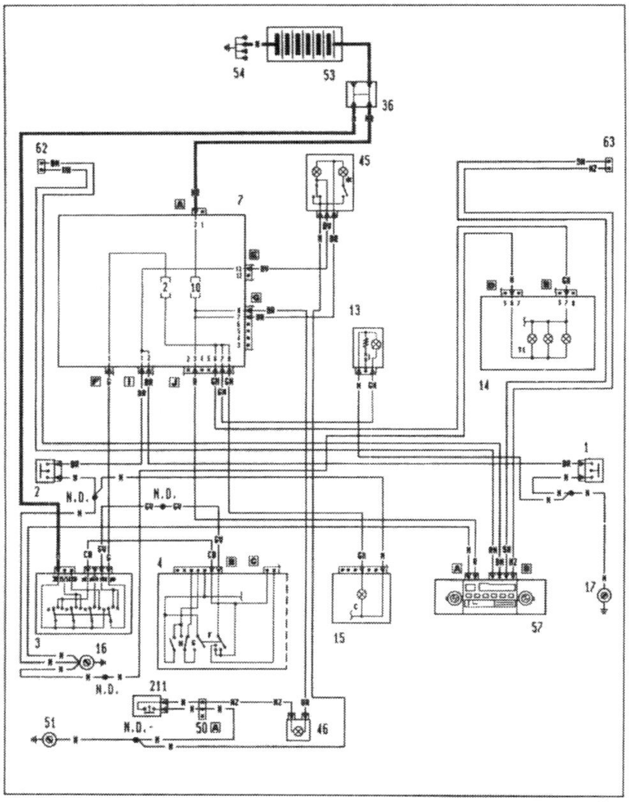

Punto S/ED/SX/EL/EL

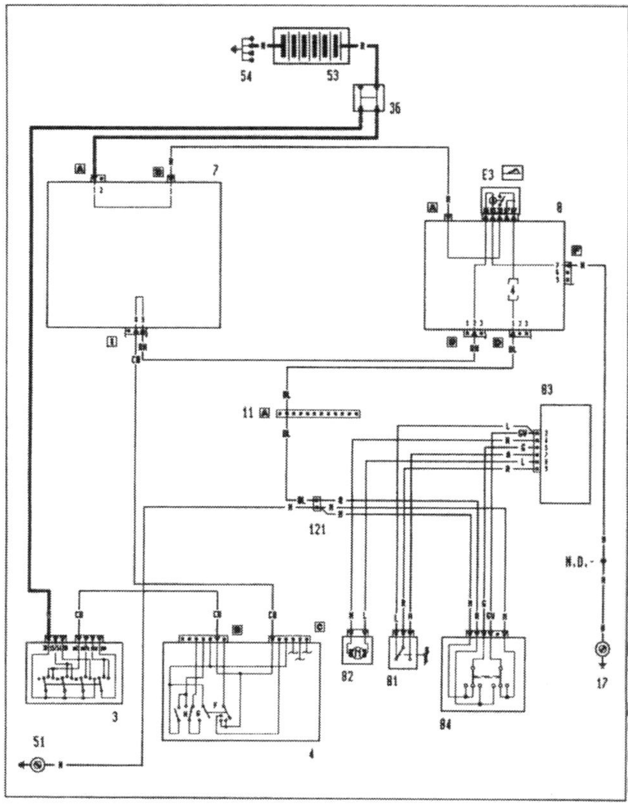

Punto ELX/GT

Schaltplan-Legende

1 Druckknopf vorne rechts für Deckenleuchte und Anzeige »Tür offen«
2 Druckknopf vorne links für Deckenleuchte und Anzeige »Tür offen«
3 Zündschalter
4 Lenkstockschalter:
A Umschalter Fahrtrichtungsanzeiger
B Druckknopf Hupe
C Warnblinklichtschalter
D Zeitrelais für Fahrtrichtungsanzeiger/Warnblinkleuchten
E Kontrolleuchte der Warnblinkanlage
F Umschalter Begrenzungsleuchten/Abblendlicht
G Umschalter Abblendlicht/Fernlicht
H Druckknopf für Fernlicht
I Schalter für Heckscheibenwischer
L Druckknopf für Scheibenwaschanlage/Heckscheibenwischer und Scheinwerfer
M Umschalter für Scheibenwischer
N Druckknopf zur Erhöhung der Lautstärke (am Lenkrad)
O Druckknopf zur Verringerung der Lautstärke (am Lenkrad)
P Druckknopf Programmwahl (am Lenkrad)
Q Druckknopf Frequenzwahl (am Lenkrad)
5 Seitliche Blinkleuchte vorne rechts
6 Seitliche Blinkleuchte vorne links
7 Schaltkasten:
E1 Relais für Schalterrückstellung
E2 Relais für Hupe
E3 Relais für heizbare Heckscheibe
8 Steuerung optional:
E1 Steuerung der Zentralverriegelung
E2 Steuerung der elektrischen Fensterheber vorne
E3 Leistungsrelais (Schiebedach)
E4 Relais für Abblendlicht/Scheinwerfereinstellung
E5 Steuerung der Nebelscheinwerfer
E6 Relais für Nebelschlußleuchten und eingeschaltete Nebelleuchten
9 Kabelanschluß am Armaturenbrett für Vordertür Beifahrerseite
10 Kabelanschluß am Armaturenbrett für Vordertür Fahrerseite
11 Kabelanschluß am Armaturenbrett für Kabel hinten
12 Kabelanschluß am Armaturenbrett für Kabel vorne
13 Zigarettenanzünder
14 Instrumententafel:
A Check-Panel-Modul:
A1 Warnleuchte Bremsleuchten
B Kraftstoffstandanzeiger
B1 Kraftstoffreserveanzeige
C Kühlflüssigkeitsthermometer
C1 Kontrolleuchte Kühlflüssigkeitstemperatur
D Öldruckanzeige
E Tachometer
F Drehzahlmesser
G Zeituhr
H Blinker-Kontrolleuchte
I Anzeige Handbremse angezogen
J Kontrolleuchte für Motoröldruck
L Kontrolleuchte Bremsflüssigkeitsstand
M Warnleuchte ABS
N Warnleuchte Turbokompressorhöchstdruck
O Kontrolleuchte Bremsbelagverschleiß
Q Kontrolleuchte Wasser im Kraftstoffilter
R Kontrolleuchte Tür offen
S Kontrolleuchte der Vorglühanlage
T Begrenzungsleuchten-Kontrolleuchte
T1 Glühbirnen zur Symbolbeleuchtung
U Fernlicht-Kontrolleuchte
V Warnleuchte Automatikgetriebe
Z Warnleuchte Einspritzanlage
X Warnleuchte für unzureichende Leistung der Lichtmaschine
Y Warnleuchte Airbag
15 Baugruppe Bedienelemente:
A Schalter für heizbare Heckscheibe
B Kontrolleuchte Heckscheibenheizung eingeschaltet

C Symbolbeleuchtung der Baugruppe Bedienelemente
D Kontrolleuchte Nebelschlußleuchten
E Schalter für Nebelschlußleuchten
F Nebelscheinwerfer-Kontrolleuchte
G Schalter für Nebelscheinwerfer
16 Masseanschluß Armaturenbrett links
17 Masseanschluß Armaturenbrett rechts
18 Intervallscheibenwischermotor
19 Elektropumpe Scheibenwaschanlage/Heckscheibenwaschanlage
20 Bremslichtschalter
21 Schalter für Rückfahrscheinwerfer
22 Impulsgenerator für Tachometersignal
23 Rechter Scheinwerfer
24 Linker Scheinwerfer
25 Nebelscheinwerfer rechts
26 Nebelscheinwerfer links
27 Signalhorn rechts
28 Signalhorn links
29 Fühler für Bremsflüssigkeitsstand
30 Verschleißfühler für Bremsbelag vorne links
31 Sicherung 10A für ABS
32 Kabelanschluß ABS
33 Kabelanschluß vorne
33A Kabelanschluß vorne für Automatikgetriebe
34 Kabelanschluß vorne
35 Kabelanschluß vorne für Kabel des ABS
36 Anschlußdose
37 Bedienelemente Heizung:
A Elektrogebläse für Innenraumbelüftung
B Schalter für Stärke der Fahrzeuginnenraumbelüftung
C Beleuchtung der Heizungsbetätigung
38 Masseanschluß vorne rechts
39 Masseanschluß vorne links
40 Schalter für Anzeige Handbremse angezogen
41 Kennzeichenleuchte rechts
42 Kennzeichenleuchte links
43 Rechte Heckleuchte
44 Linke Heckleuchte
45 Deckeninnenleuchte
46 Kofferraumleuchte
47A Kraftstoffstandfühler
47B Elektrokraftstoffpumpe
48 Digitaluhr
50 Kabelanschluß hinten
51 Masseanschluß hinten links
52 Masseanschluß hinten rechts
53 Batterie
54 Batteriemasseanschluß
55 Heizbare Heckscheibe
56 Heckscheibenwischermotor
57 Autoradio
62 Lautsprecher vorne links
63 Lautsprecher vorne rechts
64 Kühlerlüfter
65 Thermoschalter für Kühlerlüfter
66 Kühlmitteltemperaturfühler
67 Baugruppe Scheinwerfereinstellung
68 Stellmotor zur Korrektur der Einstellung des Scheinwerfers links
69 Stellmotor zur Korrektur der Einstellung des Scheinwerfers rechts
70 Fensterhebermotor vorne Fahrerseite
71 Fensterhebermotor vorne Beifahrerseite
72 Druckknopfsatz Fahrerseite für Fensterheber vorne links
73 Druckknopfsatz Fahrerseite für Fensterheber vorne rechts
74 Druckknopfsatz Beifahrerseite für Fensterheber vorne rechts
75 Stellmotor Türverriegelung vorne rechts und Anzeige »Tür offen«
76 Stellmotor Türverriegelung vorne links und Anzeige »Tür offen«
77 Kabelanschluß hinten für Hecktür links
78 Kabelanschluß hinten für Hecktür rechts
79 Stellmotor Türverriegelung hinten Fahrerseite links und Anzeige »Tür offen«
80 Stellmotor Türverriegelung hinten rechts und Anzeige Tür offen
81 Umschalter für Endanschlag des elektrischen Schiebedachs
82 Motor zur Betätigung des elektrischen Schiebedachs
83 Elektronisches Steuergerät für elektrisches Schiebedach
84 Schalter für elektrisches Schiebedach
85 Fühler zur Anzeige Wasser im Kraftstoffilter
86 Öldruckmangelschalter
91 Relais- und Sicherungskasten für Klimaanlage:
A Zeitrelais zum Einschalten der 2. Geschwindigkeitsstufe des Kühlerlüfters
B Relais zum Einschalten der 1. Geschwindigkeitsstufe des Kühlerlüfters
C Relais zum Einschalten der 2. Geschwindigkeitsstufe des Kühlerlüfters
D Zusatzrelais zum Einschalten des Kompressors
E Relais zum Einrücken der Kompressorkupplung
F Sicherung 3A für den Schaltkreis der 2. Geschwindigkeitsstufe des Gebläses
G Sicherung 7,5A der elektromagnetischen Kompressorkupplung
95 Elektronisches Steuergerät der Klimaanlage (Nippondenso)
97 Drehzahlfühler
98 Steuerung zum Abschalten des Kompressors (Bitron)
108 Ladung Projektion Airbag (Fahrerseite)
109 Kabelanschluß Airbag
110 Elektronisches Steuergerät für Airbag
111 Ladung Projektion Airbag (Beifahrerseite)
112 Diagnoseabgriff für Airbag
113 Elektronisches Steuergerät für ABS
114 Diagnoseabgriff für ABS
115 Fühler am Vorderrad links (ABS)
116 Fühler am Vorderrad rechts (ABS)
117 Fühler am Hinterrad links (ABS)
118 Fühler am Hinterrad rechts (ABS)
120 Fühler der Öldruckanzeige
121 Kabelanschluß des elektrischen Schiebedaches
122 Sicherung 5A Einspritzanlage (10A bei Version Turbo i.e.)
123 Sicherung 25A Elektroeinspritzpumpe, Lambda-Sonde und Elektroeinspritzventile (20A für Version 1108, 1242)
124 Mehrfachrelais
125 Beheizte Lambda-Sonde
126 Potentiometer an der Drosselklappe
127 Kühlmitteltemperaturfühler
128 Lufttemperaturfühler
129 Absolutdruckfühler
130 Masseanschluß am Motor
131 Masseanschluß am Schaltkasten
132 Steuerung für Zündung und elektronische Einspritzung I.A.W
133 Baugruppe Zündspule
134 Zündkerzen
135 Schrittstellmotor
136 Canister-Elektroventil
137 Drehzahl- und OT-Fühler
138 Diagnoseabgriff für Einspritzanlage
139 Lichtmaschine
140 Startermotor
141 Elektroeinspritzventil
151 Relais für Abblendlicht / Scheinwerfereinstellvorrichtung
152 Relais für Nebelscheinwerfer
153 Relais für Nebelschlußleuchten mit eingesch. Nebelscheinwerfern
154 Sicherung 20A für Nebelscheinwerfer
155 Elektronisches Steuergerät für elektrische Fensterheber vorne
156 Sicherung 30A für elektrische Fensterheber vorne
157 Elektronisches Steuergerät für Türverriegelung
158 Sicherung 20A für Türverriegelung
159 Trägheitsschalter zur Abschaltung der Elektrokraftstoffpumpe
162 Kabelanschluß Baugruppe Klimaanlage
165 Kabelanschluß Airbag
166 Elektronisches Steuergerät für Diebstahlsicherung
205 Elektronisches Vorglühsteuergerät
206 Glühkerzen
207 Kühlmitteltemperaturfühler für K.S.B.
208 Elektromagnet K.S.B.
209 Elektromagnet an der Einspritzpumpe
210 Schalter für Druckanzeige des Turbokompressors
215 Relais für beheizten Kraftstoffilter
216 Sicherung 20A für beheizten Kraftstoffilter
217 Beheizter Kraftstoffilter (P.T.C.)
218 Relais für Einspritzanlage (Turbo Diesel)

DER INNEN-RAUM

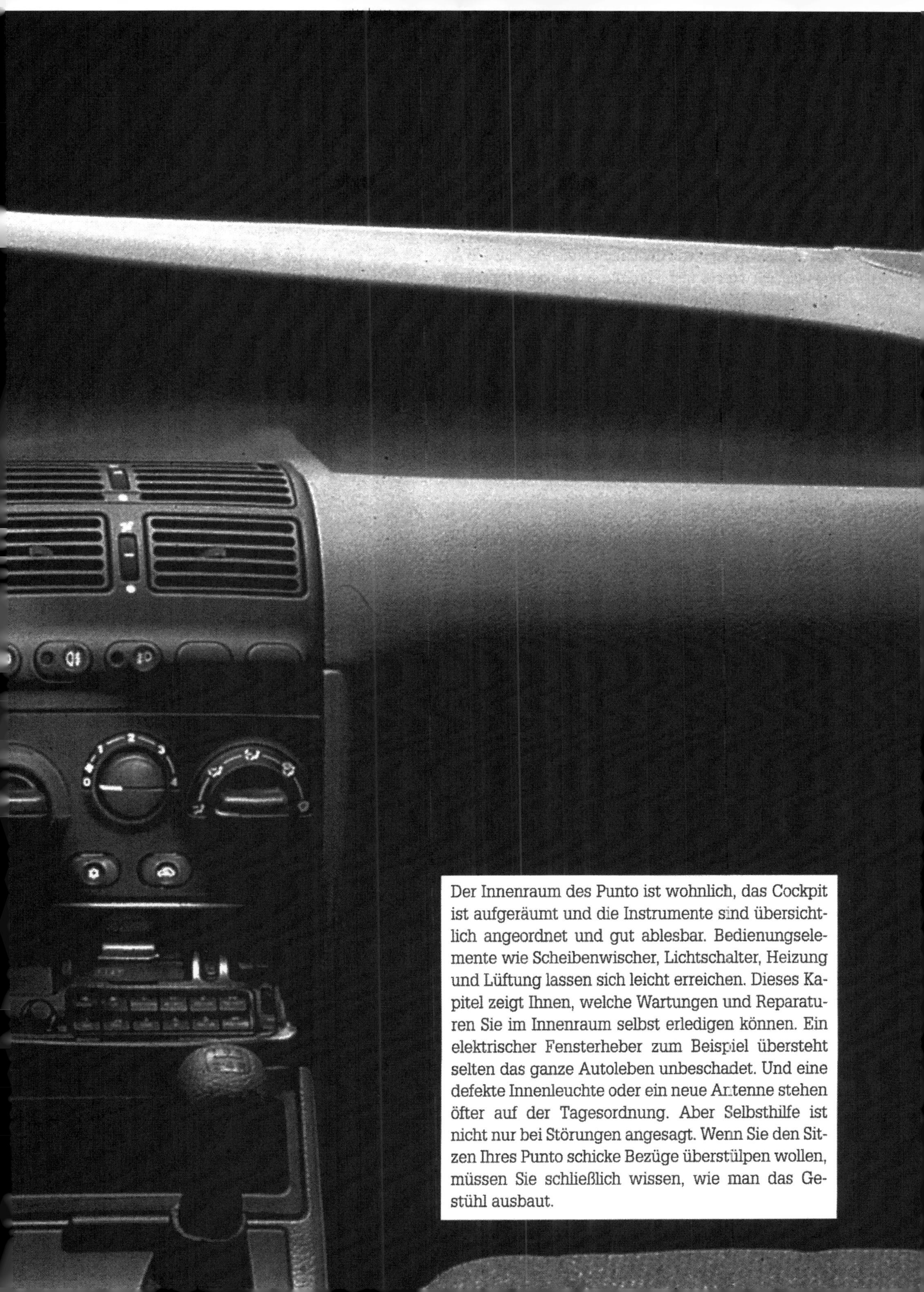

Der Innenraum des Punto ist wohnlich, das Cockpit ist aufgeräumt und die Instrumente sind übersichtlich angeordnet und gut ablesbar. Bedienungselemente wie Scheibenwischer, Lichtschalter, Heizung und Lüftung lassen sich leicht erreichen. Dieses Kapitel zeigt Ihnen, welche Wartungen und Reparaturen Sie im Innenraum selbst erledigen können. Ein elektrischer Fensterheber zum Beispiel übersteht selten das ganze Autoleben unbeschadet. Und eine defekte Innenleuchte oder ein neue Antenne stehen öfter auf der Tagesordnung. Aber Selbsthilfe ist nicht nur bei Störungen angesagt. Wenn Sie den Sitzen Ihres Punto schicke Bezüge überstülpen wollen, müssen Sie schließlich wissen, wie man das Gestühl ausbaut.

Heizung und Lüftung

Die vor der Windschutzscheibe anströmende Luft gelangt durch den Windlaufgrill ins Wageninnere. Je nach Stellung der Klappen im Gehäuse der Heizung strömt die frische Außenluft an den Aluminium-Lamellen eines Wärmetauschers vorbei und erwärmt sich. Die temperierte Luft kommt durch die Luftdüsen und Öffnungen der Heizung ins Innere des Fahrzeugs. Für eine stärkere Luftzufuhr sorgt das dreistufige Gebläse, das beim Punto von einem Gebläsemotor betrieben wird. Vorteil dieses Systems: Die frische Luft wird unabhängig von der Fahrgeschwindigkeit in den Innenraum befördert. Das Gebläse ist seitlich rechts im Heizungsgehäuse untergebracht und direkt vor den Wärmetauscher in den Luftstrom geschaltet. Prüfen Sie gelegentlich, ob Heizung und Lüftung funktionieren.

- Drehregler bei betriebswarmem Motor bis zum Anschlag nach »Warm« drehen – strömt Warmluft aus?
- Drehregler bis zum Anschlag nach »Kalt« stellen – nach kurzer Zeit darf nur noch kalte Luft kommen, sonst schließt die Warmluftklappe nicht richtig.
- Funktioniert die Luftverteilung nach oben und unten?
- Strömt aus allen Öffnungen Warm- oder Kaltluft?
- Funktioniert der Schieberegler für den Umluftbetrieb?
- Läuft das Gebläse in allen Stufen?

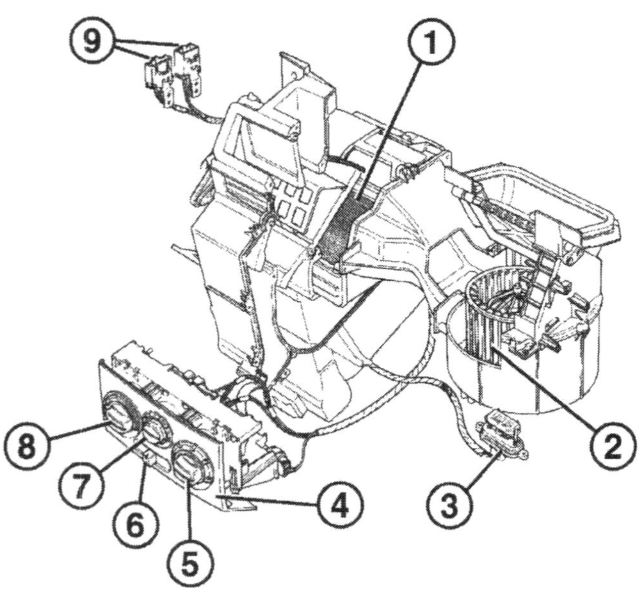

Pollenfilter wechseln

Arbeitsschritte | 15000 km 12 Monate

1 Wischerarme abbauen.

2 Windlaufgrill abbauen.

3 Links und rechts am Rahmen des Pollenfilters eine Klammer abziehen.

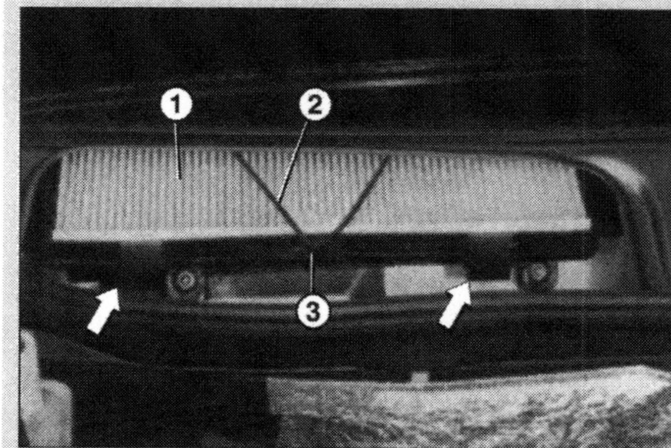

Pollenfilter durch Öffnen der beiden Klammern (Pfeile) wechseln. ❶ Pollenfilter. ❷ Gummiband zum Fixieren der Filtermatte im Filterrahmen. ❸ Haken zum Arretieren des Gummibands.

4 Rahmen mit Pollenfilter nach oben herausziehen.

5 Filtermatte durch Aushängen des Haltegummis vom Rahmen abnehmen und gegen neue Filtermatte auswechseln. Eine Reinigung des alten Filters ist nicht sinnvoll, da sich die Mikrostruktur des Filtereinsatzes mit Staub und Pollen vollständig zusetzt. Selbst mit einem Druckluft-Gerät erzielen Sie kein brauchbares Ergebnis.

Die Heizungs- und Belüftungsanlage (ohne Luftkanäle) ❶ Wärmetauscher. ❷ Gebläse. ❸ Vorwiderstand der Gebläsestufen. ❹ Heizungs-/Belüftungsregulierung. ❺ Regulierungsknopf der Luftverteilung. ❻ Schieber für Umluftbetrieb. ❼ Drehschalter für Gebläsestufen. ❽ Regulierknopf für Warm-/Kaltluft.

Heizung

Störungsbeistand

Störung	Ursache	Abhilfe
A Schwache Heizleistung	1 Luftklappe schließt nicht völlig	Lage des Bowdenzugs kontrollieren; Klappe gängig machen, ggf. Fremdkörper entfernen
	2 Wärmetauscher verstopft oder Leitungen gequetscht	Wärmetauscher ersetzen (lassen); Leitungen kontrollieren
	3 Heizzug gerissen oder ausgehängt	Ersetzen bzw. einhängen
	4 Vor- oder Rücklauf des Wärmetauschers zugesetzt oder geknickt	Kontrollieren, ggf. Schläuche ersetzen
B Heizung fällt während der Fahrt aus	Wärmetauscher durch Kühlmittelverlust leergelaufen	Temperaturanzeige beobachten. Wenn im roten Bereich, sofort anhalten, sonst Gefahr für die Zylinderkopfdichtung! Undichtigkeit beheben und Kühlwasser auffüllen

Heizungs-und Lüftungsregulierung ausbauen

Arbeitsschritte

1 Drehknopf des Gebläseschalters mit kräftigem Zug abziehen. Bleibt das transparente Drehknopfteil sitzen, müssen Sie es extra abziehen.

2 Schraube in der Vertiefung des Drehknopfs herausschrauben.

Ausbau der Drehknopfblende: die unter dem abgenommenen Drehknopf sichtbare Schraube (Pfeil oben) sowie die beiden unteren Schrauben (Pfeile) herausschrauben.

→

3 Die beiden unten an der Drehknopf-Blende sitzenden Schrauben ausschrauben.

4 Drehknopf-Blende abnehmen.

5 Die unter der Blende sitzenden Schrauben (zwei links, zwei rechts) der Heizungs- und Lüftungsregulierung lösen und herausdrehen.

6 Die Regulierungs-Einheit soweit wie möglich nach vorne ziehen.

7 Zug am Zapfen der Reguliereinheit aushängen. Vorher das Widerlager der Außenhülle lösen.

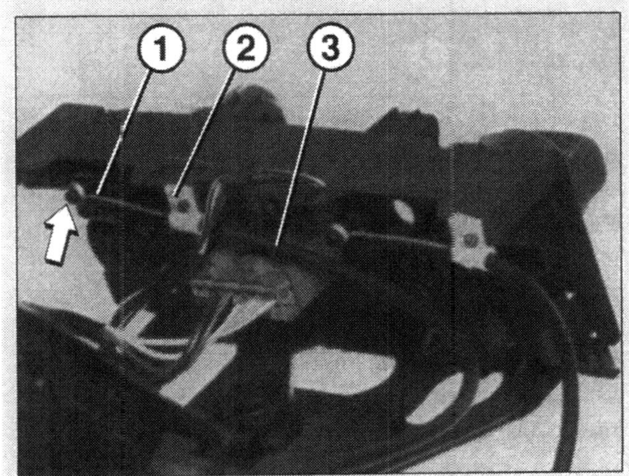

Die Rückseite der Heizungs- und Lüftungsreguliereinheit. Hier muß der entsprechende Regulierzug ❶ am Zapfen (Pfeil) des Regulierhebels ausgehängt werden. ❷ Zugwiderlager. ❸ Zugaußenhülle.

→

8 Von der linken Unterseite des Armaturenbretts aus den entsprechenden Zug vom Widerlager am Heizungsgehäuse lösen (Klemme) und am Regulierhebel der Luftverteilerklappe(n) aushängen.

9 Den neuen Bowdenzug möglichst spannungsfrei wie den alten Zug verlegen und in den Zapfen des entsprechenden Regulierknopfes einhängen.

10 Außenhülle so am Widerlager montieren, daß sie bündig mit der Klemmhalterung abschließt und Zug am Regulierhebel einhängen.

11 Das andere Ende der Außenhülle so am Widerlager des Heizungsgehäuses anbringen, daß sie noch verschoben werden kann.

12 Innenzug am Zapfen des Klappenregulierhebels einhängen.

13 Luftverteilerklappe(n) bis zum Anschlag schließen und Regulierknopf am Armaturenbrett in entsprechende Stellung drehen.

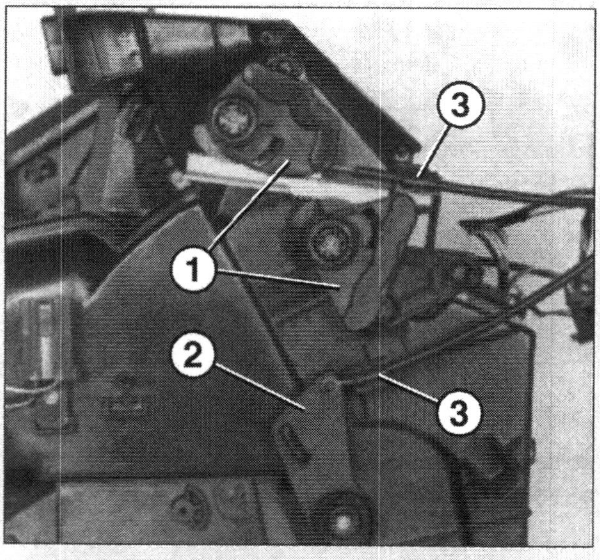

Einstellung der Seilzüge 3 der Luftverteilerklappen 1 und der Mischklappe von Warm- und Kaltluft 2: Die Außenhüllen in den Klemmwiderlagern solange verschieben, bis Sie die Klappen bei der Drehung des jeweiligen Regulierknopfes frei von Anschlag zu Anschlag schwenken können.

14 Außenhülle am Heizungsgehäuse in dieser Stellung mit der Widerlagerklemme fixieren.

15 Regulierknopf von Anschlag zu Anschlag schieben und dabei die entsprechende Luftklappe kontrollieren. Achten Sie dabei auf die Leichtgängigkeit der Regulierung.

Seitliche Luftdüsen ausbauen

Arbeitsschritte

1 Mit einem Schraubendreher den Einsatz der Luftdüse aus dem Gehäuse hebeln. Legen Sie einen Lappen als Hebelpolster unter.

2 Soll das Gehäuse der Luftdüse wegen einer Störung an der Verstellmechanik ausgebaut werden, die hinter dem Einsatz sichtbaren Haltenasen etwas anheben und das Gehäuse aus dem Armaturenbrettausschnitt hebeln.

Diese Haltenasen (Pfeil) müssen Sie etwas anheben, damit Sie das Gehäuse aus dem Armaturenbrett hebeln können.

3 Beim Einbau die Düse bis zum Anschlag in den Ausschnitt des Armaturenbretts eindrücken.

Vorwiderstand und Gebläse ausbauen

Arbeitsschritte

1 Batteriemassekabel abklemmen.

2 Fußraumverkleidung auf der Beifahrerseite ausbauen (falls vorhanden). Unter dem Armaturenbrett sind jetzt Gebläsemotor und Vorwiderstand erreichbar.

3 Gebläse ausbauen

4 Mehrfachstecker am Gebläsemotor abziehen.

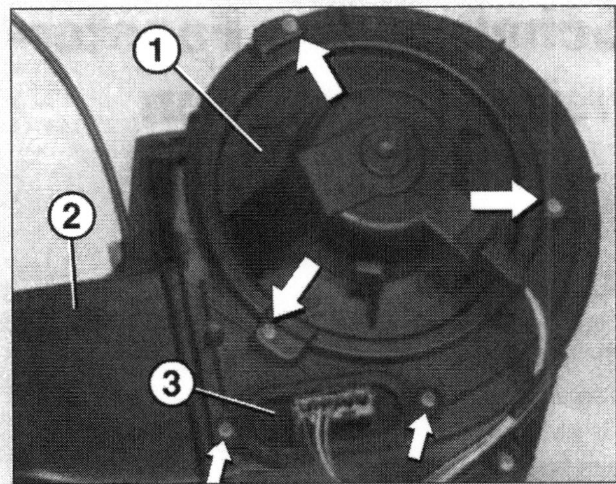

Das Gebläse ❶ ist im Heizungsgehäuse ❷ von unten mit drei Schrauben (große Pfeile) befestigt. Auch der Vorwiderstand ❸ für die Gebläsestufen kann von unten durch Lösen der beiden Schrauben (kleine Pfeile) ausgebaut werden.

5 Drei Schrauben rund um den Gebläsemotor herausdrehen.

6 Gebläsemotor komplett nach unten aus dem Heizungsgehäuse nehmen.

7 Beim Einbau darauf achten, daß die Trägerplatte des Gebläsemotors korrekt im Heizungsgehäuse sitzt, bevor die drei Schrauben festgezogen werden.

8 Vorwiderstand ausbauen.

9 Mehrfachsteckverbindung am Vorwiderstand abziehen.

10 Links und rechts neben den Widerstand eine Schraube lösen und Widerstand nach unten aus dem Heizungsgehäuse ziehen.

Die Schalter

Im Punto setzen verschiedene Schaltertypen die elektrischen Verbraucher in Gang. Rechts und links von der Lenksäule befinden sich die Kombihebelschalter, das Heizgebläse wird über einen Drehschalter aktiviert. Die Druckschalter sind – je nach Ausstattung – für Nebelschlußleuchte, Nebelscheinwerfer, heizbare Heckscheibe und elektrische Fensterheber zuständig. Diese Schalter können Sie bei einem Defekt mit etwas Geschick selbst ausbauen. Arbeiten am Lenk/Anlaßschalter sollten Sie dagegen der Werkstatt überlassen.

Lenk/Anlaßschalter

Der Lenk/Anlaßschalter nimmt nicht nur den Zündschlüssel für den Motorstart auf, sondern aktiviert nach Abziehen des Zündschlüssels die Wegfahrsperre und sperrt nach einer kurzen Lenkraddrehung auch die Lenkung. Am Schloßteil selbst treten nur selten Störungen auf. Die Kontakte des Schalters können bei einem älteren Fahrzeug jedoch korrodieren und abnutzen. Bei einer Störung muß der komplette Lenk/Anlaßschalter ausgewechselt werden – eine Arbeit für die Werkstatt.

Praxistip

Störungssuche am Gebläse

- Wenn das Gebläse in keiner Schalterstellung funktioniert, sollten Sie zuerst die zuständige Sicherung kontrollieren.
- Ist die Sicherung in Ordnung, liegt die Ursache eventuell am Gebläseschalter. Schalter in allen Stellungen auf Durchgang prüfen.
- Liegt es nicht am Schalter, legen Sie ein Hilfskabel vom Batterie-Pluspol an den Anschluß der hellblau/schwarzen Leitung (das schwarze Kabel ist die Masse-Leitung) des Gebläsemotors.
- Bleibt es weiterhin ruhig, ist der Motor durchgebrannt. Das Teil müssen Sie austauschen.
- Wenn das Gebläse nur in einer oder zwei Stufen läuft, Drehschalter bei allen Stufen auf Durchgang prüfen.
- Liegt es nicht am Schalter, Steckverbindung am Gebläsemotor prüfen.
- Finden Sie hier keinen Fehler, ist vermutlich der Vorwiderstand defekt.

Druckschalter ausbauen

Die Druckschalter im Armaturenbrett befinden sich in der mittleren Blende der Luftdüsen in einer Konsole. Zum Ausbau eines Druckschalter muß die Blende ausgebaut werden.

Arbeitsschritte

1 Mittleren Knopf (Gebläseschalter) der Heizungsbedienung abziehen.

2 Die sichtbare Innensechskantschraube (SW3) herausschrauben.

3 Von vorne unten zwei Innensechskantschrauben (SW3) herausschrauben.

➞

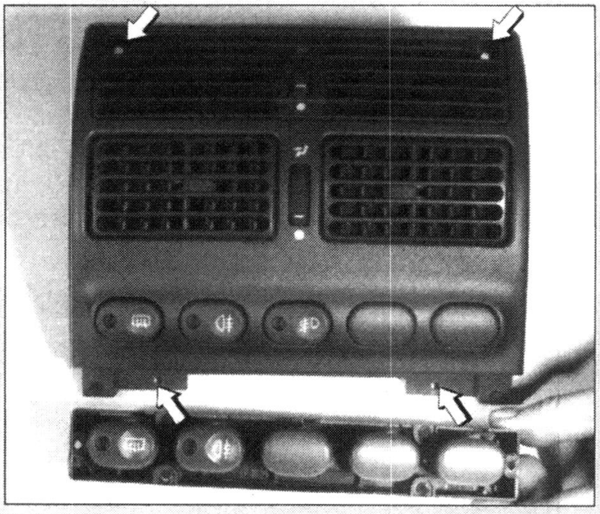

Nach Lösen der vier Schrauben (Pfeile) kann die Blende der Luftdüsen komplett mit den Druckschaltern abgenommen werden. Wenn ein Schalter defekt ist oder wenn Sie zum Beispiel einen Schalter für die Nebelscheinwerfer einbauen wollen, müssen Sie die komplette Schalterkonsole (mit anderem Mehrfachstecker) auswechseln.

4 Blende nach vorn abnehmen.

5 An der Luftdüsen-Blende frei gewordene Schrauben herausschrauben.

6 Links und rechts oben an der Blende die beiden Schrauben herausdrehen und Luftdüsen-Blende abnehmen.

7 Mehrfachstecker von der Rückseite der Blende abziehen und Schalterkonsole abschrauben (vier Schrauben).

Die Abdeckung des Sicherungskastens und der Zentralelektrik herunterklappen und drei Schrauben an der Halteplatte lösen um die Rückseite zugänglich zu machen. Die Halteplatte läßt sich nur sehr widerwillig drehen.

Schalter des Fensterhebers ausbauen

Arbeits-schritte

1 Auf der Fahrerseite mit einem kleinen Schraubendreher links und rechts den kompletten Schalterblock **2** aus dem Türgriff **1** hebeln. Legen Sie zum Schutz vor Kratzern einen Lappen unter. Auf der Beifahrerseite befindet sich nur ein Schalter.

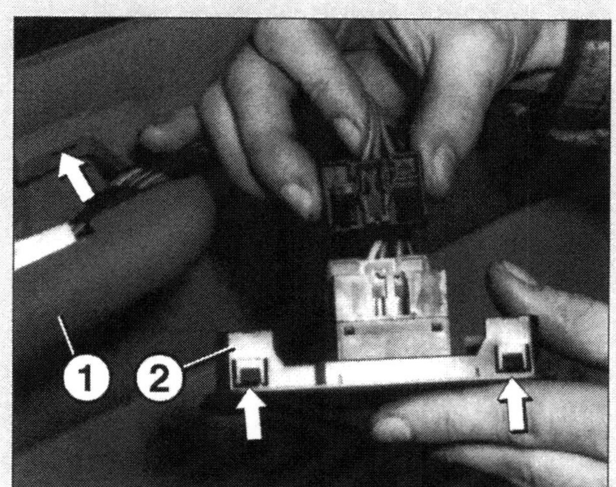

2 Mehrfachstecker abziehen und Schalterblock (Schalter) abnehmen.

3 Beim Einsetzen des Schalterblocks (Schalters) darauf achten, daß die kleinen Haltezungen korrekt in den Aufnahmen des Türgriffs sitzen.

Hebelschalter ausbauen

Arbeits-schritte

1 Lenkrad ausbauen.

2 Obere und untere Verkleidung der Lenksäule abnehmen (drei 3-mm-Innensechskantschrauben).

3 Von der Schalterunterseite her die mittig sitzende Klemmschraube lösen.

→

4 Schaltereinheit von der Lenksäule nach vorne ziehen, bis die Mehrfachstecker abgezogen werden können.

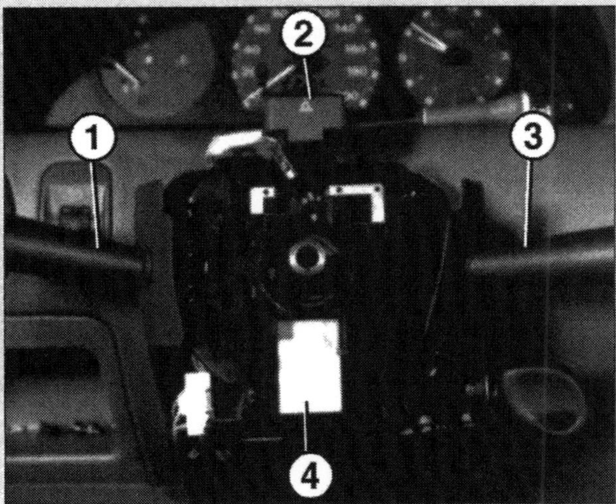

Die Kombi-Hebelschalter von Licht- und Blinker ❶ sowie Front- und Heckscheibenwischer und Scheibenwascher ❸ sind jeweils in einer Schalterzentrale zusammengefaßt. Ebenfalls integriert ist der Druckschalter der Warnblinkanlage ❷. Bei Problemen mit der Blinkanlage läßt sich das Relais ❹ des Blinkers leicht auswechseln.

5 Schaltereinheit von der Lenksäule abnehmen.

6 Der Einbau erfolgt in umgekehrter Reihenfolge. Kontrollieren Sie vor dem Ansetzen der Lenksäulen-Verkleidungen die Funktion des Hebelschalters.

Leuchten wechseln

Arbeitsschritte

Innenleuchte wechseln (Punto S)

1 Die Soffitte (10 Watt) wird bei entsprechender Schalterstellung durch die in den Türpfosten eingeschraubten Türkontaktschalter ein- und ausgeschaltet.

2 Abdeckung der Leuchte mit einem dünnen Schraubendreher vorsichtig zusammen mit der Streuscheibe aus dem Lampengehäuse hebeln. Defekte Soffitte aus der Federhalterung nehmen.

Innenleuchte wechseln (alle anderen Modelle)

1 Abdeckung vom Lampengehäuse abhebeln. Bei Ausführungen mit Schiebedach vorher die Drehkurbel demontieren (eine Schraube).

2 Die beiden kleinen hinteren Abdeck-Stopfen vorsichtig aus dem Lampenträger hebeln.

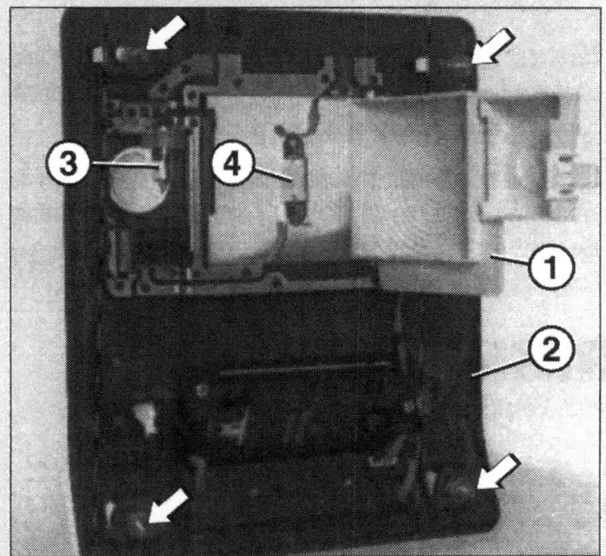

Vier Schrauben (Pfeile) herausdrehen und Lampengehäuse ❷ aus dem Dachausschnitt nehmen. Lampenreflektor ❶ hochklappen, Sicherungszunge drücken und defekte Soffitte (10 Watt) oder Leselampe (6 Watt) ersetzen.

Glühlampe des Zigarettenanzünders wechseln

1 Aschereinsatz herausnehmen.

2 Vier Innensechskantschrauben (SW3) lösen und Ascher mit Zigarettenanzünder abnehmen.

3 Kabelstecker abziehen und Glühlampe (1,4 Watt) wechseln.

Glühlampe des Heizhebels wechseln

1 Gebläseschalter (mittlerer Knopf) der Heizungsbedienung abziehen. Die dann sichtbare Innensechskantschraube (SW3) und die beiden unteren Schrauben (SW3) herausdrehen.

2 Blende nach vorn abnehmen, Lampensockel aus der Rückseite der Blende ziehen und Glühlampe wechseln.

Beleuchtung im Kofferraum prüfen

Unter der Hutablage sitzt eine Leuchte, die von einem Kontaktschalter in der Kontaktplatte auf der Kofferraumöffnung ein- und ausgeschaltet wird (je nach Ausstattung).

1 Streuscheibe mit einem Schraubendreher aus dem Ausschnitt hebeln und nach vorne klappen. Lampe wechseln und auf Funktion prüfen.

2 Brennt die Birne nicht, zwischen schwarz/violettem und weiß/rotem Kabel die Spannung messen. Liegt Spannung an, hängt der Schalter oder er ist defekt.

3 Schalter abbauen und mehrmals die Feder-Kontaktstifte kräftig hineindrücken und wieder schnappen lassen. Brennt die Birne nach Einbau nicht, Schalter auswechseln.

Radio ausbauen

(vom Werk eingebaute Anlage)

Arbeitsschritte

1 Bei Radios mit Anti-Diebstahl-Codierung (Keycode) sicherstellen, daß die Codenummer vorliegt.

2 Batterie abklemmen.

3 Das vom Werk eingebaute Radio/Cassettengerät bauen Sie fachgerecht aus, indem Sie die Haltezungen durch passende U-förmige Drahtwinkel entsichern. Dazu die eingeschobenen Winkel nach außen drücken.

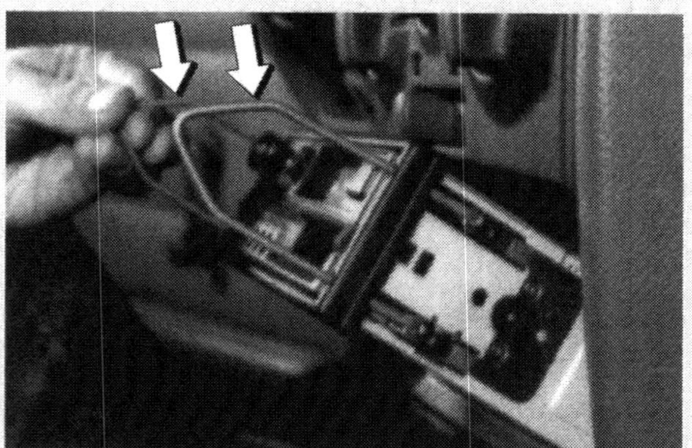

Mit solchen Drahtbügeln ziehen Sie das Radio aus dem Ausschnitt des Armaturenbretts. Wollen Sie nachträglich ein Autoradio installieren, müssen Sie einen ins Armaturenbrett des Punto passenden Rahmen einbauen.

4 Radiogerät vorsichtig und gleichmäßig (nicht verkanten) aus der Öffnung ziehen. So vermeiden Sie Beschädigungen an den Schienen der Gerätehalterung.

5 Antennenkabel, Stromanschluß, Lautsprecher-Steckverbindung und Masseanschluß abziehen.

Türkontaktschalter korrodiert

Praxistip

- Wenn die Innenleuchte nicht brennt, kann das am Türkontaktschalter liegen. Eine Türe schließen, an der anderen den Kontaktstift herausziehen. Brennt die Leuchte, ist der Schalter korrodiert.
- Kreuzschlitzschraube des Schalters ausdrehen, Schalter herausziehen und die Kontaktflächen blank kratzen. Wenn Sie den Kabelstecker abziehen: Achten sie darauf, daß das Kabel nicht in den Türpfosten fällt.
- Ist der Kontaktstift verbogen oder klemmt er in seiner Führung, sollten Sie den Türkontaktschalter auswechseln.

Lautsprecher ausbauen

Der Sitz der Lautsprecher hängt von der Ausstattung Ihres Punto ab – in den Innenverkleidungen der vorderen Türen sowie links und rechts im Armaturenbrett. Bei einer Vier-Lautsprecher-Anlage sind außerdem zwei Lautsprecher in der Heckablage installiert.

Arbeitsschritte

Türlautsprecher

1 Vier Schrauben herausdrehen und Abdeckgitter mit Lautsprecher vorsichtig abnehmen.

2 Steckverbindung lösen.

Heckablage-Lautsprecher

3 Verbindungsstecker zum Lautsprecher abziehen.

4 Vier Schrauben herausdrehen und Lautsprecher von der Heckablage abnehmen.

Armaturenbrett-Lautsprecher

1 Zwei 3–mm-Innensechskantschrauben der Lautsprecherbefestigung herausdrehen und Lautsprecher mit Abdeckgitter aus dem Armaturenbrett heben.

2 Verbindungsstecker abziehen.

3 Vor dem Einbau der Verkleidungen Funktionskontrolle vornehmen. →

Einbau der Lautsprecher im Armaturenbrett: Die Arretierungs-Zungen müssen exakt im Ausschnitt des Armaturenbretts sitzen, bevor die Befestigungsschrauben angezogen werden.

Wenn Sie den Lautsprecher der Heckablage auswechseln, sollten Sie darauf achten, daß die Abstände der Befestigungspunkte (Pfeile) mit denen des alten Lautsprechers übereinstimmen.

Antenne ausbauen

Arbeitsschritte

1 Innenleuchte ausbauen.

2 Die im Ausschnitt sichtbare Antennenbefestigung lösen.

3 Antennenfuß mit Dichtung vorsichtig vom Dach abheben.

4 Ist das Antennenkabel defekt, Kabel aus den Klammern drücken und aus der Öffnung im Dach ziehen.

5 Beim Einbau der Antenne den Bereich um die Bohrung im Dach reinigen. Auf richtigen Sitz der Antennenfuß-Dichtung achten. Die Isolierhülse muß korrekt im Dach sitzen, bevor die Schraube angezogen wird.

6 Vor Einbau der Innenleuchte eine Funktionskontrolle durchführen.

Schiebedach einstellen

Arbeitsschritte

1 Höheneinstellung bei geschlossenem Dach kontrollieren.

2 Das Schiebedach sollte an der Vorderkante bündig oder maximal 1 mm unter dem Dachniveau abschließen.

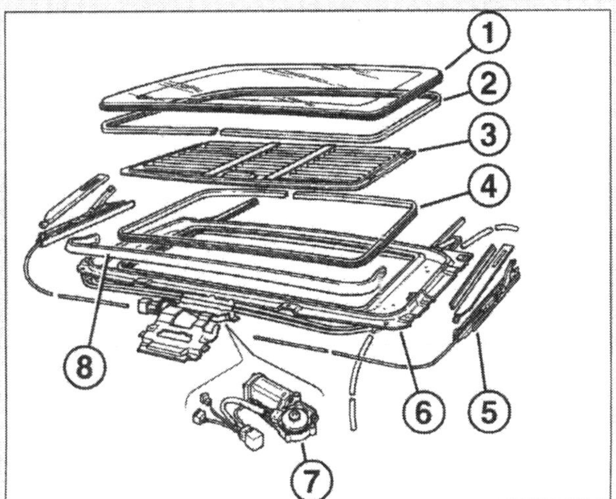

Die Bauteile des Schiebedachs
1 Scheibe. 2 Scheibendichtung. 3 Schieberollo. 4 Rahmendichtung. 5 Schiebedachführung. 6 Einbaurahmen. 7 Motor mit Getriebe. 8 Luftleitblech.

→

3 Die Hinterkante des Schiebedachs sollte bündig sein oder maximal 2 mm über der Dachebene liegen.

4 Zur Einstellung das Schiebedach hinten hochstellen.

5 Links und rechts an der Schiebedach-Scheibe mit einem Schraubendreher die Abdeckleisten abhebeln.

6 Stimmt die Höheneinstellung im hinteren Bereich nicht, links und rechts die mittlere und hintere Schraube des Halters lösen und in den Langlöchern so verstellen, bis die Einstellung stimmt.

7 Stimmt die Einstellung der Vorderkante nicht, links und rechts die mittlere und vordere Schraube des Halters lösen und entsprechend einstellen.

8 Bei der Kontrolle der Einstellung darauf achten, daß das Schiebedach nicht in sich verschränkt ist. Das Schiebedach aus ausgestellter Position heraus schließen und öffnen. Dabei muß das Dach auf der ganzen Schiebelänge leichtgängig sein.

Sitze ausbauen

Arbeitsschritte

Vordersitz

1 Den Sitz soweit wie möglich nach hinten schieben, Halterung der Sitzschienen links und rechts abbauen (eine Schraube).

2 Sitz soweit wie möglich nach vorne schieben und hintere Befestigungsschrauben herausdrehen. Bei elektrisch verstellbaren oder beheizbaren Sitzen die Mehrfachsteckverbindung trennen.

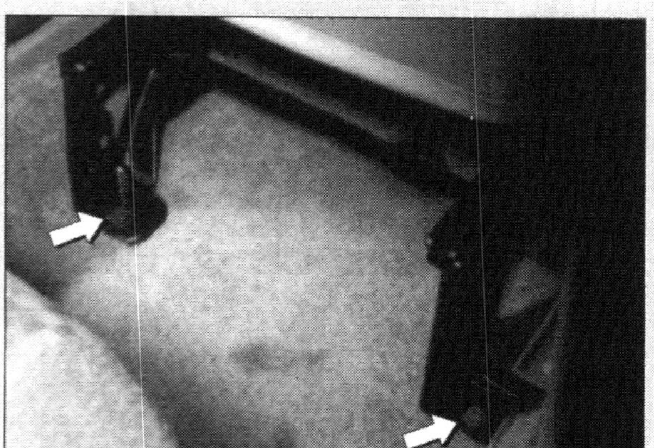

Der Vordersitz ist vorne und hinten mit zwei Befestigungsschrauben (Pfeile) am Fahrzeugboden festgeschraubt. →

3 Sitz abheben und aus dem Fahrzeug nehmen.

4 Vor dem Wiedereinbau die Sitzschienen von verschmutztem Fett reinigen und die Gleitbahnen sparsam einfetten.

Rücksitzbank und Lehne

1 Sitzbank nach vorne umlegen.

2 Zwei Schrauben der Sitzbankscharniere am Querblech herausdrehen.

Rücksitzbank nach vorne klappen: Jetzt können die beiden Befestigungsschrauben am Scharnier herausgeschraubt werden.

3 Sitzkissen nach vorne ziehen und vorsichtig aus dem Fahrzeug nehmen.

4 Arretierung der Sitzlehnen lösen und beide Lehnen nach vorne klappen.

5 An der langen Lehne drei, an der kurzen Lehne zwei Schrauben am Knickpunkt der Lehnen herausschrauben und Kofferraumverkleidung lösen.

6 Links und rechts je eine Schraube am Innenkotflügel ausschrauben.

7 Beide Lehnen aus dem Fahrzeuginnern nehmen.

8 Beim Einbau die Arretierung nach Hochklappen der Lehne kontrollieren.

Kontrolle der Sicherheitsgurte

Praxistip

Bei einem Defekt am Sicherheitsgurt braucht nicht gleich der komplette Gurt ausgewechselt zu werden. Gurtrolle und Gurtschloß können getrennt ausgetauscht werden. Damit die Gurte im Notfall funktionieren, sollten sie bei einem der folgenden Mängel ausgewechselt werden.

- Welliges Gurtband.
- Ausgefranste Kanten.
- Aufgeriebenes Gewebe.
- Angerissene Nähte.

4 Seitenteil der Hutablage ausbauen. Dazu zwei Schrauben lösen und Seitenteil abnehmen.

5 Verkleidung der C-Säule abnehmen.

Türschwelle und Ladekanten

1 Jeweils die Türdichtung im Bereich der auszubauenden Verkleidung vorsichtig abziehen.

2 Verschraubung entfernen.

3 Jeweilige Verkleidung mit Schraubendreher abhebeln und herausnehmen.

Innenverkleidungen ausbauen

Arbeitsschritte

A-Säule

1 Im oberen Bereich der Verkleidung eine Schraube herausschrauben.

2 Verkleidung vorsichtig von der A-Säule abziehen.

B-Säule

3 An der unteren Hälfte der Verkleidung oben und unten eine Schraube herausdrehen.

4 Innenverkleidung ein Stück abziehen. Jetzt wird die Schraube der oberen Verkleidung sichtbar – diese Schraube ausschrauben.

5 Sicherheitsgurtumlenkung abschrauben. Vorher die Abdeckung der Schrauben abhebeln.

6 Mit einem Schraubendreher im Langloch den Gurthöhenversteller abdrücken.

7 Verkleidung von der B-Säule abnehmen.

C-Säule

1 Rücksitzlehne nach vorne klappen.

2 Blende des Fensterausstellers abhebeln und diesen abschrauben (zwei Schrauben).

3 Umlenkung des Sicherheitsgurts abschrauben. Vorher die Schraubenabdeckung abheben. →

Türverkleidung ausbauen

Arbeitsschritte

1 Fensterkurbel abbauen (falls vorhanden). Dazu Fenster bis zum Anschlag hochkurbeln. Merken Sie sich die Stellung der Fensterkurbel.

2 Mit einem Schraubendreher zwischen Kurbel-Rosette und Fensterkurbel die Sicherungsfeder abdrücken und Kurbel von der Fensterkurbelachse abziehen.

Zum Abbau der Fensterkurbel ❶ muß die Kurbelrosette ❸ etwas zurückgedrückt werden, um die Sicherungsklammer ❷ mit einem kleinen Schraubendreher von der Nut der Fensterkurbelachse schieben zu können.

3 Aus der Armlehne die Taste(n) für die elektrischen Fensterheber heraushebeln (falls vorhanden) und Steckverbindung trennen. →

4 Blende des Türöffners abbauen. Dazu die Schraube lösen und Blende über den Türöffnungshebel abziehen.

5 Knopf der Spiegel-Innenverstellung (falls vorhanden) abziehen und Mutter abschrauben.

6 Blende der Außenspiegel-Befestigung mit einem Schraubendreher abhebeln (Lappen gegen Kratzer unterlegen).

7 Zwei Schrauben an der Armlehne lösen, das Teil abnehmen.

8 Seitenablage lösen. Dazu am oberen Rand zwei Schrauben, am unteren Rand drei bzw. fünf Schrauben herausdrehen.

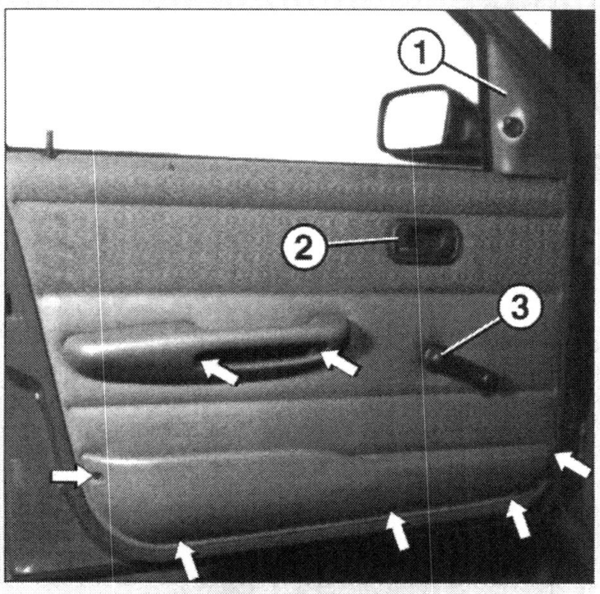

Manueller Fensterheber: Außenspiegelverkleidung ❶, Türinnenöffner ❷ und Fensterkurbel ❸ abbauen. Dann die Verschraubungen (Pfeile) von Armlehne und Ablagefach lösen.

9 Verkleidung an einer Ecke vorsichtig vom Türkasten abziehen und mit einem breiten Schraubendreher die Halteklammern vom Türkasten abdrücken. Sie können dazu auch einen schmalen Spachtel oder ein flaches Stück Hartholz benutzen. Achten Sie darauf, daß Sie beim Abdrücken die Halteklammern nicht beschädigen.

10 Türverkleidung vorsichtig nach oben über den Knopf der Verriegelung schieben und abnehmen.

11 Türschutzfolie ganz oder nur im Arbeitsbereich vorsichtig abziehen. Dabei nicht die Klebeflächen berühren – das verschlechtert die Haftfähigkeit der Folie. Klebt sie beim Anbringen am Türschacht nicht mehr richtig, können Sie an die Ränder der Folie doppelseitig klebendes Klebeband anbringen. Achten Sie auf den exakten Sitz der Folie und verkleben Sie alle Risse – so vermeiden Sie einen kräftigen Luftzug im Fahrzeug.

Inneren Türöffner ausbauen

Arbeitsschritte

1 Türverkleidung abbauen und Schutzfolie im Bereich des Türöffners entfernen.

2 Den Türöffner im Ausschnitt in Richtung Türscharniere schieben und die Kunststoffhaken aus der Tür aushängen.

3 Türöffner nach außen klappen und aus der Verbindungsstange aushängen.

Apparat der Fensterkurbel ausbauen

Arbeitsschritte

1 Fenster vollständig schließen.

2 Türverkleidung abbauen und Schutzfolie abziehen.

3 Schrauben an der Achse der Fensterkurbel ausdrehen.

4 Bei elektrischen Fensterhebern die Steckverbindung trennen.

5 Obere und untere Schraube der Hebeschiene herausschrauben.

6 Kurbelapparat komplett nach unten durch die Aussparung im Türkasten herausziehen.

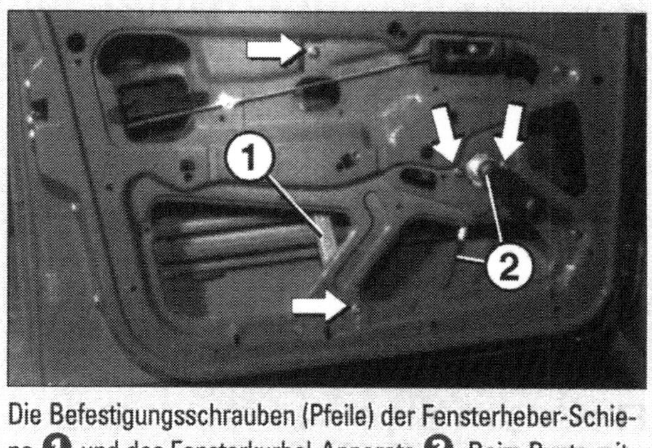

Die Befestigungsschrauben (Pfeile) der Fensterheber-Schiene ❶ und des Fensterkurbel-Apparats ❷. Beim Punto mit elektrischen Fensterhebern ist dieser mit vier Schrauben befestigt.

Türschloß ausbauen

Arbeitsschritte

1. Fenster vollständig schließen.

2. Türverkleidung ausbauen und Schutzfolie im Arbeitsbereich abziehen.

3. Schub-/Zugstangen vom Türinnengriff und Schließzylinder an den Schloßhebeln aushängen.

4. Drei Türschloß-Schrauben herausdrehen und Türschloß aus dem Türkasten ziehen. Einbau sinngemäß in umgekehrter Reihenfolge.

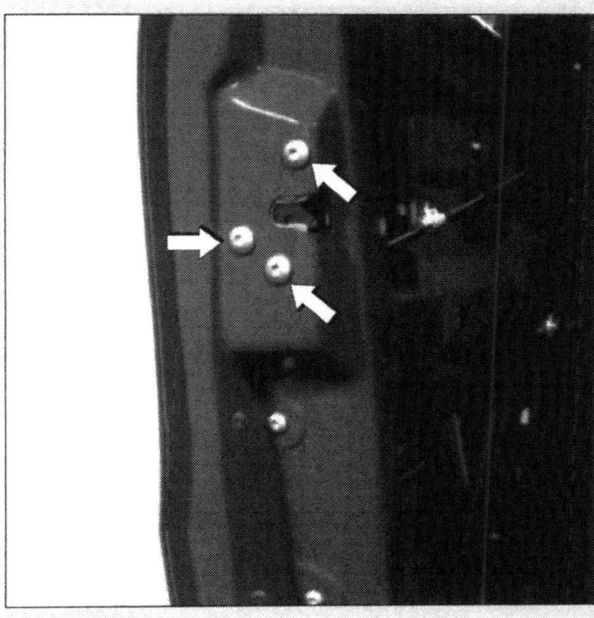

Das Türschloß ist mit drei Innensechskantschrauben im Türkasten befestigt.

Schließzylinder und Türgriff ausbauen (außen)

Arbeitsschritte

1. Fenster vollständig schließen.

2. Verkleidung der Tür ausbauen.

3. Führungsschiene des Fensters ausbauen. Dazu an der schmalen Seite des Türkastens oben und unten eine Schraube herausschrauben. →

4. Im Türkasten die Sicherungsklammer des Schließzylinders seitlich abziehen.

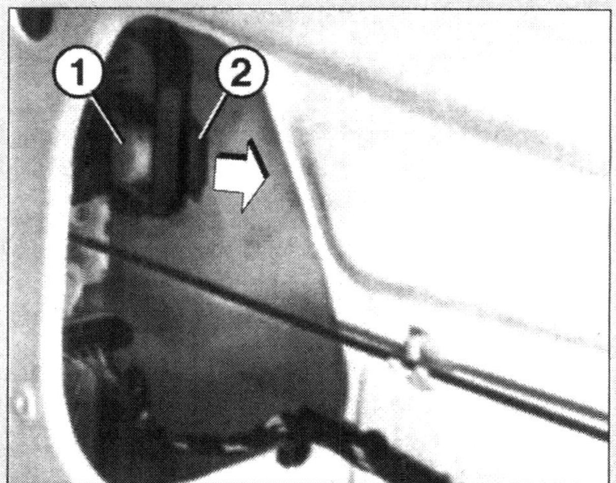

Ausbau des Schließzylinders ❶: die Sicherungsklammer ❷ in Pfeilrichtung ziehen und Zylinder von außen abnehmen.

5. Schließzylinder außen von der Tür abnehmen.

6. Zum Ausbau des äußeren Türgriffs die beiden Schrauben im Türkasten lösen und Griff von außen abnehmen.

Türfenster ausbauen

Arbeitsschritte

1. Türverkleidung ausbauen.

2. Schutzfolie komplett abziehen. Achten Sie darauf, daß beim Ablegen der Folie der Klebstoff nicht verschmutzt wird.

3. Scheibe auf etwa halbe Höhe stellen, damit der Fensterheber im Ausschnitt des Türkastens gut zugänglich ist. Beim elektrischen Fensterheber müssen Sie dazu den Schalter provisorisch anschließen.

4. Vordere und hintere Führungsschienen des Fensters ausbauen. Dazu jeweils oben und unten am Türkasten eine Schraube herausschrauben.

5. Hinteres Gummi der Fensterführung aus dem Fensterausschnitt ziehen.

6. Am Fensterheber die Kunststoff-Klammersicherung vom Zapfen hebeln und diesen aus dem Loch in der Scheibe drücken.

7. Scheibe nach vorne in den Fensterschacht kippen und schräg nach oben hinten aus dem Schacht ziehen.

Der elektrische Fensterheber

Störungs-beistand

Störung	Ursache	Abhilfe
A Fensterscheibe wird nur in eine Richtung verstellt	Schalter defekt	Schalter auswechseln
B Fensterscheibe wird in keine Richtung verstellt	**1** Fensterscheibe in den Führungen schwergängig, Sicherung wegen Überlastung des Motors durchgebrannt	Fensterscheibe in den Führungen gängig machen, Sicherung erneuern
	2 Motor läuft nicht, obwohl die Sicherung in Ordnung ist	Spannung direkt an die Motoranschlüsse legen. Wenn der Motor jetzt läuft, liegt der Fehler in der Zuleitung. Läuft der Motor nicht, diesen auswechseln
C Fensterscheibe wird im ganzen Verstellbereich zu langsam verstellt	**1** Fensterscheibe in den Führungen verklemmt	Spiel der Scheibe prüfen und ggf. korrigieren
	2 Zu starke Reibung in der gesamten Mechanik	Mechanik ohne Scheibe auf Reibungsverluste überprüfen, ggf. erneuern
	3 Kabelverbindungen defekt oder oxidiert	Überprüfen, reinigen, ggf. auswechseln
	4 Schalter defekt oder oxidiert	Überprüfen, ggf. auswechseln
D Fensterscheibe wird an der oberen Grenze des Verstellbereichs zu langsam verstellt	Siehe C1	

Die Fensterheber arbeiten nur bei eingeschalteter Zündung.

Motor des Fensterhebers ausbauen

Arbeitsschritte

1 Innenverkleidung der Tür abbauen.

2 Scheibe in mittlere Stellung bringen.

3 Scheibe an der Schiene des Fensterhebers aushängen. Dazu Sicherungsklammer lösen und Stift aus dem Scheibenloch ziehen.

4 Scheibe von Hand schließen und mit Klebeband im Fensterausschnitt sichern.

5 Befestigungsschrauben des Motors mit Getriebe (vier Schrauben) herausdrehen.

6 Fensterhebeschiene lösen. Dazu oben und unten am Türkasten eine Schraube herausdrehen.

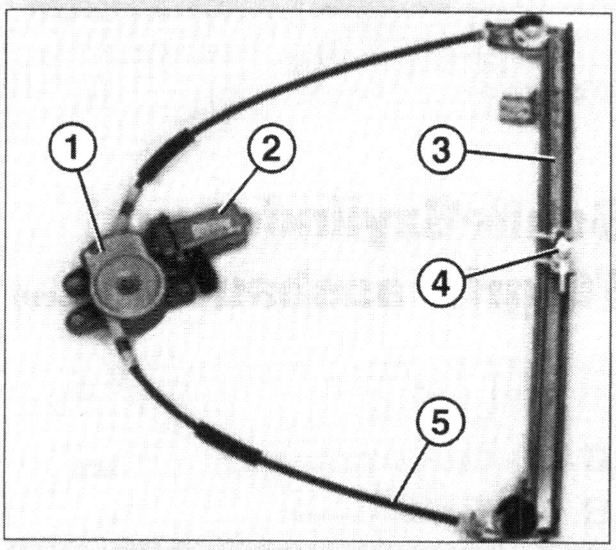

Die Mechanik des Fensterhebers
1 Hebegetriebe. **2** Motor. **3** Hebeschiene. **4** Fensterheber mit Sicherungsklammer. **5** Kabelzug.

→

7 Kompletten Kurbelapparat so verdrehen, daß die oberen Schrauben zur Seite und aus den Langlöchern gedrückt werden.

8 Im Türkasten das Halteband vom Kabelzug lösen.

9 Mehrfachstecker abziehen.

10 Kurbelapparat komplett mit Fensterhebermotor und Getriebe vorsichtig seitlich aus dem Türkasten ziehen.

11 Kontrollieren Sie beim Einbau die Funktion des Motors, bevor Sie die Schutzfolie anbringen.

Praxistip: Fensterheber streikt

Schalter defekt Den Schalter auf der anderen Seite ausbauen und Mehrfachstecker umstecken. Mit dem intakten Schalter können Sie nun das Fenster schließen.
Zuleitung zum Elektromotor unterbrochen Ein Hilfskabel von der Batterie (wenn Plusstrom fehlt) oder an Masse (wenn Masse fehlt) zum Motor legen. Scheibe nach oben laufen lassen.
Hebermotor blockiert Türverkleidung abbauen. Die Scheibe an der Hebeschiene aushängen. Dann die Scheibe nach oben drücken. Das Fenster in dieser Stellung mit starkem Klebeband sichern oder zum Beispiel mit einem geeigneten Stück Holz verkeilen. Beides ist natürlich nur eine Notlösung.

Die Zentralverriegelung

Bei der Zentralverriegelung werden alle Türen durch Drehen des Schlüssels im Türschloss gleichzeitig verriegelt oder entriegelt. Diese Arbeit übernehmen kleine Servoelektromotoren, die in den Türen untergebracht sind. Drehen Sie den Schlüssel, erhalten die anderen Servomotoren zur gleichen Zeit einen Impuls und aktivieren das Türschloß durch ein Stellglied.

Servomotor ausbauen

Arbeitsschritte

1 Innenverkleidung der Tür abbauen.

2 Zug/Schubstange des inneren Öffners am Türschloß aushängen.

3 Mehrfachstecker vom Servomotor abziehen.

4 An der schmalen Seite der Tür die drei Schrauben der Türschloßbefestigung herausdrehen.

5 Servomotor komplett mit Türschloß aus dem Türkasten manövrieren.

6 Eine Schraube lösen und Motor vom Türschloß abheben.

Störungsbeistand: Zentralverriegelung

Störung	Ursache	Abhilfe
A Verriegelung funktioniert nicht	1 Sicherung durchgebrannt	Erneuern
	2 Motor der Fahrer- oder Beifahrertür defekt	Funktion überprüfen, ggf. auswechseln
	3 Verkabelung unterbrochen	Überprüfen, ggf. erneuern (lassen)
B Schlösser werden entriegelt, aber nicht verriegelt	1 Siehe A2	
	2 Mehrfachstecker an Motor oder Türkasten locker oder oxidiert	Festen Sitz kontrollieren, ggf. reinigen
	3 Schalter im Servomotor defekt	Durchgangsprüfung an den entsprechenden Motorklemmen durchführen
C Schlösser werden verriegelt, aber nicht entriegelt	1 Siehe A2	
	2 Siehe B2 und 3	
D Eines der Schlösser funktioniert nicht	1 Kabel- bzw. Steckerverbindung am Servomotor oder Türkasten fehlerhaft	Überprüfen, ggf. instand setzen
	2 Mechanische Übertragungteile klemmen	Funktion prüfen, Sitz kontrollieren.

DIE KAROSSERIE

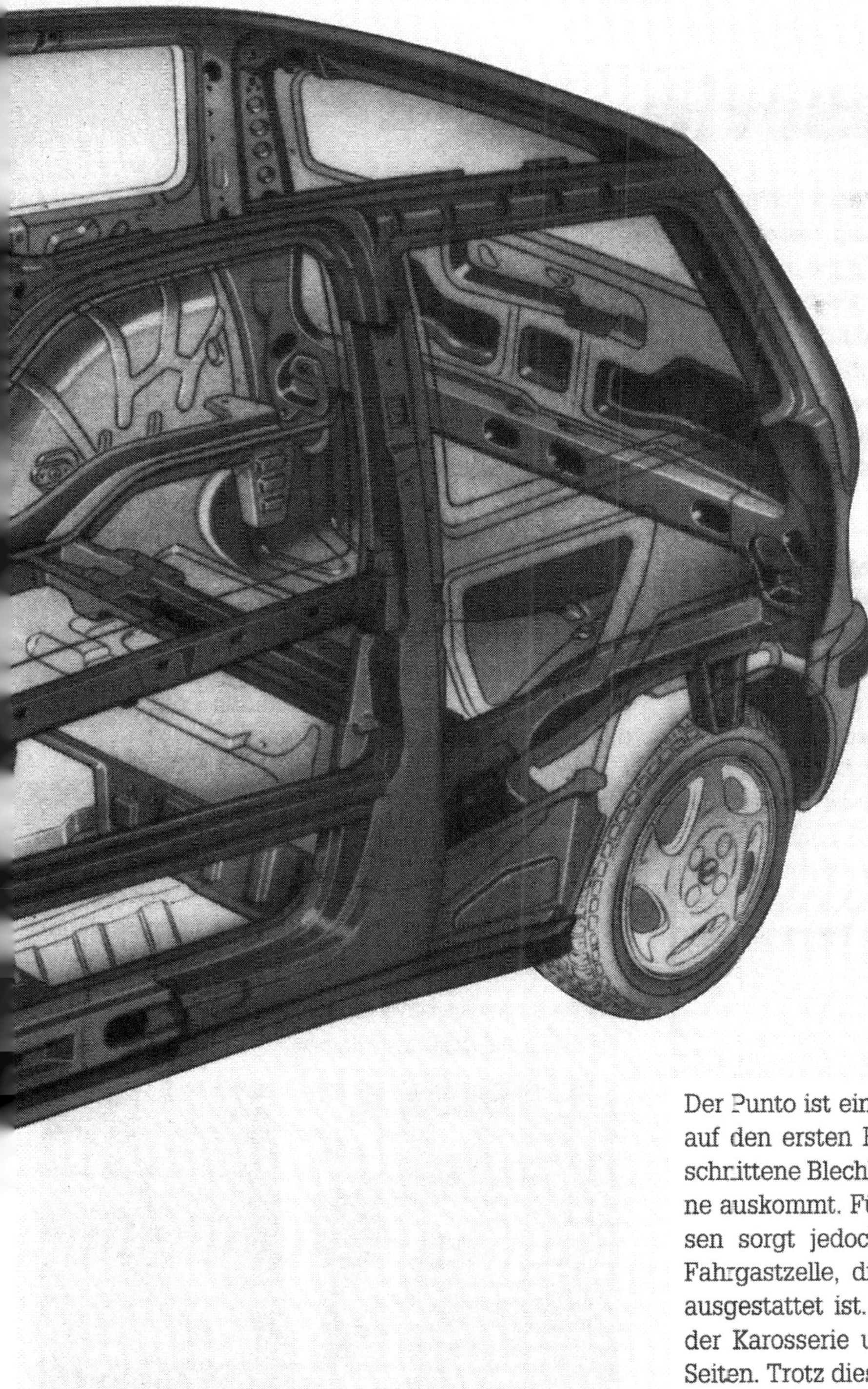

Der Punto ist ein sicheres Auto. Das sieht man ihm auf den ersten Blick nicht an, weil das knapp geschnittene Blechkleid ohne ausladende Knautschzone auskommt. Für die passive Sicherheit der Insassen sorgt jedoch die selbsttragende Sicherheits-Fahrgastzelle, die mit verformbaren Längsträgern ausgestattet ist. Dazu kommen ein steifer Aufbau der Karosserie und ein Aufprallschutz auf beiden Seiten. Trotz dieser ausgeklügelten Konstruktion ist der Punto ein reparaturfreundliches Auto. Das merken Sie spätestens dann, wenn Sie nach einem Blechschaden einen Stoßfänger, einen Kotflügel oder eine Heckklappe wechseln müssen. Auf den folgenden Seiten beschreiben wir, wie Sie solche Arbeiten durchführen. Frontscheibe, Heckscheibe und das feststehende Seitenfenster bieten freilich keinen Spielraum fürs Do it yourself. Sie sind als konstruktives Element der Karosserie starr mit dem Aufbau verbunden. Ohne Spezialwerkzeug ist da nichts zu machen – ein typischer Fall für die Werkstatt.

Die Karosserie

Die meisten Reparaturen in diesem Kapitel können Sie mit einer Werkzeug-Grundausstattung selbst erledigen. Teile wie Motorhaube, Heckklappe und Türen sind jedoch ziemlich sperrig und können beim Ausbau nur schwer gesichert werden. Lassen Sie sich daher von einem Helfer unterstützen. Ein Tip für Arbeiten an Motorhaube und Heckklappe: Sie erleichtern sich den Wiedereinbau, wenn Sie die Lage der Scharniere vor der Demontage mit einem wasserfesten Filzschreiber anzeichnen.

Gefahren-hinweis

Der pyrotechnische Gurtstraffer

Der Punto ist an den Vordersitzen mit pyrotechnischen Gurtstraffern ausgestattet. Das bedeutet, daß bei einem Aufprall eine kleine Sprengladung gezündet wird, wobei sich der Gurt schlagartig straff anzieht. Dieses System ist fürs Do it yourself tabu. Montage und Demontage sind Sache der Werkstatt, die dabei strenge Sicherheitsvorschriften einhalten muß. Wenn Sie an der Karosserie arbeiten, dürfen Sie auf keinen Fall in der Umgebung der Gurtrolle hämmern – der Gurtstraffer könnte sonst auslösen. Das Bild zeigt Ihnen den Gefahren-Bereich bei Reparaturen an der Karosserie.

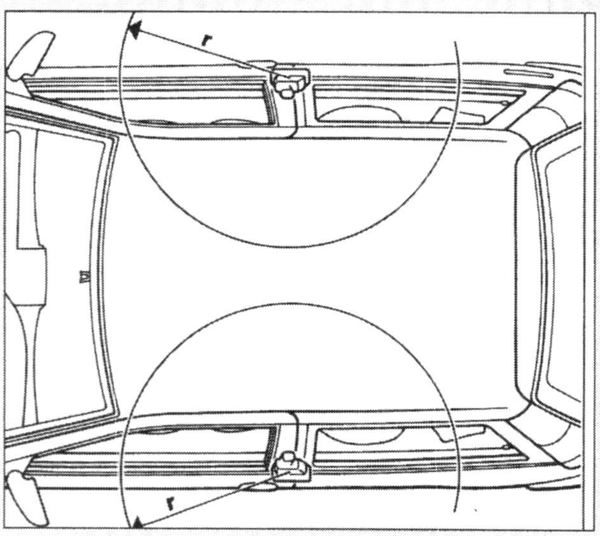

Im Fiat Puno sind Gurtstraffer eingebaut, die empfindlich auf Vibrationen und harte Schläge reagieren. Benutzen Sie bei eingebauten Gurtstraffern im Bereich des gezeigten Umkreises niemals Schlagschrauber oder Ausbeulwerkzeuge.

Tür ausbauen und einstellen

Die Befestigungsschrauben der Scharniere sind bei den vorderen Türen nur schwer zugänglich. Die Fiat-Werkstatt verwendet zum Einstellen der Türen daher einen Spezialschlüssel. Wenn Sie diese Arbeit selbst durchführen wollen, müssen Sie sich einen Schlüssel zurechtbiegen. Bei den Scharnieren der hinteren Türen gibt's dagegen keine Probleme. Sie können mit einem normalen Innensechskantschlüssel erreicht werden. Zur Einstellung einer Tür muß der Punto waagrecht auf dem Boden stehen. Bei aufgebocktem Fahrzeug könnte sich die Karosserie verwinden – die Justierung der Tür würde dann nicht stimmen.

Arbeits-schritte

1 Wenn Ihr Punto mit Zentralverriegelung und elektrischen Fensterhebern ausgestattet ist, müssen Sie zuerst die elektrischen Steckverbindungen dieser Einheiten trennen.

2 Dazu den Bajonettverschluß des Mehrfachsteckers nach links (Gegenuhrzeigersinn) drehen.

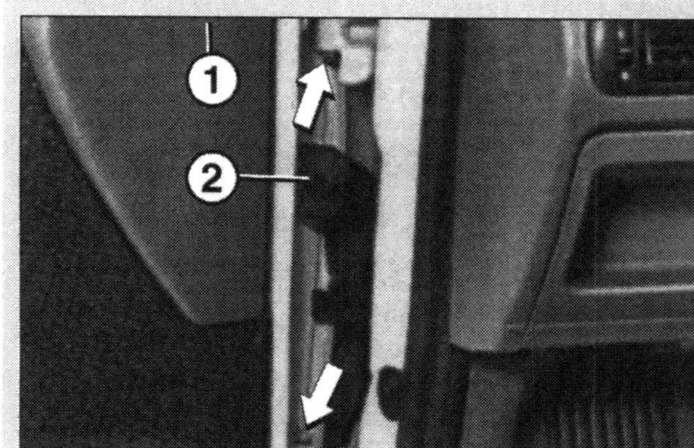

Bei Zentralverriegelung und elektrischen Fensterhebern: vor dem Ausbau der Tür ❶ den Mehrfachstecker ❷ abbauen. Dann können Sie die beiden Scharnierschrauben lösen und die Tür abnehmen.

3 Die Schrauben der Türscharniere im oberen und unteren Türbereich herausdrehen. Dabei die Tür von einem Helfer abstützen lassen.

4 Tür von den Scharnieren abnehmen.

→

Tür einstellen

1 Die Türe muß in der Höhe richtig sitzen. Außerdem sollten die Kanten der Türen mit den benachbarten Karosserieteilen bündig abschließen. Für diesen Flächenausgleich verwenden Sie Distanzbleche. Wenn Sie die Tür im Türausschnitt verdrehen möchten: Dazu befinden sich in den vorderen Türsäulen (A-Säulen) Langlöcher.

2 Schließdorn, in den das Türschloß einrastet, etwas lockern.

3 Türscharniere nur soviel lockern, daß sie sich gerade noch ausrichten lassen. Vorher bei Bedarf zum Flächenausgleich großflächige Distanzbleche unterlegen.

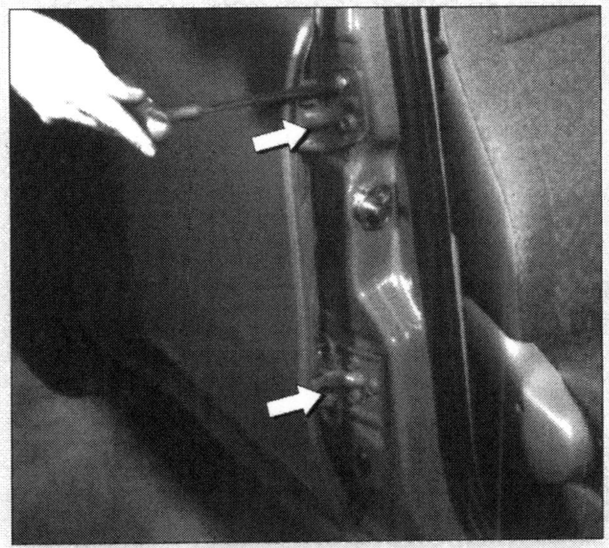

Einstellung einer Hintertür: Diese Scharnierschrauben (Pfeile) müssen soweit gelockert werden, daß sich die Scharniere gerade noch auf ihrem Sitz verschieben lassen.

4 Tür schließen und so in Position drücken, daß die Hinterkante der Tür bündig mit den anderen Karosserieteilen abschließt.

5 Wenn Sie die Tür zu sehr nach innen einstellen, liegt sie zwar satt an der Dichtung an, läßt sich dann aber nur schwer schließen. Der Druck auf die Türdichtung sollte möglichst gering sein.

6 Scharnierschrauben mit 35 Nm festziehen.

7 Türaußengriff anziehen und Tür leicht angehoben öffnen.

8 Schließdorn in dieser Stellung festziehen.

9 Sitz der Tür kontrollieren, bei Bedarf nachjustieren.

Außenspiegel ausbauen

Arbeits-schritte

1 Den Knopf der Spiegelinnenverstellung abziehen (wenn vorhanden).

2 Gewindering mit einer gespreizten Spitzzange abschrauben.

3 Blende der Außenspiegel-Befestigung mit einem Schraubendreher abhebeln (Lappen gegen Kratzer unterlegen).

4 Wenn Ihr Punto mit einer elektrischen Spiegelverstellung ausgestattet ist: Innenverkleidung der Tür ausbauen und Mehrfachsteckverbindung im Türkasten trennen.

5 Drei Schrauben lösen und Spiegel komplett von außen abnehmen. Die Kabel der Spiegelverstellung vorsichtig aus dem Türrahmen ziehen.

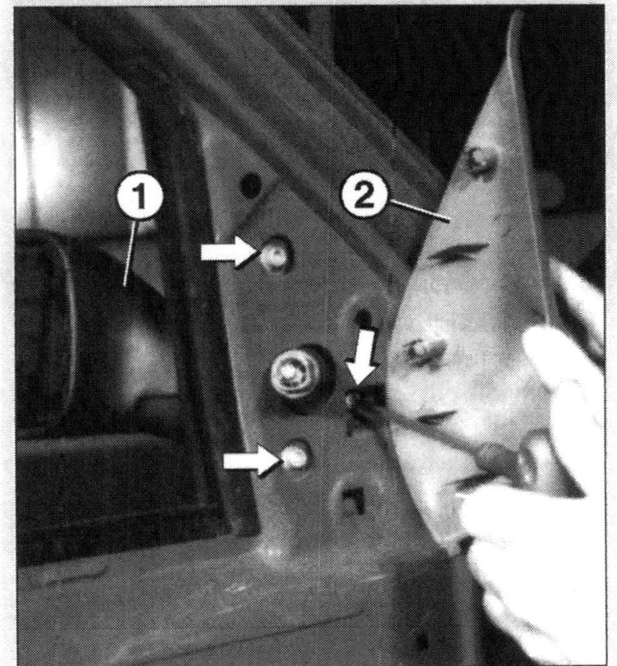

Ausbau des Außenspiegels ❶: Innenverkleidung ❷ abhebeln, drei Schrauben (Pfeile) lösen und Spiegel komplett von außen abnehmen. Bei elektrisch verstellbarem Spiegel müssen Sie die Innenverkleidung der Tür abbauen, damit Sie die Steckverbindung zum Spiegel trennen können.

Motorhaube ausbauen

Arbeitsschritte

1 Motorhaube öffnen und abstützen.

2 Position der Scharniere markieren.

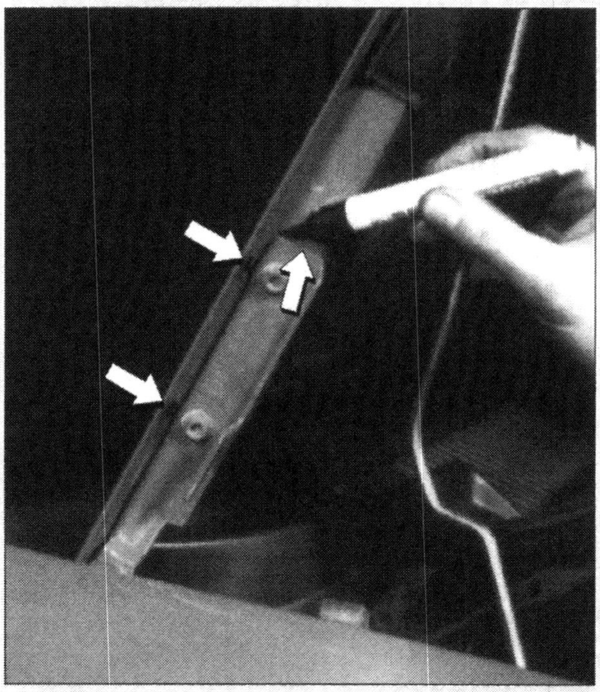

Diese Stellen sollten Sie beim Ausbau der Motorhaube markieren, damit Sie beim Einbau wieder die gleiche Einstellposition erreichen. Ohne diese Markierung wird's schwierig: wenn sich die Montageposition nur geringfügig verändert, sitzt die Haube verkantet.

3 Schläuche der Scheibenwaschanlage aus den Halterungen der Motorhaube nehmen und von den Scheibenwascherdüsen abziehen.

4 Scharnierschrauben lösen (auf jeder Seite zwei) und Motorhaube abnehmen. Dazu brauchen Sie einen Helfer.

5 Beim Einbau die Scharnierschrauben zur Motorhauben-Einstellung nur leicht anziehen. Die Haube erst nach genauer Ausrichtung zu den Markierungen mit 10 Nm festziehen.

Neue Motorhaube einstellen

Arbeitsschritte

1 Beide Gummipuffer der Haubenauflage auf dem vorderen Querträger vollständig eindrehen.

2 Haube an den Scharnieren ansetzen, Schrauben jedoch nur handfest beidrehen.

3 Haube so ausrichten, daß das Spaltmaß zu den angrenzenden Kotflügeln gleichmäßig ist. Die Kanten der Motorhaube müssen mit den Kotflügeln bündig sein, die beiden vorderen Ecken der Haube zum Scheinwerferausschnitt am Kotflügel fluchten.

4 Dazu die Haube in den Langlöchern der Haubenscharniere verschieben, bis sie richtig sitzt. Dann die Scharniere festziehen.

5 Gummipuffer der vorderen Haubenauflage so einstellen, daß die Motorhaube mit den Kotflügeln fluchtet.

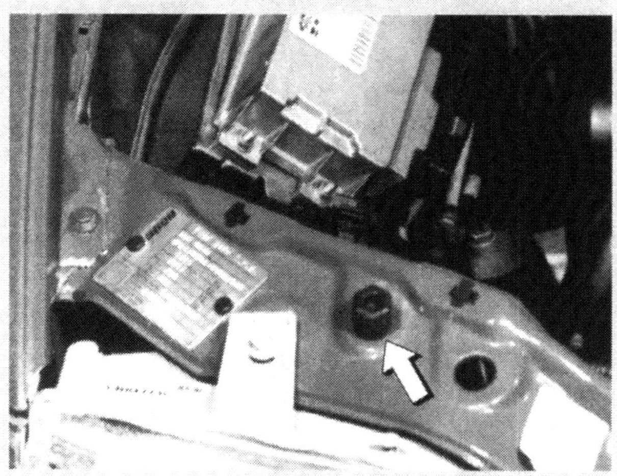

Einstellen der Haubenauflage: Der Anschlagpuffer (Pfeil) ist mit einem Grobgewinde versehen. Daher genügt schon eine kleine Drehung, um das Auflage-Niveau der Haubenvorderkante zu verändern.

6 Kontrollieren Sie, ob die Motorhaube einwandfrei schließt. Dazu die Haube aus einer Höhe von etwa 30 Zentimetern ins Schloß fallen lassen – sie muß durch ihr Eigengewicht vollständig verriegeln. Bei einer Höhe von etwa 10 Zentimetern soll nur der Sicherungshaken einrasten.

7 Eventuell müssen Sie den Schließzapfen verstellen. Dazu den Zapfen mit einem Schraubendreher je nach Bedarf heraus- oder hineindrehen. →

8 Die Einstellung zur Schloßfalle im Querträger erfolgt durch Verstellen der Halteplatte links und rechts vom Schließzapfen.

Die korrekte Vorspannung der Haube im Schließblech erreichen Sie, indem Sie die Schließzapfenspannung (großer Pfeil) verstellen. Mit den beiden Befestigungsschrauben (kleine Pfeile) kann der Schließzapfen in allen Richtungen verschoben werden.

9 Zur richtigen Einstellung des Schließzapfens zum Schließblech des Haubenschlosses die drei Schrauben am Querträger so weit lösen, daß sich das Schließblech gerade verschieben läßt.

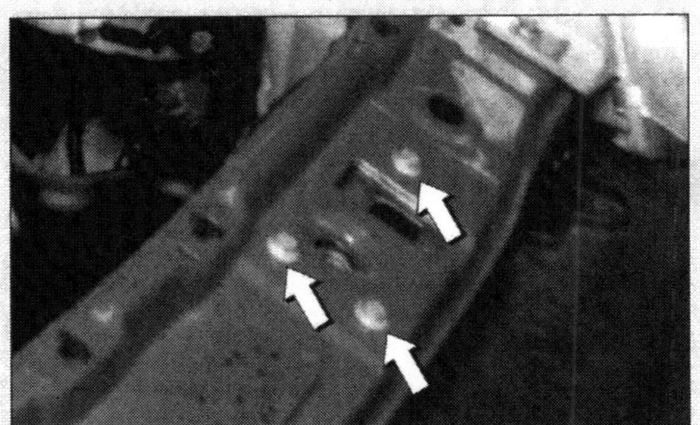

Das Schließblech im Querträger läßt sich zur Einstellung in jede Richtung verschieben, wenn Sie diese drei Schrauben (Pfeile) lösen.

10 Haube vorsichtig nach unten drücken. Prüfen, ob sie korrekt sitzt. Dann Haube vorsichtig öffnen und die drei Schrauben am Querträger festziehen. Kontrollieren Sie zum Schluß, ob die Haube richtig schließt. Sonst das Haubenschloß wieder lockern und Einstellung korrigieren.

Haubenzug auswechseln

Die Motorhaube wird durch einen Seilzug entriegelt, der vom Schloß der Haube über die linke Seite des Motorraums durch die Stirnwand ins Wageninnere führt. Dort ist der Zug unter der Lenksäule am Öffnungshebel verankert.

Arbeitsschritte

1 Schloß der Motorhaube ausbauen (drei Schrauben). Markieren Sie vorher die Einbaulage.

2 Seilzug am Schloß aushängen.

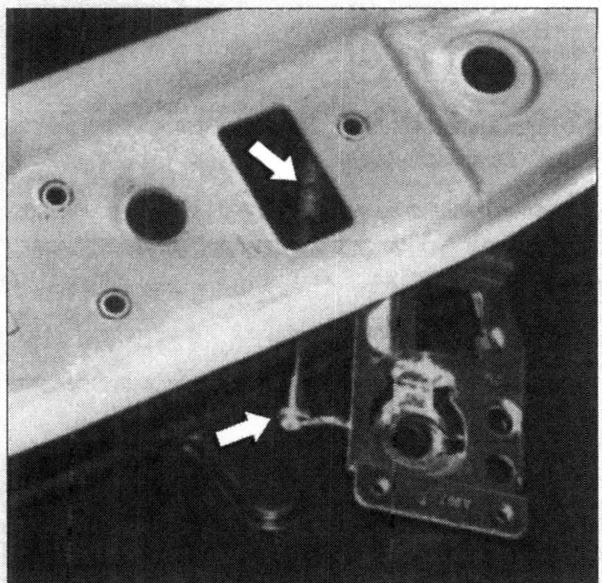

Den Haubenzug hängt man an diesen Stellen (Pfeile) am ausgebauten Haubenschloß aus und ein.

3 Im Inneren des Wagens den Zug am Öffnungshebel aushängen.

4 Zum leichteren Einbau den neuen Zug mit Bindedraht an den alten Zug anhängen. Diesen ins Wageninnere ziehen, bis der neue Zug erscheint. Das neue Teil am Öffnungshebel einhängen.

5 Haubenzug im Motorraum in die alten Halterungen drücken.

6 Nach der Montage des Haubenschlosses bei Bedarf die Motorhaube einstellen. Der Zug selbst kann nicht eingestellt werden.

Haubenzug gerissen

Praxistip

Versuchen Sie zuerst, vom Inneren des Wagens aus mit einer Zange am Zugende zu ziehen. Wenn die Haube nicht entriegelt, biegen Sie aus einem stabilen Draht einen Haken. Den Draht zwischen Motorhaube und Stoßfänger hindurch in das Auge des Federsperriegels einhängen. Den Sperriegel des Schließblechs nach rechts zur Seite drücken. Wenn Sie dabei die Haube etwas belasten, läßt sich der Sperriegel leichter aufdrücken.

Stoßfänger (vorne) ausbauen

Arbeitsschritte

1 Befestigungsschrauben der Radhausschale im vorderen Bereich herausschrauben.

2 Radhausschale so wegdrücken, daß die Befestigungsschraube der Stoßfängerecke am Kotflügel gelöst werden kann.

3 Beide Blinker ausbauen.

4 Jeweils links und rechts neben dem Scheinwerfer eine Schraube lösen.

Die Verschraubung des Stoßfängers links und rechts neben dem Scheinwerfer. Ebenfalls zu sehen: die Schraube an der Ecke des Stoßfängers.

5 Von unten links und rechts je zwei Schrauben lösen und herausschrauben.

Die untere Befestigung des Stoßfängers besteht links und rechts aus zwei Schrauben (Pfeile).

6 Mehrfachstecker von den Zusatzscheinwerfern abziehen (falls vorhanden).

7 Stoßfänger vorsichtig von der Karosserie abnehmen.

8 Beim Einbau darauf achten, daß die Seiten der Stoßfänger mit den Radausschnitten fluchten.

9 Alle Befestigungsschrauben und -muttern lose beidrehen.

10 Stoßfänger waagrecht so ausrichten, bis ein gleichmäßiger Spalt zur Karosserie entstanden ist.

11 Alle Schrauben und Muttern anziehen und Mehrfachstecker für Zusatzscheinwerfer zusammenstecken.

Kotflügel ausbauen

Arbeitsschritte

1 Radhausschale ausbauen: drei Schrauben am Stoßfänger, fünf im Radhaus an der Karosserie und der Verkleidung des Türschwellers.

2 Verkleidung des Türschwellers ausbauen: sechs Schrauben unten am Schwellerfalz lösen.

3 Stoßfänger abbauen.

4 Obere Kotflügelschrauben (drei) am Kotflügelfalz herausschrauben.

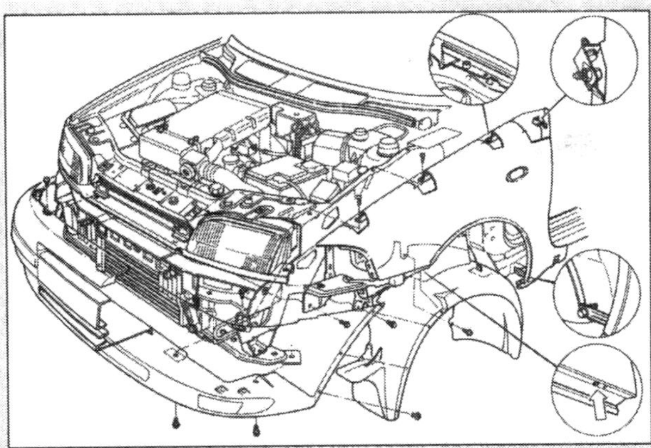

Die Verschraubungen von Stoßfänger und Kotflügel am Vorderwagen des Punto. Im Kreis die Befestigungspunkte des vorderen Kotflügels.

5 Tür öffnen und obere Schraube an der A-Säule sowie untere Schrauben (zwei) am Türschweller ausschrauben.

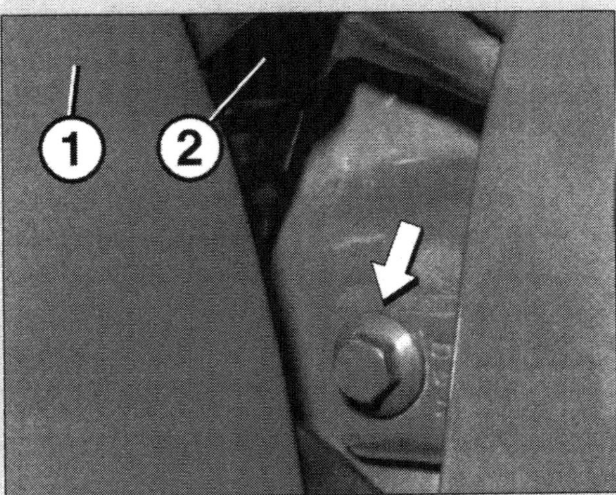

Tür ❶ öffnen und Türdichtung ❷ abheben: Dann können Sie die obere Kotflügelschraube herausschrauben.

6 Motorhaube abbauen. Dabei die Scharnierschrauben an der Auflage des Kotflügels lösen.

7 Mit einem schmalen Spachtel die Kontaktflächen des Kotflügels zur Karosserie lösen. Unterbodenschutz und Dichtmasse sind durch die Verschraubung zusammengepreßt und wirken wie eine Schweißnaht. Sie erleichtern sich die Arbeit, wenn Sie ein Heißluftgerät (Fön) verwenden.

8 Kotflügel vorsichtig ringsum abheben.

9 Mit einem Schaber die Dichtmasse an den Kontaktflächen abtragen. Achten Sie darauf, daß die Lackierung darunter nicht verletzt wird.

➡

Einbau des Kotflügels

1 Den neuen Kotflügel ansetzen und die Passung kontrollieren.

2 An den Kontaktflächen von Kotflügel und Karosserie Dichtungsmasse auftragen. Hier dürfen später keine Wassernester entstehen.

3 Kotflügel ansetzen und Schrauben festziehen (10 Nm).

4 Mit überstehender Dichtmasse die Montagefugen sauber verstreichen.

5 Ausgebaute Teile wieder anbauen.

Stoßfänger (hinten) ausbauen

Arbeitsschritte

1 Hintere Radhausschale ausbauen. Dazu zwei Schrauben innen an der Karosserie und zwei Schrauben am Radausschnitt-Falz des Stoßfängers lösen.

2 Obere Befestigung des Stoßfängers am Radausschitt lösen.

Die Schrauben der hinteren Radhausschale (kleine Pfeile) und die Befestigung des Stoßfängers am Radausschnitt (großer Pfeil).

➡

3 Heckklappe öffnen und unterhalb der Klappendichtung die oberen vier Schrauben der Stoßfängerbefestigung herausdrehen.

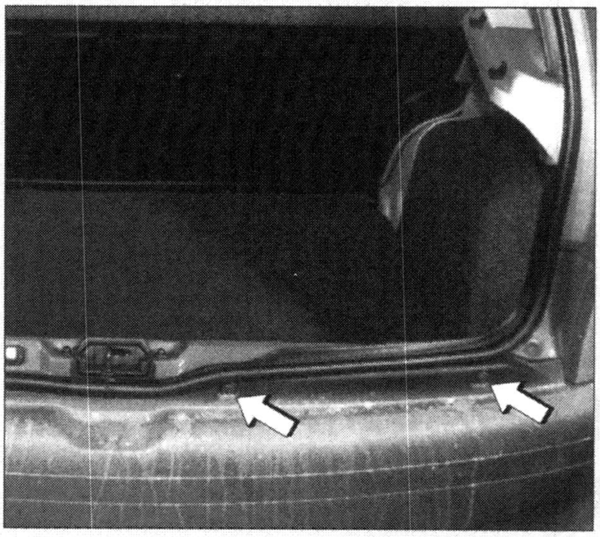

Die Befestigungsschrauben (Pfeile) des Stoßfängers liegen verdeckt unter der Dichtung der Heckklappe.

4 Unterhalb des Stoßfängers die vier Schrauben herausdrehen.

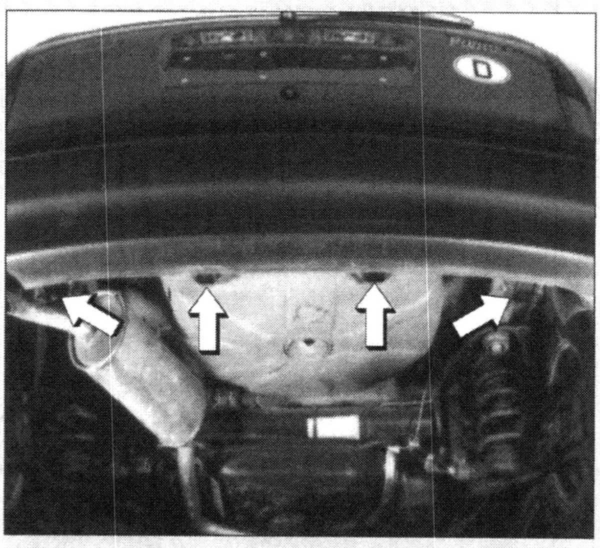

Erst wenn der Stoßfänger ausgerichtet ist, dürfen die unteren vier Schrauben (Pfeile) fest angezogen werden.

5 Stoßfänger abnehmen.

6 Beim Einbau alle Befestigungen erst lose beidrehen.

7 Stoßfänger ausrichten und alle Befestigungen festziehen.

Heckklappe ausbauen

Arbeitsschritte

1 Heckklappe öffnen und abstützen.

2 Verkleidung der Heckklappe ausbauen.

3 Alle Mehrfachstecker abziehen und die Kabel sowie den Schlauch des Scheibenwaschers aus den Haltebändern lösen.

4 Kabelschutzschlauch aus der Bohrung der Hecktür ziehen und die Kabel vorsichtig herausziehen.

5 Gasdruck-Ausstellheber vom Kugelkopf des Halters an der Heckklappe abhebeln. Dazu mit Schraubendreher Haltefeder zurückdrücken.

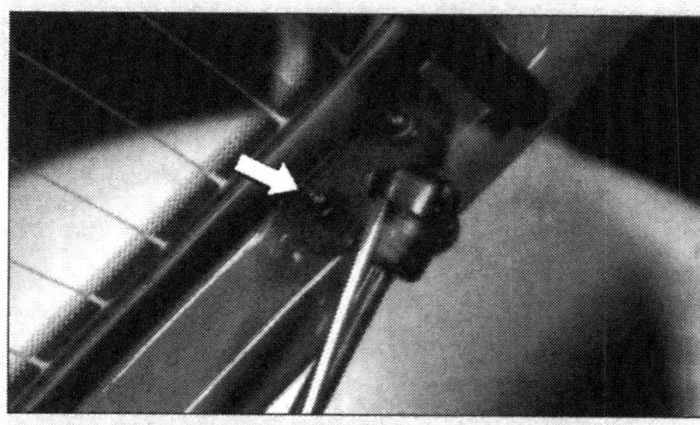

Aushängen der Gasdruckausstellheber am Kugelkopf (Pfeil): Stützen Sie die Heckklappe ab (Helfer).

6 Sollen die Klappenscharniere ausgetauscht werden, ihren Umriß an der Heckklappe markieren.

7 Schrauben der Heckklappen-Scharniere (links und rechts je zwei) an der Heckklappe herausdrehen.

8 Heckklappe mit einem Helfer von der Karosserie abnehmen.

Gummidichtung ersetzen

1 Kontrollieren Sie jetzt auch den Zustand der Gummidichtung an der Karosserie. Ist das Gummi spröde und rissig, die Dichtung vollständig herausziehen und Reste des Dichtmittels vom Karosseriefalz vollständig entfernen.

2 Neues Dichtmittel auftragen. Die neue Dichtung auf die richtige Länge schneiden. Die Dichtung so auf den Falz schieben, daß die Stoßverbindung in der Mitte des unteren Karosseriefalzes sitzt (evtl. mit Kunststoffhammer vorsichtig etwas aufschlagen).

➡

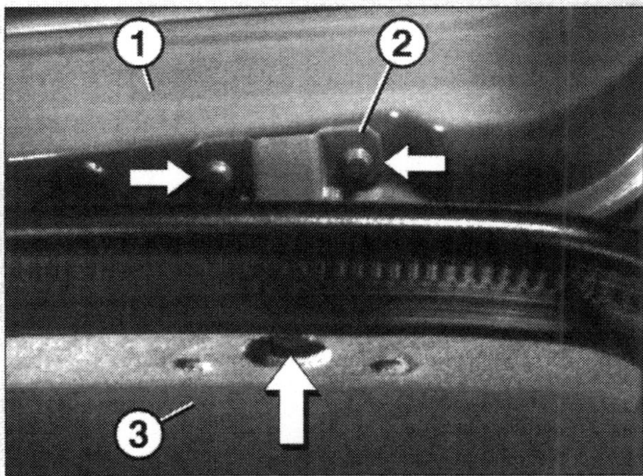

Ausbau der Heckklappe ❶: das Scharnier ❷ an den beiden Scharnierschrauben (Pfeile) der Heckklappe lösen. Sollen die Scharniere ausgebaut werden, müssen sie nach Abheben der Abdeckung am Dachhimmel ❸ an der Karosserie (großer Pfeil) abgebaut werden.

Einbau der Heckklappe

1 Zum Einbau neuer Scharniere Dichtungsmasse an der Karosserie anbringen. Die Scharnierschrauben an der Karosserie für die Klappeneinstellung nur leicht festziehen.

2 Übergänge zur Karosserie sowie die Spaltabstände kontrollieren. Dazu auch die seitlichen Einstellpuffer entsprechend verstellen.

3 Kontrollieren Sie zum Schluß, ob die Klappe richtig schließt und öffnet. Eventuell müssen Sie das Schließblech verstellen.

Schloß der Heckklappe ausbauen

Arbeitsschritte

1 Heckklappe öffnen.

2 Sitz des Schlosses im Ausschnitt der Klappe markieren.

3 Zwei Schrauben des Schlosses herausdrehen.

4 Schloß nach unten aus der Heckklappe ziehen.

Seilzug der Heckklappe ausbauen

Arbeitsschritte

1 Heckklappe öffnen.

2 Schließblech am Heckklappen-Ausschnitt ausbauen.

Schließblech der Heckklappe ausbauen: Dazu diese beiden Schrauben (Pfeile) lösen. Das gilt auch für die Einstellung – das Schließblech läßt sich in alle Richtungen verschieben.

3 Zug an der Rückseite des Schließblechs aushängen.

4 Zug am Öffnungshebel aushängen.

5 Alten Seilzug ausbauen.

6 Neuen Zug verlegen und am Schließblech so einstellen, daß beim Öffnen der Heckklappe kein unnötiger Leerweg am Zughebel entsteht.

Technische Daten

Motor

		FIRE	FIRE	FIRE	OHC-16V
Hubraum	cm³	1108	1242 SPI	1242 MPI	1242
Bauart / Zylinder		Reihe / 4	Reihe / 4	Reihe / 4	Reihe / 4
Bohrung	mm	70	70,8	70,8	70,8
Hub	mm	72	78,9	78,9	78,9
Verdichtungsverhältnis		9,6 : 1	9,6 : 1	9,8 : 1	10,2 : 1
Höchstleistung	kW/PS	40/55	43/60	54/75	63/85
bei	1/min	5500	5500	6000	6000
Maximales Drehmoment	Nm	85	96	106	113
bei	1/min	3500	3000	4000	4500
Ventilspiel (kalt)					
Einlaß	mm	0,40 ± 0,05	0,40 ± 0,05	0,40 ± 0,05	Hydrostößel
Auslaß	mm	0,50 ± 0,05	0,50 ± 0,05	0,45 ± 0,05	Hydrostößel
Öldruck (bei 100°C)	bar	3,4 – 4,9	3,4 – 4,9	3,4 – 4,9	4,0

		OHC	OHC-Turbo	Turbodiesel	Turbodiesel
Hubraum	cm³	1581	1372	1698 (TD 60)	1698 (TD 70)
Bauart / Zylinder		Reihe / 4	Reihe / 4	Reihe / 4	Reihe / 4
Bohrung	mm	86,4	80,5	82,6	82,6
Hub	mm	67,4	67,4	79,2	79,2
Verdichtungsverhältnis		9,5 : 1	7,8 : 1	19 : 1	19 : 1
Höchstleistung	kW/PS	65/90	96/131	46/63	51/70
bei	1/min	5750	5600	4500	4500
Maximales Drehmoment	Nm	127	200	118	134
bei	1/min	2750	3000	2500	2500
Ventilspiel (kalt)					
Einlaß	mm	0,40 ± 0,05	0,40 ± 0,05	0,30 ± 0,05	0,30 ± 0,05
Auslaß	mm	0,50 ± 0,05	0,50 ± 0,05	0,35 ± 0,05	0,35 ± 0,05
Öldruck (bei 100°C)	bar	3,7	3,7	4,5	4,5

Ventilsteuerung

FIRE, OHC-Motor und Diesel	Über Zahnriemen, obenliegende Nockenwelle und Tassenstößel
OHC-16V-Motor	Über Zahnriemen, zwei obenliegende Nockenwellen (vier Ventile pro Zylinder) und Hydrostößel

Schmiersystem

FIRE, OHC-16V-Motor und Diesel	Druckumlaufschmierung durch Ölpumpe, direkt von der Kurbelwelle angetrieben
OHC-Motor	Druckumlaufschmierung durch Ölpumpe, über Nebenwelle angetrieben. Ölfilter im Hauptstrom

Kühlsystem

		FIRE		FIRE		FIRE		OHC-16V	
Hubraum	cm^3	1108		1242 SPI		1242 MPI		1242	
Antrieb der Wasserpumpe		Zahnriemen		Zahnriemen		Zahnriemen		Keilriemen	
Thermostat									
beginnt zu öffnen	bei °C	85 – 89		85 - 89		85 – 89		81 – 85	
maximal geöffnet	bei °C	100		100		100		103	
Thermoschalter									
des Kühlerventilators								1. Stufe	2. Stufe
Einschalttemperatur	bei °C	90 – 94		90 – 94		90 – 94		90 – 94	95 – 99
Ausschalttemperatur	bei °C	89 – 85		89 – 85		89 – 85		89 – 85	94 – 90

		OHC	OHC-Turbo		Turbodiesel		Turbodiesel	
Hubraum	cm^3	1581	1372		1698 (TD 60)		1698 (TD 70)	
Antrieb der Wasserpumpe		Keilriemen	Keilriemen		Keilriemen		Keilriemen	
Thermostat								
beginnt zu öffnen	bei °C	85 – 89	80 – 84		78 – 82		81 – 85	
maximal geöffnet	bei °C	96 – 100	98		86 – 82		103	
Thermoschalter								
des Kühlerventilators			1. Stufe	2. Stufe	1. Stufe	2. Stufe	1. Stufe	2. Stufe
Einschalttemperatur	bei °C	90 – 94	86 – 90	90 – 94	86 – 90	90 – 94	86 – 90	90 – 94
Ausschalttemperatur	bei °C	89 – 85	85 – 81	89 – 85	81 – 85	85 – 89	81 – 85	85 – 89

Kraftstoffanlage

Benzineinspritzung

		FIRE	FIRE	FIRE	OHC-16V
Hubraum	cm^3	1108	1242 SPI	1242 MPI	1242
Gemischaufbereitung		Zentraleinspritzsystem mit elektronisch gesteuertem Einspritzventil		Mehrpunkteinspritzsystem mit elektronisch gesteuerten Einspritzventilen	
Systembezeichnung		SPI	SPI	MPI	MPI
Systemcode		I.A.W. 6F.SB	I.A.W. 6F S3	I.A.W. 8F.5T	I.A.W. 18FD.5Z
Hersteller		Marelli-Weber	Marelli-Weber	Marelli-Weber	Marelli-Weber
Systemdruck	bar	0,8 – 1,2	0,8 – 1,2	2,5	3,0
Leerlaufdrehzahl	1/min	850 – 950	850 – 950	800 – 900	800 – 900

		OHC	OHC-Turbo
Hubraum	cm^3	1581	1372
Gemischaufbereitung		Mehrpunkteinspritzsystem mit elektronisch gesteuerten Einspritzventilen	
Systembezeichnung		MPI	Motronic
Systemcode		G.M. ITM5-6	M 2.7
Hersteller		Delco	Bosch
Systemdruck	bar	3,0	3,0
Leerlaufdrehzahl	1/min	800 – 900	800 – 900

Dieseleinspritzung

		Turbodiesel	Turbodiesel
Hubraum	cm^3	1698 (TD 60)	1698 (TD 70)
Gemischaufbereitung		Mechanische Dieseleinspritzung mit Ladedruckregelung	Mechanische Dieseleinspritzung mit Ladeluftkühlung und Ladedruckregelung
Hersteller		Bosch	Bosch
Einspritzdüsenöffnungsdruck	bar	150 – 158	150 – 158
Enddrehzahl	1/min	5200 – 5300	5200 – 5300
Leerlaufdrehzahl	1/min	880 – 920	880 – 920

Kraftübertragung

Schaltgetriebe

	FIRE		FIRE	FIRE	OHC-16V
Hubraum cm³	1108		1242 SPI	1242 MPI	1242
Kupplungstyp	Einscheiben-Trockenkupplung mit Tellerfeder-Druckplatte				
Außendurchmesser mm	181,5		181,5	181,5	181,5
Innendurchmesser mm	127		127	127	127
Übersetzungsverhältnis	5-Gang	6-Gang	5-Gang	5-Gang	5-Gang
1.Gang	3,909	3,545	3,909	3,909	3,909
2.Gang	2,157	2,157	2,157	2,157	2,157
3.Gang	1,480	1,480	1,480	1,480	1,480
(ED = Economy Drive)	(1,345)		(1,345)		
4.Gang	1,121	1,121	1,121	1,121	1,121
(ED = Economy Drive)	(0,974)		(0,974)		
5.Gang	0,902	0,902	0,902	0,902	0,897
(ED = Economy Drive)	(0,808)		(0,808)		
6.Gang (6-Speed)		0,744			
Rückwärtsgang	3,818	3,818	3,818	3,818	3,818
Achsantrieb	3,866	4,923	3,563	3,733	3,733

	OHC	OHC-Turbo	Turbodiesel	Turbodiesel
Hubraum cm³	1581	1372	1698 (TD 60)	1698 (TD 70)
Kupplungstyp	Einscheiben-Trockenkupplung mit Tellerfeder-Druckplatte			
Außendurchmesser mm	181,5	181,5	181,5	181,5
Innendurchmesser mm	127	127	127	127
Übersetzungsverhältnis	5-Gang	5-Gang	5-Gang	5-Gang
1.Gang	3,909	3,909	3,909	3,909
2.Gang	2,157	2,157	2,157	2,157
3.Gang	1,480	1,480	1,480	1,480
(ED = Economy Drive)	(1,345)	(1,345)		
4.Gang	1,121	1,121	1,121	1,121
(ED = Economy Drive)	(0,974)	(0,974)		
5.Gang	0,902	0,902	0,902	0,902
(ED = Economy Drive)	(0,808)	(0,808)		
6.Gang (6-Speed)				
Rückwärtsgang	3,818	3,818	3,818	3,818
Achsantrieb	3,866	3,563	3,733	3,733

Automatikgetriebe

	FIRE
Hubraum cm³	1242 SPI
Getriebetyp	ECVT
Übersetzungsverhältnis	
Vorwärtsfahrt	2,503 bis 0,497 stufenlos
Rückwärtsfahrt	2,503
Achsantrieb	
Vorwärtsfahrt	4,647 x 1,276
Rückwärtsfahrt	4,647 x 1,262
Gesamtübersetzung	
Vorwärtsfahrt	14,840 bis 2,945 stufenlos
Rückwärtsfahrt	14,674

Fahrwerk

		FIRE	FIRE	FIRE	OHC-16V
Hubraum	cm³	1108	1242 SPI	1242 MPI	1242
Vorderachse		Einzelradaufhängung an Dreiecksquerlenkern und McPherson-Federbeine, koaxiale doppeltwirkende Teleskop-Stoßdämpfer, Querstabilisator			
Spurweite (6-Speed)	mm	1395 (1369)	1369	1369	1369
Hinterachse		Einzelradaufhängung an Längslenkern, Schraubenfedern und doppeltwirksame Gasdruckstoßdämpfer			
Spurweite (6 Speed)	mm	1377 (1352)	1352	1352	1352
		OHC	**OHC-Turbo**	**Turbodiesel**	**Turbodiesel**
Hubraum	cm³	1581	1372	1698 (TD 60)	1698 (TD 70)
Vorderachse		Einzelradaufhängung an Dreiecksquerlenkern und McPherson-Federbeine, koaxiale doppeltwirkende Teleskop-Stoßdämpfer, Querstabilisator			
Spurweite	mm	1395	1384	1369	1369
Hinterachse		Einzelradaufhängung an Längslenkern, Schraubenfedern und doppeltwirksame Gasdruckstoßdämpfer			
Spurweite	mm	1352	1371	1352	1352
Lenkung		Zahnstangenlenkung mit geteilter Sicherheitslenksäule, bei bestimmten Modellen servounterstützt			
Wendekreisdurchmesser	m	9,7	9,7	9,7	9,7

Bremsanlage

Bremssystem	Zweikreisbremsanlage, diagonal geteilt mit Bremskraftverstärker und Bremsdruckregelventilen bzw. lastabhängigen Bremskraftreglern (bestimmte Modelle) für die Hinterräder; Bosch-Antiblockiersystem auf Wunsch (Punto GT serienmäßig)
Handbremse	Mechanische Seilzugbremse, wirkt auf die Hinterräder

Vorderräder

		FIRE	FIRE	FIRE	OHC-16V
Hubraum	cm³	1108	1242 SPI	1242 MPI	1242
Scheibendurchmesser	mm	240	240	240	257
Scheibendicke	mm	10,8 – 11,1	10,8 – 11,1	10,8 – 11,1	11,8 – 12,1
Mindestdicke	mm	9,2	9,2	9,2 (10,2)	10,2
Mindestbremsbelagdicke	mm	1,5	1,5	1,5	1,5
Hinterräder					
Bremstrommeldurchmesser	mm	180,0 – 180,25	180,0 – 180,25	180,0 – 180,25	180,0 – 180,25
Ausdrehmaß (max.)	mm	180,85	180,85	180,85	180,85
Mindestbremsbelagdicke	mm	1,5	1,5	1,5	1,5

		OHC	OHC-Turbo	Turbodiesel	Turbodiesel
Hubraum	cm³	1581	1372	1698 (TD 60)	1698 (TD 70)
Scheibendurchmesser	mm	257	257	257	257
Scheibendicke	mm	11,8 – 12,1	19,8 – 20,1	11,8 – 12,1	11,8 – 12,1
Mindestdicke	mm	10,2	18,2	10,2	10,2
Mindestbremsbelagdicke	mm	1,5	1,5	1,5	1,5
Hinterräder					
Bremstrommeldurchmesser	mm	180,0 – 180,25		180,0 – 180,25	180,0 – 180,25
Ausdrehmaß (max.)	mm	180,85		180,85	180,85
Scheibendurchmesser	mm		240		
Scheibendicke	mm		10,8 – 11,1		
Mindestdicke	mm		9,2		
Mindestbremsbelagdicke	mm	1,5	1,5	1,5	1,5

Elektrische Anlage

		FIRE	FIRE	FIRE	OHC-16V
Hubraum	cm^3	1108	1242 SPI	1242 MPI	1242
Bordspannung	V	12	12	12	12
Batterie (Klimaanlage)	Ah	32	40 (50)	40 (50)	40
Generator (Klimaanlage)	A	65	65 (75)	65 (75)	65 (85)
Anlasser	kW	0,8	0,8	0,8	0,9
Zündanlage		Elektronisch geregelte 3D-Kennfeldzündung			
Motortyp		**OHC**	**OHC-Turbo**	**Turbodiesel**	**Turbodiesel**
Hubraum	cm^3	1581	1372	1698 (TD 60)	1698 (TD 70)
Bordspannung	V	12	12	12	12
Batterie (Klimaanlage)	Ah	40	40	60	60
Generator (Klimaanlage)	A	65 (85)	65 (85)	65	65 (85)
Anlasser	kW	0,9	0,9	1,7	1,7
Zündanlage		Elektronisch geregelte 3D-Kennfeldzündung			

Stichwortverzeichnis

Wartungen vor der Hauptuntersuchung

Diese Checkliste soll Ihnen helfen, Ihr Fahrzeug auf die Hauptuntersuchung bei TÜV/DEKRA vorzubereiten. Die aufgeführten Arbeiten sind in diesem Ratgeber beschrieben. Auch wenn Sie nicht alle Kontrollen durchführen – die systematische Wartung verbessert die Chancen Ihres Fahrzeugs bei den Prüfern. Die Checkliste basiert auf den Prüfungs-Unterlagen von TÜV/DEKRA zur Hauptuntersuchung, erhebt jedoch keinen Anspruch auf Vollständigkeit. Bitte denken Sie daran, daß die Durchführung der aufgeführten Arbeiten keine Gewähr bietet, daß Ihr Fahrzeug die Hauptuntersuchung in jedem Fall besteht.

Checkliste – TÜV/DEKRA – fit für die Prüfplakette?

Karosserie

Motor

Antrieb/Getriebe

Fahrwerk

Bremsen

Beleuchtung

Sicherheit und Umwelt – fit für den Alltag? Check-liste

Bremsen

Flüssigkeitsstände

Licht und Signalanlagen

Reifen

Scheibenwaschanlage

Motor

Winter – fit für Kälte, Eis und Schnee? Check-liste

Scheibenwaschanlage

Motor

Zündanlage

Kühlsystem

Fahrwerk/Bremsen

Elektrik/Beleuchtung

Innenraum

FSC
www.fsc.org
MIX
Papier | Fördert gute Waldnutzung
FSC® C083411

Kolibri 360 GmbH
Ferdinand-Jühlke-Straße 7
99095 Erfurt, Deutschland
produktsicherheit@kolibri360.de

Druck:
CPI Druckdienstleistungen GmbH
im Auftrag der
Kolibri 360 GmbH
Ferdinand-Jühlke-Str. 7
99095 Erfurt